新编21世纪心理学系列教材

工程心理学

第2版

葛列众　许　为　宋晓蕾　主编

Engineering Psychology

中国人民大学出版社
·北京·

编者简介

葛列众 浙江大学心理科学研究中心教授，中国心理学会工程心理学专业委员会主任委员。从事工程心理学和认知心理学科研教学工作36年。主要研究方向为人机交互和用户体验。2019年荣获中国心理学会颁发的“学科建设成就奖”，负责的团队2019年荣获人力资源和社会保障部等5个部委颁发的“中国航天载人工程突出成就集体奖”。

许　为 留美心理学博士和计算机科学硕士，浙江大学心理科学研究中心教授，国际知名IT企业资深研究员、IT人因工程技术委员会主席，国际标准化组织（ISO）人–系统交互技术委员会成员，中国心理学会工程心理学专业委员会委员。主要研究方向为工程心理学、人–人工智能交互、航空人因工程。1988年以来，一直在国内外高校、知名IT和民用航空企业从事人因工程、工程心理学研究、设计和标准开发工作，主持或参与国家和省部级等各类项目，获众多研究和设计奖项，许多成果已应用在国内外多种飞机型号和IT产品中。任*International Journal of Human-Computer Interaction*、*Theoretical Issues in Ergonomics Science*期刊编委，出版中英文著作5部，在心理学、人因工程、航空、人工智能等核心期刊发表多篇论文，主持或参与开发国内外人机交互技术标准20多部。

宋晓蕾 理学博士，陕西师范大学心理学院教授、博士生导师，中国心理学会工程心理学专业委员会委员，中国人类工效学会生物力学专业委员会委员。从事工程心理学与认知心理学的科研与教学工作20年。主要研究方向为智能人机交互、神经人因学、协同作业。主持国家自然科学基金面上项目等10余项课题，在*Cognition*、《心理学报》等期刊发表学术论文30余篇，撰写专著1部（《视觉表象的产生与训练》，科学出版社，2015），副主编教材1部（《普通心理学》，高等教育出版社，2011），曾获陕西省第十四次哲学社会科学优秀成果二等奖、陕西省高校人文社科研究优秀成果二等奖等省部级科研与教学奖励7项。

内容简介

《工程心理学》（第2版）基于“以人为中心设计”的学科理念，系统反映了工程心理学的主要内容、当前重要问题以及未来发展趋势。全书以人机关系的演变为线索，设计了4个部分、14章内容。第一部分为导论（第一至三章），主要介绍工程心理学的学科性质、发展特点、研究方法以及人的信息加工过程和规律；第二部分为机械和自动化时代（第四至九章），主要介绍各种界面设计中人的因素，工作负荷、工作环境对工作绩效的影响，以及安全事故分析等；第三部分为计算机和智能时代（第十至十三章），主要介绍计算机时代的传统和新型人机交互、智能时代人–人工智能交互等新概念和工作框架，以及用户体验和神经人因学等新兴研究领域；第四部分为工程心理学的应用（第十四章），通过实例阐述“以人为中心设计”理念、流程、活动和方法在系统开发中的应用。

本书结构合理、案例丰富，既有深入的理论探讨，又有广泛的应用拓展，既涉及工程心理学的前沿论题，又发掘智能时代工程心理学应用和研究的新问题，适合作为心理学、工业设计、人工智能、计算机以及相关专业的本科生及研究生教材，同时也可作为人因工程、用户体验实践者的参考用书。

第2版前言

2012年至今，我们编写的《工程心理学》教材出版已近十年。在这近十年中，人工智能的进步使得人机关系发生了根本性改变。从二战时期的人适应机器，到二战后的机器适应人，再到计算机时代的人机交互，直至现在智能时代的人机交互十人机组队式合作，随着人机系统中操作者和机器关系的不断变化，工程心理学学科有了长足的发展。在这近十年中，国内的工程心理学也有很大的发展。对2010—2020年17种工程心理学及人因工程领域期刊所刊载论文的检索分析表明，中国内地学者共发表论文2 291篇，占全部文章数量（15 088）的15.18%。因此，有必要对旧版《工程心理学》教材进行修订和补充，增加工程心理学研究的新内容，体现工程心理学学科发展的新趋势。

新版教材和2012年版教材相比，删除了“作业研究”和“工作空间”两章，把“可用性研究”和“可用性研究方法”两章内容合并为“用户体验”，同时新增了“神经人因学”“人-人工智能交互”“工程心理学的应用”三章内容。与2012年版相比，新版至少更新了70%的内容。同时，我们还参照了我们的另一本《工程心理学》专著（葛列众等，2017）的相关内容。

新版教材呈现出以下新特点：

- 系统性：本书内容的体系架构基于工程心理学跨时代的发展历程，系统反映了该学科的主要内容、当前的重要问题以及今后的发展趋势，“以人为中心设计”的学科理念作为主线索贯穿于本书的各个章节。
- 应用性：增加了“工程心理学的应用”的内容，并且在许多章节展现了工程心理学应用的各种实例。
- 创新性：针对智能时代工程心理学应用和研究遇到的新问题，本书首次系统地提出了人-人工智能交互等新概念和工作框架。
- 可学性：作为教材，本书在各章都列出了教学目标、学习重点，以及相关的思考题，以便于读者学习。

本书虽然是作为教材撰写的，但兼顾了工程心理学理论介绍和应用，所以也可供相关专业人员参考。

在新版中，作者分工如下：浙江大学葛列众教授修订撰写了第一章、第二章、第三章、第四章、第五章、第六章、第七章、第八章和第十一章；浙江大学许为教授撰写了第十三和第十四章，同时参与了第一章、第十章、第十一章的部分撰写工作；陕西师范大学宋晓蕾教授撰写了第十章；浙江理工大学刘宏艳教授修订撰写了第十二章；浙江理工大学杨振副教授、马舒博士修订撰写了第九章；中山大学丁晓伟副教授、浙江工业大学程时伟教授和浙江大学葛贤亮分别参加了第三章、第四章和第六章的部分修订撰写工作。另外，浙江大学葛贤亮、蔡佳烨和张科以及陕西师范大学李宜倩参与了部分章节的校对工作。作为主编，葛列众教授、许为教授和宋晓蕾教授对整部书稿做了多次反复的修订工作。为此，在本书即将付梓与读者见面之际，作为主编之一，我真诚地感谢大家的辛勤工作。同时，在这里我们也要向本书上一版和另一本《工程心理学》专著的作者表示感谢，他们是李宏汀、王笃明、王琦君、郑燕、葛贤亮、胡信奎、刘玉丽、刘宏艳、孙梦丹、吕明、朱廷劭和高玉松。

本书是三位主编集体合作的成果，我们对全书的修订撰写做出了同等的贡献。许为教授是我的师弟，多年来一直在国外从事工程心理学的专业工作，有非常高的专业水平。宋晓蕾教授团队现在经常和我的团队合作从事工程心理学的项目研究，专业功底扎实深厚，工作认真负责，本书最后的审校工作也是由宋晓蕾教授完成的。本书出版后，我将退出主编工作，让他们俩继续合作，把《工程心理学》做成明星教材。

在这里，我们还想感谢我和许为的导师朱祖祥先生，以及和他差不多同一个时代的我国工程心理学的研究前辈们：陈立先生、曹日昌先生、李家治先生、徐联仓先生、朱作仁先生、封根泉先生、赫葆源先生、马谋超先生和彭瑞祥先生。[①] 他们的研究是我国工程心理学研究中不可多得的瑰宝，他们的事迹永远值得我们这些晚辈缅怀铭记。

最后，我们也想在这里感谢我们的家人和朋友，感谢他们一如既往的关爱、支持。

葛列众

2021 年 7 月 5 日

于杭州

---

① 在此我们仅凭现有的文献，列出了工程心理学的各位前辈，挂一漏万，在所难免，如有不周，敬请谅解。

前言

工程心理学是一门通过人机界面和人-环境界面的研究和优化，提高绩效，创造舒适环境，防止事故发生的学科。在美国，工程心理学通常被称为人因学（human factors），在欧洲则常被称为工效学（ergonomics）。

工程心理学的发展历史是短暂的，自第二次世界大战后它才作为一门科学开始发展起来。但是，19世纪晚期至20世纪前期，就有了泰勒（Frederick W. Taylor）的“铁铲研究”和吉尔伯勒斯（Frank Bunker Gilbreth）的“动作时间研究”。这些研究均为早期的人机界面经典研究。

工程心理学的诞生和发展可分为兴起阶段、成长阶段和高速发展阶段。第一次世界大战初期至第二次世界大战前，为工程心理学的兴起阶段。在这一阶段，军事工业技术的提高、新式装备的制造对操作者提出了特殊的生理心理素质要求。心理学家用心理学的方法与原理为现有机器选拔与训练操作人员，使人能够适应机器的性能。

20世纪40年代中期至60年代是工程心理学的成长阶段。第二次世界大战期间，由于武器性能和复杂性大大提高，即使是经过选拔和训练的操作人员，也很难适应操作的要求，这引发了许多机毁人亡或误击目标的事故。人机矛盾的激化迫使人们认识到机器和操作者是一个整体，武器设备只有与使用者的身心特点匹配时才能安全而有效地发挥其性能，避免事故。至此，工程技术才真正与心理学研究密切结合起来，人机关系也逐步从“人适应机器”转入“机器适应人”的新阶段，而工程心理学作为一门学科才算真正诞生。

20世纪60年代至今，工程心理学逐步进入高速发展阶段。这一阶段的工程心理学研究领域和应用范畴有了新的拓展，由原来的军事工业领域，逐步发展应用到航天、医药、计算机、汽车工业、服务业等各个领域。工厂和企业也开始意识到工程心理学研究在工作场地和产品设计等方面的重要性。

今后，随着计算机和信息技术的进一步发展和普及，各类专家系统和人工智能技术日益完善，终将创造出具有类似人类思维能力的智能系统，它将改变人类的生活方式。这当中包含着大量全新的工程心理学问题，工程心理学研究将逐步渗透至人类生活和工作的各个方面。

工程心理学是一门多学科交叉重叠的科学。心理学、生理学、人体测量学和统计学是工程心理学的基础性学科。这四个学科构建了工程心理学的学科基础。工程心理学和人类工效学、人机工程学和人-机-环系统工程等学科在研究内容上有许多重叠。设计类学科、制造类学科和计算机科学与工程心理学之间的关系是互补性的，这些学科与工程心理学彼此渗透，相互补充。工程心理学在其发展过程中也衍生出了一些分支研究。这些研究经过不断的积累，也形成了一定的学科规模，其中典型的就是人-计算机交互（human-computer interaction，HCI）和可用性研究。

在撰写本教材的过程中，我们希望按照工程心理学的学科体系，在汇集数十年来工程心理学经典研究的基础上，重点向读者介绍近20年来工程心理学的最新研究成果。本书一共分为四个部分。第一部分导论是本书的基础部分，主要介绍工程心理学的学科特点、研究方法和人的基本的生理心理特点与规律。第二、第三部分分别是界面设计，以及作业、环境与工作负荷。这两部分是工程心理学研究的主体。界面设计部分主要介绍各种界面设计中人的因素问题。作业、环境与工作负荷部分主要介绍作业研究、工作空间、工作环境与工作负荷对工作绩效的影响，以及安全事故分析等问题。最后一部分是可用性研究，这部分主要介绍可用性研究的基本概念和理念，以及可用性研究的基本方法。

全书共分成十四章。第一章由葛列众、王琦君和郑燕撰写；第二章由葛列众和葛贤亮撰写；第三章和第十二章由胡信奎撰写；第四章由李宏汀撰写；第六章和第七章由李宏汀和刘玉丽撰写；第五章、第九章、第十章和第十一章由王笃明撰写；第八章由王琦君撰写；第十三章和第十四章由郑燕撰写。作为本书主编，葛列众教授审阅、修订了全书十四章的所有内容。李宏汀副教授和王笃明副教授作为本书的副主编也帮助审阅、修订了本书的部分章节。

本书为浙江省“十一五”重点教材建设项目。浙江省教育厅和浙江理工大学为本书的撰写和出版提供了财政上的资助，特此感谢。此外，我还要衷心感谢本书的所有撰写者，他们的辛勤工作是本书出版的基本保证。感谢中国人民大学出版社的编辑们，他们对本书的顺利出版做出了很大的贡献。

最后，我要感谢我的博士导师朱祖祥教授，在我心目中，他不仅仅是我学术上，也是我生活上的导师。我还要感谢我的妻子李莎、我的父母葛济民和陈雪华、我的岳母傅生，还有我女儿葛贤亮，他们的支持是我工作动力的源泉。

葛列众

2011年12月

目录

第一章　概　论

第二章　人的信息加工

第三章　研究方法

第一章

概　论

教学目标

了解工程心理学的学科性质，形成对工程心理学研究对象、研究目的等基本概念的理解，了解工程心理学的相关学科及其相互之间的关系；了解工程心理学的发展历程，尤其是我国工程心理学的学科发展轨迹；把握工程心理学的主要研究领域和研究特点；了解工程心理学的跨时代特征和发展，并且从该角度来理解本书的体系架构。

学习重点

掌握人-机-环系统的概念和工程心理学的研究目的；了解工程心理学的相关学科；了解工程心理学的发展历程；熟悉我国工程心理学的发展；了解工程心理学的研究领域；掌握工程心理学的研究特点；理解工程心理学的跨时代特征和发展，以及本书的体系架构。

开脑思考

1. 如何设计汽车座椅使得在保证驾驶安全的前提下更舒适是一个典型的工程心理学问题。根据你的日常经验，谈谈你理解的工程心理学是什么样的，工程心理学会研究一些什么问题，研究工程心理学问题可能会涉及哪些其他的学科。

2. 在晴天的户外，我们使用手机时希望手机屏幕足够亮，保证我们在太阳下依然能看清手机界面，而在没有灯的夜晚使用手机时希望屏幕有较低的亮度，避免刺眼。在这个人-机-环系统例子中，人、机、环分别是什么？生活中还有哪些人-机-环系统？

3. 工程心理学希望通过对人机界面和人-环境界面的研究，能够让不同的用户在不同的环境下操作各种设备时达到提高操作绩效、降低负荷、防止失误等目的。那么，这门学科需要具备什么样的研究特点？

工程心理学是心理学的一门应用性学科，它采用心理学及其相关学科的科学研究方法，研究和优化人-机-环系统中人机界面和人-环境界面，从而实现提高工作、学习绩效，创造舒适环境，防止事故发生的目的。

在美国，工程心理学被称为人的因素或者人因学（human factors）。在欧洲，工程心理学则被称为工效学（ergonomics）。

本章首先论述人、机器和环境等基本概念，以及工程心理学的学科性质，然后概述工程心理学的发展历程，特别是介绍我国工程心理学研究的发展历程，最后介绍工程心理学研究及其特点。

第一节　工程心理学的研究对象和目的

工程心理学研究是围绕着人-机-环系统进行的，人机界面和人-环境界面是工程心理学的主要研究对象。本节我们首先介绍工程心理学的研究对象和目的。

一、研究对象

工程心理学研究关注的是人和机器组成的人机系统与人和环境组成的人-环境系统。人机系统的典型例子是工人操作机床，其中操作工人是“人”，而机床则是“机器”。在高温环境下工作的装配工人是人-环境系统的典型例子，其中，装配工人是“人”，而高温环境是“环境”。

人机系统和人-环境系统是人-机-环系统的两个子系统。人-机-环系统是由彼此相互作用的人、机器和环境三种要素组成的系统。其中，“人”通常指的是一定环境条件下使用或者不使用“机器”的人，如在车间操作机床的工人、在家熟睡的老人。“机器”指的是人所使用、控制的一切客观对象，包括简单的手工工具榔头、钳子等，也包括复杂机器车床、飞机、计算机等；各种文体用具、家具和日用品也是“机器”。“环境”主要指的是物理环境和社会环境，其中物理环境指的是由声、光、空气、温度、振动等物理因素构成的环境，而社会环境则是指由团体组织、社会舆论、工作气氛、同事关系等组成的环境。

人、机器和环境是构成人-机-环系统的核心三要素，其中人起主导作用。人不仅可以操作和控制机器，也可以创造和选择环境。但是，随着技术的发展，特别是智能技术的发展，具有一定智能的自主机器体和环境体的出现，使得人和机器、环境的关系发生了一定的变化，机器和环境也不再是简单、被动地受操作者的操作和控制。人、机器和环境可以组成新的人机一体化系统，各个系统要素可以分享情景、信息，共同决策。

在人-机-环系统中，界面（interface）指的是人、机器和环境三个要素彼此作用的交界面。例如，人的视觉系统可以通过计算机显示屏接收屏幕上显示的各种信息。视觉系统和显示屏之间就形成了人和机器之间的交界面。在人-机-环系统中，工程心理学只关注与人相关的人和机器界面（human-machine interface，即人机界面）与人和环境界面（human-environment interface，即人-环境界面）。

人机界面是人-机-环系统中人和机器之间的界面。该界面可以分为人和机器硬件界面（即人-硬件界面）和人和机器软件界面（即人-软件界面）两种基本类型。

人和环境组成的界面就是人-环境界面。人-物理环境界面指的是人和由声音、光线、气温、振动、个人空间等物理要素组成的物理环境之间的界面。人在办公室工作、在车间操作机床、在家休息、在教室里学习，人和办公室、车间、家里和教室等就构成了人和这些物理环境之间的界面。

除了人-物理环境界面，人的工作、学习和生活还受到社会因素的影响。人和团体组织、社会舆论、工作气氛、同事关系等社会要素组成的社会环境之间也存在着人和社会环境界面。

综上所述，人-机-环系统中的人机界面和人-环境界面就是工程心理学的具体研究对象。

二、研究目的

工程心理学是心理学中的一门应用性学科，要解决生产实际中的具体问题，就要通过对人-机-环系统中人机界面和人-环境界面的研究，提高人机界面的操作绩效，创造适宜环境，降低工作、学习负荷，防止操作失误，提高整个人-机-环系统的效能。

心理学科都把人作为研究对象。各种工业工程学科和环境学科则把“机器”和“环境”作为研究对象。这些学科的研究在一定程度上都可以提高人的工作、学习绩效和舒适度，创造高效、舒适的环境，防止错误和事故发生。与这些学科不同的是，工程心理学研究的不是具体的“人”和“环境”，而是通过对人机界面和人-环境界面的研究来实现学科研究的目的。

可见，工程心理学有着有别于其他学科的研究对象和研究目的。

归纳起来，工程心理学的具体研究目的有以下三个方面：

- 降低人的学习、工作负荷，提高人的学习、工作绩效。
- 创造有利于学习、工作的环境，增加人的学习、工作的舒适性。
- 防止错误和事故发生。

这些研究目的和其他学科虽有重叠，但是工程心理学的研究途径或者说着眼点和其他学科是完全不同的。工程心理学是通过研究人-机-环系统中的人机界面和人-环境界面，以及与界面设计相关的产品设计问题，来实现其研究目的的。

三、相关学科

工程心理学是多学科交叉重叠的一门学科。它和相关的学科有着基础性、重叠性、互补性和衍生性等四种不同的关系。

心理学、生理学、人体测量学和统计学这四门学科构成了工程心理学的学科基础。它们是工程心理学的基础性学科。

心理学（迈尔斯，2013）研究的是人的心理特点和规律。基于心理学，特别是认知心理学对人的研究成果，工程心理学将人的心理规律应用于具体的界面和产品优化。例如，听觉菜单设计的选择项就应该考虑心理学中短时记忆容量的研究结果。工程心理学就是心理学在界面研究上的具体应用。

生理学（王庭槐 主编，2015）研究的是关于人的生理特点和规律，其成果也是工程心理学研究的基础。例如，操作工人在工作环境中工作姿势的设置就需要考虑从人体生物力学、能量消耗、基础代谢、肌肉疲劳和易受损伤性等各个方面进行分析和比较。

工程心理学研究中实验数据的分析和处理也需要借助统计学（贾俊平 编著，2014）的专门知识。另外，人机界面设计和产品设计需要人体测量学（席焕久，陈昭 主编 2010）的研究成果。

人类工效学（黄河 编著，2016）、人机工程学（Dul & Neumann，2009），以及人-机-环系统工程（吴青 主编，2009）等学科和工程心理学在研究内容上有许多重叠。有学者认为，人类工效学、人机工程学和人-机-环系统工程就是工程心理学的别称（朱祖祥 主编，2003）。

另外，工业工程（industrial engineering，IE；易树平，郭伏 主编，2013）等学科和工程心理学在研究内容上也有部分重叠。例如，动作与时间研究是工业工程体系中最重要的基础研究，同时也是工程心理学的重要研究内容。

设计类学科（尹定邦，邵宏 主编，2013）、制造类学科（黄胜银，卢松涛 主编，2014）和计算机学科（布鲁克希尔，2009）的研究与工程心理学的研究可以相互补充，这些学科和工程心理学是一种彼此渗透、相互补充的关系。

一方面，工程心理学的界面研究成果需要通过设计和制造最终得以体现。在工程心理学研究中，界面优化的构思、评价原型的构建也需要专门的设计类、制造类学科和计算机学科的相关知识。另一方面，工程心理学中以人为中心的产品设计和界面优化的理论及相关的技术对设计类、制造类学科和计算机学科都有很大的影响。

工程心理学在其发展过程中也衍生出了一些分支研究。这些研究经过不断的积累，形成了一定的学科规模，其中典型的就是人-计算机交互（human-computer interaction，HCI）、用户体验研究和神经人因学。

人-计算机交互（孟祥旭 主编，2010）是专门研究人和计算机的交互的学科。随着计算机技术的出现和不断发展，工程心理学的人机交互研究中出现了专门的人-计算机交互研究。以窗口、图标、菜单和鼠标为基础的 Windows 操作系统的界面替代了原来的 DOS 操作系统的界面，大大促进了计算机的普及。眼控、多媒体交互等新型交互技术的研究对人-计算机界面的优化起到了决定性作用。近年来出现的自适应界面、虚拟现实研究又为人-计算机交互研究开拓了许多新的领域。

可用性和用户体验研究（葛列众，许为 主编，2020）是新兴的学科研究领域，其目的是通过优化产品的用户界面来实现用户对产品的高效、舒适使用。通过可用性和用户体验研究，可以洞悉用户的产品使用需求，建立用户心理模型，确定产品的可用性水平，发现测试产品的可用性问题，从而为产品或产品原型设计的优化、用户体验水平的提高提供科学的依据。

神经人因学（neuroergonomics）是工程心理学与神经科学交叉而形成的新的学科领

域，属于研究工作中的脑与行为的科学（Parasuraman，2003）。与近年来兴起的认知神经科学不同，神经人因学主要致力于探索在特定环境下，人在操作中的心理行为特性、规律及相应的神经生理机制。

综上所述，心理学、生理学、人体测量学和统计学是工程心理学的基础性学科。人类工效学、人机工程学、人-机-环系统工程和工业工程等学科和工程心理学是重叠学科。设计类、制造类学科和计算机学科是工程心理学的互补学科。人-计算机交互、可用性与用户体验和神经人因学是工程心理学的衍生学科。

第二节 工程心理学的发展历史

工程心理学的发展历史是短暂的，然而，工程心理学的历史又是悠久的。自人类创造工具开始就有了最早的以经验为基础的人机匹配。第二次世界大战是工程心理学发展史上的分水岭。二战前的工程心理学是经验的，人机交互的优化主要围绕着机器进行；二战后的工程心理学是科学的，人机界面的优化更多的是考虑人的因素。

一、早期的人机交互研究

19 世纪晚期至 20 世纪早期是工程心理学的萌芽期。这个时期的主要特点是人适应机器。以第二次工业革命为背景，技术的发展使当时的机器设计往往只着眼于机械力学性能的改进，很少考虑操作者的要求，心理学家的工作也局限于为现成的机器选拔和训练操作人员。

泰勒的“铁铲研究”（Taylor，1911）和吉尔伯勒斯的“动作时间研究”（Gilbreth & Kent，1911）均为早期人机界面研究的经典，旨在通过对作业中操作工人的工作方法的分析，以及对标准工作时间的测量来达到人机系统中人机的匹配。

德国心理学家闵斯特贝格（1921/2019）首先把实验心理学应用于工业生产。他用实验心理学方法为企业选拔、训练工人和改善工作环境。他出版的《心理学与工业效率》等著作，被视为工程心理学的先声，其中“使工人从工作中得到愉快和喜悦的思想”对现代工程心理学仍有极大的指导意义。

二、学科兴起和发展

工程心理学的诞生和发展可分为兴起阶段、成长阶段和高速发展等三个阶段。

（一）兴起阶段

第一次世界大战初期至第二次世界大战前是工程心理学的兴起阶段。这个阶段的工程心理学主要关注的依然是人适应机器的问题。

第一次世界大战大大加快了工程心理学的发展步伐。军事工业技术的提高，促进了军种的分化，新式装备的制造对操作者提出了特殊的生理心理素质要求。这个时期的心理学受到了很大的关注。心理学家用心理学的方法与原理为现有机器选拔与训练操作人员，使人能够适应机器的性能。

第一次世界大战后，各类研究机构相继建立：德国克虏伯钢铁厂、蔡司光学仪器公司等企业建立了各自的研究机构；英国成立了国家工业心理学研究所，其工作主要包括改善工业中人的因素、发展最优产品时应有的人的因素等。

（二）成长阶段

20 世纪 40 年代中期至 60 年代是工程心理学的成长阶段。这个阶段的工程心理学关注的是机器适应人的问题，研究重点主要在军事工业领域。

第二次世界大战期间，由于武器性能和复杂性大大提高，即使是经过选拔和训练的操作人员也很难适应，由此引发了许多机毁人亡或误击目标的事故。人机矛盾的激化促使人们认识到机器和操作者是一个整体。武器设备只有与使用者的身心特点匹配才能安全而有效地发挥其性能，避免事故。例如，要使飞行员不仅在夜航中能迅速准确地判读仪表，而且不影响飞行员对舱外黑暗环境中的地标与空中目标的观察，就要根据人的视觉功能特点选择座舱照明的色度、亮度、均匀度等参数。至此，工程技术才真正与心理学等研究密切结合起来，同时人机关系从“人适应机器”转入“机器适应人”的新阶段，而工程心理学作为一门学科真正诞生。

二战结束后，工程心理学主要集中于研究开关、按钮、操纵杆等控制器和表盘指针式仪表设计中的人的因素问题，特别是仪表、控制器与人的感知觉特性及手足运动器官的反应特性相适应的问题。这个时期即所谓的“开关-表盘”研究时期。同时，英美等国在这个时期开始了最初的追踪动作研究，如对监守及控制工作中操作者特点的研究等。

这个时期工程心理学相关机构和出版物也有新的进展，例如：1945 年，美国军方成立了工程心理学实验室；1950 年，英国成立了世界上第一个人类工效学会；1949 年，查普尼斯（Alphonse Chapanis）等发表的《应用实验心理学：工程设计中人的因素》（Applied Experimental Psychology：Human Factor in Engineering Design）是实际意义上的第一项工程心理学研究，该研究系统地论述了人机工程学的基本理论和方法，为工程心理学奠定了理论基础。

（三）高速发展阶段

20 世纪 60 年代后，工程心理学逐步进入了高速发展阶段。这个阶段的工程心理学研究领域和应用范围有了新的拓展，由原来的军事工业领域，逐步发展到应用于航天、医药、计算机、汽车工业、服务业等其他领域。飞机座舱的显示控制研究、空间站的人工对接操作平台的人机工效设计等大量航天航空相关研究得以进行。产业界各类生产系统的安全性和可靠性成为工程心理学的重要研究领域。可用性和用户体验研究得到了社会广泛的认同，即产品设计使用不仅要满足消费者的需求，也要考虑消费者使用的可用性和体验。计算机和人工智能技术的进一步发展和普及，终将创造出具有类似人类思维能力的智能系统，它将改变人类的生活方式。这当中包含着大量全新的工程心理学问题，工程心理学的研究将逐步渗透至人类日常生活的方方面面。

另外，随着技术的发展，人机系统中人机关系、操作者的作业性质以及人机角色都发生了很大的改变（许为，葛列众，2020）。在自动化技术逐步替代机械化技术的过程中，人机系统中机器的角色由原来的“工具”转变为“辅助工具”。人由操作者逐步转变为监控者和操作者，操作者的体力负荷降低、认知负荷增大。人类操作者的作业性质由机械时代的手工（肢体）操作向计算机时代的监控和必要时的人工干预操作转变。由于人工智能的发展，自动化技术将逐步向自主化技术发展，到那个时代，人机系统中的操作主体——操作者将和具有一定认知能力的自主机器系统分享情境意识，共同决策，完成人机系统的系统功能。“机器”和“人”将是合作的队友，人机关系将是人机组队式合作关系。

第三节 我国的工程心理学

我国的工程心理学始于20世纪30年代。从新中国成立到60年代，我国的工程心理学家结合生产实践开始了人机系统方面的研究工作。“文化大革命”时期，工程心理学研究被迫中断。70年代后期，我国的工程心理学得到了重建。90年代以后，工程心理学得到了快速发展。

20世纪30年代是我国工程心理学的萌芽期。清华大学开设了工业心理学课程。陈立先生（1935）出版了我国第一本工业心理学专著《工业心理学概观》。该专著论述了环境因素与效率、疲劳与休息等问题。陈立先生还在北京南口机车车辆厂和无锡大通纱厂等处开展了工作环境和工作选择等研究。

20世纪50年代中期至60年代，我国工程心理学家在操作分析、工伤事故预防和人机界面设计方面做了许多研究工作。例如，李家治和徐联仓（1957）分析了工业事故的原因，陈立和朱作仁（1959）研究了细纱工培训中的心理学问题，朱祖祥（1961）研究了劳动竞赛中的心理学问题，徐联仓（1963a，1963b，1964）对与信号相关的界面设计做了系列研究，赫葆源（1965；赫葆源 等，1966）研究了开关板电表的工程心理学问题。这些研究解决了当时工业设计中的人机界面设计问题。

在“文化大革命”时期，我国的工程心理学研究工作被迫暂停。20世纪70年代后期至80年代后期，我国工程心理学的发展进入一个新的阶段，这是我国工程心理学的重建时期。在这个时期，成立了多个全国性学术组织和多个学术研究机构，初步形成了工程心理学的教学和研究体系，工程心理学研究工作得到了飞速发展，研究领域不断扩大，研究成果也日益增多。

中国科学院心理研究所、航天医学工程研究所（现为中国航天员科研训练中心）、空军航空医学研究所、杭州大学（现为浙江大学）、同济大学等单位分别建立了工效学或工程心理学研究机构。

1979年，杭州大学设立了我国第一个工业心理学专业，招收培养我国高校第一批工程心理学硕士和博士研究生。

1980年，封根泉研究员编著的我国第一本工程心理学专著《人体工程学》出版。

1981 年，全国人类工效学标准化技术委员会成立。

1988 年，杭州大学的工业心理学专业被原国家教委批准为国家重点学科。

1989 年，杭州大学的工业心理学实验室被批准为国家专业实验室。

1989 年，中国人类工效学学会和中国心理学会工业心理专业委员会分别成立。

1990 年，朱祖祥教授编写了适合我国高校使用的第一本工程心理学教材。

1995 年，《人类工效学》杂志创刊。

这一时期，工程心理学的研究工作主要集中在人机界面评价、设计，环境设计、控制，工作负荷和人体测量学等各个方面（葛列众 等，2017）。

20 世纪 90 年代后期至今是我国工程心理学的快速成长发展期。工程心理学研究已经涵盖了工程心理学学科的各个领域，很多研究成果都在实际生产中得到了应用。

全国各工程心理学专家出版了许多工程心理学专著、辞典和教材，例如：朱祖祥、刘金秋和项英华编写的人类工效学教材（朱祖祥 主编，1994；刘金秋 等编著，1994；项英华 编著，2008）；朱祖祥编写的《工业心理学大辞典》（朱祖祥 主编，2004）；牟书编写的《工程心理学笔记》（牟书 编著，2013）；朱祖祥、葛列众编写的工程心理学教材（朱祖祥 主编，2003；葛列众 主编，2012）；葛列众 等（2017）的工程心理学专著。在这个时期，全国人类工效学标准化技术委员会和中国标准出版社第四编辑室还专门编辑了三卷本的《人类工效学标准汇编》（2009a，2009b，2009c）。

2013 年，中国心理学会工程心理学专业委员会正式成立。

工程心理学研究机构遍及全国。除了中国科学院心理研究所、中国航天员科研训练中心（原航天医学工程研究所）、空军航空医学研究所、浙江大学（原杭州大学）、同济大学等单位的工程心理学研究机构外，清华大学、北京航空航天大学、陕西师范大学、浙江理工大学、中国人民解放军海军医学研究所、中国标准化研究院都成立了与工程心理学相关的研究机构。成都飞机设计研究所、中国航空无线电电子研究所等军工单位，华为、联想、中国移动、阿里巴巴、方太等大公司也都有相应的研究机构。

第四节　工程心理学的研究

在本节，我们将介绍工程心理学的研究领域和研究特点。

一、研究领域

根据研究问题的不同，工程心理学的研究可以分成界面显示、人机控制交互、人-环境界面、人-计算机交互、用户体验、神经人因学、人-人工智能交互、工作负荷及其应激、安全与事故预防等研究领域。[①] 其中，界面显示、人机控制交互、人-环境界面这三方面

① 这些研究领域的基本概念和相关研究，我们将在本书后面的各个相关章节进行详细的介绍。

的研究属于传统问题的研究，人-计算机交互、用户体验、神经人因学、人-人工智能交互的研究属于新兴问题的研究，工作负荷及其应激和安全与事故预防这两类研究则属于通用性问题的研究。

工程心理学自诞生起，一直关注显示、控制和人-环境的交互问题。界面显示、人机控制交互是人机界面中人和机器相互对应、彼此作用的两个方面的问题。

界面显示涉及机器对人的作用，包括机器向人显示的机器状态和人监控、操作机器所需要的各种信息。研究的内容主要有：视觉显示中的文字、符号、标志，以及仪表、灯光、电子显示器上信息的显示及相关的突显、编码和兼容性等；听觉显示中的言语可懂度和自然度，以及语音和非语音界面设计等。

人机控制交互涉及人对机器的作用，包括人对机器的各种操作和监控。研究的内容主要有：传统的开关、旋钮、控制杆等控制器，眼动、脑控等新型控制界面，以及与追踪和监控相关的工效学问题。

人-环境界面主要涉及人和环境界面的交互作用的相关研究。研究的主要内容是各种环境与人的操作的交互影响规律和特点。

人-计算机交互、用户体验、神经人因学和人-人工智能交互之所以属于新兴研究领域，是因为这些领域都涉及新技术和新研究推动下产生的新问题。计算机的出现和网络时代的到来，促进了人-计算机交互的研究。在这个领域的研究中，机器的含义仅仅包括计算机及其设备和软件。研究的主要内容有：菜单、填空式等传统界面和自适应等新型智能界面，以及鼠标、键盘等相关硬件界面。用户体验研究是在 20 世纪 90 年代后逐步发展起来的。技术的创新、物质生活的丰富和社会的进步不可避免地造成了不同用户对产品需求的差异性和对产品使用和享受的追求，在这个背景下出现的产品可用性研究开始强调产品和用户在功能需求上的匹配，追求用户在使用产品过程中的高效性、舒适性和良好的用户体验。神经人因学是在认知神经科学研究的推动下发展起来的，这类研究的重点是人的操作行为的大脑神经机制。人-人工智能交互的研究则是工程心理学在智能时代面临的新挑战和新机遇。

工作负荷及其应激和安全与事故预防这两类研究属于工程心理学的通用性问题研究，因为人机系统中操作者的各种操作行为都和负荷、应激和安全有关。负荷研究主要涉及生理和心理负荷对工作绩效和人的舒适度的影响；应激本身就是一个复杂的概念，它可以从生理学、物理学、心理学和认知等四个方面去加以理解。在工程心理学的学科范围内，应激研究更多考虑的是应激对操作行为的影响，以确保在应激条件下人机系统的整体有效性。安全与事故预防主要包括事故原因、事故理论、事故预防三个基本的研究领域，其目的是基于对以往事故的分析，构建有效的理论假设，并建立合理的事故预防机制来降低事故发生的概率和事故造成的危害。

二、研究特点

和其他学科一样，工程心理学也有独特的研究特点。这些特点主要有应用性、机制性和动态性。

（一）应用性

应用性作为工程心理学的研究特点很容易让人理解，工程心理学本身就是因为设备设计制造中人的因素问题而产生的，而且工程心理学中新的研究问题的出现也是因为应用本身的需要。例如，计算机和网络的出现导致了人-计算机交互研究的出现。也因为如此，工程心理学的研究强调研究结果的实践适用性，即强调研究的外部效度。

为了实现或者说达到应用性的目的，工程心理学的研究较多地采用模拟、验证的思路。例如，可以通过动态日照环境来模拟日常地面照明环境，以考察这种动态模拟环境对长期生活在失重环境中的宇航员作业绩效和舒适度的影响。另外，如果在对原有界面或者工具的评价研究基础上提出了一种新的界面优化设计，就需要用验证的方法去证实这种优化设计的适应性。例如，有人曾专门设计了一种新的中文提示键盘，还专门找了新手和专家用户，对原有键盘和这种新型键盘的使用情况进行了验证性实验，以证实这种新型键盘的适应性（毕纪灵 等，2015）。当然这种验证需要考虑原有设计和新设计的对比，也需要考虑不同用户使用的差异性。

（二）机制性

工程心理学的研究并不注重（或者说较少关注）对行为外在表现的内在机制的探索。机制性作为工程心理学研究的一个特点是和其应用性相关的。如果研究的目的是具体的应用，为什么要关心其内在机制呢？这是许多工程心理学研究者经常考虑的一个问题，而且许多公司或者说应用单位和研究者合作进行的项目，很少要求探讨或者很少关心一种新的设计优势的内在机制是什么。例如，我们设计了一种新的输入键盘，在反应时和正确率等绩效数据和主观评价数据上都证明了这种新的输入键盘的优越性。这时，我们就很少去继续探讨这种优越性的内在原因。

可见，这是过分强调研究的应用性所带来的研究上的一个局限。不过，近年来认知神经科学的不断发展、神经工效学的兴起，使得许多工程心理学研究开始注重或者专门考察新的界面设计的操作的内在机制。例如，肖等（Shaw et al.，2009）采用经颅多普勒超声（TCD）技术发现，听觉及视觉任务中的警戒水平和脑血流速率（cerebral blood flow velocity，CBFV）之间存在耦合关系，而且这种耦合关系在右半球强于左半球。该结果表明，脑血流速率可以作为警戒作业中资源损耗的代谢指数，用于警戒水平的监控。这类研究的成果可以为制定作息制度，以及安排警戒相关工作提供科学的依据。

应该说，机制性作为工程心理学研究的特点在以往的研究中并不明显，但是随着神经工效学研究的不断进步，工程心理学研究对行为内在机制的关注将推动学科本身的不断深入发展。

（三）动态性

在传统的人机界面优化研究中，研究者通常根据界面设计上的问题进行研究，然后根据实验的结果优化界面以实现安全操作，并提高操作绩效和主观满意度。例如，人机界面视觉信息的有效呈现问题一直是工程心理学研究的核心问题，以往的研究提出了各种显示技术以提高操作者的操作绩效。这些技术主要有：突显技术（Wickens et al.，2004；McDougald & Wogalter，2013）、有效布局呈现技术（Altaboli & Lin，2012）、焦点背景技术（Utting & Yankelovich，1989；葛列众 等，2012）、可视化技术（Fabrikant，2010）等。但是应用这些技术实现的界面优化都是静态的，即界面的显示方式取决于界面初始的设计，不会根据人机交互特性或者用户实际的个体差异进行相应的即时性改变以满足用户的操作需要。例如，在文献库的文献检索操作中，可以根据实验结果将用户经常检索的文献进行突显设置（对特定文献添加下划线或者用红色字体呈现）。这种界面的优化明显可以提高用户的搜索绩效。但是这种突显设置不会按照用户检索操作的变化或者用户的不同发生变化，即检索的界面取决于界面的初始设计。随着要求呈现的信息量的增加和操作的复杂化，这种研究的应用已无法满足每一个操作者高效操作的需求。由此，近年来工程心理学领域出现了一种交互显示（interactive display）研究。基于这种研究的结果优化的界面可以根据用户的即时输入或者用户的操作规律和特点改变初始设置的显示内容或方式，从而满足操作者对复杂信息进行高效操作的需求（葛列众 等，2015）。例如，在文献库的文献检索操作中，可以根据实验结果对用户经常检索的文献进行自适应设计，如按照频率算法将操作者经常操作的特定文献按检索的频率依次从头至尾排列，而且不同的操作者由于各自检索的不同，文献排列的顺序也会各不相同。这种交互显示研究可以充分考虑操作者交互操作的特点和各个操作者操作之间的差异性，从而有效地提高海量信息呈现的有效性。

动态性使得工程心理学的研究发展到一个新的阶段。首先，对界面的优化方式从过去静态的优化转变成一种动态的优化，并实现了智能界面的发展，进而为实现交互过程中机器和人的彼此适应奠定了基础。其次，工程心理学研究开始突出对机制性或者说操作规律的研究。为了实现机器界面的动态优化，就需要对人的操作特点和机制进行分析，因为只有建立在这种分析的基础上，才能很好地实现动态的优化。例如，便携式交互设备（如手机）通常界面尺寸有限，因此软键盘研究中的一个重要问题是设计大小合理的软键盘按键。按照静态界面优化的思路，可以找不同性别、年龄、操作经验的被试进行实验，最后按照平均化原则，得出一个不同性别、年龄或者操作经验的用户都大致可以接受的按键尺寸。这种优化设计的缺点就是没有考虑不同人群在操作经验或者年龄、性别上的差异带来的手指大小对输入绩效的影响。为此，可以先得出不同手指大小对输入操作的影响规律，然后按照这一规律设计一个动态的自适应软键盘，即根据用户即时操作的绩效（错误率），调整软键盘按键的大小，以适应不同用户的操作需求（陈肖雅，2014）。由此可见，动态性的研究特点需要我们去探索操作者在界面操作中的特点和规律，并把这种特点和规律具体应用到界面优化中。

上面我们论述了工程心理学研究中的三个特点：应用性、机制性和动态性。可以说应用性是由工程心理学本身决定的一个特点，而机制性和动态性则反映了当前工程心理学研究的两个发展趋势。机制性表明工程心理学开始摆脱只重视对行为规律和特点的研究，而开始注重对这种规律和特点背后的原因机制的研究。动态性则表明工程心理学研究的应用开始从过去的静态界面的优化转向动态界面的优化。我们相信随着技术的更新换代、人们生活水平的提高，工程心理学的应用范围会不断扩大，而工程心理学研究的机制性和动态性的特点将进一步提高工程心理学研究水平。

第五节　工程心理学的跨时代特征与发展

一、人机关系跨技术时代的演变

纵观工程心理学研究和应用的发展历史，新技术一直推动着作为工程心理学研究对象的人机系统的演变，这种演变具体体现为人机关系以及人机角色方面的变化（见表 1-1）。

表 1-1　人机角色及人机关系跨技术时代的演变

时代的技术特征	机械化	计算机化	智能化
主要技术	机械技术等	＋数字化、计算机技术等	＋人工智能、大数据技术等
人类操作者的主要角色	操作者	＋监控者	＋合作队友（与智能机器）
机器的主要角色	工具	辅助工具	＋合作队友（与人类操作者）
人机关系及特征	人-机器交互	人-计算机交互	＋人机组队式合作

来源：许为，2020。

如表 1-1 所示，在机械时代（自工程心理学产生到计算机时代之前），人类操作者采用手工式工具、基于机械技术的自动化设备等来完成操作，这些主要作为工具来直接支持人的作业。

进入计算机时代，数字化、计算机技术带来了数字自动化、基于计算技术的各类机器，并使人类操作者的角色发生了变化。在这些人机系统中，人类操作者的主要任务是监控机器的运行状态，必要时加以手工操作干预。因此，人的作业更加趋向于监控，而机器更加趋向于充当支持人的作业的辅助工具。

在智能时代，智能自主化技术带来了人机关系的重大转变。基于人工智能技术的智能机器在一定的使用场景中，通过学习（如机器学习）可以拥有类似于人类的某些认知、自适应和独立执行的能力，人类操作者和机器可以作为队友来合作完成人机系统的某些特定作业。机器的角色也演变成“辅助工具＋合作队友”的双重新角色，这种机器角色的转变代表了智能时代人机关系的重大转变，带来了一种新型人机关系：人机组队式合作。这种新型人机关系也将带来对工程心理学研究和应用的新思考。有关这方面的内容，我们将在第十章（人-计算机交互）和第十三章（人-人工智能交互）中详细讨论。

二、工程心理学研究和应用跨技术时代的特征

正是这些跨时代的人机系统特征给工程心理学研究和应用带来了鲜明的跨时代特征。图 1-1 体现了工程心理学研究和应用重点跨机械、计算机、智能这三个技术时代的演变。

技术发展拓宽了已有工程心理学研究和应用领域的范围

技术发展开辟了工程心理学的新领域

工程心理学的主要内容	技术时代特征（人机关系）		
	机械化（人-传统机器交互）	计算机化（人-计算机交互）	智能化（人-人工智能交互）
人-视听显示器交互	静态视觉显示界面，非语音界面	动态视觉显示界面，语音界面	大数据可视化，虚拟、增强现实
人-控制器交互	传统控制器	新型控制交互界面(语音、眼动控制、脑机接口、触觉、手势等)	
人-环境交互	一般环境属性及其影响	特殊环境及其影响	环境智能
人-计算机交互		人-计算机软件、硬件交互	智能化自适应界面
人-自动化/自主化交互		以人为中心的自动化设计	以人为中心的自主化设计
用户体验		用户体验方法、实践，用户体验驱动的创新设计	
神经人因学		人操作行为的神经机制、脑电技术应用等	神经人因学在智能系统中的应用
人-人工智能交互			以人为中心人工智能，人-人工智能交互研究应用
智能时代的社会技术系统			人机角色、功能新特征、工作设计等

图 1-1　工程心理学研究和应用重点跨技术时代的演变

在机械时代，在“机器适应人”的人机关系驱动下，工程心理学研究和应用侧重于机器传统的显示器、控制器和环境方面的研究，比如注重机电式仪表的显示工效和传统手动操纵杆等方面的研究。这些工作奠定了工程心理学的基本理论和方法。

进入计算机时代，数字化及计算技术带来了信息革命，工程心理学研究和应用也迈上了一个新的大台阶。比如，显示技术从传统机电式仪表的“空分制”显示方式过渡到基于数字化技术的“时分式”显示方式。针对计算机应用所带来的一系列新问题，工程心理学与相关学科合作推动了人-计算机交互、用户体验等新领域的兴起。计算机时代的工程心理学研究和应用也极大地丰富了工程心理学的学科理论和方法。

在智能时代，智能技术为人类社会既带来了许多益处，同时也带来了一系列工程心理学新问题。比如，基于数字计算技术的自动化技术正过渡到基于智能技术的自主化系统（如自动驾驶车等），由此也产生了一系列人-自主化交互、人机交互和系统安全问题；

显示技术带来了针对大数据和信息可视化、虚拟现实和增强现实等方面的工程心理学研究和应用。同时，一个叫人-人工智能交互的新兴领域正在兴起，一个智能化的社会技术系统也正在形成。这些既对工程心理学研究和应用提出了新的挑战，也为工程心理学提供了新机遇。

综合以上讨论以及图 1－1，工程心理学研究和应用跨技术时代的发展呈现出以下特征：

（1）工程心理学研究和应用的重点呈现出鲜明的跨时代特征。从图 1－1 横向来看，从机械化到计算机化再到智能化，技术的发展给显示界面、控制交互界面和环境等传统的工程心理学研究和应用不断带来新的问题。从图 1－1 纵向来看，计算机技术催生了人-计算机交互和用户体验等新领域，而智能技术则带来了人-人工智能交互的新领域。

（2）工程心理学促进了新技术的开发和应用从“以技术为中心”理念向“以人为中心”理念的转变。在新技术发展的初期，新技术的应用开发一般都遵循“以技术为中心”的理念，随之带来许多人的因素、用户体验等方面的问题。这些新出现的问题给人类和社会带来了新挑战，同时也推动了“以人为中心设计”理念的实施，从而促进了新技术更好地为人类和社会服务，例如以人为中心设计、以人为中心自动化、以人为中心自主化、以人为中心人工智能等理念的形成。摆在我们面前的问题是如何在新技术引进的初期阶段尽量减小这种“时滞效应”。正如三十年前当社会进入计算机时代，工程心理学对人机交互、用户体验等新领域的不断参与并不断向这些新领域输送专业人才，今天，智能时代新版本“以人为中心设计”的实践任务再一次历史性地落在了工程心理学专业人员的肩上。

（3）技术进步推动了工程心理学的发展，体现了工程心理学的社会价值。每一次新技术的出现既给工程心理学提出了新的挑战，也提供了发展的新机遇，扩大了工程心理学的研究和应用范围。可见，工程心理学的研究和应用与时代密切相连，可以帮助人类和社会解决新技术所带来的许多问题，造福于人类和社会，从而体现出工程心理学的学科价值。

（4）工程心理学理论和方法与时俱进。一方面，理论和方法上的提升更加有效地支持了针对新技术的工程心理学研究和应用；另一方面，新技术也帮助提升了工程心理学研究和应用方法，例如从经典的实验研究方法、数据处理方法到智能时代的大数据方法，从依靠人的外在行为绩效测试和主观评价的传统方法到揭示人类操作行为的内在神经机制的神经人因学方法，从研究人类个体工作绩效的方法到宏观的社会技术系统方法。

由此可见，图 1－1 实际上表征了工程心理学发展的“路线图”。

三、本书内容的体系架构

在如图 1－1 所示的工程心理学发展“路线图”的基础上，我们构建了工程心理学研究和应用的体系架构，并且按照这样的体系架构编写本书（见表 1－2）。可见，本书的内容充分反映了工程心理学研究和应用的主要内容、发展历程、当前的重要问题以及今后的发展趋势，能为读者学习工程心理学这门学科提供一个全方位的视野。

表 1-2 本书的体系架构

<table>
<tr><td colspan="2" rowspan="2">本书章节</td><td colspan="3">时代技术特征（人机关系）</td></tr>
<tr><td>机械化（人-传统机器交互）</td><td>计算机化（人-计算机交互）</td><td>智能化（人-人工智能交互）</td></tr>
<tr><td rowspan="14">工程心理学研究和应用的重点</td><td rowspan="2">第四章 视觉显示界面</td><td>● 静态视觉显示界面</td><td>● 动态视觉显示界面</td><td rowspan="2">● 大数据和信息的可视化
● 虚拟现实和增强现实</td></tr>
<tr><td colspan="2">● 视觉显示设计
● 视觉编码
● 突显和显示兼容性</td></tr>
<tr><td rowspan="2">第五章 听觉显示界面</td><td>● 非语音界面</td><td colspan="2">● 语音界面</td></tr>
<tr><td colspan="2">● 听觉显示设计
● 听觉告警</td><td></td></tr>
<tr><td rowspan="2">第六章 控制交互界面</td><td rowspan="2">● 传统控制器的交互界面</td><td>● 点击增强技术</td><td></td></tr>
<tr><td colspan="2">● 新型控制交互界面（语音、眼动控制、脑机接口、触觉、手势等）</td></tr>
<tr><td>第八章 作业环境</td><td>● 一般环境属性及其影响，</td><td>● 特殊环境及其影响</td><td>● 环境智能（第 3 版）</td></tr>
<tr><td rowspan="3">第十章 人-计算机交互</td><td rowspan="3"></td><td>● 菜单、命令和对话等界面
● 协同工作、虚拟和网络等界面
● 自适应用户界面
● 人与键盘、指点等设备的交互</td><td>● 智能化自适应界面（第 3 版）</td></tr>
<tr><td colspan="2">● 多模态用户界面</td></tr>
<tr><td>● 自动化技术
● 人-自动化交互
● 以人为中心的自动化设计</td><td>● 智能技术的自主化技术
● 人-自主化交互
● 以人为中心的自主化设计</td></tr>
<tr><td rowspan="2">第十一章 用户体验</td><td rowspan="2"></td><td>● 用户体验的概念
● 用户体验的度量
● 评价度量体系</td><td></td></tr>
<tr><td>● 用户体验驱动的创新设计</td><td>● 用户体验驱动的智能系统设计（第 3 版）</td></tr>
<tr><td>第十二章 神经人因学</td><td></td><td>● 认知系统中的神经人因学
● 情绪加工与神经人因学
● 神经人因学与技术的应用</td><td>● 神经人因学在智能系统中的应用（第 3 版）</td></tr>
<tr><td>第十三章 人-人工智能交互</td><td></td><td></td><td>● 人-人工智能交互（HAII）的提出
● “以人为中心人工智能”的理念
● HAII 研究和应用的重点
● HAII 对工程心理学方法的新要求
● HAII 实践中的挑战与策略</td></tr>
<tr><td rowspan="2">通用问题</td><td>第七章 工作负荷及其应激</td><td colspan="3">生理负荷，心理负荷，应激</td></tr>
<tr><td>第九章 安全与事故预防</td><td colspan="3">事故原因，事故理论，人为差错，事故预防</td></tr>
</table>

如图1-1所示，针对“工作负荷及其应激”（第七章）和“安全与事故预防”（第九章）的研究和应用是工程心理学跨时代的通用问题；针对一些新兴领域的工程心理学研究和应用（如智能化自适应界面、环境智能、用户体验驱动的智能系统设计），我们将在本书第3版中进一步充实。

概念术语

工程心理学，人-机-环系统，人机界面，人-环境界面，工程心理学研究的应用性、机制性和动态性，人机关系的跨时代特征，工程心理学的跨时代特征

本章要点

1. 工程心理学的研究是围绕着人-机-环系统进行的，人机界面和人-环境界面是工程心理学的主要研究对象。

2. 人-机-环系统是由彼此相互作用的人、机器和环境三种要素组成的系统，人机系统和人-环境系统是人-机-环系统的两个子系统。

3. 工程心理学研究的目的有三个方面：降低人的学习、工作负荷，提高人的学习、工作绩效；创造有利于学习、工作的环境，增加人的学习、工作的舒适性；防止错误和事故发生。

4. 工程心理学是多学科交叉重叠的一门学科。它和相关的学科有着基础性、重叠性、互补性和衍生性等四种不同的关系。

5. 工程心理学的四个基础性学科为：心理学、生理学、人体测量学和统计学。

6. 工程心理学的诞生和发展可分为兴起阶段、成长阶段和高速发展等三个阶段：兴起阶段主要关注人适应机器的问题；成长阶段关注的是机器适应人的问题，研究重点主要在军事工业领域；高速发展阶段逐步发展到应用于航天、医药、计算机、汽车工业、服务业等其他领域。

7. 我国工程心理学的发展经历了学科建立、学科重建和学科发展等三个主要阶段。

8. 工程心理学的研究领域：界面显示、人机控制交互、人-环境界面、人-计算机交互、用户体验、神经人因学、人-人工智能交互、工作负荷及其应激、安全与事故预防等。

9. 工程心理学研究特点主要有应用性、机制性和动态性。

10. 跨时代的技术发展一直推动着作为工程心理学研究对象的人机系统的演变，这种演变具体体现为人机关系以及人机角色方面的变化。

11. 跨时代的人机系统特征给工程心理学研究和应用带来了鲜明的跨时代特征。

12. 工程心理学研究和应用跨技术时代的发展呈现出以下特征：工程心理学研究和应用的重点呈现出鲜明的跨时代特征；工程心理学促进了新技术的开发和应用从“以技术为中心”理念向“以人为中心”理念的转变；技术进步推动了工程心理学的发展，体现了工程心理学的社会价值；工程心理学理论和方法与时俱进。

复习思考

1. 什么是工程心理学?

2. 什么是人-机-环系统?

3. 工程心理学的发展历程是怎样的? 如何理解跨时代的技术发展一直推动着作为工程心理学研究对象的人机关系的演变?

4. 工程心理学跨时代的发展呈现出哪些特征?

拓展学习

葛列众等．(2017). *工程心理学*. 华东师范大学出版社.

许为，葛列众．(2018). 人因学发展的新取向．*心理科学进展*，*26* (9)，1521－1534.

许为，葛列众．(2020). 智能时代的工程心理学．*心理科学进展*，*28* (9)，1409－1425.

第二章

人的信息加工

教学目标

了解人的信息加工的阶段以及信息传递能力的含义；把握信息输入阶段的心理过程，包括感觉通道的类型和特性、知觉加工方式和知觉特性、注意及其特征；把握信息处理阶段的心理过程，包括信息加工中的记忆及其特征、思维及其特征、问题解决的策略和影响因素；把握信息输出阶段信息输出的方式和特性；掌握情绪、动机、能力、个性等心理特征对人的信息加工的调节和控制；了解情境意识的理论模型、影响因素、测量方法以及应用研究。

学习重点

熟悉人的信息加工模型和信息加工主要阶段；掌握人的视觉信息通道及其基本特性、人的听觉信息通道及其基本特性，以及人的注意及其基本特征；掌握信息处理中的记忆及其特征、思维及其特征、问题解决的策略及影响因素；掌握信息输出的基本方式及基本特性；熟悉调节和控制人的信息加工的心理特征；熟悉情境意识的三方面理论模型、三方面影响因素、两类测量方法以及应用研究。

开脑思考

1. 在人群中看到朋友并立刻叫出他的名字是一个典型的信息加工过程。这个过程包含了哪些信息加工阶段?

2. 看电影、听音乐、闻花香、品尝蛋糕，信息传递体现在生活的方方面面。你能说出这些视觉、听觉、嗅觉、味觉等信息是如何传递的吗?

3. 一根羽毛落在肩膀上你可能感觉不到，但有人搭一下你的肩膀你就能感知到；10kg 和 10.01kg 的两个铁球很难分辨重量的差别，但是一个 10kg 的铁球和一个 5kg 的铁球却很容易分辨出重量的差别。这两个例子中，哪个是绝对阈限，哪个是差别阈限? 你还能举出其他的例子吗?

4. 视觉和听觉是我们日常生活中的两大信息通道。通过视觉，我们可以看到彩虹；通过听觉，我们可以听音辨位。这分别体现了视觉和听觉的什么特性？视觉和听觉还有哪些特性呢？

5. 你现在还能背出几首古诗？相比于高考前的你呢？如果没有复习，我们会遗忘得越来越多。根据你自身的经验，说说遗忘有哪些特点。

6. 解题、走迷宫、下棋、制订学习计划，生活中总是有许多问题需要解决。你在解决问题时会用到哪些策略？解决问题时又会受到哪些因素的影响呢？

7. 植物学家能够轻易、准确叫出植物园中植物的名称，而普通人却很难准确识别。这反映了反应准确性的什么特点？还有哪些特点决定了反应的准确性？

8. 俗话说千人千面，每个人都有不同的行事风格。那么，是什么因素影响了信息加工，以至于不同的人对同样的事物有不同的加工方式？信息加工的调节还有可能受到哪些因素的影响呢？

人类外在信息及自身信息加工的规律和特点一直是工程心理学研究的理论基础。在本章，我们将首先介绍人的信息加工模型，然后分别讨论在信息输入、信息处理和信息输出这三个主要阶段人的信息加工的规律和特点，其中涵盖了人的感觉（sensation）、知觉（perception）、记忆（memory）、思维（thinking）、问题解决（problem solving）、运动和言语反应（motor and speech response）等内容。最后介绍基于操作情境信息（系统、环境、设备等）和已有知识形成的动态化心理表征，即操作者情境意识的研究。

第一节 人的信息加工模型

一、概述

人的信息加工过程由信息输入、信息处理、信息输出三个阶段组成，包括感觉、知觉、记忆、决策、反应等各个环节。按照信息加工的相关理论，人的感觉和知觉相当于信息输入过程，人的记忆、思维以及问题解决相当于信息处理过程，人的运动和言语反应相当于信息输出过程。

图 2-1 是人的信息加工过程的一个模型，这个模型描述了人的信息加工的各个环节及其相互关系。图中的方框表示信息加工的各个环节，箭头表示信息流动的路线和方向。感觉登记是外界刺激输入后人对信息进行加工的第一个环节，这一步主要在外周感受器内进行。它存储输入的刺激信息，保持的时间很短，在视觉（vision）感受器内的信息能保持约 0.25～1 秒。信息如果在这里得不到强化和进一步加工，就会很快衰退。知觉是在感觉基础上进行的，它是多种感觉综合加工的结果。

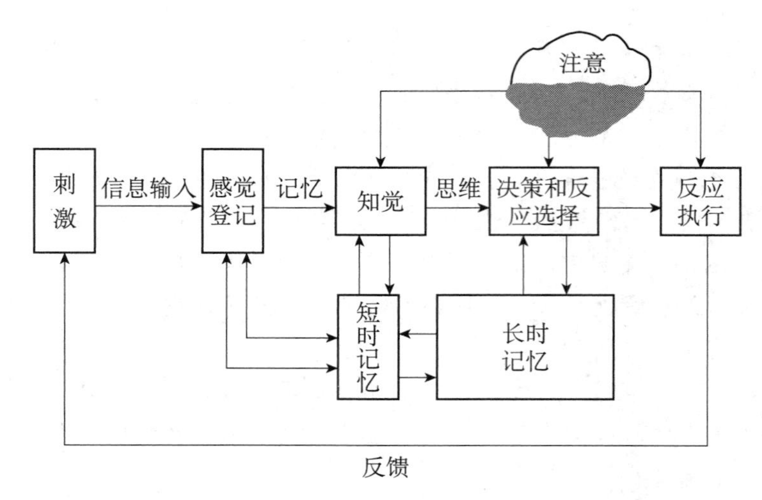

图2-1　人的信息加工模型

来源：朱祖祥，2001。

信息处理主要表现在记忆、思维、决策等过程中。信息经知觉加工后，有的存入记忆中，有的进入思维加工。正是记忆过程的参与，才使知觉具有反映客体整体形象的特点。思维是更复杂的信息加工过程。思维活动需要在知觉和记忆的基础上进行。在思维中通过比较、分析、综合、判断、推理等活动，排除与问题解决无关的信息，在与问题有关的信息中探寻信息间的因果联系，最后找到问题的答案。决策是人的认知中高级和复杂的活动。

信息输出表现为反应执行。在信息处理之后，人对外界刺激做出某种反应，表现为各种有意识的活动。如果人的意识活动与预期达到的目的有所偏离，人就会将偏离的信息通过反馈回路输入大脑，经中枢加工后做出修正，并将修正后的决策信息传向运动器官。

运动器官动作的结果作为一种新的刺激，反向传递给输入端，构成反馈回路。人根据反馈信息，加强或抑制信息的再次输入，从而更加有效地调节运动器官的活动。

人的信息加工的整个过程都离不开注意。注意的功能是使人把信息加工的过程指向并集中于特定信息。

二、信息传递能力

信息传递能力是指人对有效信息的接收和处理能力。

（一）信息量

人的信息加工是以有效输入的信息量为前提的。人获得有效信息量需要满足两个基本的条件：一是刺激必须为感受器可以接收的适宜刺激，二是刺激的信息量必须达到或者超过感觉阈限。

1. 适宜刺激

各种感受器都有自己特定的适宜刺激，它们只对各自的适宜刺激具有最大的感受能力，产生清晰的、有意义的感觉。例如，视觉的适宜刺激是人类视觉系统可接收的可见光，其波长范围是380～780mm，频率范围是5×10^{14}～5×10^{15}Hz；听觉的适宜刺激是人类听觉系统可接收的可听声波，其频率范围是20～20 000Hz。表2－1列举了多种感觉的适宜刺激。

表2－1　不同感觉和感受器的适宜刺激及其识别特征

感觉类型	感觉器官	适宜刺激	刺激来源	识别特征
视觉	眼	一定频率范围的电磁波	外部	形状、大小、位置、远近、色彩、明暗、运动方向等
听觉	耳	一定频率范围的声波	外部	声音的强弱和高低、声源的方向和远近等
嗅觉	鼻	挥发的飞散的特质	外部	香气、臭气、辣气等
味觉	舌	被唾液深解的特质	接触	甜、咸、酸、辣、苦等
皮肤感觉	皮肤及皮下组织	物理和化学物质对皮肤的作用	直接和间接接触	触压、温度、疼痛等
深部感觉	肌体神经和关节	物质对肌体的作用	外部和内部	撞击、重力、姿势等
平衡感觉	半规管	运动和位置的变化	外部和内部	旋转运动、直线运动、摆动等

来源：张广鹏 主编，2008。

2. 感觉阈限

外部刺激或其变化的量只有达到一定的值，人们才能感受到。这个刺激的强度或变化的强度就是人的感觉阈限（sensory threshold）。感觉阈限有绝对阈限和差别阈限两种。

（1）绝对阈限。刺激只有达到一定强度才能引起人的感觉。这种刚刚能引起心理感受的刺激大小，称为绝对阈限（absolute threshold）。人的感觉器官觉察这种微弱刺激的能力称为绝对感受性（absolute sensitivity）。绝对感受性与绝对阈限在数值上成反比。用公式可以表示为：

$$E=1/R \qquad \text{公式 } 2-1$$

式中，E代表绝对感受性，R代表绝对阈限。

人的活动性质、刺激强度、刺激持续时间、个体的注意和年龄等都会影响阈限的大小。一般来说，人的各种感觉的绝对感受性都很高。例如，人可以看到4.8km以外的烛光，可以听见安静环境中6m以外的手表滴答声。

（2）差别阈限。属于同类的两个刺激，它们的强度只有达到一定的差异才能引起差别感受。这种刚刚能引起差别感受的刺激变化量，称为差别阈限（difference threshold）或最小可觉差（just noticeable difference，JND）。这种对最小差异量的感觉能力称为差别感受性（difference sensitivity）。差别感受性与差别阈限在数值上也成反比。

刺激的差别感受取决于刺激的增量与原刺激量的比值，即韦伯定律（Weber's law）。用公式可以表示为：

$$K=\Delta I/I \quad \text{公式 2-2}$$

式中，I 为标准刺激的强度或原刺激量，ΔI 为引起差别感受的刺激增量，即 JND，K 为一个常数。韦伯定律适用于中等强度的刺激。

3. 信息量计算方法

当对操作者的不同作业进行比较时，就需要对信息进行定量。从信息论的角度来看，利用呈现的信息可以测量任务的难度，也可以根据单位时间内完成的信息量来评价操作效率。通常，信息量可被认为是预测某一事件（刺激）发生需要获得的信息的量。信息量的计算单位是比特（bit）。信息获得的过程可被看作对事件做出二选一的选择过程。两个等概率事件选中其一时所含的信息量为 1bit。

等概率事件的信息量可以用公式表示为（引自朱祖祥 主编，2004）：

$$H=\log_2 n \quad \text{公式 2-3}$$

式中，H 为信息量，n 为等概率事件数。

如果每个事件发生的概率不同，各事件所包含的信息量可以用以下公式计算：

$$H_i=\log_2(1/P_i) \quad \text{公式 2-4}$$

式中，H_i 为事件 i 包含的信息量，P_i 为事件 i 发生的概率。

如果要计算几个概率不等事件的平均信息量，可按下式计算：

$$H_a=\sum_{i=1}^{n}P_i\left[\log_2(1/P_i)\right] \quad \text{公式 2-5}$$

式中，H_a 为平均信息量，P_i 为事件 i 发生的概率，n 为事件数。

（二）信道容量

信道容量是指人的传信通道在单位时间（秒，s）内所能传递的最大信息量。从刺激发生到反应执行，信息传递需要经历感觉输入、信息处理和运动输出三个阶段。第一阶段是感觉输入，即感受器接收信息后将其传递到大脑；第二阶段是大脑对信息进行处理，进而进行判断、决策；第三阶段是运动输出，即将信息从大脑传输到运动器官，产生相应的动作和行为。

人有视觉、听觉、触觉、嗅觉、味觉、动觉等多种不同的信息输入通道，有从大脑到手、足、口等多种不同运动器官的信息输出通道。各种信道的传信能力有明显差异。信道容量与单位时间内能正确辨认的刺激数量有关，其计算公式如下：

$$C=(n\log_2 N)/T \quad \text{公式 2-6}$$

式中，C 为信道容量，N 为能正确辨认的刺激数量，n 为单位时间内正确反应的刺激数量，T 为对一个刺激进行正确辨认的反应时。

信道容量会受到感觉性质和刺激维度的影响，例如，多维复合刺激下的信道容量要比单维刺激下明显更大，如表 2-2 所示。

表 2-2　绝对判断中视觉和听觉信道对多维复合刺激的信道容量

感觉信道	复合刺激维度	能绝对辨认的刺激数量（个）	信道容量（bit）
视觉	大小、明度、色调	18	4.1
	等亮度颜色（色调、饱和度）	13	3.6
	点在正方形中的位置	24	4.6
听觉	响度、音高	9	3.1
	频率、强度、间断率、持续时间、方位	150	7.2

来源：朱祖祥 主编，2003。

第二节　信息输入

信息输入是信息加工的第一个阶段。感觉和知觉系统提供了人体内外环境的信息，保证了机体与环境的信息平衡，是各种较高级、复杂的心理现象的基础。感觉是刺激作用于感觉器官，经过神经系统的信息加工所产生的对该刺激个别属性的反映。知觉是刺激作用于感觉器官，经过神经系统的信息加工所产生的对该刺激各种属性的整体反映，是对感觉信息进行组织和解释而产生的对各种刺激整体的认识。

一、视觉和听觉

（一）视觉及其特性

视觉是由光刺激作用于人的视觉系统而产生的。人类获得的外部信息有 80%以上来自视觉。

眼睛是人的视觉器官。人眼的神经细胞高度发达，具有完善的光学系统以及各种使眼睛转动并调节光学装置的肌肉组织。如图 2-2 所示，人眼的外形接近于球状，眼球被眼球壁包围着。眼球壁由巩膜、脉络膜、网膜组成。巩膜在眼球壁的最外层，呈白色，它主要起着巩固、保持眼球的作用。巩膜前面的透明部分叫角膜，光线从角膜射入眼内。脉络膜紧贴着巩膜，脉络膜包含丰富的血管和色素，起着输送养料、滋养眼睛的作用。脉络膜的最前面的环状部分为虹膜，虹膜中央是瞳孔。虹膜后面为水晶体，是透明而有弹性的组织。它的边缘有悬韧带，把水晶体与睫状肌联系在一起。睫状肌的收缩和放松，可以控制水晶体的曲度。角膜与虹膜之间的空间为前房，位于虹膜和水晶体之间的空间被称为后房。角膜、房水、水晶体和玻璃体组成了整个眼睛的折光系统。它们使得物体反射出来的光线发生折射而成像。

眼球壁的最内层为视网膜，人的视网膜中央计有 1.2 亿个左右的视杆细胞和 600 万个左右的视锥细胞，它们沿着视网膜的分布是不均匀的。在视网膜中央的黄斑部位和中央凹附近只有视锥细胞，几乎没有视杆细胞。

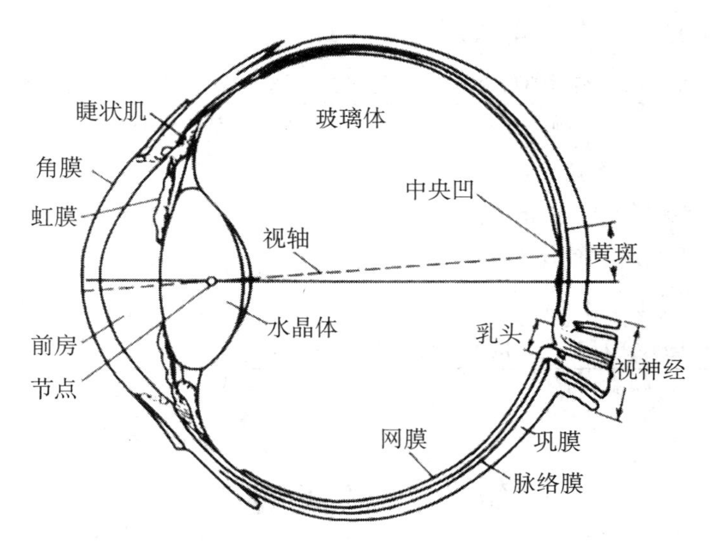

图 2－2　眼睛及视网膜构造示意图

来源：孟昭兰 主编，1994。

视杆细胞和视锥细胞有着不同的视觉功能。视杆细胞是暗视觉器官，而视锥细胞是明视觉器官。视杆细胞的特点是对弱光有高度的感受性，含有夜视所需要的视紫红质，对弱光反应灵敏，但它不能感受颜色，对精细辨别也没有多大的作用。视锥细胞含有强光视觉所需要的视紫蓝质，不仅能感受光线刺激，并且能感受颜色刺激，辨别外部刺激的细节。

视网膜不同部位的视觉敏锐度的变化与视锥细胞的分布情况是一致的。中央凹的视锥细胞密度最大，视敏感相对较高。在微光视觉中，中央凹对微光的反应很差，类似夜盲。微光视觉主要依赖视杆细胞的作用。

视觉系统的主要特性有色觉特性、空间特性和时间特性。

1. 色觉特性

不同谱段可见光同时作用于人的视觉系统，就会产生白光的感觉。不同频率或波长的可见光分别作用于视觉系统，则会引起不同的颜色感觉，即色觉。图 2－3 是不同波长的颜色辨认曲线，人对颜色的辨别能力在不同波长上是不一样的，最低阈限在 480nm 和 600nm 附近，最高阈限在 540nm 附近及光谱的两端。在整个光谱上，人眼能分辨出 150 种不同颜色。

色觉具有色调（hue）、明度（brightness）和饱和度（saturation）三个基本特性。色调是区别不同色彩的特性。明度是指颜色的明暗程度。饱和度是指某种颜色的纯杂程度或鲜明程度。图 2－4 表示的是这三个基本特性的关系。

2. 空间特性

（1）视觉对比。视觉对比（visual contrast）是由可见光刺激在空间上的不同分布引起的视觉经验，可以分成明暗对比和颜色对比。明暗对比是指当某个物体反射的光量相同时，由于周围物体的明度不同而产生的不同的明度效果。颜色对比是指一个物体的颜色受到它周围物体颜色的影响而产生的色调变化。

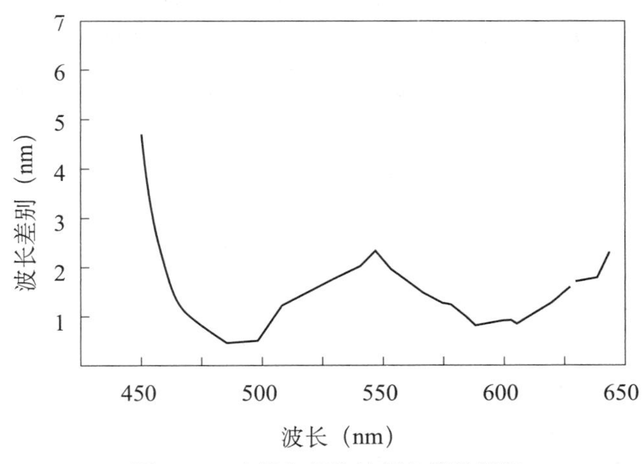

图 2－3 光谱各部位的颜色辨认阈限

来源：黄希庭，1991。

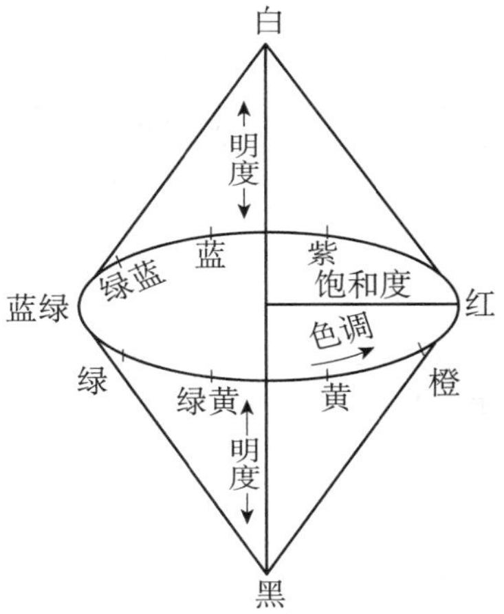

图 2－4 颜色椎体图

来源：彭聃龄 主编，2004。

（2）视敏度。视敏度（visual acuity）是指视觉系统分辨最小物体或物体细节的能力，也称为视力。视敏度的大小通常用可辨视角的倒数来测量。在一定的条件下，能分辨的视角愈小，视敏度愈大。临床上将在标准距离（5m）下分辨出 1 分视角细节的视敏度定义为 1.0。在不同测试条件下，视敏度的换算公式如下：

$$V=D/D' \qquad \text{公式 2－7}$$

式中，V 为视敏度，D'为观察者恰好能分辨视标细节的距离，D 为形成 1 分视角的标准距离。例如，观察者在 5m 标准距离下分辨出与眼睛构成 0.5 分视角的细节，而这个视标与眼睛形成 1 分视角的距离为 2.5m，则视敏度为 2.0。

人的视敏度会受主客观因素的影响而发生变化，这些影响因素很多，如照明强度、目标与背景的亮度比、眼睛的适应状态等。

3. 时间特性

（1）视觉适应。当视觉环境中的光量发生变化时，眼睛对光的感受性随之发生相应的变化，这种现象称为视觉适应。

视觉适应有暗适应和明适应两种。暗适应（dark adaptation）是指照明停止或由亮处转入暗处时视觉感受性提高的过程。暗适应过程中，最初 5～7 分钟里感受性提高较快，随后速度减慢，整个暗适应过程一共需要约 40 分钟，其间感受性提高达 20 万倍。明适应（bright adaptation）是指照明开始或由暗处转入亮处时视觉感受性下降的过程。明适应过程比较短，在最初半分钟里，感受性迅速下降，而后速度减慢，在 5 分钟左右，明适应可以全部完成。

（2）后像。后像（afterimage）是指在刺激对感受器的作用停止以后，感觉现象并不立即消失，而是能保持一段短暂时间的视觉现象。

视觉后像分为正后像和负后像。后像的品质与刺激相同时叫正后像，与之相反时就是负后像。颜色也有后像，一般为负后像。例如，眼睛注视一朵绿花，约 1 分钟后，立即将视线转向白墙，那么在白墙上会看到一朵红花。

（3）闪光融合。断断续续的闪光由于频率的提高使人产生融合的视觉感受，这种视觉现象被称为闪光融合。例如，由于闪光融合的存在，我们看不清电风扇高速转动时扇叶的形状，也看不出日光灯灯光的闪动。刚刚能引起融合感受的刺激的最小频率叫临界闪光频率（critical flicker frequency，CFF），它体现了视觉系统分辨时间能力的极限。

（二）听觉及其特性

听觉是由外界声音刺激作用于听觉感受器而产生的。人的听觉系统由耳、传入神经和大脑听觉中枢构成，如图 2－5 所示。

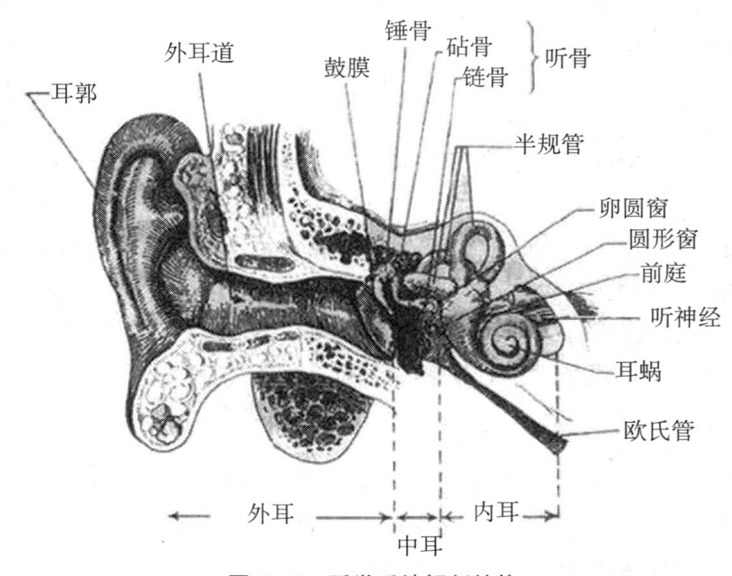

图 2－5 听觉系统解剖结构

来源：彭聃龄 主编，2004。

人耳包括外耳、中耳、内耳三个组成部分。外耳包括耳郭和外耳道，有保护耳孔、收集并向内传送声音的作用。外耳与中耳之间通过鼓膜分隔开。

声波是听觉的适宜刺激。它是由声源物体振动产生的，物体振动使周围的空气密度发生变化，产生周期性的压缩、膨胀的波动，这就是声波。

声波有频率、振幅和波形三种物理属性。它们分别引起音调、音强和音色这三种心理感受。

频率是指发声物体每秒振动的次数，单位是赫兹（Hz）。通常把低于 20Hz 的声波称为次声波，将高于 20 000Hz 的声波称为超声波。次声波和超声波都无法引起人的听觉。人耳可听到的频率范围为 20～20 000Hz。声波频率越高，感受到的音调就越高。

振幅是指振动物体偏离起始位置的大小。振幅决定声音的强度（响度）。振幅大，压力大，听到的声音就强；振幅小，压力小，听到的声音就弱。

声波最简单的形状是正弦波。单纯由正弦波组成的声音叫纯音。在日常生活中，人们听到的大部分声音不是纯音，而是由不同频率和振幅的正弦波叠加而成的复合音。复合音的音调取决于基音（复合音中频率最低的音）的频率。音色则取决于泛音（复合音中除基音之外的其他声波）的数目及相对强度。

1. 强度特性

强度是声音的三要素之一，表示的是声音能量的强弱程度，主要取决于声波振幅的大小。声音的物理强度一般用声强（W/m^2）、声能密度（J/m^3）或声压（Pa）来衡量。实际生活中一般用单位分贝（dB）的声压级来对声波强度进行评价和度量。声压级与声压的计算关系为：

$$N = 10\lg(I/I_0) = 20\lg(p/p_0) \quad \text{公式 2-8}$$

式中，N 为声压级分贝值，I 为声能密度值，I_0 为声能密度听阈值（$10^{-10}J/m^3$），p 为声压值，p_0 为声压听阈值（$2\times10^{-5}Pa$）。

2. 时间特性

听觉的时间特性主要指声波在频率方面，也就是在音调方面的特征。音调表示人耳对声音调子高低的主观感受。客观上，音调主要取决于声波基频的高低，频率高则音调高，反之则低。音调在心理上的主观感受，通常以单位美（mels）来度量，一般定义响度为 40 方（phon）的 1 000Hz 纯音的音调为 1 000 美。“赫兹”与“美”是两个概念不同而又有联系的音调单位，前者是物理量单位，后者则是心理量单位。

人耳对频率的感受有一个从最低可听频率 20Hz 到最高可听频率 20 000Hz 的范围。人耳对响度的感受有一个从听阈到痛阈的范围。响度的测量是以 1 000Hz 纯音为基准，而音调的测量是以 40dB 声强的纯音为基准。心理物理学实验证明，音调与频率之间的数量关系并非线性关系，而是一种对数关系。不管原来频率是多少，只要两个 40dB 的纯音频率都增加 1 个倍频程（即 1 倍），人耳感受到的音调变化就相同。除了频率之外，音调还与声音的响度及波形有关。

人的听觉系统对声音频率的差别阈限同时受声音频率和响度的影响。由图 2-6 可见，频率差别阈限随声音响度降低而增大；而当声音响度不变时，频率差别阈限随声音频率提高而增大，特别是在高于 2 000Hz 的高频段，频率差别阈限陡然上升。

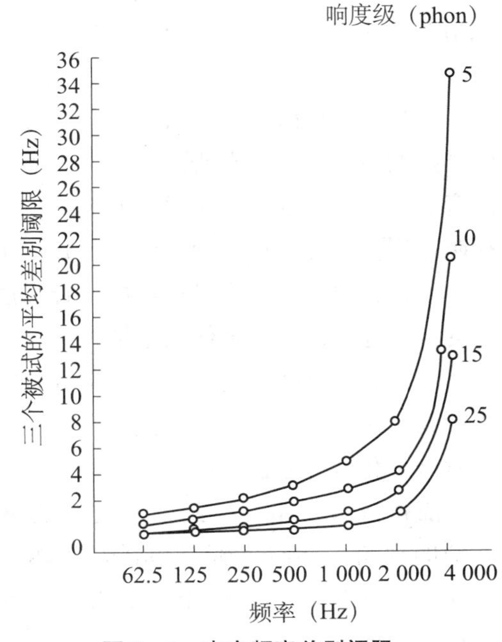

图 2-6 声音频率差别阈限

来源：赫葆源 编，1983。

此外，听觉的时间特性还表现为人的听觉系统不能立即对声音做出反应。研究表明，对于纯音音调，人的听觉系统要花 0.2～0.3s 的时间来“形成”声音，宽带声音的形成可更快一些，时长短于 0.2～0.5s 的声音信号将不如持续更长时间的声音信号响。因此，听觉信号必须持续一定的时间才能被人接收到。

3. 空间特性

人的听觉系统之所以能判断声源的方向与距离，主要依赖双耳信息的比较。在某些情况下，借助头的转动，或利用单耳也可以相当精确地判断出声源的位置。

（1）双耳时间差。声波在空气中以 345m/s 的速度传播。两耳间的声学距离大约为 23cm，假设声源在左边，无疑声波会首先到达左耳，左右耳之间会有 690 毫微秒的时差。如果声源从我们正前方传来，那么声波会同时到达双耳。因此，人的听觉系统通过双耳时间差就可以分辨不同的方位。

（2）双耳强度差。日常生活中，人们都有过这样的体验：声音在传播过程中如果被什么物体挡住，那么听到的音量会变小。同样，如果声音从左边传来，那么左耳听到的声音就会比右耳听到的声音要大一些，因为头在声音的传播过程中充当了障碍物的角色，吸收了一部分音量。

（3）耳郭效应。双耳时间差和双耳强度差主要和在二维平面上的定位有关。对于三维空间中的声源定位，耳郭效应起着重要的作用。耳郭效应与声音经过不规则的耳郭反射之后，到达鼓膜的声波频谱特征和声源的方向有关。人耳借助这种特性，可以判断直达声的方位。这就是所谓的耳郭效应。也就是说，人只凭一只耳朵，就能初步判断出声音的方向，从而对声音进行定位。通过双耳时间差和双耳强度差，以及耳郭效应，可以营造出一个三维的声像环境。

当然，在实际生活中，上述各种线索并不是孤立起作用的，在对周围环境的理解以及视觉和动觉等其他通道信息的帮助之下，人们对声源的方位可以做出较为精确的判断。

4. 声音的掩蔽

在人的听觉上，一个较强声音的存在掩蔽了另一个较弱声音的存在，这就是人耳的掩蔽效应。其中，起干扰作用的叫掩蔽音，另一个声音则为被掩蔽音。人耳的掩蔽效应是一个较为复杂的心理学和生理声学现象，其中主要有频域掩蔽和时域掩蔽两种效应。

（1）频域掩蔽效应。频域掩蔽效应又称同时掩蔽，是指掩蔽音与被掩蔽音同时作用时产生的掩蔽效应。有研究发现，与掩蔽音频率相差越大，受到的掩蔽作用越小；低频声音对高频声音的掩蔽作用，大于高频声音对低频声音的掩蔽作用；掩蔽音的强度越高，掩蔽作用覆盖的频率范围越广。图 2－7 所示为 1 200Hz 纯音在四种强度下，对不同频率纯音的掩蔽效果。由图可见，掩蔽音强度越高，掩蔽作用越大；掩蔽音的频率与被掩蔽音的频率越接近，掩蔽作用也越大。

（2）时域掩蔽效应。由于听觉具有时间特性，听觉信号需要持续一定的时间才能被人听到。根据两个声音在时间维度上出现的顺序，声音的掩蔽效应可以分为前行掩蔽、同时掩蔽和后行掩蔽三种。

前行掩蔽是指在听到强音之前的短暂时间内已经存在的弱音，可以被掩蔽而听不到的现象。同时掩蔽是指强音和弱音同时存在，弱音被强音掩蔽的现象，也就是上述的频域掩蔽。后行掩蔽是指当强音消失后，经过较长的时间才能重新听到弱音的现象。

听觉显示器的易识别设计中就需要考虑环境背景噪声对听觉信号的掩蔽效应。

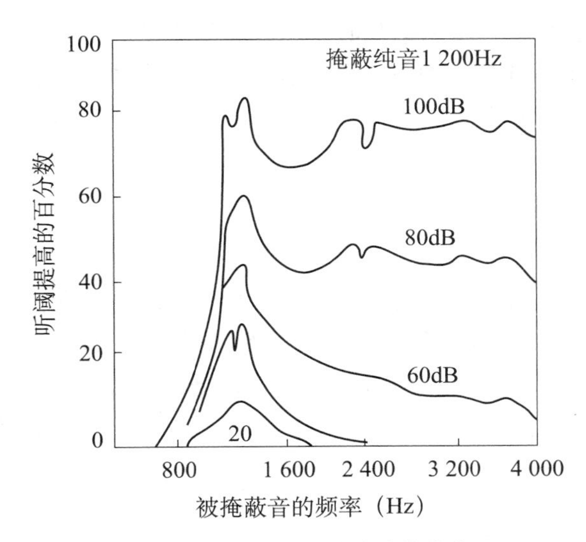

图 2－7　纯音对纯音的掩蔽效应

来源：朱祖祥，2001。

5. 听觉适应与疲劳

听觉适应所需时间很短，恢复也很快。听觉适应有选择性，即仅对作用于耳的那一频率的声音产生适应，对其他未作用的声音并不产生适应现象。如果声音较长时间（如数小时）连续作用，引起听觉感受性显著降低，便称作听觉疲劳。听觉疲劳和听觉适应不同，它在声音停止作用后还需很长一段时间才能恢复。

听觉疲劳表现为听觉阈限的暂时性提高。听觉疲劳的大小与声刺激的强度、持续时间、频率以及声音刺激停止后测量听阈的时间等多种因素有关。长期的听觉疲劳，由于累加作用而使听觉得不到恢复，最终会导致听力降低或永久性听力丧失。如果只是对小部分频率的声音丧失听觉，叫作音隙（tonal gap）；若对大部分频率的声音丧失听觉，叫作音岛（tonal island）；再严重就会完全失聪。

二、知觉加工方式和知觉特性

（一）知觉加工方式

人的知觉系统依赖于外界刺激的特征，同时也受到人的知识经验的影响。数据驱动加工（data-driven processing）和概念驱动加工（concept-driven processing）是知觉的两种基本加工方式。

数据驱动加工又称为自下而上加工（bottom-up processing）。这是一种由外界刺激特征开始的信息加工方式。例如，对控制器上按钮形状的知觉依赖于各部件的原始特征和线条朝向等外界刺激的作用。概念驱动加工又称为自上而下加工（top-down processing）。这种加工方式是从有关知觉对象的一般知识经验开始的，并且形成期待或对知觉对象的假设，从而影响特征觉察器以及对细节注意的引导。

知觉加工方式不仅对外部输入信息起作用，而且依赖于加工系统中已经存储的信息。一般来说，自下而上加工和自上而下加工两种方向不同的加工方式会相互结合、共同作用，形成统一的知觉加工过程。

（二）知觉特性

1. 对象性

知觉的对象性指的是人在知觉过程中，把一些事物当成知觉对象，而把其他事物当作知觉背景。知觉的对象从背景中分离与注意的选择性有关。当注意指向某种事物时，这种事物便成为知觉的对象，而其他事物便成为知觉的背景。当注意从一个对象转向另一个对象时，原来的知觉对象就会成为知觉背景，而原来的知觉背景就可能成为知觉对象。

2. 整体性

知觉的整体性指的是人的知觉系统具有把个别属性、个别部分综合成为整体的特性。在知觉活动中，知觉的整合作用离不开组成整体的各个部分的特点，同时对部分的知觉又依赖于事物的整体特性。通常，人对整体的知觉还可能优先于对个别部分的知觉。如图 2－8 所示，当判读小字母（局部）时，如果小字母与大字母（整体）不一致，那么反应会变慢；相反，当判读大字母时，反应时不受小字母影响，这就是整体优先（global precedence），即整体水平的加工先于局部水平的加工。

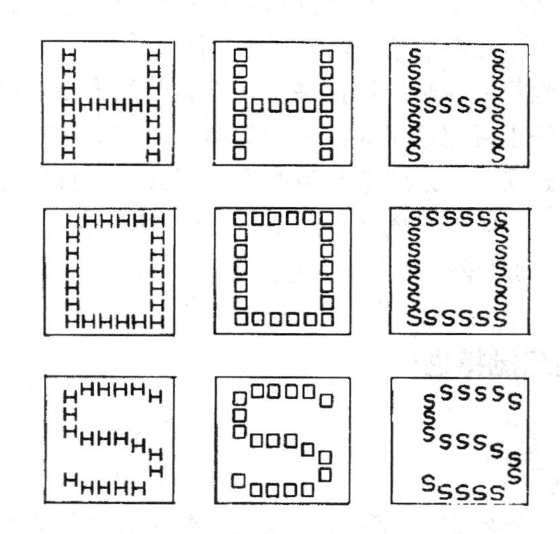

图 2－8　整体优先的实验证据

来源：王甦，汪安圣，1992。

3. 恒常性

知觉的恒常性指的是当知觉的客观条件在一定范围内改变时，人的知觉映像在一定程度上却保持着它的稳定性。知觉的恒常性主要有四种：形状恒常性、大小恒常性、明度恒常性、颜色恒常性。

当人们在不同角度、不同距离、不同照明条件下观察同一物体时，物体在视网膜上成像的性质也会产生变化，而知觉到的物体的形状、大小、明度、颜色都不会发生明显的变化。例如，不管大象由于视觉距离的变化在人眼视网膜上的投影面积会有什么变化，人们总把大象知觉为相对较大的动物。

知觉的恒常性受各种因素影响。例如，视觉线索大小恒常性就有重要的影响。

4. 理解性

知觉的理解性指的是人在知觉过程中，能够以过去的知识经验为依据，解释知觉对象，使其具有一定意义。这个过程与记忆、思维等高级认知过程有着密切的联系。首先，理解性可以促进对象从背景中分离出来，尤其是在两可图中可以帮助确定知觉对象。其次，理解性还有助于实现知觉的整体性，人们对于自己理解和熟悉的东西容易将其当成一个整体来感知。最后，理解性还能产生知觉期待和预测。

三、注意及其特征

（一）注意的概念和分类

注意（attention）是心理活动对一定对象的指向和集中。整个信息加工过程都受到注意的影响。由于信道容量有限，人不可能在同一时间接收所有的刺激信息，而只能选择少数作为心理活动的对象，这表现为注意的指向性。当给予选择的对象持续的关注时，则表现为注意的集中性。

根据引起和维持注意有无目的以及是否需要付出意志努力，可以将注意分成不随意注意、随意注意和随意后注意三种。不随意注意是指事先没有目的、不需要意志努力的注意。这是一种初级被动的注意，主要受刺激自身的新异性、强度等因素影响。随意注意是指有一定目的、需要一定意志努力的注意。随意后注意是自觉的，也不需要意志努力。这是注意的一种特殊形式，是在随意注意的基础上发展起来的。

（二）注意的特征

注意的基本特征主要有注意的选择性、注意的分配、注意的广度和注意的稳定性。

1. 注意的选择性

注意的选择性是指在一定时间内，人只能从众多信息中选择所需要的一部分信息进行输入和处理。在现代复杂的人机系统中，控制设备往往有成千上万的信息显示，人的心理资源有限，要时刻注视每个显示器上信息的变化是不可能的。操作者要及时获得有用的信息，就需要对信息进行有效的选择。

刺激的物理特征，如刺激的强度、数量、作用方式等都是影响注意选择的客观因素。那些位于视野中央的明亮的、动态的刺激比较容易引起注意，所以，在人机系统设计中，视觉信号最好安排在中央视野范围内，并采用突出显示的方式。

对于视觉而言，人通过闭眼这种自然方法可以排除刺激进入视觉通道。但是，听觉和触觉的感受器就没有这种功能，往往被强制接收外界的刺激信息。因此，一般认为用听觉刺激或触觉刺激作为报警信号有一定的优越性。

2. 注意的分配

注意的分配是指人在同一时间能把注意分配到一个以上的对象上。许多操作都需要注意分配。刺激的空间位置、相似程度、强度等都是影响注意分配的因素。例如，两个刺激处于邻近的空间范围内，当需要集中注意这两个刺激时，空间位置的接近有利于注意分配，提高操作效率。此外，对注意对象的熟悉程度、学习、训练等也会影响人的注意分配。

3. 注意的广度

注意的广度是指在同一时间内注意能捕捉到不同对象的程度。注意的广度是注意点来不及移动的一瞬间（0.1s），人所能接收的同时输入的信息量。用速示器测定成年人的视觉的注意广度，结果为在 0.1s 的瞬间，一般能识别 8～9 个黑色圆点、4～6 个无意义英文字母、3～4 个几何图形。

随着注意对象特点、注意任务难度以及知识经验的不同，注意的广度也有所变化。一般认为，注意对象越集中、排列越有规律、相互间的联系越有意义，注意的广度就越大；知觉任务难度小，注意的广度相对大些；人的知识经验越丰富，注意的广度也越大。

4. 注意的稳定性

注意的稳定性是指注意能较长时间保持在特定刺激或活动上，是注意在时间上的特征。成年人高强度的随意注意最长也只能维持 20 分钟。与注意的稳定性相反的是注意的分散性。

第三节　信息处理

外界刺激经过感觉和知觉输入大脑之后，就进入人的信息加工的第二个阶段，即信息处理阶段。这一阶段包括记忆、思维、问题解决等高级认知过程。了解信息处理的一些特征，对设计更有效的人机系统是非常重要的。

一、记忆

（一）记忆的概念

记忆是人脑对过去经验的保持和提取。从认知心理学的观点来看，记忆是一个信息加工过程，感受器输入的信息，经过编码成为人脑可以接收的形式；然后在中枢神经进一步得到加工，以便存储；在需要的时候，那些组织有序的信息就很容易提取。根据信息在记忆中保持或存储的时间长度，可以把记忆分为感觉记忆（sensory memory）、短时记忆（short-term memory）和长时记忆（long-term memory）。

在短时记忆研究的基础上，巴德利和希契（Baddeley & Hitch，1974）提出了工作记忆的概念。他认为工作记忆是一种由多个部分组成的暂时存储和加工信息能力有限的系统。工作记忆概念强调短时记忆与当前所从事的工作的联系，它包括语音回环（phonological loop）、视觉空间模板（visuospatial sketch pad）和中央执行系统（central executive）三个部分。语音回环主要负责语音信息的存储和加工，视觉空间模板主要处理视觉和空间信息，中央执行系统主要控制各部分之间的联系以及注意资源的协调。后来，巴德利和希契又在工作记忆系统中增加了一个部分——情景缓存器（episodic buffer）。工作记忆系统模型如图 2－9 所示，其中视觉语义、情景长时记忆、语言都属于长时记忆系统。这个模型强调工作记忆与长时记忆的联系，以及各个部分信息整合的加工过程。

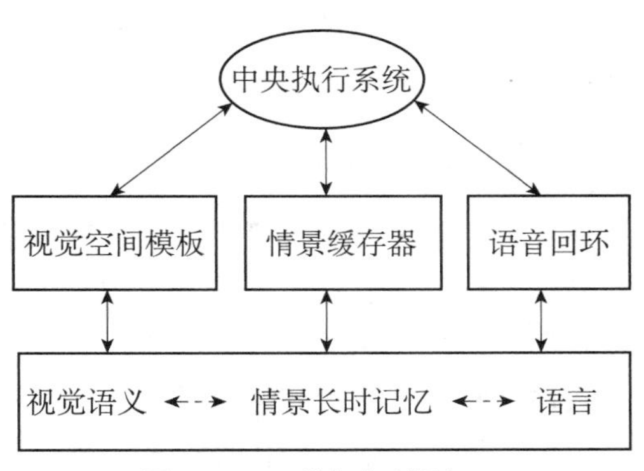

图 2－9　工作记忆模型

来源：王益文，林崇德，2006。

（二）记忆的作用

记忆对人的工作和生活具有十分重要的意义。知识的获取、动作技能的培养、语言和思维的发展，以及人的行为方式和人格特征的养成，都要以记忆为前提。记忆与人对人机界面的操作紧密联系。例如，在人机界面操作中，操作者过去的操作记忆可以帮助操作者完成当前的操作任务。在信息加工过程中，记忆的作用主要体现在信息编码、信息存储和信息提取三个方面。

1. 信息编码

信息编码（encoding）是个体对外界信息进行形式转换的过程，包括对外界信息进行反复的感知、思考、体验和操作。在整个记忆系统中，编码有不同层次或水平，而且以不同形式存在着。感觉记忆编码依赖于信息的物理特征，图像记忆和声像记忆是感觉记忆的主要形式。在短时记忆的最初阶段存在视觉形式的编码，之后逐渐向语音听觉编码过渡。长时记忆的编码主要按语义类别进行。

2. 信息存储

信息存储（storage）是把感知过的事物、体验过的情感、做过的动作、思考过的问题等，以一定的形式保持在人们的头脑中。感觉记忆中，图像记忆可以保持 0.25～1s，其容量平均为 9 个左右；声像记忆可以保持约 2s，其容量平均只有 5 个左右。短时记忆对所加工与处理的刺激信息起到了暂时寄存器的重要作用。短时记忆的容量为 7±2 个信息组块（chunk）。工作记忆对信息的保持也是有限的，其容量比短时记忆要小。长时记忆的存储是一个动态过程，已保持的经验在量和质上通常都会发生一定的变化。

3. 信息提取

信息提取（retrieval）是指从长时记忆中查找已有的信息的过程。感觉记忆中大部分信息因为来不及加工而迅速消退，只有一部分信息由于注意而得到进一步加工，并进入短时记忆。长时记忆信息的提取有再认和回忆两种形式。再认的效果随着再认的时间间隔而变化，回忆通常以联想为基础。

（三）记忆的影响因素

在记忆加工开始阶段，注意是影响信息从感觉记忆进入短时记忆的主要因素。那些没有引起个体注意且没有被及时识别的信息很快就消失了。当信息进入短时记忆后，复述是促进信息存储的有效方法。在长时记忆中，个体经验的存储主要依赖于复习组织的有效性、复习时间的分配及时效性。

记忆保持的最大变化是遗忘。遗忘一般在学习之后立即开始，遗忘最初进展得很快，之后逐渐放缓。例如，无意义音节在学习结束 20 分钟之后遗忘就达到了 41.8%左右，而在 31 天之后遗忘竟达到 78.9%。图 2－10 是艾宾浩斯遗忘曲线，从中可以看出遗忘先快后慢的发展进程。

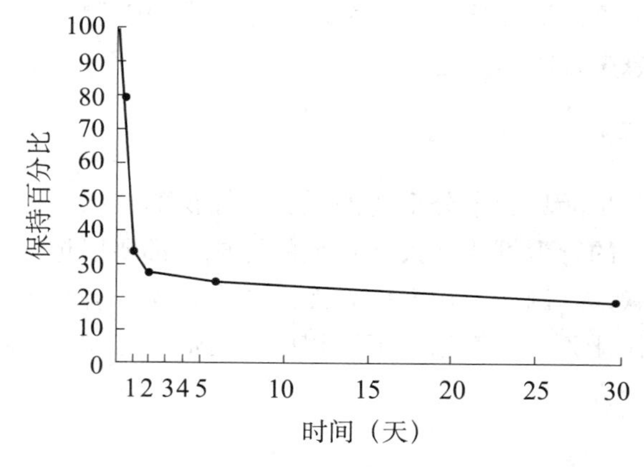

图 2－10　艾宾浩斯遗忘曲线

来源：Ebbinghaus，1885。

另外，人的觉醒状态即大脑皮层的兴奋水平也会直接影响记忆编码的效果。例如，有的人在上午 10 点左右记忆广度达到高峰。人脑健康状况直接影响记忆的好坏，特别是缺乏蛋白质也会使记忆力下降。

二、思维

思维是借助语言、表象等对客观事物本质和规律的认识过程，是人信息处理过程中的高级形式。思维主要表现在概念形成和问题解决的活动中。思维是对输入信息进行更深层次的加工，可以揭示事物之间的关系，形成概念，并利用概念进行判断、推理，解决各种问题。

思维具有概括性和间接性两大特征。概括性是指根据已知的大量材料，把一类事物的共同特性和规律提炼出来。它可以使人的认识活动摆脱具体事物的局限性，加深对事物的了解。间接性是指通过中介对客观事物进行间接认识。它使人超越感知觉提供的信息，使人的认知更为广阔、深刻。

（一）思维过程

1. 分析与综合

分析与综合是思维的基本过程。分析是将事物的心理表征进行分解，以把握事物的基本结构要素、属性和特征。综合是与分析相反的信息处理方式，是将事物的结构要素或个别属性、特征联合成一个整体。通过综合可以认识事物的各个结构要素或各个属性之间的关系，以把握事物的整体结构和规律。分析与综合是思维过程中紧密联系的不可分割的两个方面。

2. 比较

比较是将各种事物的心理表征进行对比，以确定它们之间的相异或者相同关系的心理过程。比较是以分析为基础的，只有先将不同对象的特征区分开来，才能进行比较。同时，比较还要确定各个部分之间的关系，所以比较又是一个综合的过程。只有通过比较才能发现事物之间的相同点或不同点，将事物归为不同类别，最终把握事物的本质和规律。

3. 抽象与概括

抽象是将事物的本质属性提炼出来，舍弃事物个别非本质属性的过程。例如，人们对各种钟表的抽象就是提炼本质属性"可以计时"。概括是在抽象的基础上进行的，是将提炼出来的本质属性综合起来，并推广到同类事物中去。例如，公式、定理、概念等往往是以概括为基础构建的。

（二）推理

推理（reasoning）是指从具体事物中归纳出一般规律，或者根据一般原理推演出新的信息的心理过程。推理有归纳推理和演绎推理。归纳推理（inductive reasoning）是通过观察事物从而得到一个新的结论。演绎推理（deductive reasoning）是从原理出发，通过逻辑验证事实，本质上属于问题解决的范畴。

演绎推理主要有三段论推理、线性推理和条件推理三种形式。三段论推理（syllogism reasoning）是由两个假定真实的前提和一个可能符合这两个前提的结论组成。在线性推理（linear reasoning）中，所给予的两个前提说明了三个逻辑项之间可以传递的关系。例如，小王比小李年龄大，小李比小孙年龄大，因此，小王比小孙年龄大。条件推理（conditional reasoning）是指利用条件性命题进行的推理。例如，"如果关闭电源，设备就停止运转"，现在电源关闭了，所以设备停止运转了。

三、问题解决

（一）问题解决的定义

问题解决是一个从问题情境的初始状态开始，通过应用各种认知活动、技能等，以及一系列思维操作，达到目标状态的过程。例如，在人机系统中查找危险隐患就是一个问题解决过程。

（二）问题解决的策略

为了提高问题解决的效率，需要选择合适的策略。下面是几种通用的问题解决策略。

- 算法（algorithm）：把问题解决的方法一一进行尝试，最终找到问题解决的答案。
- 手段-目的分析（mean-end analysis）：先将目标状态分解成若干子目标，通过实现一系列的子目标最终达到总目标。
- 逆向搜索（backwards search）：从问题的目标状态开始搜索，直至找到通往初始状态的方法。
- 爬山法（hill climbing method）：采用一定的方法逐步缩小初始状态和目标状态的距离，以最终达到问题解决。

（三）问题解决的影响因素

人在问题解决过程中容易受到多种因素的影响。例如，在飞行事故诊断上，知识经验丰富的专家飞行员处理起来要比新手飞行员更为有效。除了受问题解决策略选择和知识经验的影响以外，问题解决还受到其他一些因素的影响。

1. 定势

定势（set）是指在一定活动之后，会在一段时间内保持相应的心理状态。它是影响同类后续活动的趋势。在问题解决过程中，如果后续问题与先前问题的解决方法一致，定势就会对后续问题的解决起促进作用；如果后续问题与先前问题的解决方法不一致，定势就会对解决后续问题产生一定的阻碍作用。

2. 功能固着

功能固着（functional fixation）是指人把某种功能赋予某种物体的倾向。例如，杯子是用来喝水的，砖是用来盖房子的，等等。在问题解决过程中，由于功能固着的影响，人不易摆脱物体用途的固有观念，从而直接影响到灵活解决问题。所以，能否改变对物体固有功能的认识以适应新的问题情境，常常成为问题解决的关键。例如，请用一根蜡烛、一枚图钉、一盒火柴，把蜡烛点燃后固定在墙上。许多人很难快速想出解决这个问题的方法。其实方法很简单，只需要用火柴把蜡烛点燃，然后用图钉把空火柴盒固定在墙上，再用蜡油把蜡烛粘在火柴盒上就可以了。这个问题之所以较难是因为没有灵活改变火柴盒的用途。其实火柴盒除了装火柴以外，还可以用来固定蜡烛。

3. 动机

问题解决还取决于人对活动的态度、社会责任感、兴趣等。在一定限度内，动机的强度和问题解决的效率成正比，但是动机太强容易导致紧张情绪，动机太弱容易受无关因素干扰，都会降低问题解决的效率。动机强度和问题解决效率之间的关系可以用一条倒 U 形曲线来说明。通常，中等强度的动机常常是问题解决的最佳水平。

第四节　信息输出

在信息处理之后，操作者依据信息加工的结果对系统进行反应。这就是信息输出的过程。信息输出的方式有多种，如运动反应、言语反应等。信息输出是人对系统进行有效控制并使系统正常运转的必要环节。

一、运动系统与言语生理机制

（一）运动系统

信息输出主要是通过人的运动系统来完成的。运动系统的特点是影响操作装置、作业空间的设计的重要因素。

人的运动系统由骨骼、关节和肌肉三部分组成。骨骼和关节构成人体骨架。肌肉附着在骨架上，受到神经系统的支配，可以牵引骨骼绕着关节形成各种各样的运动。

1. 骨骼

成人全身共有 206 块骨骼，其中只有 177 块直接参与人体的运动。骨骼分为躯干骨、颅骨和四肢骨三部分。如图 2－11 所示，躯干骨包括椎骨、肋骨、胸骨，各椎骨与关节构成脊柱。脊柱胸段与肋骨相连接，肋骨前端又连接胸骨，形成骨性胸廓。脊柱骶尾段与下肢带骨连接构成盆骨。

脊柱位于背部中央，构成人体中轴。脊椎除了支撑身体、保护骨髓、增加弹性、吸收震荡以外，还要进行运动。相邻两椎骨之间的运动有限，但整个脊椎的活动范围很大。人的大部分活动需要脊椎运动的支持，所以背部损伤的机会就较多。在设计设备装置时，应当保证在脊椎的活动范围内活动，避免过度扭曲。

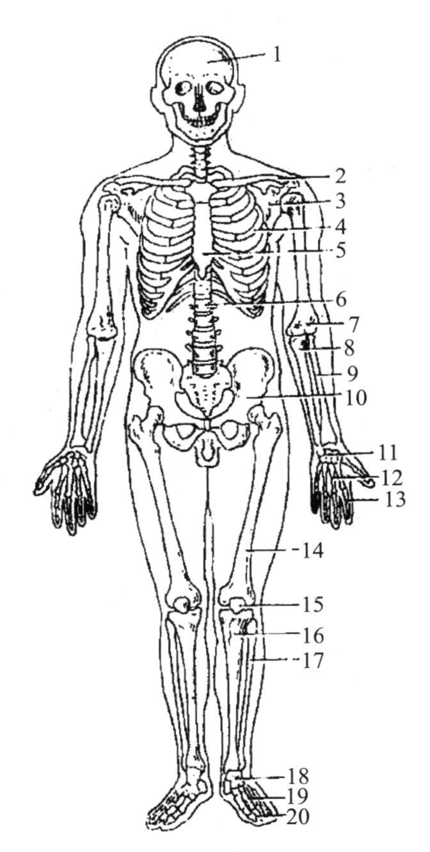

图 2－11　人体骨骼

注：1. 颅骨；2. 锁骨；3. 肩胛骨；4. 肋骨；5. 胸骨；6. 椎骨；7. 肱骨；8. 尺骨；9. 桡骨；10. 髋骨；11. 腕骨；12. 掌骨；13. 指骨；14. 股骨；15. 髌骨；16. 胫骨；17. 腓骨；18. 跗骨；19. 跖骨；20. 趾骨。

来源：张宏林 主编，2005。

2. 关节

关节是骨骼之间的结缔组织相互连接构成的。根据连接组织的性质，可以将关节分为以下三类：

- 不动关节：连接组织之间没有任何间断和裂缝，例如韧带连接。

- 动关节：连接组织之间有空隙，失去连续性。人体绝大部分关节是这种类型。
- 半动关节：这是上述两种类型的过渡形式，两骨以软骨组织连接，活动范围小。

人体关节的所有运动可以归纳为滑动运动、角度运动、旋转运动和环转运动四种基本形式。

- 滑动运动：这是最简单的运动，相对于关节面的形态基本一致，活动量较小，例如腕骨或跗骨的运动。
- 角度运动：邻近的两骨绕轴离开或收拢，可以增大或减小角度。一般有屈伸和收展两种形式。
- 旋转运动：这是指骨骼环绕垂直轴做运动，又分为旋内（由前向内）和旋外（由内向外）两种运动形式。
- 环转运动：骨骼的上端原位转动，下端做圆周运动。那些具有进行冠状和矢状两轴活动能力的关节，都可以做环状运动。

3. 肌肉

肌肉是在人体中分布很广的组织。男性肌肉约占体重的 40%，女性约占 35%。肌肉由肌肉纤维组成，每块肌肉包含 10 万～100 万条肌肉纤维。依据肌肉的形态、功能和位置等特点，肌肉可以分为骨骼肌、平滑肌和心肌。骨骼肌的收缩受人的意志支配，骨骼肌的肌肉纤维终端形成肌肉筋，肌肉筋汇集在一起形成肌肉键，肌肉键紧密地附着在骨骼上。平滑肌构成人体某些脏器的管壁，心肌分布在心脏的壁上，这两种肌肉不受意志支配。

对于信息输出来说，主要研究的是骨骼肌的特点。骨骼肌的最大一个特点是具有收缩性。处于静止状态时，骨骼肌保持轻微的收缩，以保持人体的一定姿势；处于运动状态时，骨骼肌周径增大，肌肉纤维可以缩短到静止状态的 1/3～1/2。骨骼肌在收缩时的最大力量为 0.3～0.4N/mm^2，所以人体肌肉力量取决于肌肉的横截面积。骨骼肌在收缩开始时力量最大，随后力量开始减弱。骨骼肌在外力作用下还可以被拉长，表现出伸展性，外力解除后，肌肉纤维可以复原。

（二）言语生理机制

言语行为是信息输出的一种重要方式。语音和自然界其他声音一样，都是因物体的振动而产生的。这个振动的物体就是人的发音器官，它由下面三个部分组成，如图 2-12 所示。

1. 呼吸器官

呼吸器官是发音器官的重要组成部分。言语发音的原动力是呼吸产生的气流。呼吸器官包括喉头以下的气管、支气管和肺。由于肺的扩张，气流从外界经过口腔、鼻腔、咽喉、气管、支气管进入肺部，肺在收缩时，气流反方向排出。气流在进出管道的过程中，与某些部位发生冲击或摩擦而产生声音。一般来说，语音是在气流呼出时产生的。

2. 声带和喉头

声带是人主要的发音体。声带位于喉头中，由两片黏膜构成，中间的缝隙是声门。

喉头的软骨组织在气流通过时，由于平滑肌的牵引而活动，从而使声门可以张开和闭合。这种牵动使得声带的平滑肌时紧时松，于是引起声带的振动而发出声音。

3. 口腔、鼻腔和咽腔

口腔、鼻腔和咽腔是发音共鸣器，相当于音箱的作用。声带发出的声音与这几个空腔中的空气相遇而发生共鸣，声音被加强和放大，从而产生语音。口腔作用最大，它包括舌、下颌、软腭等，这些部位都可以自由活动，从而使气流通过时产生不同的声音。

言语行为与大脑的不同部位有着紧密联系，主要与大脑左半球的布洛卡区、威尔尼克区和角回等有关。这些部位的病变或损伤，会导致言语功能的异常或丧失。

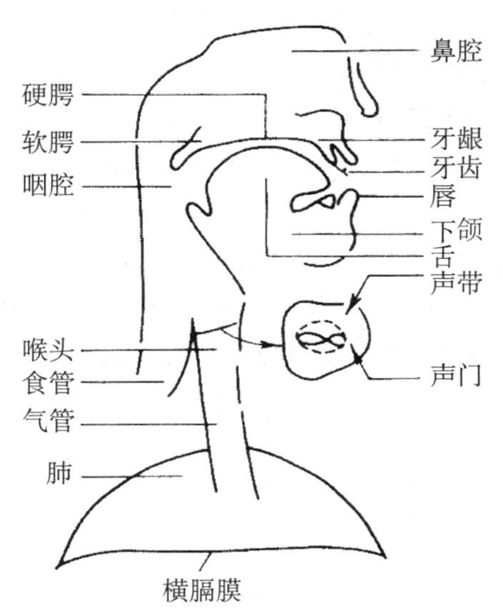

图 2-12　发音器官示意图

来源：孟昭兰 主编，1994。

二、信息输出特性

（一）运动反应

1. 简单反应

简单反应是指人得到的刺激是单一的，刺激呈现时需要进行特定单一的反应，通常反应者事先知道刺激的内容和反应方式。简单反应的特点是刺激信号简单，容易反应，不必进行分辨，所以反应时较短。刺激作用于不同的感觉通道，其反应时是不同的，其中触觉的简单反应时最短，表 2-3 是各种感觉通道的简单反应时。

表 2-3　各种感觉通道的简单反应时

感觉通道	反应时（ms）
触觉	110～160
听觉	120～160
视觉	150～200
冷觉	150～230
温觉	180～240
嗅觉	210～390
痛觉	400～1 000
味觉	330～1 000

来源：项英华 编著，2008。

2. 复杂反应

复杂反应是指显示多种刺激，要求人根据不同刺激，进行不同回答的反应。复杂反应包括辨别反应和选择反应。辨别反应是指在呈现某一特定刺激时进行预定的反应，而对其余刺激不做出反应；选择反应是指不同的刺激要求不同的反应，刺激与反应之间存在一一对应的关系。复杂反应的特点是刺激信号内容多而复杂，需要进行识别、判断和选择，容易出错。通常，辨别反应的时间比选择反应的时间要短，但比简单反应的时间要长。

在实际操作中，复杂反应居多。这种反应往往与显示器和控制器的设计相关。由于对刺激进行反应的能力有限，人只能对一部分刺激进行反应。刺激呈现太多，往往会遗漏重要的信息。因此，在进行相关设计时，要考虑刺激的数量与人的接收能力的关系。表 2-4 是刺激数量与反应时的关系。从表中可见，刺激的数量每增加一倍，所引起的反应时增加接近一个常数。

表 2-4 刺激数量与反应时的关系

刺激数量	反应时（ms）	反应时增量（ms）	刺激数量增加一倍时的反应时增量
1	187	187	
2	316	129	由 1 个到 2 个，反应时增加 129
3	364	48	
4	434	70	由 2 个到 4 个，反应时增加 118
5	487	53	
6	532	45	由 3 个到 6 个，反应时增加 168
7	570	38	
8	603	33	由 4 个到 8 个，反应时增加 169
9	619	16	
10	622	3	由 5 个到 10 个，反应时增加 135

来源：吕志强 主编，2006。

3. 反应准确性

反应准确性是衡量信息输出质量高低的一个重要指标。如果人的反应准确性不高，那么即使反应时很短也不能实现系统目标，甚至会导致事故。

反应时对准确性的影响遵循“边际递减”规律，即随着反应时的增加，最初准确性迅速提高，但是当准确性接近最大时，反应时的增加对准确性提高的影响逐渐变得很小，如图 2-13 所示。这一规律称为速度-准确性互换特性（speed-accuracy operating characteristic，SAOC），图中曲线就是 SAOC 曲线。为了使人机系统运行效率最高，中等速度或中等准确性时，可以获得最佳的操作绩效，即曲线的拐点处。但是，一般来说，为了防止大的风险事故，操作者愿意将工作点选择在拐点处右侧的某一个位置上。

人的肢体从一个位置移动到另一个位置称为定位运动。定位运动的速度可以用肢体到达定位目标所需要的时间来表示。费茨定律（Fitts' law）认为，定位运动所需要的时间（MT）随着目标距离（A）增大而增加，随着目标宽度（W）增大而缩短。费茨定律可用下式来表示：

$$\mathrm{MT} = a + b\log_2(2A/W) \qquad \text{公式 2-9}$$

式中，a 和 b 是常数。费茨定律描述了移动时间与移动难度（$2A/W$ 的对数）之间的线性

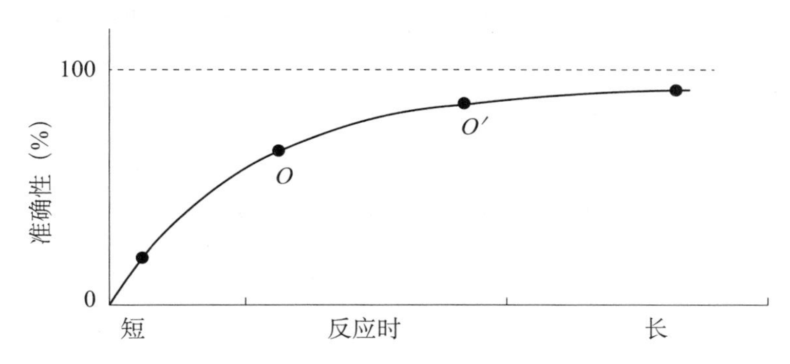

图 2－13　速度-准确性互换特性曲线

来源：朱祖祥 主编，2003。

关系。费茨定律的应用研究较多体现在手的定位运动上，例如，用手拖动鼠标将光标移动到菜单中某个菜单项时，对操作时间进行估计。费茨定律同样适用于预测脚的定位运动，例如，估计脚踩踏板这类动作的执行时间。

在实际操作中，当视觉负荷很大时，需要根据运动轨迹记忆和运动觉反馈进行盲目定位运动。定位运动一般都有较高的精确性要求。费茨（Fitts，1947）曾对盲目定位运动的准确性做过研究。如图 2－14 所示，操作者蒙住眼睛用铁笔去刺放在左、中、右三侧的靶标，靶标共 20 个，分上、中、下三层，每次靶标分别位于操作者前方左右各 45°、90°、135°的位置。击中靶心计 0 分，落在靶外计 6 分，其余各圈分别计 1～5 分。在图 2－14 中，圆越小代表准确性越高；灰圆点表示定位运动达到的位置，点越大表示定位运动到达的次数越多；数值表示分数，分值越小表示准确性越高。由此可知，盲目定位运动的准确性以人的正前方为最高，右侧高于左侧，同一方位下方高于上方。这些数据对控制器的设计具有一定的参考价值。

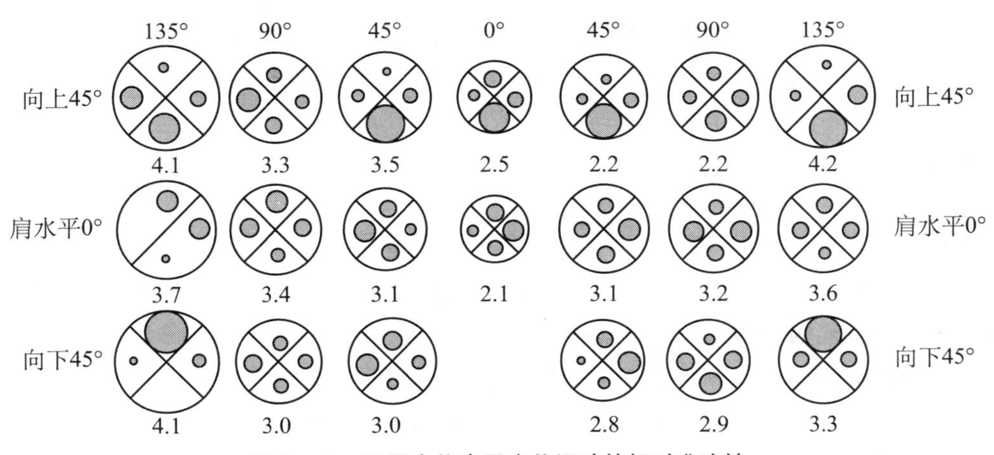

图 2－14　不同方位盲目定位运动的相对准确性

来源：孙林岩 主编，2008。

（二）言语反应

言语反应是人通过发音器官输出信息的一个过程。言语反应力求达到表达准确和易于他人理解。言语反应除了受到信息处理过程的影响，还和人所处的环境以及个体言语行为的目的与动机有关。

言语反应的单位从简单到复杂主要有五种：

- 语音：语音的基本单位是音素，音素结合可以产生不同的语音。
- 字词：几个语音结合可以产生词素，语音结合为词素的方法称作词法。
- 短语：一些字词按照一定规则，可以产生短语。
- 句子：句子是在字词和短语的基础上，按照一定顺序组合而成。对句子水平的理解需要掌握相应的语法。
- 意义：意义是言语信息输出的一种整合，受语法理论的影响。

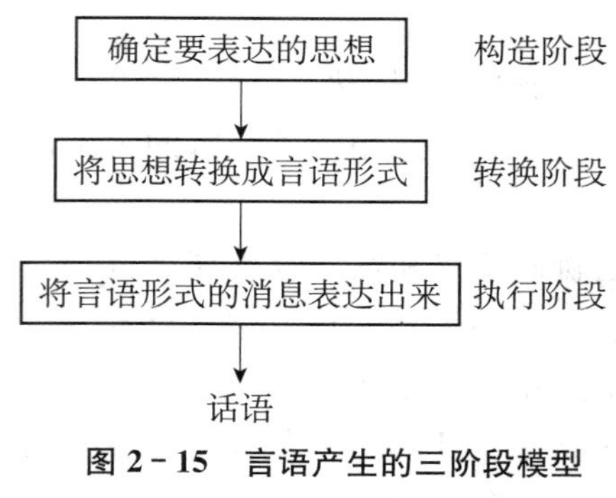

图 2-15　言语产生的三阶段模型

来源：王甦，汪安圣，1992。

言语反应是从信息处理到信息输出的过程。同时，言语反应也是一个从深层结构到表层结构的过程，即由内部语义建构到语音表达的加工过程。安德森和克劳福德（Anderson & Crawford，1980）提出了言语产生的三阶段模型，如图 2-15 所示，它包括相互递进的三个阶段：第一，构造阶段，根据目的确定需要输出的信息；第二，转换阶段，运用语法规则将处理信息转化为言语信息；第三，执行阶段，将言语信息通过发音器官说出来。

第五节　信息加工调控

人的信息加工过程类似计算机的信息加工过程，但是人又不同于机器，人还有情绪、动机、个性等特征。人的这些心理特征都会在一定程度上调节和控制人的信息加工。

一、情绪

情绪（emotion）是人对客观事物的态度体验，由生理唤醒、外显行为和意识体验组成。当客观事物满足人的需要时，人就会产生满意、快乐、热情等积极情绪；相反，人就会产生气愤、郁闷、悲伤等消极情绪。

情绪状态可以分为心境、激情和应激三种。心境是一种比较平静而持久的情绪状态，它可以弥散开来影响人对其他事物的态度和体验。心境持续时间与客观刺激的性质以及人的气质、性格等有关，积极乐观的心境可以提高人的信息加工效率。激情是一种强烈的、爆发性的、短暂的情绪状态。它往往由对个人有重大意义的事件引起。在激情状态下，人的意识变得狭窄，信息加工能力下降，行为反应容易失去控制。应激是意外的紧急情况引起的情绪状态，应激状态下会产生高度紧张体验。例如，飞行员在面对飞行故障时，就会出现应激状态。这时飞行员的情绪状态会影响到决策和行为反应。

情绪对人的信息加工过程具有组织作用。这种组织作用主要表现为积极情绪的协调作用，以及消极情绪的负面破坏作用。戈兰登等（Glendon et al.，2016）认为，不良的情绪会导致压力体验，这样可能会降低人处理风险的能力，从而引起并强化风险行为。同样，由压力引起的情绪反应会降低人对危险的知觉能力。一般来说，中等强度的愉快情绪，有利于提高信息加工的效率。

同时，情绪还具有信号功能。情绪可以通过表情来传递信息，也可以通过内部体验作为反馈信息，来调节信息输入与信息处理。

二、动机

动机（motive）是引发并推动个体行为的心理动力。它是个体在物质需要和精神需要的基础上产生的，而又不为他人直接观察到的内在心理倾向。

动机作为个体活动的动力，在人的活动中具有以下三种作用：

- 激发作用：激活和发动个体行为，使个体从静止状态转向活动状态。
- 指向作用：引导个体行为朝一定目标行进，动机不同，行为的方向也不同。
- 维持和调整作用：主要表现在个体行为的坚持性上。

个体在整个信息加工过程中，会形成各种不同的观念和期待。这些观念和期待在刺激和行为之间起到中介作用，能引起行为或改变行为。

在对行为反应的影响上，动机并不是越强越好。耶克斯-多德森定律（Yerkes-Dodson Law）很好地解释了两者的关系。如图 2－16 所示，动机与行为反应之间是倒 U 形曲线关系，动机强度处于中等水平时，工作效率最高，如果动机强度超过这个水平，对行为反应反而会产生一定的阻碍作用。

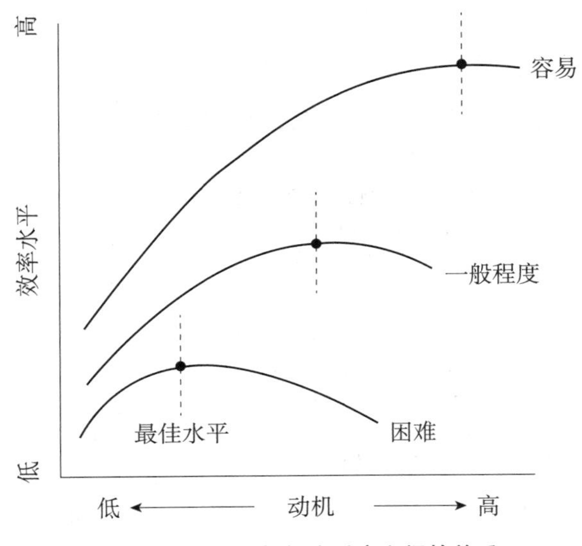

图 2－16　动机与行为反应之间的关系

来源：彭聃龄 主编，2004。

三、能力

能力（ability）是一个人完成一定活动时所表现出来的稳定的心理特征。能力直接影响活动的效率，总是与活动联系在一起并在活动中表现出来。

能力可以分为一般能力与特殊能力。一般能力主要是认识活动的能力，也称为智力，包括观察力、记忆力、抽象概括力、想象力、创造力等。特殊能力是在某种专业活动中表现出来的能力，如音乐表象能力、色彩鉴别能力、写作能力、管理能力、机械操作能力等。一般能力是特殊能力的基础，而特殊能力的发展又会促进一般能力的发展。通常人在进行某种活动时，一般能力与特殊能力是相互结合、相互渗透、相互促进的。

四、个性

个性是个人带有倾向性的、比较稳定的心理特征。由于先天素质的不同、后天环境的不同以及所从事的实践活动的不同，个体不仅在兴趣、信念、世界观等方面具有鲜明的差异性，而且在气质和性格等方面也具有不同的特征。

（一）气质

气质（temperament）是人典型的、稳定的心理活动的动力特征。气质主要由生物遗传决定，不以活动的内容、目的和动机为转移。气质不同的人，在心理过程的强度、速度、稳定性、灵活性以及指向性等方面表现不同。例如，有的人情绪强烈易变、反应敏捷、言语多而快，而有的人情绪平静、反应迟钝、言语少而慢。气质使每个人的整个心理活动过程带有独特的色彩。

气质可以分为胆汁质、多血质、黏液质、抑郁质四种类型。各种类型的气质都有各自的特点以及对工作的适应性，如表 2－5 所示。

表 2－5　气质类型特征及工作适应性

气质类型	主要特征	工作适应性
胆汁质	属于神经活动强而不平衡型。其典型特点为兴奋性高，动作和情绪反应迅速而且强烈，行为外向，但是行为缺少均衡性，自制力差，不稳定。	适合做要求反应迅速、应急性强、危险性和难度较大而且费力气的工作，不适合于从事稳重性、细致性工作。
多血质	属于神经活动强、平衡而灵活型。其典型特点为兴奋性高，情绪、动作和言语反应迅速，行为均衡，外向且有很高的灵活性，容易适应条件的变化，机智敏锐，能迅速把握新事物，但注意力容易转移。	适合于从事多样多变、要求反应敏捷而且均衡的工作，而不太适合做需要细心钻研的工作。
黏液质	属于神经活动强、平稳而不灵活型。其典型特点为平稳，能在各种条件下保持平衡，冷静有条理，坚持不懈，注意力稳定，但不够灵活，循规蹈矩。	较适合从事有条不紊、按部就班、刻板性强、平静而且耐受性较高的工作，而不太适合从事激烈多变的工作。

续表

气质类型	主要特征	工作适应性
抑郁质	属于神经活动弱型。其典型特点为情绪感受性高，内心体验强烈，孤僻、胆怯，极为内向。	能够兢兢业业地工作，适合从事持久、细致的工作，而不适合做要求反应敏捷、处理果断的工作。

来源：张宏林 主编，2005。

气质类型没有优劣之分，每种气质类型都优点，不同的职业对操作者具有不同的心理品质要求。在工作选择中，需要考虑人的气质，尽量使操作者的气质与其所从事的工作相适应，这在选拔宇航员、飞行员等特殊职业的人员时尤其重要。气质类型主要由人的神经活动特点所决定，所以，人的气质与其他个性心理特征相比是最稳定的。

在信息加工过程中，气质主要表现为以下几种特性：

- 感受性：神经系统强度不同，人对外界影响产生感觉的能力也不同，从而直接影响信息输入过程。可以根据人产生反应所需要的最小刺激强度来判断这种特性。
- 耐受性：人在接受刺激作用时的时间和强度特性不同，表现为信息加工整个过程中注意的集中性，以及对强烈刺激的耐受性。
- 敏捷性：神经系统的敏捷性不同，人的反应速度也不同。例如，气质类型不同，注意转移的灵活程度、不随意反应的指向性、言语反应的速度等都存在差异。
- 内外倾：外倾表现为兴奋性强，内倾则表现为抑制过程占有优势。外倾的人言语、动作反应积极，内倾的人的表现则相反。

（二）性格

性格（character）是指个体对现实的态度和行为方式中比较稳定的心理特征的总和。如热情、冷漠、忠厚、虚伪、勇敢、胆怯、负责、敷衍、自大、谦虚、认真、马虎等都是人的性格的具体表现。

性格是一个人个性中最重要、最显著的心理特征。它是每一个人区别于他人的主要差异性标志。性格可分为先天性格和后天性格。人的遗传影响神经联系对现实信号的处理，这是性格的生理基础。但是，人在后天的活动中与社会环境相互作用，使得性格具有较大的可塑性。

人的性格有很多种分类方式（黄希庭，1991），例如优越型和自卑型、独立型和顺从型、外向型和内向型等。

性格的特征主要表现在对现实的态度、意志特征、情绪特征、理智特征等四个方面：对现实的态度表现为对社会、对工作、对自己的态度，如正直、积极、勤劳、诚实、谦虚等，反之为消极、懒惰、圆滑、虚伪、傲慢等；意志特征可以表现为自制、坚持、独立、果断等，反之为冲动、易受暗示、优柔寡断等；情绪特征可以表现为热情、乐观、幽默等，反之为冷淡、悲观、忧郁等；理智特征可以表现为深思熟虑、善于分析，反之则为主观、轻率、武断等。

性格是人习惯了的行为方式，所以在信息加工过程中具有某些惯性特征。例如，细心的人在信息输入时注意分配较好，进入深层加工的信息较多；积极的人解决问题时会采取多种策略；沉默寡言的人在信息输出时言语反应、表情反应和动作反应等较少。

第六节　情境意识

一、概述

近二十年来，随着科技水平的提高和人机系统功能的日益复杂，系统对操作者的认知特性需求进一步增加，工作由过去以操作为主变为以监控、决策为主。情境意识（situation awareness，SA）作为个体认知特性的典型表现，已成为工程心理学研究的核心问题之一，相关研究已逐渐扩展到航空飞行、空中交通管制、核电站中央监控、医学治疗、汽车驾驶等多个领域（傅亚强，2010）。

情境意识是基于情境信息（系统、环境、设备等）和已有知识形成的动态化心理表征。随着自动化等技术的进步，系统的操作更多由操控操作变成了监控操作，因此，情境意识已经成为工程心理学研究的热点。

关于情境意识存在多种不同的定义，其中最为经典的定义由恩兹利（Endsley，1988）提出。她认为情境意识是指在特定的时间与空间内，感知、理解环境中的要素，并预测其不久后的状态的过程。根据这个定义，情境意识可分为感知、理解和预测三个阶段：感知阶段主要表现为操作者对环境中要素的感知；理解阶段主要表现为操作者对感知到的信息的整合、解释、存储和保持；预测阶段是对情境的最高水平的理解，具备这个能力的操作者可以基于当前的事件动态预测将来的事件，从而完成实时决策。

尽管恩兹利的定义被广泛引用，但仍有许多研究者试图定义情境意识（如 Adams et al.，1995；Sarter & Woods，1991；Taylor，1990），关于情境意识的定义存在不同的意见，主要可分为以下三类：

第一，以恩兹利（Endsley，2000a）的定义为代表，把情境意识看作操作者从人机和人-环境界面上获得的信息总和，即操作者工作记忆中的内容（product），是外部信息和被激活的内部长时记忆在工作记忆中加工形成的特殊产物（心理表征）。

第二，把情境意识当作操作者获取任务相关信息、加工信息的过程（process）。弗拉克（Fracker，1991）将情境意识定义为这样一个过程，即将新信息与工作记忆中已有的知识结合，形成一个综合的情境表征，同时预测未来的状态以及关于随后所要采用的行为进程的决策。

第三，认为情境意识既说明了内容，也说明了保持与形成情境意识所涉及的认知过程。史密斯和汉考克（Smith & Hancock，1995）认为，情境意识是一种指向外部环境的“适应性意识”，是系统中的常量，该常量能产生瞬间的知识和行为特性以满足目标要求，而个体知识与环境状态之间的偏差将引导情境评估行为和接下来需要从环境中获取的信息。

目前的定义都从不同侧面对情境意识的内涵进行了解释，但一致认为个体的情境意识是动态的。如前所述，我们认为，情境意识是指操作者基于情境（系统、环境、设备等）信息和已有知识形成的动态化心理表征。这种心理表征有助于操作者完成个体子目标以及和其他操作者共享的整体目标，并在此过程中不断得到更新。

二、情境意识的理论模型

如同上文所述，关于情境意识的定义存在不同的意见，主要原因是这些定义是基于不同的理论模型或研究取向。在这诸多情境意识的理论模型中，最有代表性的有三层次模型、知觉环路模型以及子系统交互理论模型。

（一）三层次模型

以往有大量研究者从认知心理学的角度来阐述情境意识的内在机制（如 Sarter & Woods，1991；Taylor，1990），其中基于信息加工理论提出的三层次模型无疑是最受关注的（Endsley，1995b）。该模型是情境意识相关研究中引用最为广泛的理论，是其他理论模型的基础。三层次模型认为，情境意识包含知觉、理解和预测三个层次。高层次的情境意识依赖低层次的情境意识，三个层次形成一个简单回路（如图 2－17 所示）。模型中的三个层次是一个不断迭代循环的过程，现有的情境理解能驱动对新信息的知觉，而对新信息的理解又能补充现有的情境理解。

在三层次模型中，情境意识的建立和维持过程是通过自上而下和自下而上两种信息加工方式相互协作完成的。这也是三层次模型的核心机制。恩兹利认为该模型中的情境意识是指在工作记忆中形成的当前情境的心理表征（又称情境模型，situation model），并不包含情境意识的获取和保持过程。基于三层次模型，获得良好情境意识的关键在于识别可用于模式匹配的线索和记忆中存储有相关模式。

三层次模型对情境意识的描述兼具普遍性和直观性的特点，因此在不同的领域得到了大量的应用（如闫少华，2009）。一方面，三层次模型将情境意识划分为三个层次，使得对情境意识的测量更容易和有效，同时也支持对情境意识需求、训练策略的开发以及设计准则的提炼。另一方面，该模型尝试描述各种影响情境意识建立和获取的不同因素，包括个体、任务和系统因素等。

三层次模型在持续应用过程中不断得到丰富、完善，但依然存在以下两个主要问题：(1) 三层次模型没有从连续的过程来解释情境意识，也无法解释团队情境意识。(2) 三层次模型强调情境意识是一种内容，并不真正关心动态变化的信息的加工过程，这不利于对情境意识获取和保持过程的内在机制进行研究（杨家忠，张侃，2004）。

（二）知觉环路模型

知觉环路模型由奈瑟（Neisser，1976）首先提出。该模型描述了个体与外在环境的交互过程，以及在这些过程中图式的作用。基于知觉环路模型可知，个体与外在环境的交互过程（探索）是由个体所具有的内在图式（由经验/训练累积并存储于长时记忆中的有组织的知识）引导，交互的结果将修改最初的图式，并引导接下来的探索，如此反复

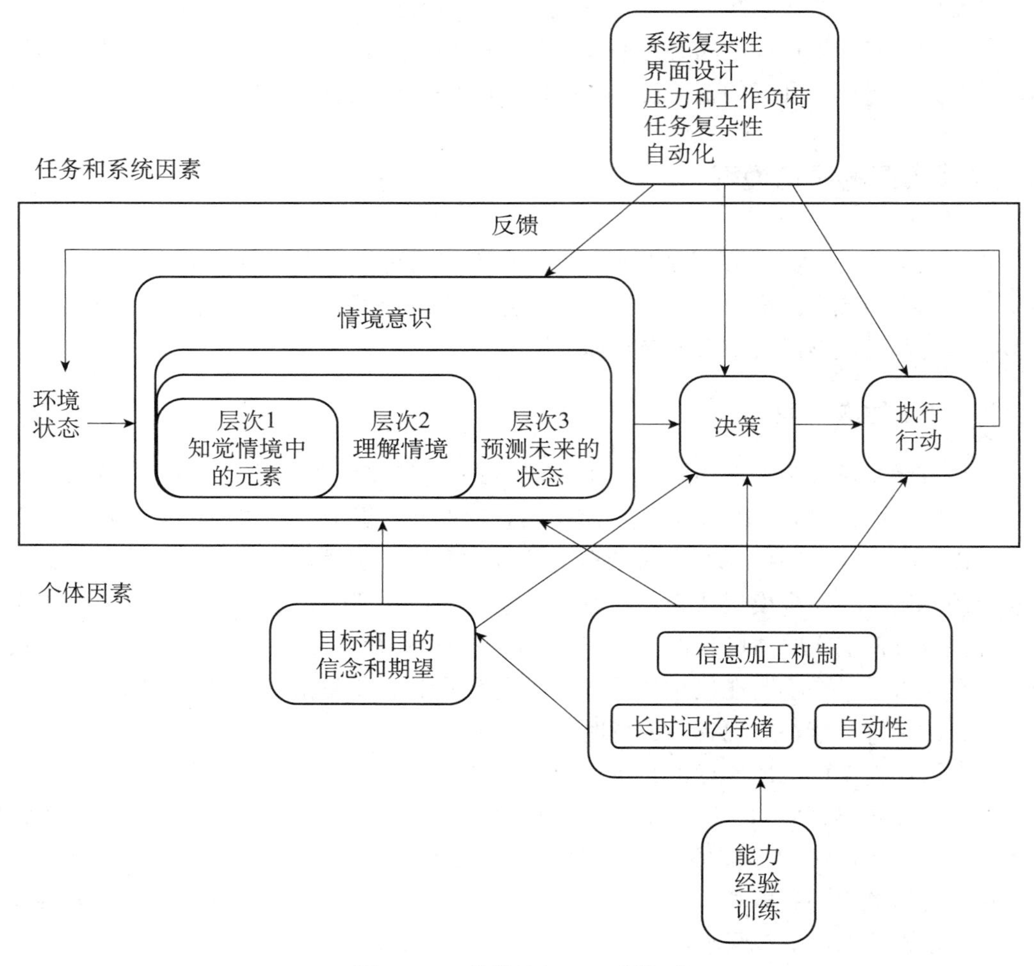

图 2－17　情境意识三层次模型

来源：Endsley，2000a。

形成一个无限循环，如图 2－18 所示。因此，情境意识既不在环境，也不在个体，而在交互中。

该模型具备导向性、动态性和交互性三个特点。其中，导向性指的是操作者信息的搜索和解释由相应的图式/知识指示引导；动态性指的是情境意识的获取和保持过程是一个信息获取和图式调整更新的循环过程；交互性指的是从个体与环境的相互作用出发，已获取的信息对已有的图式/知识进行更新，而图式/知识对新信息的搜索进行引导。

史密斯和汉考克（Smith & Hancock，1995）在奈瑟模型基础上增加了一个新的成分：胜任力（competence），即操作者确定需要获取的信息及获取方式的能力。操作者的胜任力是相对稳定的，因此称为常量。他们从更加整体、生态化的角度来定义情境意识，认为这是一种指向外部环境的"适应性意识"，而适应性意识与操作者的胜任力有着密切关系。

亚当斯等（Adams et al.，1995）基于桑福德和加罗德（Sanford & Garrod，1981）

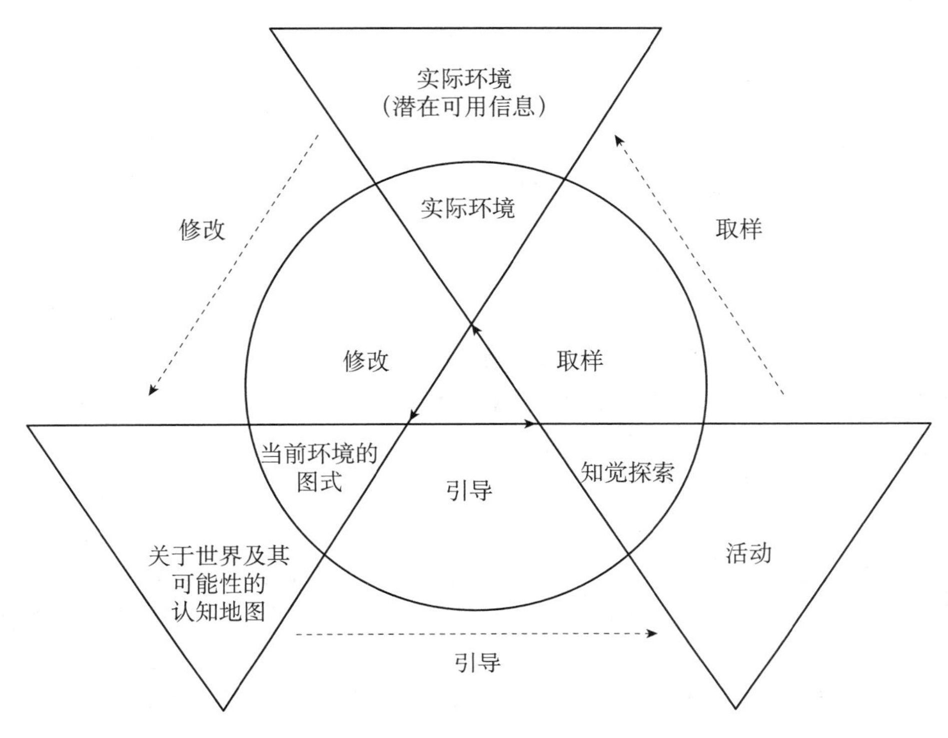

图 2－18　知觉环路模型

来源：Salmon et al.，2008。

在工作记忆方面的研究成果对奈瑟模型进行了扩展和完善，从而推断情境意识的机制。亚当斯等提出，工作记忆中的外显焦点和内隐焦点可替换知觉环路模型中的“当前环境的图式”部分（见图 2－18）。其中，外显焦点指工作记忆中的信息及其加工，内隐焦点指长时记忆中没有被激活的可提取的知识。

最近的研究将知觉环路模型应用于铁路、飞机等领域，用于解释与各种事故产生相关的决策过程。

知觉环路模型或许是三个理论模型中对情境意识的获取和维持的描述最为完善的，与三层次模型不同，它认为情境意识既是内容又是过程（Adams et al.，1995）。内容是指基于有效的信息和知识得到的情境意识状态（持续更新的图式），过程是指情境意识修正过程中的知觉和认知活动（持续的环境取样过程）。知觉环路模型从人机交互的角度来解释情境意识，充分体现出情境意识的动态性，为分布式情境意识（详见下文对团队情境意识的介绍）的研究提供了理论基础。

然而，知觉环路模型依旧存在三个重要问题：（1）缺乏对其内在结构的说明，因此无法基于该模型建立可用于测量情境意识的客观方法；（2）新的模型将胜任力看作情境意识的重要成分，但它并不是唯一对情境意识起决定作用的因素，信息呈现方式等因素也会对操作者获取环境中的信息产生重要作用；（3）过于概括，没有详细说明情境意识与记忆等认知过程的关系，并且模型中缺乏对注意过程的解释。

（三）子系统交互理论模型（活动理论模型）

本迪和迈斯特（Bendy & Meister，1999）基于活动理论（theory of activity）来描述情境意识，提出了子系统交互理论模型。活动理论描述了各种与人类行为相关的认知过程。该理论认为个体拥有代表最终活动状态的理想目标、引导其朝向最终状态的动机，以及达成目标的活动方法。目标和当前情境之间的差距激励个体采取行动去实现目标。活动包括定向阶段（对外在情境形成内部表征）、执行阶段（通过决策和行为执行朝目标行进）和评价阶段（通过信息反馈评估情境）。因此，基于活动理论的模型强调的是情境知觉反馈的部分，认为情境意识是个体对情境的有意识的动态反馈，不仅是对过去、现在和将来的反馈，同时也有对情境的潜在特征的反馈。这个动态反馈包括了逻辑概念、想象、意识和促使个体建立外部事件的心理模型的无意识成分。

子系统交互理论模型（如图2-19所示）包括八个模块，每个模块对情境意识的建立和保持都具有特定的作用，其中核心模块为：概念模式（功能模块8），目标图像（功能模块2）和主观上相关的任务和条件（功能模块3）。基于该模型，操作者通过想象的目标及作业目的，以及以往的经验、动机与情境知觉的相互作用对输入的外部信息进行解读，以此来完成情境意识的获取，而情境知觉为该模型的子系统之一（李佩颖，2010）。可见，该模型不是对感知、记忆、思维和行为执行的处理，而是根据任务性质和目标来进行处理（陈媛媛，刘正捷，2013）。

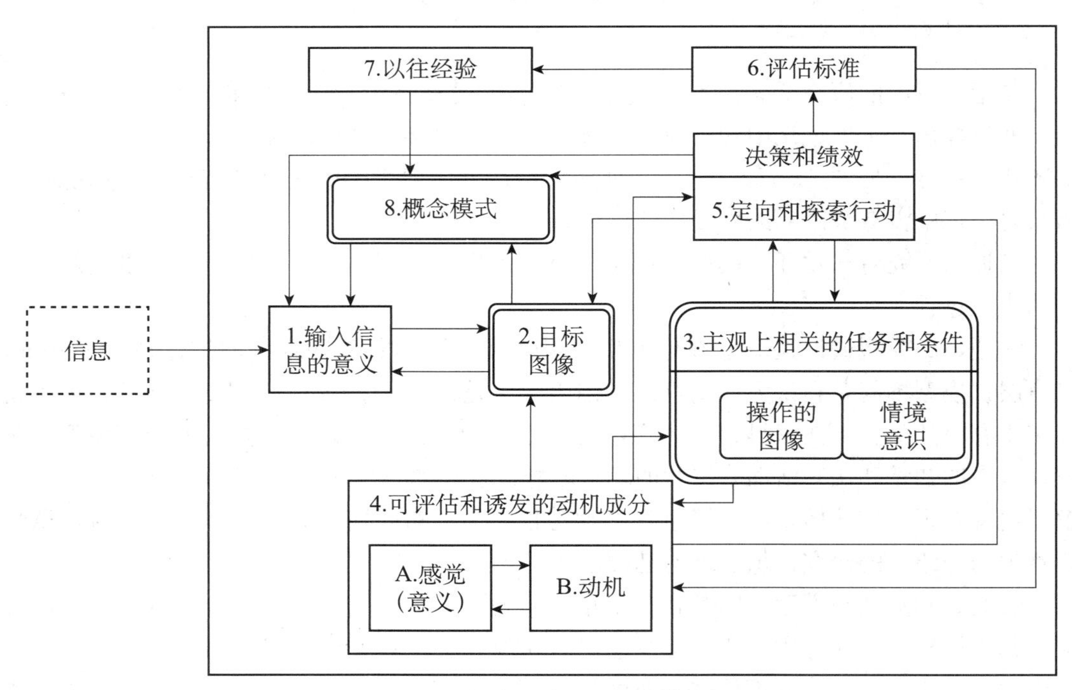

图2-19 子系统交互理论模型

来源：Salmon et al.，2008。

相比于三层次模型缺乏对情境意识获取的动态过程的关注，子系统交互理论模型为获取过程提供了更为动态的描述。子系统交互理论模型认为情境意识不断修正与外在环境的交互，然后交互过程又不断修正情境意识。然而，子系统交互理论模型并没有被心理学家完全接受，并且模型缺乏实证研究的支持。另外，在测量情境意识方面，子系统交互理论模型并未提供可行的方法。最后，该模型同样未能为对团队情境意识的解释提供相关的基础。

综合以上可知，三个理论模型针对个体的情境意识进行了描述，每个模型都有各自有效的成分。然而，情境意识作为一种认知现象，是不可直接观察的，因此关于这些模型的直接有效性缺乏实证研究证据。

三、情境意识的影响因素

恩兹利（Endsley，1995b）的三层次模型指出，情境意识的获取和维持受个体因素（经验、训练、工作负荷等）、任务因素（复杂性等）和系统因素（界面设计）三方面的影响。

（一）个体因素

个体的心理发展与年龄有着密不可分的联系，对于作为一种心理现象的情境意识，研究年龄对其影响同样是必不可少的。博尔斯塔德（Bolstad，2001）比较了青年、中年和老年被试的驾驶情境意识，结果发现，老年被试的驾驶情境意识低于青年和中年被试，且影响情境意识的因素包括个体可用的视野、知觉速度、驾驶经验和自我报告的视力。刘和奇安（Liu & Cian，2014）采用情境意识整体评估技术（SAGAT）测量了 46 名被试执行模拟驾驶任务过程中的情境意识，并根据情境意识考察了年龄和道路事件（车载信息、车辆、交通信号灯、交通标志、行人、骑自行车的人）对驾驶绩效水平的影响。结果显示，年龄对驾驶过程中的情境意识存在影响，年长的驾驶员的情境理解性比年轻的驾驶员差，并且所有被试在车辆和交通标志上的情境意识都显著弱于其他道路事件。

除了年龄，经验是另一个对情境意识有重要作用的因素。霍斯威尔和麦肯纳（Horswill & McKenna，2004）研究了驾驶员的危险预见能力，发现有经验的驾驶员比无经验的驾驶员具备更强的危险预见能力，并且无经验的驾驶员更容易因为双任务操作受到负面影响。萨尔蒙等（Salmon et al.，2013）对新手和有经验的驾驶员对乡间轨面人行横道的情境意识进行了研究，结果显示，新手和有经验的驾驶员的情境意识存在显著差异，新手驾驶员更多依赖于人行横道上的警告，较少关注人行横道外的环境。杨家忠和张侃（2008）通过主观评定法测量了空中管制员在执行任务时的情境意识，结果表明，管制员获取与保持情境意识的能力不仅具有个体差异，而且具有稳定性；而个体的认知能力与倾向是解释这种差异与稳定性的重要因素。

关于个体经验对情境意识的影响，研究者从注意、记忆等角度进一步分析了作用机制。安德伍德（Underwood，2007）发现，随着道路复杂度的提升，有经验的驾驶员会相应地扩大视觉扫视范围，并且受过训练的警察司机比有经验的驾驶员扫视更多，而新手驾驶员并未显示出视觉扫视上的变化，因此无法注意到道路上的潜在威胁。傅亚强和许百华（2012a）通过模拟复杂人机系统的监控作业，考察了长时记忆与工作记忆在情境意识保持中的作用。实验结果表明，熟练被试可以利用长时记忆存储情境意识，新手被试主要利用工作记忆存储情境意识。由此可见，有经验的专家更多地依赖于长时记忆，因此能更有效地分配和利用注意资源；相反，无经验的新手则较多地依赖于工作记忆，因此对注意的分配较为单一。

（二）任务和系统因素

除了个体因素对情境意识的影响，与个体直接进行交互的系统及相应的操作任务对情境意识也有明显的影响。

王萌等（2014）利用情境意识评定技术（SART）探究了不同任务难度和技能水平下志愿者的情境意识水平和脑力负荷差异，结果表明，高任务难度操作中操作者的情境意识（注意集中程度）水平显著高于低任务难度操作中的操作者，专家水平操作者的情境意识（信息的获取和理解）显著高于初学者水平操作者。李佩颖（2010）探讨了在不同作业负荷条件下，不同性质的作业对情境知觉的影响。结果显示，作业类别数越多、作业复杂度越高，对操作者的情境知觉影响越大。

卡贝尔和恩兹利（Kaber & Endsley，2004）对中级水平自动化和自适应自动化两种以人为中心的自动化方法的结合进行了探索研究，结果发现，自动化水平是决定主要任务绩效和情境意识的因素，自动化配置周期是决定知觉主任务工作负荷和辅助任务绩效的主要因素。尽管研究结果未发现两种自动化方法结合的效应，但对发展以人为中心的自动化理论具有一定的作用。马和卡贝尔（Ma & Kaber，2005）考察了自适应巡航控制（ACC）和手机使用对驾驶绩效和情境意识的影响，结果显示，在典型驾驶条件下，使用ACC 提高了驾驶员的情境意识，而使用手机对驾驶员的情境意识有负面作用。这一研究结果对常规驾驶下的车载自动化系统的应用，以及驾驶中的手机使用规则有启示作用。德·温特等（de Winter et al.，2014）通过元分析和相关研究综述探究了自适应巡航控制（ACC）和自动驾驶（HAD）对驾驶员的工作负荷和情境意识的影响，结果显示，当驾驶员在环境中检测目标时，ACC 和 HAD 比起手动驾驶均能提高情境意识。但相比于ACC 和手动驾驶，HAD 环境中的驾驶员更易于转移注意力进行次要任务（例如观看DVD 等），从而导致其情境意识降低。

除此之外，另一部分研究者基于现有的情境意识理论对特定领域中的情境意识影响因素进行了研究。潘特利等（Panteli et al.，2013）研究了电力系统控制中心工作人员的情境意识形成的影响因素，结果显示，个体因素、个体间的沟通、自动化、环境因素、实时测量以及软件本身均对工作人员的情境意识存在影响。王永刚和陈道刚（2013）在三层次模型基础上结合管制员内部心理和外部环境情况，试图构建影响管制员情境意识的结构模型，并利用调查数据研究各种因素对情境意识的影响。结果表明，管制员内部心理对情境意识有显著的影响，影响程度由大到小依次为记忆、注意和经验；外部环境通过内部心理间接影响情境意识，综合影响程度由大到小依次为系统特性、工作负荷和班组管理。

以上研究均肯定了个体、任务以及系统等三个方面因素对情境意识的影响。低年龄操作者的情境意识优于高年龄操作者的情境意识，拥有丰富情境经验的专家操作者的情境意识水平要显著高于新手操作者。这方面的研究成果不仅对培训和选拔操作人员具有直接的指导作用，而且任务难度、系统自动化方面的研究成果也为更好地设计人机交互系统提供了理论基础。

四、团队情境意识

考虑到当代组织中团队合作的重要性，团队情境意识受到越来越多的关注。如同个体情境意识，团队情境意识同样属于抽象的认知范畴，无法通过研究直接分析其结构内涵。因此，其定义亦有诸多争议，缺乏能被广泛接受的定论。目前，关于团队情境意识主要包括以下三种研究取向。

（1）团体情境意识（team situation awareness）：从整个团体的角度来理解团队情境意识。萨拉斯等（Salas et al.，1995）认为团体情境意识比个体情境意识的综合更丰富，它包括个体情境意识和合作过程。首先，个体建立情境意识，然后在与其他成员分享（信息交换和交流）的基础上，形成和修改团队成员的情境意识，如此构成无限循环过程。因此，塞尔斯等将情境意识定义为在某个时间点，团队成员之间对某个情境的共享理解。基于此定义，团队情境意识被认为是个体先前相关知识和预期、环境中可用的信息以及认知加工技能（包括注意分配、知觉、数据提取、理解和预期）之间交互的结果。舒和古田（Shu & Furuta，2005）基于恩兹利（Endsley，1995b）的三层次模型和布拉特曼（Bratman，1992）的共享合作活动理论提出了一个新理论，认为团队情境意识包括两个或更多的成员共享的环境、对情境的即时理解以及其他人基于合作任务的交互。

（2）共享情境意识（shared situation awareness）：从情境意识的共享角度来理解团队情境意识。每个团队成员有对各自任务所需的特定情境意识的需求，其中一部分是与其他成员的需求重叠的。因此，恩兹利（Endsley，1995b）认为团队情境意识是每个成员用于满足各自任务/责任所拥有的那部分情境意识。恩兹利和罗伯特森（Endsley & Robertson，2000）认为，一个优良的团队情境意识依赖于团队成员对彼此间所传递信息的意义的理解。博尔斯塔德和恩兹利（Bolstad & Endsley，2000）进一步总结了有助于建立共享情境意识的四个因素：共享的情境意识需求（如对哪些信息是其他成员所需的理解程度）、共享的情境意识设备（如显示设备）、共享的情境意识机制（如心理模型）和共享的情境意识过程（如共享有关信息的团队合作过程）。

（3）分布式情境意识（distributed situation awareness）：从全局系统角度来理解团队情境意识。这个概念来自分布式认知理论（Hutchins，1995）。阿尔特曼和加比斯（Artman & Garbis，1998）认为，团队情境意识并不是对情境的共享理解，而是作为系统自身的一个特性，不仅分布于组成团队的各个代理成员，而且也在用于完成目标的智能设备中。因此，分布式认知方法关注的是团队成员和设备之间的交互而不是心智过程。在这之后，斯坦顿等（Stanton et al.，2006）提出了一个新的分布式情境意识理论，将情境意识定义为一个系统中，在特定时刻，为一个特定任务所激活的知识。这些知识可用于了解环境的状态和变化，并且知识的拥有者并不是某个个体，而是一开始就存在于整个系统中（信息在系统代理之间传递并在需要时被分享和使用）。基于此概念，系统中的每个代理成员对其他成员的情境意识的建立和维持起着关键的作用，个体可以通过与其他成员的沟通来提高原本有限的情境意识。分布式情境意识是对面向个体的情境意识观在描述合作系统中的情境意识时的补充。基于斯坦顿等的观点，共享情境意识意味着共享需求和目标，而分布式情境意识则强调虽然不同但可兼容的需求和目标。

综上所述可知，一方面，分布式理论认为情境意识是系统的产物，是系统的黏合剂，而其他理论则认为情境意识存在于个体的心理。另一方面，团队情境意识强调对个体情境意识的累加，共享情境意识强调团队成员之间的重叠部分。从长远的协作系统发展角度来看，也许以分布式理论来理解团队情境意识更合适。

基于以上理论探讨，研究者进一步开展了关于团队情境意识测量等方面的研究。德·科宁等（de Koning et al.，2011）开发了一个多声道向导工具，用于帮助团队成员在适当的时间和适当的人之间进行恰当的信息共享。研究通过一个前后测实验（8 个专业团队）评估这个工具对个体能力、团队情境意识和过程满意度的作用。结果发现，实验组对信息共享的方式和会议更加满意。被试报告多声道向导工具使他们意识到共享的信息。但研究并未发现个体能力和团队共享意识之间存在关联，可能的原因是这些团队都具有经验，而该工具对无经验者存在引导作用。贾韦德等（Javed et al.，2012）研发了一个基于面向共享情境意识和团队情境意识的信息系统，应用结果显示，系统可有效提高决策绩效。胡伊等（Hooey et al.，2011）提出了一个用于提高多名操作者情境意识预测水平的人机综合设计和分析（man-machine integration design and analysis，MIDAS）模型，模型中的情境意识通过实际检测到的情境要素个数和完成任务需要的情境要素个数之比来计算。研究通过一个高保真应用来验证模型，结果显示，模型对包括驾驶舱内显示配置和飞行员职责的情境要素很敏感。

随着人机系统进一步发展和功能复杂化，团体合作成为必然的趋势。因此，对合作系统中的情境意识的结构和内涵的理解，有助于更好地建立和维持所需要的情境意识水平，掌握系统状态和变化，从而进一步提高团队合作效率。

五、情境意识的测量

依据不同的理论基础和内涵定义，情境意识有多种测量方法。从获取的途径来说，情境意识的测量方法可分为直接测量和间接测量两大类。

（一）直接测量

直接测量法是借助一定测量手段直接获取操作者情境意识的内容或水平的方法，包括记忆探测法和等级评定法等。

1. 记忆探测法

这被认为是一种直接测量情境意识的方法。它要求操作者报告其记忆中的内容（如让飞行员回忆飞行状态用以评估其情境意识），随后将获取的结果与客观现实状态进行比较来测量情境意识。根据测量时间点的不同，该方法可进一步分为三类（Endsley，1995a）。

- 回溯测量（post-trial recall technique）：该方法是在任务完成后，让操作者回忆特定的事件或描述实验情境中所做的决策。
- 暂停任务提问测量（freeze probe recall technique）：该方法是通过在任务间隙向操作者提问的方式进行测量。例如，在模拟任务执行期间，在若干随机的时间点上停止模拟任务，清除所有与任务相关的信息（如屏幕上的显示为空白等），在这个间隙向操作者提问，让其回答若干与执行任务所需信息有关的问题。操作者基于当前情境的知识和理解回答问题，然后继续执行任务。
- 实时测量（real-time probe technique）：该方法是在任务操作过程中（无须暂停任务），向操作者提出与任务信息有关的问题，基于操作者回答的内容和所需时间来评估其情境意识。

由上文可知，以上三类记忆探测法存在各自的特点。在具体使用时依旧需要结合实际的可行性选择相应的方法。

2. 等级评定法

这是从主观上对情境意识水平进行直接评定的方法，通常在测试后进行。该方法易于操作、成本较低且实用，既可在模拟情境中应用，也可在实际的任务环境中应用。依据评估者的不同，可分为自我评定法和观察者评定法。

3. 自我评定法

这是一种非侵入性方法，通常在操作者完成任务操作之后对自我的情境意识水平进行评定。情境意识评定技术（situation awareness rating technique，SART）是自我评定法中最常用的一种方法，最早用于评估飞行员的情境意识。SART 量表包括十维和三维两种，其中十维量表包括情境的稳定性、情境的变化性、情境的复杂度、唤醒水平、剩余心理资源、注意分配、注意集中程度、信息数量、信息质量和对情境的熟悉程度等维度，三维量表包括注意需求、注意供应和理解度三个方面。在任务操作完成后，操作者在每个维度上进行 7 点评分，从而表达自己体验到的情境意识。

4. 观察者评定法

这是现场任务操作中最常用的情境意识评定法。该方法在执行过程中，通常需要一名主题/领域专家作为观察者观察操作者的任务执行情况，然后基于与情境意识相关的行为对操作者的情境意识水平进行评估或打分。情境意识行为评定量表（situation awareness behavioral rating scale，SABRS）是观察者评定法的一种，可用于评估步兵人员在野外实地训练时的情境意识（Matthews & Beal，2002）。

（二）间接测量

间接测量法是借助其他测量结果来推测情境意识水平的方法，主要包括生理测量法和作业绩效法。

1. 生理测量法

该方法是借助相关仪器获取操作者的生理指标来推断操作者的情境意识。在早期的研究中，研究者借助生理传感器（获取皮肤电、心率等指标）来测量情境意识（Pancerella et al.，2003；Doser et al.，2003）。随着测量技术的发展，研究者试图通过更能反映认知过程的指标（如脑电、眼动等）来测量情境意识（Berka et al.，2006）。

生理测量法的优势在于，相较于操作者的主观评定，生理指标的数据更为客观、实时化。例如，眼动指标（注视点等）可直接用于评估任务操作中操作者的注意分配情况。然而，目前的测量设备还无法支持在实际作业过程中进行应用，并且生理指标和情境意识的关系还有待进一步研究确认。例如，借助脑电测量技术获得的信号（如 P300 等）只能说明环境中的某些元素是否被知觉和加工，至于这些信息是否被正确理解，或在多大程度上理解了这些信息，则无从得知。另外，借助眼动测量获得的相关指标也无法说明处于边缘视觉的哪些元素已被觉察到，或个体是否已经加工了所看到的元素。

2. 作业绩效法

该方法是通过操作者的任务操作结果来推测其操作过程中的情境意识水平。例如，有人通过获取管制员对高度请求事件的反应来测量情境意识，并检验该方法的敏感性与效度（杨家忠 等，2008）。

总体而言，作业绩效法是易于实施且较为客观的一类方法，但具有争议的是绩效结果和情境意识水平之间的关系。例如，情境意识并不充分的专家操作者有可能实现较好的作业绩效，而新手操作者因缺乏经验，尽管具有较高水平的情境意识，但其作业绩效水平依然存在较低的可能性。

由上可见，目前尚没有一种情境意识测量方法可同时达到高敏感、抗干扰及可靠等标准。因此，在测量情境意识时，应结合多种测量方法来提高测量效度。

近年来，随着计算机等学科的发展，研究者开始通过建立规范有效的计算机模型来测量或预测情境意识。例如，有人结合人的认知特性及贝叶斯条件概率理论，提出了一种新的情境意识量化模型和求解方法，并采用 SAGAT、三维度情境意识评定技术（3-D SART）、操作绩效和眼动测量四种方法，对不同任务条件下的情境意识水平进行了测评。综合测评结果表明，根据预测模型计算所得的情境意识水平变化趋势与根据综合测量方法所得的被试实验结果高度相关，从而验证了该模型的效度（刘双 等，2014）。

六、情境意识的应用研究

（一）情境意识培训

由对情境意识的影响因素研究结果可知，个体之间不仅存在遗传素质上的差异，同时存在如信息加工等认知能力上的差异，而认知能力可以随知识经验的不断积累而提高，从而形成比较完善的情境意识，降低操作错误率，提高人机交互效率。因此，对情境意识的培训是切实可行的，并且有着很重大的意义。关于这方面的研究，国内的研究者更多的是在特定领域对情境意识培训进行定性探讨（如谢婷婷，2012）。

博尔斯塔德等（Bolstad et al.，2005）研究了岗位轮换培训法如何帮助个体（尤其在领导岗位上）提高对团队成员的工作需求的理解，从而增强他们的共享情境意识。研究发现，岗位轮换法可提高情境意识。总体来说，被试在体验主管工作后的情境意识要好于体验前。索利曼和马特纳（Soliman & Mathna，2009）研究了元认知策略对提高驾驶员情境意识的作用，56 名被试（专家和新手各半）被随机分配到实验组（接受元认知策略训练）和控制组（无训练）。结果显示，无论是专家还是新手，接受训练的驾驶员的情境意识显著提高并且驾驶违规减少。但在训练的效果上，新手要优于专家。

（二）情境意识界面/系统设计

虽然通过训练人的生理反应和认知能力可以有效提高情境意识水平，但对于日益复杂的系统来说，仅仅依赖该途径是不够的。因此，有研究者致力于通过优化界面/系统设计来分担操作者的工作内容或提高其工作效率。

有研究者将情境意识作为评价指标来评价界面显示，从而优化显示设计。傅亚强和许百华（2012b）采用模拟飞行相撞判断任务，以情境意识和相撞判断准确率为指标，对整合式显示与分离式显示这两种显示格式的视觉工效进行了比较。结果表明：（1）整合式显示条件下情境意识与相撞判断准确率均高于分离式显示；（2）信息显示格式以情境意识为中介对认知绩效产生显著影响。整合式显示格式的相对优势可归因于该显示格式对情境意识的促进作用。科赫等（Koch et al.，2012）利用情境意识理论分析了重症病房护士的任务类型以及相关信息缺口，试图为病床监控设备综合统一显示界面的设计提供建议，以提高护士的情境意识从而减少错误并提高病人的安全性。魏等（Wei et al.，2013）通过 SAGAT 问卷和心率数据比较评价了多个飞机驾驶员座舱显示界面（CDI）设计，结果显示，问卷结果与心率数据一致，表明情境意识数据可用于评估模拟飞行环境下的 CDI 设计。张渤（2014）将情境意识理论应用到家电显控界面的设计研究上，结合基于情境任务的可用性实验和基础眼动实验结果，提出了冰箱显控界面设计的不同要求的三级工效学指标。

穆默等（Mumaw et al.，2000）在波音 747-400 飞行模拟驾驶舱实验中，采用情境意识探测法随机在主飞行显示器上显示与当前飞行场景不匹配的多种自动化垂直导航飞行方式，并且实验后进行了结构式访谈来了解飞行员对自动化系统的理解。结果表明，参加实验的飞行员没人能够 100%成功地探测出所有不匹配的自动化飞行方式，并且对不匹配飞行方式的探测成功率与他们对这些自动化飞行方式的理解率呈正相关关系。该模拟实验结果表明，飞行员对自动化领域知识的理解是影响其自动化情境意识的主要因素之一（许为，2003a）。

另一些研究者则以建立情境意识智能系统为目标来开展研究。李久洲（2013）在文献分析、用户研究、眼动实验的基础上提出了基于情境意识自适应界面的移动网站模型，以及交互设计方法、设计原则和评估方法。研究通过一个商业推广产品网站移动版设计实例，结合评价模型分析结果，验证了基于情境意识自适应界面的移动网站模型和交互设计方法以及设计原则的可行性。纳德波尔等（Naderpour et al.，2014）设计了一个知觉驱动决策支持系统，用于处理高安全要求环境中的异常情境。应用结果显示，系统提供的图形和数字一致化信息有助于操作者处理不完整、不确定的信息，使得情境意识维持在可接受的水平。

以上研究显示，设计出有助于建立和维持与任务相适应的情境意识水平的界面/系统，对人机作业的效率提高和负荷降低有着很大的帮助。

概念术语

信息加工模型，信息量，感觉阈限，信道容量，视觉对比，视敏度，视觉适应，后像，闪光融合，音调，音强，声音的掩蔽，知觉加工方式，注意的分配，感觉记忆，短时记忆，长时记忆，定势，功能固着，速度-准确性互换特性，情绪，动机，个性，情境意识，情境意识三层次模型，团队情境意识，分布式情境意识

本章要点

1. 人的信息加工过程由信息输入、信息处理、信息输出三个阶段组成，包括感觉、知觉、记忆、决策、反应等各个环节。

2. 信息传递能力指人对有效信息的接收和处理能力。

3. 人获得有效信息量需要两个基本条件：一是刺激必须为感受器可以接收的适宜刺激，二是刺激的信息量必须达到或者超过感觉阈限。

4. 各种感受器都有自己特定的适宜刺激，它们只对各自的适宜刺激具有最大的感受能力，产生清晰的、有意义的感觉。

5. 外部刺激或其变化的量只有达到一定的值，人们才能感受到。这个刺激的强度或变化的强度就是人的感觉阈限。感觉阈限有绝对阈限和差别阈限两种。

6. 刺激只有达到一定强度才能引起人的感觉。这种刚刚能引起心理感受的刺激大小，称为绝对阈限。

7. 属于同类的两个刺激，它们的强度只有达到一定的差异才能引起差别感受。这种刚刚能引起差别感受的刺激变化量，称为差别阈限或最小可觉差。

8. 信道容量是指人的传信通道在单位时间（秒，s）内所能传递的最大信息量。

9. 视觉的主要特性有色觉特性、空间特性和时间特性。

10. 视觉色觉特性包括色调、明度和饱和度。

11. 视觉空间特性包括视觉对比和视敏度。

12. 视觉时间特性包括视觉适应、后像、闪光融合。

13. 听觉的主要特性有强度特性、时间特性、空间特性、声音的掩蔽和听觉适应与疲劳。

14. 知觉的两种基本加工方式是数据驱动加工和概念驱动加工。

15. 知觉特性包括对象性、整体性、恒常性和理解性。

16. 注意是心理活动对一定对象的指向和集中。根据引起和维持注意有无目的以及是否需要付出意志努力，可以将注意分成不随意注意、随意注意和随意后注意三种。

17. 注意的特征包括注意的选择性、注意的分配、注意的广度和注意的稳定性。

18. 记忆是人脑对过去经验的保持和提取。根据信息在记忆中保持或存储的时间长度，可以把记忆分为感觉记忆、短时记忆和长时记忆。在信息加工过程中，记忆的作用主要体现在信息编码、信息存储和信息提取三个方面。

19. 思维是借助语言、表象等对客观事物本质和规律的认识过程，是人信息处理过程中的高级形式，具有概括性和间接性两大特征。

20. 思维过程主要有分析与综合、比较、抽象与概括三个部分。

21. 推理是指从具体事物中归纳出一般规律，或者根据一般原理推演出新的信息的心理过程。推理有归纳推理和演绎推理。

22. 问题解决是一个从问题情境的初始状态开始，通过应用各种认知活动、技能等，以及一系列思维操作，达到目标状态的过程。问题解决主要有算法、手段-目的分析、逆向搜索、爬山法等四种策略。问题解决主要有定势、功能固着、动机三个影响因素。

23. 运动反应特性包括简单反应、复杂反应、反应准确性。

24. 言语反应的单位主要有语音、字词、短语、句子和意义。

25. 情绪是人对客观事物的态度体验，由生理唤醒、外显行为和意识体验组成。

26. 动机是引发并推动个体行为的心理动力。动机具有激发、指向、维持和调整三种作用。

27. 能力是一个人完成一定活动时所表现出来的稳定的心理特征。能力直接影响活动的效率，总是与活动联系在一起并在活动中表现出来。

28. 个性是个人带有倾向性的、比较稳定的心理特征。个体主要在能力、气质和性格等方面具有不同的特征。

29. 情境意识的理论模型主要有三层次模型、知觉环路模型和子系统交互理论模型（活动理论模型）。

30. 情境意识的影响因素主要有个体因素、任务因素和系统因素。

31. 团队情境意识的研究取向主要包括团体情境意识、共享情境意识和分布式情境意识。

32. 情境意识的测量方法可分为直接测量（记忆探测法、等级评定法等）和间接测量（生理测量法、作业绩效法）。

33. 情境意识的应用研究主要有情境意识培训和情境意识界面/系统设计。

复习思考

1. 人的信息加工过程包括哪几个阶段？
2. 信息传递体现在哪几个方面？
3. 什么是感觉阈限和差别阈限？
4. 简述视觉特性和听觉特性？
5. 遗忘有什么特点？
6. 问题解决的策略有哪些？问题解决的影响因素有哪些？
7. 反应准确性取决于哪些因素？
8. 什么是信息加工的调控系统？

9. 工程心理学为什么注重对情境意识的研究？

拓展学习

郭秀艳. (2019). *实验心理学*(2 版). 人民教育出版社.
朱祖祥（主编）. (2003). *工程心理学教程*. 人民教育出版社.

第三章

研究方法

教学目标

了解经典研究方法的基本特点，根据不同研究要求灵活运用研究方法；把握行为特征研究方法的基本特点，掌握行为特征研究方法的使用要点及应用场景；把握心理生理测量方法的基本特点，掌握心理生理测量方法的测量指标及技术应用；把握经典数据处理方法的基本特点，掌握不同数据处理方法的使用原则；把握数据模型方法的基本特点及分类，掌握不同数据模型的特点及使用方法；掌握大数据方法的基本特点及应用。

学习重点

掌握不同经典研究方法的基本要求及具体实施流程；了解眼动追踪分析和人体体态特征分析的实施方法以及应用场景；了解外周系统的心理生理测量和脑功能检测技术的实施方法及应用；把握描述统计与推断统计方法的特点，掌握描述统计与推断统计的实施方法和实施原则；熟悉不同数据模型方法的使用；了解大数据方法的基本特点及应用。

开脑思考

1. 如果要对几款蓝牙耳机进行测评，我们可以在网上发布评价问卷，也可以向几位使用这几款耳机的用户了解使用体验，又或者观察这几款耳机使用者在实际生活中的使用情况。上述这些都属于什么研究方法呢？你还能想到其他的研究方法吗？

2. 能实施一个心理学实验是每个工程心理学研究者都需具备的能力。如果我们现在需要对一款手机 App 的图标设计可用性进行考察，你会如何设计实验呢？

3. 在上一问题中，如果我们不仅要考察用户的行为数据，还需要考察生理数据，你觉得哪些生理指标是我们需要的呢？

4. 现在我们已经设计好了一个考察手机 App 的图标设计可用性的实验，并且收集到了我们想要的数据，接下来就需要对数据进行分析。根据你的设计思路，应该采用哪些统计分析方法来验证你的假设呢？

5. 在大数据时代，工程心理学研究有了更多的可能性，比如采用新的研究方法和研究指标。进行一下头脑风暴，你会用大数据方法进行哪些研究？

工程心理学研究方法在工程心理学整个学科体系中占有重要的地位。本章论述的方法主要涉及研究数据的收集、研究数据的统计处理和基于数据的系统设计方法。其中，第一节到第三节介绍研究数据的收集，第四节到第六节介绍数据的统计处理，最后一节介绍系统设计。第一节主要论述问卷法、访谈法、观察法和实验法等传统的研究方法。第二节和第三节主要论述一些随着技术手段更新而出现的一些新的数据收集方法，其中第二节主要论述眼动追踪和人体体态特征分析等行为特征研究方法，第三节主要论述外周系统的心理生理测量和脑功能检测技术等心理生理测量方法。第四节介绍经典数据处理方法，主要论述描述统计、推断统计等一些常规的心理学数据统计方法。第五节介绍数学模型方法，主要论述回归分析、判别分析、聚类分析和因子分析等数据模型构建的统计方法。最后，第六节主要论述智能时代的大数据方法的主要特点及应用。限于篇幅要求，本章并不能就每一种方法进行很透彻的介绍，读者可进一步阅读“拓展学习”中的推荐资源。

第一节　经典研究方法

工程心理学的经典研究方法主要有问卷法、访谈法、观察法、实验法四种。

问卷法和访谈法是研究操作者或用户的心理特性、主观体验和态度动机的方法。实验法和观察法是研究操作者或者用户的操作行为特点和规律的方法。

工程心理学研究必须讲究科学性，贯彻客观性原则。具体实施中，可以用信度和效度来评价测量，可以用可重复性和研究效度来评价实验。

信度（reliability）指的是测量的可靠性或稳定性。在相同的条件下，同一种测量，先后测量的结果一致性程度越高，这种测量的信度也越高。效度（validity）指的是测量的准确性。一种测量越能准确地测出它所测量的内容，这种测量的效度就越高。信度和效度是评价心理测量互不可缺的指标。信度是效度的必要但非充分条件，即信度高效度未必高，但是高效度必须要有高信度做保证。

可重复性指的是实验结果可以通过相同的实验方法进行验证。研究效度主要有内部效度（internal validity）和外部效度（external validity）。内部效度涉及实验中自变量和因变量之间的关系。实验中，自变量决定因变量变化的程度越高，该实验的内部效度就越高；反之，则越低。外部效度指的是实验结果应用于实验以外情况的有效程度。一个实验结果应用于实验以外情况的有效性越高，这个实验的外部效度就越高；反之，则越低。

一、问卷法、访谈法和观察法

（一）问卷法

问卷法是通过问卷收集数据的研究方法。问卷法的特点是可以在有限的时间内，投入少量的资金和人力，获得大量的数据信息。问卷法所获得的研究数据也便于统计分析。

在工程心理学研究中，问卷法主要用来了解操作者对机器操作、工作环境的主观评价和体验，以及用户对各种产品设计的主观评价和偏好；也可以用来测量操作者的个性等特征。问卷法的测量结果可以作为改进各种机器、环境或者产品设计的重要依据，也可以作为合理选择、淘汰机器或者系统操作人员的重要标准。

在问卷法实施中，被测试者的态度和对问卷所提问题的理解是影响问卷数据可靠性的重要因素。当被测试者态度不端正，不愿意提供准确的信息，或者当被测试者对问卷所提的问题理解有偏差或者发生错误时，问卷法得到的数据就会出现偏差。

问卷法实施的流程包括以下六个阶段：确立研究目标，设计问卷，确立研究样本，实施调查，分析数据，撰写报告。完整的问卷应该包括以下五个部分：标题、卷首语（封面语）、指导语、问卷主体和结束语。问卷设计也有确定问卷框架、起草问卷、修改问卷、测试问卷和问卷定稿这五个步骤。

问卷的题目类型有不同的形式。根据问题回答内容和问题备选答案不同，可以分成不同的问卷类型。例如，根据问题回答内容的不同，可以分成行为类、态度类和背景类。根据问题备选答案的不同，可以分为开放型、封闭型和半封闭型。

问卷的实施可以采用离线式问答和在线式问答，也可以采用自填式问答和代填式问答。离线式问答要求被测试者用笔在纸质问卷上填写问卷。在线式问答是在相关网站的网页上呈现问卷，被测试者在网页上填写问卷。自填式问答要求被测试者本人亲自填写问卷，而代填式问答则是由测试者按照被测试者的叙述填写问卷。

问卷回收后，就需要对问卷进行编码录入和数据处理，并最终形成研究报告。通常，问卷的数据处理可以用 Excel 或 SPSS 之类的专用软件完成。

（二）访谈法

访谈法是通过访谈者与被访者之间的交流来获取研究数据的研究方法。访谈法可以通过访谈者与被访者之间的交流和沟通，发掘被访者内心深处的原因或动机等信息；但是访谈法获得的信息难以统计，信息量也较少。在工程心理学研究中，访谈法经常作为问卷法的补充，用来了解操作者的操作动机和用户对产品的主观评价或者体验。

根据分类的不同标准，访谈法有不同的类型。若按照提问方式分类，有标准化访谈、非标准化访谈和半标准化访谈三种不同的类型。标准化访谈又称为结构式访谈或控制式访谈。在标准化访谈中，访谈者按照事先设计好的有一定结构的问题对被访者进行访谈。

非标准化访谈又称为无结构访谈或无控制访谈。在非标准化访谈中，访谈者和被访者是通过自然的交谈方式进行的。半标准化访谈在形式上介于标准化访谈和非标准化访谈之间。在某种程度上，半标准化访谈可以克服标准化访谈中的拘束。

若按照交流方式的不同，访谈有直接访谈、间接访谈。直接访谈又称面对面的访谈，是访谈者与被访者直接进行的访谈。间接访谈是访谈者通过电话等一定的媒介与被访者进行非直接的访谈。

若按照被访者人数的不同，访谈还可以分为个体访谈和集体访谈。个体访谈指的是访谈者和被访者一对一的访谈。集体访谈也称座谈，是访谈者把多个被访者召集在一起同时进行的访谈。

访谈法的实施流程主要有：明确访谈目的，设计访谈提纲，提问，捕捉信息，反馈信息，撰写报告。

访谈实施中，访谈者需要注意建立与被访者的彼此信任的关系；掌握谈话所需的背景知识；具备细致的洞察力、耐心和责任感，以便于创设恰当的谈话情境。同时也要注意如实准确地记录访谈资料，不对被访者进行暗示和诱导，不曲解被访者的回答等。

（三）观察法

观察法是指研究者直接或者借助一定的辅助工具观察研究对象来获得研究数据的方法。

观察法的最大特点是，研究者可以得到特定情境下被观察者的自然行为数据。但是，观察法的实施需要花费大量的时间，得到的行为数据也只能说明“什么”或者“怎么样”的问题，不能解释“为什么”的问题。如果研究者希望得到被观察者的外显行为数据，而由于道德因素被观察者的行为不能被控制，或者说如果加以控制，该行为就会受到影响而降低研究效度，那么研究者就可以用观察法进行研究。

在工程心理学研究中，观察法经常用来获得操作者在特定环境中操作行为的特征，也可以用来了解用户使用产品的行为特点。

若按观察者是否借助观测工具进行观察，观察法可以分成直接观察与间接观察两种。若按被观察者是否受到控制进行划分，观察法可以分成有控观察和无控观察两种。另外，观察法还可根据观察者参与被观察者活动的程度大小分为参与观察、半参与观察和非参与观察。根据是否事前确定观察的目的、内容和步骤，可以把观察法分为结构观察与非结构观察两种。

观察法的流程大致是：明确观察目的，制订观察计划，准备工具和文档，取样，实施观察，统计观察数据，撰写研究报告。

在实施观察时，观察者还需要对所观察的行为有专门的特征描述，防止偏见干扰等。

二、实验法

实验法是指有目的地控制实验条件或者实验变量，研究变量之间的关系和变化规律的方法。实验法是工程心理学各种研究方法中最重要的一种方法，可以用来研究不同环境、不同界面设计、不同操作方法或者流程以及练习对操作者的操作的影响，可以用来研究不同类型操作者及其组队对操作的影响，也可以用来研究用户使用不同产品的操作特点。在实施中，实验法可以和其他方法一起合理使用，其结果不仅可以形成特定的标准、规范以优化环境、界面和产品设计，也可以用于操作人员的选拔、训练。

实验法可以严格控制实验条件，排除干扰或无关因素对实验结果的影响；可以根据研究目的，设置特定的实验条件或者实验变量，有目的地对变量之间的关系进行研究。实验法还可以对研究结果进行反复观测、验证，并运用统计方法对研究结果进行量化分析和推断。由于实验法是人为控制条件或者变量，在将实验室研究结果应用于实际生活和生产时，要注意其外部效度。

实验有着不同的分类。根据场地不同，实验可以分为实验室实验和现场实验。根据自变量数量，实验可分为单因素实验和多因素实验。另外，根据实验变量控制的不同要求，实验还可以分为真实验（true experimentation）和准实验（quasi-experimentation）。真实验能够按照实验的目的选择实验被试，控制无关变量，操纵自变量的变化，准确测量因变量的变化。与真实验不同，准实验不能选择被试。有不少现场实验都是准实验。

（一）实验变量

自变量、因变量和无关变量等三种变量是实验法研究中最基本的变量。

实验研究中研究者主动操纵的、能引起因变量发生变化的因素或条件通常称为自变量（independent variable），又称刺激变量。研究者要根据研究问题的不同，在具体的实验实施中设置自变量。

实验研究中，自变量变化所引起的实验被试的反应称为因变量（dependent variable），又称反应变量。因变量有客观指标和主观指标两种类型。客观指标指的是在实验中可以借助仪器设备记录下来的、由自变量影响造成的实验被试的客观反应，如反应时等绩效指标，以及心率等生理指标。主观指标指的是实验被试的主观反应，如实验被试的主述等。

实验中对实验结果有干扰作用的变量称为无关变量，又称干扰变量，或者叫控制变量。无关变量使因变量发生变化会导致实验结果失真。无关变量的常用控制方法主要有消除法、限定法、纳入法、配对法、随机法、测试法、恒定法和训练法。实验实施中，可以根据不同的实验目的和要求，结合实际情况使用这些控制方法。

（二）实验设计

实验设计就是根据研究目的，确定实验样本、设置自变量和因变量与实验任务、控制无关变量的过程。

常用的实验设计有三种基本的分类。第一种是基于随机化原则划分为完全随机设计和随机区组设计，第二种是根据被试接受实验处理的不同划分为被试内设计、被试间设计和混合设计，第三种是考虑到自变量的多少划分为单因素设计和多因素设计。

完全随机设计的基本要求是指要从明确界定的总体中随机抽取参加实验的被试，并把这些被试随机地分配给各个实验处理。在随机两等组设计中，自变量只有一个，实验处理有一个，另一个是控制组，不接受实验处理。在随机多等组设计中，自变量有多个。根据测试的时间，随机两等组设计又可以分为随机后测设计、随机前后测设计等不同的形式。

随机区组设计（randomized block design）是在完全随机设计的基础上发展出来的一种可消除实验误差的实验设计。在完全随机设计中，虽然从研究总体中随机选取被试，但被试在年龄、性别、职业等上存在着差异。实际操作中，可以被试的性别，或者被试的年龄段为区组。同一个区组的被试应该是同质的。每一个区组接受次数相同的各种实验处理。这样可以分离出被试差异所导致的区组效应①，以确保实验处理的组间效应②的准确性。

被试内设计是每个或每组被试都接受每种实验处理的实验设计，又称重复测量设计。被试内设计的主要特点是：设计方便，被试数量相对较少，但是实验时间较长，容易造成被试疲劳，影响实验结果。另外，如果各实验处理之间彼此影响，还会产生被试的练习或者干扰效应，导致实验误差。实际操作中，可采用随机区组设计和拉丁方设计等方法来消除被试内设计中的实验误差。通常，被试内设计适用于被试较少，而且不同实验处理不会对被试产生相互作用的实验。

被试间设计是每个或每组被试只接受一种实验处理的实验设计。被试间设计的特点是：能减少被试实验疲劳，避免被试的练习或者干扰效应，但被试间设计所需的被试数量较多，难免会有被试的个体差异。实际操作中，可采用匹配和随机化技术降低被试个体差异的影响。通常，被试间设计适用于被试较多，而且不同实验处理会对被试产生相互作用的实验。

混合设计是有些实验处理是每个或每组被试都需要接受，而有些实验处理则只有部分被试接受的实验设计。混合设计在一定程度上保留了被试内设计和被试间设计的特点，并且在一定程度上降低了单独采用被试内设计或者被试间设计的实验误差。在实施中，需要实验者根据实验目的和以往实验的经验确定哪些自变量采用被试内设计，哪些自变量采用被试间设计。

单因素设计是只有一个自变量的实验设计。单因素设计的特点是设计简单、操作方便，但不能考察多种因素的影响。具体实施中，单因素实验自变量可以有两个水平，也可以有两个以上水平。单因素设计也可以和其他实验设计方法一起使用。例如，如果考虑到被试的误差，可以采用随机区组设计，也可以采用实验组和控制组的设计。

多因素设计则是有两个或者两个以上自变量的实验设计。借助多因素实验不仅能得出每个自变量的实验效应，而且能得出不同自变量之间是否存在交互作用，有助于研究者了解自变量之间存在的复杂关系。但多因素设计操作比较复杂，实验控制也较为困难。多因素设计中，每个自变量都可以有两个或两个以上水平。多因素设计具体实施时，也可以和其他实验设计方法一起使用。

---

① 在随机区组设计的方差分析中，区组效应用区组平方和与误差平方和比值（F 值）的显著性来表示。这个 F 值大于临界值时，则区组效应显著；反之，不显著。

② 在随机区组设计的方差分析中，组间效应用组间平方和与误差平方和比值（F 值）的显著性来表示。这个 F 值大于临界值时，则组间效应显著；反之，不显著。

（三）现场实验和模拟实验

现场实验和模拟实验是工程心理学研究中经常用到的实验方法。

现场实验是在实际现场进行的实验。现场实验具有真实、自然的特点，外部效度较高，参与实验的被试也常为在现场实际工作的人员，但现场实验不能选择被试，也不能控制实验变量。实际操作中，现场实验研究常采用准实验设计（quasi-experimental design）方法进行实验设计。

模拟实验是建立在模拟基础上的实验研究。工程心理学研究需要解决具体的实际问题，但实际场景又不能进行严格的实验研究，这时就需要通过模拟技术，创造出与实际情况大致相同的场景，并根据研究目的，选择被试，设置自变量和因变量，有效地控制自变量与无关变量，进行实验研究。例如，可以在飞机模拟座舱中对飞行员的操作行为进行实验研究。通常，模拟是对真实事物、环境、过程或现象的仿真或者虚拟，其对象可以是物理的仿真模型，如飞机模拟座舱；也可以是计算机虚拟技术构建的临境环境，如购物中心的虚拟环境。

模拟实验研究是工程心理学研究中比较理想的实验方法。因为这种方法既可以模拟现场真实的环境，又能选择被试，严格控制变量，采用与实验室实验类似的方法进行实验研究。

模拟实验实施需要明确实验目的，构建实验模型，进行实验设计，鉴定和验证模型，实施实验，分析实验结果和撰写实验报告。模拟实验的关键在于模拟场景和实际现场的匹配程度。匹配程度越高，模拟实验的外部效度就越高，研究结果也更能有效地应用于实际。

第二节　行为特征研究方法

随着技术的提高，人-机-环系统日益复杂，这对工程心理学研究提出了更高的要求。在此背景下，传统的研究方法已经无法满足工程心理学研究的需要，行为特征研究方法和心理生理研究方法日益受到研究者的重视。

经典研究方法中，常用的实验指标是主观报告（如问卷法中的主观反应）和行为绩效（如实验法中的反应时和正确率）；行为特征研究方法更注重眼动轨迹、人体体态特征等操作者的行为特征，并将其作为研究的指标。可以说，行为特征研究方法不仅丰富了工程心理学的研究手段，也开拓了工程心理学的研究范畴。

目前工程心理学研究中常用的行为特征研究方法主要有以下两大类。

- 眼动追踪分析方法：该方法是一种利用眼动仪，即时记录操作者在特定界面上的眼睛运动轨迹及其特点，进而分析其内在规律的研究方法。
- 人体体态特征分析方法：该方法是一种利用相机、Kinect、加速度传感器等设备，即时记录操作者在特定场景中人体运动轨迹及其特点，进而分析其内在规律的研究方法。

一、眼动追踪分析方法

在工程心理学研究中，眼动追踪分析方法可以通过收集、分析各种眼动数据，深入了解操作者对视觉显示信息的加工特点和规律，从而优化视觉界面的设计。

在眼动追踪分析方法实施中，要注意对每个使用眼动仪进行实验的被试进行校准，校准误差要在一定范围之内（例如，EyeLink 眼动仪常用的误差为 0.5°以下）。眼动数据可以用眼动仪自带的专用程序（如用于分析 EyeLink 眼动数据的 BeGaze 等），或者用其他常用的数据分析软件（如 MATLAB、R 等）进行统计分析。

（一）眼动追踪分析的常用指标

利用眼动追踪技术进行研究，选择合适的追踪指标是重要的环节。在工程心理学研究中，眼动追踪技术最常使用的是与注视（fixation）和眼跳（saccade）相关的测量指标（Poole & Ball，2005）。

在眼动过程中，眼睛相对保持静止被称为注视（闫国利 等，2013）。依据具体的研究目的，可将注视操作化为总注视次数（number of fixations overall）、兴趣区的注视次数（fixations per area of interest）、注视时间（fixation duration）、重复注视（repeat fixations）、初始注视（initial fixation）和目标首次注视时间（time to first fixation on target）等指标。注视的各项指标依据相应的研究内容，可阐释为不同的含义。例如，视觉搜索任务中，兴趣区的注视频率高、注视时间长，可以反映被试对搜索目标的不确定性；而在格雷泽等（Graesser et al.，2005）设置的仪器故障场景中，对故障处的注视次数多、占总注视次数的比例高以及对故障处的注视时间长，可以认为是“仪器深度理解者”的专家型行为表现。

眼跳（又称为眼跳动）指的是眼球在注视点之间产生的跳动（闫国利 等，2013）。眼跳主要包括眼跳次数（number of saccades）、眼跳幅度（saccade amplitude）、回视（regressive saccades）和方向变化显著的眼跳（saccades revealing marked directional shifts）等指标。这些指标既可以体现用户的意图和关注点，也可以反映客体的意义性与合理性。例如，在网页浏览中出现的方向变化显著的眼跳通常可以表明网页的布局与用户的预期不相符。

除注视和眼跳外，凝视（gaze）和扫描路径（scanpath）两项指标也较为常用（Poole & Ball，2005）。凝视时间（gaze duration）通常反映了客体的可识别性、可理解性和意义性。例如，在图符搜索任务中，如果在做出最终选择前的凝视时间超出了预期，则表明该图符缺乏意义性，可能需要重新设计。扫描路径描述了完整的“眼跳—注视—眼跳”的序列过程，展现了多个连续注视点的空间排列情况，可用于测查用户界面中元素的组织布局等内容。具体实施时，还可考察扫描用时（scanpath duration）、扫描距离（scanpath length）、空间密度（spatial density）、转换矩阵（transition matrix）、扫描规则性（scanpath regularity）、扫描方向（scanpath direction）和扫视/注视比例（saccade/fixation ratio）等指标。

还有研究者关注瞳孔大小（pupil size）和眨眼率（blink rate）等指标（Poole & Ball，2005）。这两项指标通常用于考察认知负荷和检测疲劳水平、情绪状态及兴趣等。

（二）眼动追踪分析方法的应用

选定合适的眼动指标，并结合恰当的实验设计，眼动追踪技术可以对多种场合下的各种视觉界面和产品设计进行评价和测试。应用的场合主要有 PC 端网站以及移动 App 等菜单、窗口、符号等视觉要素及其布局的设计，广告等视觉设计（Poole et al.，2004；杨海波 等，2013；徐娟，2013）；环境和特定工作操作空间（如飞机座舱）的设计（Hanson，2004）；特定操作行为（如道路驾驶）的分析（王华容，2014）。这种眼动评价和测试的结果，可以用来说明操作者特定眼动指标背后的心理机制，也可以作为设计改进或者优化的科学依据。

此外，眼动追踪技术既可以作为一种高效、即时的测量技术，也可以作为一种自然交互的手段。眼动追踪还可以和键盘、鼠标一样作为一种输入设备使用（Poole & Ball，2005）（详见第六章的相关内容）。

虽然眼动追踪技术作为高效、即时的测量手段被工程心理学家广泛应用，但眼动追踪技术也存在一些局限（Goldberg & Wichansky，2003；Jacob & Karn，2003；Poole & Ball，2005），需要在研究中予以关注。首先，该技术本身记录的是眼动数据，不能直接反映认知和思维过程，对眼动指标的正确解释需要配合良好的实验设计、先验的理论或严谨的假设，同时也需要和其他实验指标（如行为绩效、主观评定等）结合起来对实验结果进行解释和说明。其次，实验中眼动数据的采集设置本身（包括注视时间阈限、采样率、兴趣区的确定等）对实验结果有着一定的影响。因此，在实验设计过程中，建议参照以往研究的范例，根据实验目的，明确实验假设，以保证实验的效度。另外，在采用眼动追踪分析的实验中，眼动过程的个体差异较大，建议对多任务实验采用被试内设计，而且最好不要将佩戴眼镜、瞳孔巨大或弱视的人群作为实验被试。

二、人体体态特征分析方法

人体体态特征分析方法是通过采集人体的姿态及动作信息对其进行识别、分析以及预测的一种技术。人体体态特征分析技术往往与计算机科学紧密结合，主要通过计算机的强大算法来实现识别和分析功能。在工程心理学中，人体体态特征分析能够促进人工智能领域的发展，有助于实现对人体图像的动态监测，在公共安全、医疗健康、智能家具等多种涉及人体的视觉相关领域被广泛应用。

（一）人体体态识别的方法

过去二十年间，人体体态识别技术得到了极大的发展，人体体态数据类型日趋多样化，数据库规模不断扩大，对复杂情境的处理能力也得到了很大的提升。目前，这一技术不仅能应用于复杂的多人交互场景，还能提取图像序列中的逻辑关系进行分析。

人体体态识别方法可以分为两大类别。一种是基于计算机算法的识别，即通过对图像特征的分析来识别人体的体态。在计算机领域，人体体态识别方法主要包括基于深度图的算法以及基于RGB图像的算法。其中，深度图是由相机拍摄的图片，这导致基于深度图的算法受限于采集设备的要求。相比之下，基于RGB图像的算法对采集设备没有特殊要求，并且在复杂的场景中也能实现更加良好的人体体态识别功能。基于计算机算法的识别能够快速地处理大量的视觉信息，能够在一定程度上实现对人体图像的实时监测。另一种实现方法则是基于运动捕获技术的识别，即通过关键的数个关节点对人体体态进行表征，从而对图像序列中的运动主体进行识别和分析。这种方法在收集数据时可以通过穿戴相应的设备等收集关节点信息。基于计算机算法的方法虽然能快速、方便地识别体态信息，但是这种技术可能会因为识别对象受到遮挡而出现识别错误等问题。与之相比，基于运动捕获技术的识别能够更精确地记录运动细节，不会因为其他因素而干扰识别。

对不同的数据类型，我们需要采用不同的具体识别方法。总的来说，人体体态信息从简单到复杂可以分为姿态（gesture）、单人行为（action）、交互行为（interaction）和群体行为（group activity）四种难度，不同体态信息适用的分析方法有所差异（单言虎等，2016）。姿态和单人行为关注主体本身的形态和运动信息，交互行为和群体行为则涉及时空尺度中不同客体的时空关系和逻辑关系。对于简单行为，可以使用时空体模型（space-time volume model）和时序方法来识别；而对于复杂行为，则可以通过统计模型（statistical model）和语法模型（grammar model）来识别。但是，在很多情境中，大量的遮挡、光照变化和摄像机运动等因素可能导致提取前景信息困难，难以识别行为。多视角行为识别是对同一对象的多个视角的互补图像信息进行综合分析，能够解决单个视角分析中遮挡等原因所引发的信息缺失等问题。除了这种方法以外，我们还可以通过构建三维时空滤波器对时空立方体中的兴趣点进行提取，形成兴趣点的局部特征向量，然后使其进入分类器中进行判断。但是，局部特征本身包含大量噪声，所以基于局部特征的识别方法功能有限。因此，研究者进一步提出基于时空轨迹（space-time trajectory）和深度学习（deep learning）的识别方法。此外，基于人体骨架关节点的人体体态特征分析方法同样能排除复杂的真实情境中其他因素的干扰，该方法通过对关节点的估计和追踪能够提取人体的运动轨迹信息。对交互行为的分析往往需要先对涉及的物体进行识别，然后分析这些物体所参与的运动。对群体行为的分析则需要对群体中由个体构成的多层模型的整体行为进行分析，或将群体中的个体作为单个点并对群体整体的点运动轨迹进行分析。

（二）人体体态特征分析的应用场景

人体体态特征分析技术在工程心理学中拥有广阔的应用前景。例如，在信息检索方面，人体体态特征分析可以起到优化信息检索的作用。在信息爆炸的互联网时代，如何迅速筛选和推荐用户感兴趣的视频图像内容成为工业界关心的问题。上传者所提供的文字信息往往难以囊括视频图像中的丰富体态信息，而借助人体体态特征分析技术可以快速地对海量的视频图像信息进行分析和归类，从而优化信息的检索。在公共安全领域，这种技术可以应用于对大量人流的动态信息进行实时分析和监控，从而避免公共场所潜在的安全问题。此外，在人机交互领域，人体体态特征分析也发挥了重要作用，对用户的体态数据进行收集和分析，能够更好地勾勒用户画像，提升用户体验。

第三节 心理生理测量方法

心理生理测量（psychophysiological measures）是指通过多导生理记录仪等设备，对操作过程中与心理变化相关的生理信号进行实时记录、分析和研究的方法。不同于经典研究方法中的常用指标——主观报告（如问卷法中的主观反应）和行为绩效（如实验法中的反应时和正确率），心理生理测量方法采用皮肤电、心率和脑电等生理指标，对人机系统中操作者的认知、情绪等内部状态进行实时监测和研究（Dirican & Göktürk，2011）。

心理生理研究方法为工程心理学研究提供了新的研究手段，也开拓了工程心理学研究的新领域。心理生理测量大体上可以分成心血管系统、皮肤电系统和呼吸系统等人体外周系统的生理指标（如皮肤电、心率等）的测量，以及脑功能及其相关指标的测量两个大类。

一、外周系统的心理生理测量

在工程心理学研究中，人体外周系统的心理生理测量主要涉及心血管系统、皮肤电系统和呼吸系统这三个系统的指标。

（一）常用指标

在心血管系统中，常用的心理生理指标有心率（heart rate，HR）、心率变异性（heart rate variability，HRV）和血压（blood pressure，BP）。心率指的是单位时间内心脏跳动的次数，常用于认知需求、注意及情绪活动的测量（葛燕 等，2014；易欣 等，2015；Dirican & Göktürk，2011）。心率变异性是心跳快慢的变化情况，常用来监控心理负荷和情绪状态（易欣 等，2015；Dirican & Göktürk，2011）。血压指的是血管内血液对单位面积血管壁的侧压力，常用指标是舒张压和收缩压，该指标能体现情绪活动变化，可以用于系统界面设计的评估（易欣 等，2015；Dirican & Göktürk，2011）。

在皮肤电系统中，皮肤电活动（electro dermal activity，EDA）指的是皮肤表面汗腺受到刺激后所发生的电传导变化。皮肤电导水平（skin conductance level，SCL）是皮肤电活动的常用指标。该指标与唤醒水平线性相关，可用于心理负荷、情绪状态和压力的测量（葛燕 等，2014；易欣 等，2015；Dirican & Göktürk，2011）。

呼吸系统测量主要包括呼吸频率（respiration rate，RR）、呼吸阻力（oscillatory resistance，R_{os}）和每分通气量（minute ventilation，MV/VE）等指标。呼吸反应常用于测量任务需求、消极情绪和情绪唤醒（易欣 等，2015；Dirican & Göktürk，2011）。

除了上述常用指标外，还有肌电（electromyogram，EMG）和胃电（electrogastrogram，EGG）等指标。肌电是用于测量运动准备的敏感指标，其中面部肌电还可用于面部情绪的识别与分析（Dirican & Göktürk，2011）。胃电则是用于测量情绪唤醒的非常敏感的指标（Vianna & Tranel，2006）。

（二）心理生理测量技术的应用

目前，外周系统的心理生理测量主要应用于人机界面设计的评价，人在操作过程中唤醒水平、认知负荷、情绪状态、压力的监控和测量。

在实际的研究过程中，研究者可以依据具体的研究问题，选择合适的生理指标用于测量。同时，研究者也需要注意以下问题。

- 生理信号相对较弱且采集时易受到干扰，建议采取一定的抗干扰措施。
- 数据量相对庞大，分析难度较高，需要有专业的训练。
- 依据生理指标得到的对内部状态的解释并不完全对应，建议采用主观评价和行为绩效等多种指标进行测量，对实验结果做一个综合完整的解释。
- 心理生理测量实施时需要借助特定仪器设备和操作，这使得此类研究更多只能在实验室或控制环境中进行，其实验结果缺乏很好的生态效度，建议在应用实验结果时保持谨慎的态度。

二、脑功能检测技术

随着认知神经科学和无损伤脑功能检测技术的发展，对操作者在工作中大脑神经机制的研究逐步成为工程心理学的重点研究方向。

根据不同的技术原理，目前检测大脑活动和机制的技术可以分为两大类：第一类是大脑电磁活动测量技术，该技术基于电磁活动原理，通过采集大脑活动所产生的电磁信号以揭示大脑的活动机制，主要包括脑电图（electroencephalography，EEG）、事件相关电位（event-related potential，ERP）和脑磁图（magnetoencephalogaphy，MEG）等的测量。第二类是大脑血流动力学测量技术，该技术将电磁活动原理与大脑血氧水平变化等血流动力学指标相结合，以检测大脑的活动，主要包括正电子断层发射扫描（positron emission tomography，PET）、功能性磁共振成像（functional magnetic resonance imaging，fMRI）、功能性近红外光谱（functional near-infrared spectroscopy，fNIRS）等的测量。

（一）大脑电磁活动测量技术

1. 脑电图测量

脑电图（EEG）测量是通过头皮表层的有效电极记录大脑活动时的电波变化的测量。EEG是脑神经细胞的电生理活动在大脑皮层或头皮表面的总体反映。EEG测量的主要特点是可以较长时间对各种场景下的大脑活动进行实时监控，可以检测毫秒级的电位变化，有着较高的时间分辨率。但是，EEG测量的空间分辨率较低，无法实现大脑功能的精确三维空间定位，而且 EEG 信号容易受到干扰。

目前，EEG 常用于认知负荷和心理努力的评估，以及警觉、疲劳和投入等心理过程的研究，也用于用户在人机交互过程中情绪体验的测量（葛燕 等，2014；Dirican & Göktürk，2011；Parasuraman & Rizzo，2008）。

2. 事件相关电位测量

事件相关电位（ERP）测量是对以 EEG 为基础的一种特殊的脑诱发电位的测量。ERP 反映了认知过程中大脑的神经电生理活动的变化，也被称为认知电位。ERP 测量的最大特点是时间分辨率较高。

ERP 测量的主要指标包括：P1 和 N1（与注意相关）；P300（可用于认知负荷评估）；失匹配负波（mismatch negativity，MMN；对刺激序列中的奇异刺激较为敏感）；单侧化准备电位（lateralized readiness potential，LRP；评价运动准备的良好指标）；错误相关负波（error-related negativity，ERN；错误检测的重要指标）。

目前，ERP 主要应用于认知负荷与自动化水平的评估、警戒机制的评价、人机系统中操作者疲劳状态和情绪状态的监控等（Parasuraman & Rizzo，2008）。

EEG 和 ERP 的另一个重要用途是脑机接口（brain-computer interface，BCI）技术的开发（详见第六章相关内容）。

3. 脑磁图测量

脑磁图（MEG）测量是一种较新的无创脑功能测量，是对脑磁场的测量。MEG 是脑磁场的记录图形，可以反映细胞在不同功能状态下所产生的磁场变化（滕晶 等，2007），其特点是具有很高的时空分辨率，定位精确；但 MEG 测量设备过于昂贵，这在很大程度上限制了它的普及和应用。

（二）大脑血流动力学测量技术

1. 功能性磁共振成像测量

功能性磁共振成像（fMRI）是一种在磁共振成像（MRI）技术基础上发展起来的利用血液中血红蛋白的磁性变化来测量和追踪大脑局部能量消耗状况，以反映其神经活动的成像技术，是目前研究领域应用最广泛的大脑血流动力学测量技术。当前用于人脑研究的 fMRI 扫描仪通常为 3 特斯拉（3T），最强的已达到 7 特斯拉（7T）。

fMRI 技术不仅适用于测量人的基本认知活动的神经机制（如感知觉、记忆、注意、语言、情绪等），同样适用于考察实际工作环境下心理过程的神经机制，如警戒（Lim et al.，2010）、心理负荷（Parasuraman & Wilson，2008）、模拟驾驶（Parasuraman & Rizzo，2008）、空间巡航（Just et al.，2008）和用户体验与审美（Cupchik et al.，2009）等。

fMRI 实验设计有其特定的要求，主要包括区组设计（block design）和事件相关设计（event-related design）两种类型。基于“认知减法”原理，区组设计以“组块”为单位呈现刺激，即在每一组块内连续、重复呈现同一类型的实验刺激。区组设计的特点是，BOLD（血氧水平依赖）信号变化较大、信噪比较高，但无法区分组块中的单个刺激，多种实验刺激的呈现无法随机化，容易诱发期待效应。事件相关设计包括慢速事件相关设计和快速事件相关设计两种。这种设计研究的是单次刺激所引发的血氧反应。事件相关设计的特点是，各种类型的实验刺激能够较好地随机化，可以提高脑局部活动的反应特性。但事件相关设计需要深入了解 BOLD 信号特性，例如，快速事件相关设计必须考虑前后两个刺激所引发的 BOLD 信号的叠加和相互干扰的问题，实验前要进行刺激的优化排列等。

fMRI 技术具有极佳的空间分辨率（1cm 或更高），但其时间分辨率较差（具有基于脑血流动力学的固有时间滞后性），且 fMRI 测量价格较高、成像时间较长，并且在实验中需限制被试的活动。

2. 功能性近红外光谱测量

功能性近红外光谱（fNIRS）技术是测量大脑血流动力学过程的一种成像方法。近红外波段（680～1 000nm）的光子能够穿透深层组织（即人脑的生物组织），当大脑的某个功能区受到刺激后，该区域的含氧血红蛋白（HbO）和脱氧血红蛋白（HbR）的含量就会发生变化。fNIRS 技术就是通过测量这些变化来监测大脑活动的。

与 fMRI 技术类似，fNIRS 技术可以对自然环境下的心理过程（如心理负荷、卷入程度、汽车导航、在线教学等）的神经激活模式进行研究（Hirshfield et al.，2009；Herff et al.，2014），其特点在于：兼具较高的空间分辨率和时间分辨率，更便携，造价更低，无须将被试限制在狭小的空间中进行实验等。但在 fNIRS 技术中，光子穿透能力较弱，仅能深入头部以下几厘米，不能对大脑深部结构进行测量，而且信噪比较低。

此外，正电子发射断层扫描（PET）、经颅多普勒超声（TCD）和动脉自旋标记（ASL）等也是经常得到使用的脑功能检测技术。

第四节　经典数据处理方法

相对于网络时代的大数据分析方法，我们把传统的数据分析方法称为经典数据处理方法。通常的经典数据处理方法包括初级描述统计和推断统计，也包括回归分析、判别分析、聚类分析和因子分析等较高级的数据模型方法。

广义地说，数据处理就是利用一定的分析软件，如 SPSS，对实验数据进行分析的过程。依据数据处理的结果，可以分析实验效应，进而得出实验结果。

根据实验目的，在对实验数据进行分析前，一定要进行数据的预处理，其目的是剔除实验数据集合中的极端值或不同质的数据以保证实验效度。通常，实验数据集合中的极端值指的是正态分布中处于正负两个标准差之外两端的 4.28％的数据，或在正负三个标准差之外两端的 0.26％的数据。另外，预处理中也要剔除不符合客观现实的值，如反应时小于 200ms 的数据。在正规的实验报告中，需要标明剔除的数据占总的实验数据的比例。如果所剔除数据的比例大于 5％，实验误差就会过大，需要重新实施实验。

数据处理后，通常要进行描述统计分析和推断统计分析，有需要时还可以进行因素分析等更为复杂的数据处理。

一、描述统计

描述统计（descriptive statistics）可以用来概括实验数据集合中集中趋势和离散趋势两种基本特征，是一种初级数据统计处理。其中，集中趋势为数据分布中大量数据向某方面集中的程度，其统计量为集中度量（measure of central tendency）。离散趋势为数据分布中数据彼此分散的程度，其统计量为差异度量（measure of standard deviation）。

（一）集中度量

根据数据类型的不同，可使用不同的度量来描述集中趋势。

连续型数据的集中趋势通常用算术平均数（arithmetic average）、加权平均数（weighted mean）、几何平均数（geometric mean）和调和平均数（harmonic mean）来度量。算术平均数是描述统计中最常用的连续变量的集中度量，是数据集合中各个数据相加后除以数据的个数得到的，也称为平均数（average）或者均值（mean）。如果在数据集合中，各个数据的权重（weight）不同，就要计算加权平均数。几何平均数又称对数平均数，可以用来计算平均速率。调和平均数又称倒数平均数，可用来计算增长率的均值。

离散型数据的集中趋势可以用中数（median）和众数（mode）来度量。中数是按顺序排列在一起的一组数据中居于中间位置的数。例如，数列 4，6，7，8，12 的中数为 7。众数是指在频数分布中出现次数最多的那个数。例如，数列 2，3，5，3，4，3，6 的众数为 3。

（二）差异度量

描述离散趋势的常用度量主要有全距（range）、百分位差（percentile）和中心动差（central moment）三种。

全距又称两极差，是数据集合中数据的极端差值，可以用数据集合中的最大值（maximum）减去最小值（minimum）来得到全距的具体值。

百分位差是用数据集合中的两个数据的百分位数之间的差距来描述离散趋势的一种差异度量。由于采用的百分位数不一样，可以用不同的值来表征百分位差。最常用的百分位差是四分位差（quartile percentile）。它是 75%百分位数和 25%百分位数之差的平均数。

中心动差是以数据集合中特定数值与平均数的差值为基础来描述数据的离散趋势的一种差异度量。平均差（average deviation/mean deviation）、方差（variance）和标准差（standard deviation）是常用的中心动差度量。

平均差是数据集合中各原始数据与该集合平均数的绝对离差（离均差）的均值。为了避免负数的影响，可以用离均差的平方和除以数据的个数得到方差，并代替平均差来描述数据的离散程度。

由于计算严密、受极端数据影响较小，标准差是最常用的差异度量。另外，方差具有可加性，所以，在推断统计中，方差也经常使用。

（三）相关分析

两个变量的关系可以用相关系数（correlation coefficient）来度量。相关系数常用 r 来表示。r 的数值范围为$-1.00 \sim 1.00$。

两个变量的关系通常有正相关、负相关和零相关三种。r 为正数表示两个变量之间的关系为正相关，即一个变量的测量数据变化方向和另外一个变量的测量数据变化方向相同，如体重随身高增长而增加，体重和身高之间的关系即为正相关。r 为负数表示两个变量之间的关系为负相关，即一个变量的测量数据变化方向和另外一个变量的测量数据变化方向相反，如驾车练习次数增加，驾车的错误就减少，练习次数和错误数之间的关系即为负相关。r 为 0 表示零相关，即一个变量的测量数据变化时，另一个变量的测量数据没有发生规律性变化。

数据类型不同，相关系数计算不同。皮尔逊积差相关（Pearson product moment correlation）可用来计算连续变量的相关。斯皮尔曼等级相关（Spearman rank correlation）则可以用来计算非连续变量的相关。

二、推断统计

经描述统计处理可以得到实验数据集合的集中和差异度量值，如各个实验样本的平均数和标准差等。推断统计（inferential statistics）则是基于描述统计得出的集中或者差异度量值进行差异性检验，进而说明实验效应的统计处理过程。

推断统计通常用样本的统计量来推断总体参数。如果两个样本统计量差异显著，就可以推断这两个样本的被试来自不同的总体，实验处理就有效。例如，当实验组和控制组的数学成绩的平均数之间的差异达到差异性检验的显著性水平时，就可以认为实验组的数学成绩明显优于控制组，即这种成绩上的差异不是源于偶然的、随机的因素，而是源于实验的处理。

推断统计中的差异性检验为假设检验。虚无假设和备择假设是常用的两种假设。虚无假设假定两个样本源于同一个总体，备择假设假定两个样本源于不同总体。如果实验数据差异显著，即达到显著性水平，就可推翻虚无假设，而接受备择假设，反之就接受虚无假设。其中，统计的显著性水平指的是允许的小概率事件发生的标准，通常以 α 表示。如果 α 等于或者小于 0.05，就可以认为假设检验达到显著性水平。在这种情况下得出的两个样本源于不同总体的实验结论可能犯错误的概率最大为 5%或者更小。

（一）非参数检验

非参数检验是指在总体分布情况不明确时，用来检验实验数据集合是否来自同一个总体的假设的检验方法。非参数检验常用于离散型数据的统计处理。

常用的非参数检验方法有拟合优度检验和分布位置检验两种。拟合优度检验的方法主要是卡方检验。卡方检验适用于分类变量是二项或多项分布的总体分布数据的一致性检验。例如，某项满意度测验，答案有满意、一般、不满意三种选择。样本量是 52 人。

测验结果中满意的 34 人，一般的 12 人，不满意的 6 人。对于这项调查，就可以用卡方检验来检验这三种意见的人数分布是否显著不同。

分布位置检验主要有以下四种：两个独立样本检验、多个独立样本检验、两个相关样本检验和多个相关样本检验。

两个或者多个独立样本检验可以检验在两个或者多个独立样本所属总体分布类型不明或非正态的情况下，两个或者多个独立样本是否具有相同的分布。例如，有甲、乙两种练习方法，需要比较它们的效果。实验中，独立观察 40 名被试。20 名被试采用甲练习方法，另 20 名被试采用乙练习方法。这时，就可以使用两个独立样本检验考察这两种练习方法的效果有无显著差异。

两个或者多个相关样本检验与两个或者多个独立样本检验基本类似，就是研究样本的性质不同，两个或者多个相关样本检验针对的是两个或者多个有一定相关性的样本。例如，在上述实验中，如果使用甲、乙两种练习方法的样本来自同一个总体，那么就要用两个相关样本检验。

（二）参数检验

数据分布明确（如正态分布）时，就可以用参数检验进行假设检验，这常用于连续型数据的统计处理。常用的参数检验方法主要有 t 检验和方差分析（ANOVA）或 F 检验。

t 检验适用于两组或两个实验条件下所得出数据集合的平均数的差异性检验。根据实验设计的不同，有单一样本 t 检验、两个独立样本 t 检验和配对样本 t 检验等三种不同情况的具体应用。单一样本 t 检验用于检验一个样本和一个总体的平均数是不是有差异。例如，如果想知道杭州市某中学初三某个班级的数学成绩和全市初三学生的数学成绩是不是有差异，就可以用单一样本 t 检验。两个独立样本 t 检验适用于检验两个不相关样本是否来自具有相同均值的总体。例如，如果想知道喜欢某产品的顾客与不喜欢该产品的顾客平均收入是否相同，就可以采用两个独立样本 t 检验。配对样本 t 检验适用于检验两个相关样本是否来自具有相同均值的总体。例如，如果想要知道技术培训结束后工作效率是否提高了，就可以采用配对样本 t 检验。

方差分析或 F 检验适用于三个或更多组或实验条件下所得出数据集合的平均数的差异性检验。方差分析主要有单因素方差分析和多因素方差分析。实验的自变量只有一个，而实验处理有多个时，就要用单因素方差分析。如果实验的自变量有两个或者两个以上，就需要用多因素方差分析。根据实验设计的不同，方差分析有不同的变式。例如，当实验设计是重复测量设计时，就要采用重复测量设计的方差分析。具体细节可以参考“拓展学习”中的推荐资源。

第五节　数据模型方法

在对研究数据进行初步的统计处理后，就可以用数据模型方法中一定的数学表达式对实际问题的本质属性进行概括，从而进一步解释客观现象，预测未来发展趋势，并对控制某一现象提供最优的策略。

在工程心理学研究中，常用的数学模型方法有回归分析、判别分析和聚类分析、因子分析和结构方程模型等方法。

一、回归分析、判别分析和聚类分析

回归分析（regression analysis）是探讨两个或多个变量间数量关系的一种常用统计方法。若变量 Y 随变量 X_1，X_2，…，X_m 的变化而变化，那么可以定义 Y 为因变量，X_1，X_2，…，X_m 为自变量。

变量之间的回归关系有线性回归和非线性回归。在线性回归中，Y 随着 X 的变化而线性变化。在非线性回归中，Y 和 X 的关系是曲线关系。线性回归又有多元和一元线性回归。单个自变量的线性回归称为一元线性回归，如人的体重与身高之间的关系；多个自变量的线性回归称为多元线性回归，如人的血压值与年龄、性别、劳动强度、应激情况等自变量之间的关系。

回归分析通常有以下两个步骤：

- 根据样本数据求得模型参数 b_0，b_1，b_2，…，b_m 的估计值，并进一步得到表示因变量 Y 与自变量 X_1，X_2，…，X_m 之间关系的回归方程。
- 对回归方程及各自变量进行假设检验，并对方程的拟合效果以及各自变量的作用大小做出评价。

判别分析是判定个别数据所属类别的一种方法。判别分析是在已知数据分为若干类别的前提下，获得判别模型，并用来判定特定数据归属某个特定类别的过程。常用的判别分析方法有 Fisher 判别和 Bayes 判别。

Fisher 判别又称典型判别，适用于两类和多类判别。Fisher 判别就是要找到一个线性判别函数使得组间差异和组内差异的比值最大化，并按照判别函数计算判别界值，进一步决定特定数据的归属。

Bayes 判别考虑事件发生的先验概率，计算每个样本的后验概率及错判率，用最大后验概率来划分样本的类别，并且使得期望损失达到最小。

聚类分析是对随机数据进行归类的方法，其实质就是按照一定的标准（如距离）将数据分为若干个类别，并使得同类别内部的数据差异尽可能地小，不同类别间的数据差异尽可能地大。聚类分析最常用的标准是欧式距离和相关系数。

二、因子分析和结构方程模型

因子分析（factor analysis）是一种从分析多个原变量的相关关系入手，找到支配这种相关关系的有限个不可通过实验得到的潜在变量，并用这些潜在变量来解释原变量之间的相关关系或协方差关系的多元统计方法，其目的是简化变量维数，用较少的潜在变量（或者公因子）代替较多的原变量来分析问题。

因子分析在具体实施中，首先要用 Bartlett 球状检验等方法判断原变量之间的相关性，如果具有相关性，那么就可以用主成分分析等方法求出初始公因子；然后用因子矩阵旋转的方法求得有最大解释率的公因子；最后对该公因子进行命名。

因子分析有探索性因子分析和验证性因子分析两种基本类型。探索性因子分析事先并不假定因子与原变量之间的关系，而是通过具体的统计分析求得结果。验证性因子分析则用于测试因子与对应的原变量之间的关系是否符合研究者所设计的理论关系。实际操作中，验证性因子分析经常通过结构方程模型来进行测试。

结构方程模型（structural equation modeling，SEM）是把因子分析和路径分析结合起来研究原变量和潜在变量之间结构关系的统计分析方法。结构方程模型包括两个部分：第一部分是测量模型，采用验证性因子分析的方法建立原变量与潜在变量之间的关系；第二部分是结构模型，采用路径分析的方法建立潜在变量之间的结构关系。模型建立起来后，还需要用绝对拟合指数，如拟合优度指数（GFI），进行拟合检验。

第六节 大数据方法

大数据方法（big data approach）是大数据时代对海量数据进行分析处理的统计方法。其特点是数据规模巨大，生态效度较高。与经典数据处理方法最大的不同是，大数据方法并不采用随机分析或者抽样分析的方式进行数据处理，而是对所有数据进行处理。

在工程心理学中，大数据方法可以用来分析、评价和优化产品设计，特别是在 PC 端网站以及移动 App 等网络产品设计中可以采用大数据方法。

一、大数据方法的特点

大数据方法有描述性分析、诊断性分析、预测性分析和决策性分析四种基本类型。

描述性分析通过数据分析，描述发生了什么，如通过用户对特定网络页面的操作数据（点击率等）的统计描述来反映用户网络页面操作的基本情况。这种分析通常涉及集中趋势和分布情况的分析。

诊断性分析是在了解事件发生的基本情况后，分析其内在原因和规律。即进行描述性分析以后，分析事件为什么会发生，如在了解了用户对特定网络页面的操作的基本情况后，可以分析不同用户的操作特点和背景情况，进一步了解用户网络操作特点背后的原因。

预测性分析是在描述了事件发生的基本情况及内在特点的基础上，对事件发生及其规律和特点进行预测性数据分析。可以说预测性分析是通过数据分析实现预测，如根据目前或者以往用户对特定网络页面的操作特点来预测以后该用户或者用户群体对特定网络页面的操作特点变化趋势。

决策性分析是基于预测性分析，通过数据分析对未来可以采取的措施提出决策方案。例如，网络设计者可以根据用户的操作特点，以及未来用户操作的发展趋势对网络设计进行优化，改进网络热点设计和热点内容设置。

大数据方法的基本步骤主要有采集、预处理、统计和分析、挖掘等四个。采集是大数据获得的过程。预处理是对收集到的大数据进行事先的计算处理，以便于做进一步的统计和分析的过程。该过程也被称为数据清理。统计和分析是对经过预处理的大数据进行统计、分析的过程。挖掘是在统计和分析的基础上，对数据进行进一步的较高层次的分析，以便用于预测。

二、大数据方法的应用

随着技术的进步和需求的不断提高，大数据方法在工程心理学研究中有越来越广阔的应用。在工程心理学研究中，大数据方法主要用来分析、评价和优化网络产品设计，其研究途径主要是通过分析用户的网络使用操作特征，对用户体验进行评估或分析，进而优化产品设计。

（一）大数据分析指标

随着互联网、移动互联网、物联网的发展，越来越多的产品和服务被部署在网络上，这给用户体验测评提供了新的方法和数据来源，以至于不需要开展现场或者实地的用户测试或调研，就能获得大量用户真实的行为数据。基于对这些大数据的分析，可以非常有效地分析出用户的操作特征，从而判断网络产品的用户体验水平，推动相应的产品设计。同时，这些分析指标也已经成为许多互联网公司的关键业绩指标（key performance indication，KPI）。以下是针对不同类型产品常用的用户体验测评指标。

1. 网站产品测评指标

针对网站产品，主要通过监测在特定时间最原始的网站流量，再综合页面浏览情况，得出以下指标，从而反映用户体验水平。

- 用户网页浏览数：特定时间单个用户或用户群体浏览网页总数。
- 用户访问量：特定时间访问网站的用户总数。
- 用户访问频率：特定时间内单个用户访问网站的频次。
- 活跃用户量：特定时间访问网站用户中达到活跃用户标准的数量。
- 新注册用户量：特定时间访问网站后新注册用户的数量。
- 新用户/老用户比例：特定时间访问网站用户中，新用户占全体用户的比例。
- 特定内容的访问量：网站中特别关注的内容被访问的数量。
- 单页面停留时间：用户在单个页面上停留的时间。
- 每次会话的平均时长：用户从进入网站到离开网站的总时间。
- 页面跳出率：用户进入网站后没有进行操作就离开网站的比例。

2. 手机等移动端产品测评指标

相对于网站产品很多时候希望用户尽可能长时间地停留在页面上，移动端产品往往更关注用户的操作流程以及操作效率。因此，有时除了可以参考针对网站产品的测评指标外，下面这些指标也常常被应用在移动端产品的用户体验测评中。

- 页面平均点击数：用户于移动端完成特定操作在不同页面上点击的总次数。
- 页面点击时间：用户在移动端某页面上完成点击花费的时间。
- 操作交互路径数：用户完成某个特定操作所经过的交互路径数。
- 页面间操作关联度：在两个页面间用户进入第一个页面后就会进入第二页页面的比例。
- 完成操作用户比例：通过漏斗分析得到的按设计目标完成最终操作的用户比例。

以上各种指标只是用户体验测评中较为常见的几种指标，根据不同的研究目的和关注的产品，研究者还可以具体考虑可以采用的其他相关指标。比如，如果我们要研究某产品说明书的可用性，那么，除了需要记录用户操作产品完成任务的时间之外，还需要记录用户浏览产品说明书的时间、浏览的频次等。

（二）基于大数据的 A/B 测评方法

A/B 测评方法是对 Web 和 App 的页面或流程设计的两个版本（A/B）或多个版本（A/B/*n*）进行测试评价，以优化页面或流程设计的一种大数据方法。A/B 测评要求同时随机地分别让一定比例的属性相同或类似的被测试者群组进行页面或流程操作，收集相关的数据，然后通过统计学方法进行分析，得出各种设计的优势和缺陷，以便优化设计，并决定最后正式上线哪个更好的版本。

1. A/B 测评的特点

相比于经典测试，A/B 测评有以下两个特点。

第一，A/B 测评数据更加准确。传统测试中，虽然能够收集被测试者直接反馈的意见，或者操作绩效等数据，但因为被测试者知道自己正在被测试，所以往往会表现出与其在日常自然状态下不一样的行为反应，从而造成误差。与此相反，A/B 测评是在被测试者没有觉察的情况下进行的，属于一种无感测试，所以被测试者操作更为准确，更具有生态效度。

第二，A/B 测评往往可以获得大量的真实被测试者数据。由于受到时间、地点、经费的限制，传统测试中，一般招募的被测试者数为 5～30 人不等，而 A/B 测评就不受以上因素的制约。A/B 测评中的被测试者数取决于在分流设计中，有多少 UV（独立访客）分流到不同的版本中。因此，A/B 测评的结果可能来自成千上万个被测试者的访问数据，更容易得到可靠的实验结果。

但是，A/B 测评也有一定的问题。通过 A/B 测评获得的数据很难理解用户操作特点背后的原因。比如，被测试者转化率的提高可能是由于页面上增加了一个“免费试用”的选项，也可能是设计师改变了页面布局设计，让被测试者对页面美观度和交互效率的体验有了一定的提高。因此，如果要了解 A/B 测评结果背后的原因，需要做进一步的数据分析，或者补充对一些线下用户的访谈调研。这样会更有利于评估者分析界面的用户体验水平及背后的原因。

2. A/B 测评的步骤

A/B 测评通常是一个反复迭代的过程，它的基本步骤包括：

（1）设定指标。A/B 测评的最终目的，是通过测评找到更优秀的产品方案，其中最关键的是要选择合理的测评指标。一般来讲，能够通过 A/B 测评来评估的指标有点击率、进入率、人均时长、人均刷新等。

（2）设计两个以上的优化方案，并完成相关模块开发。在设计用于 A/B 测评的不同优化方案时，可以只是对页面进行较小的修改，比如类似对标题元素、事件按钮等页面元素的修改；也可以在 A/B 测评中一次修改多个对应元素，这样测评效果可能会更加明显。有需要时，也可以同时进行多个页面的 A/B 测评。但无论采用哪种方式，都应该对将来能够根据得到的数据分析比较不同方案的优劣有事先的把握。

（3）确定参与测评的备选方案与分流比例。在不影响其他测评的前提下，尽可能为每个被测试者分组提供更多的被测试者数据，这与测评的成功率成正比。假设某个页面的 UV 在 5 000 个左右，然后我们为每个被测试者分组分配的流量比例为 2%，那么一天差不多会有 100 个 UV 进入被测试者分组，测评的结果很容易受到某些异常样本的影响。比如，如果有个别被测试者因为工作原因每天都会频繁进行购买，恰好其被分到了某个被测试者分组中，那么其购买行为就可能带偏整个被测试者分组的统计结果。如果实在没办法保证被测试者数，那么可以考虑延长测评时间的方法。

（4）进行线上测评。在具体实施 A/B 测评方案时，可以直接通过自己的产品网站进行测评，也可以考虑使用第三方的 A/B 测评工具（如国内的 AppAdhoc）。测评方可以通过接入第三方 A/B 测评 SDK（软件开发工具包），把这些方案通过第三方平台分发给被测试者，然后自由调整流量分配，比如让 1%的被测试者使用 A 方案，5%的被测试者使用 B 方案等，最后根据获得的数据反馈，来对不同的设计方案进行评估。

（5）收集被测试者数据进行数据分析。通过 A/B 测评收集到充足的被测试者数据后，接下来就是通过各种统计方法来对数据进行统计分析，从而推断采用不同设计方案带来的实际影响。采用统计推断方法来分析数据的目的是做出科学的 A/B 测评结论，其中，在比较差异时，是否达到统计显著性是非常重要的。比如，“被测试者转化率提高了 10%”，既可能是由于进行了优化设计，也可能只是一些随机的指标变化所造成的。因此，只有统计上显著的结果才能代表某种设计变化确实对我们感兴趣的指标产生了影响。

（6）根据测评结果发布新版本或添加新方案继续测评。每次 A/B 测评完成之后，就要对测评结果进行分析总结，并对产品提出新的优化方案，再迭代进入下一轮 A/B 测评。

目前，国内外已有多个方便开展 A/B 测评的相关工具。国内如吆喝科技公司推出了 A/B 测评系统 AppAdhoc。用户在确定优化内容后，只需根据试验特征，选择对应的平台和模式，即可完成多版本试验创建、小流量在线发布试验版、实时数据决策；同时，还可采用可视化的编辑模式来降低使用门槛。另外，Google Analytics 作为一款免费工具，可以测试网站跳出率、访问数、浏览量、新访问百分比、新增流量、访问页数、平均停留时间等多项指标。

3. A/B 测评的应用

A/B 测评目前在以下四个方面具有广泛的应用。

（1）优化界面被测试者体验水平：A/B 测评可以让互联网公司在优化界面被测试者体验设计后，来验证设计假设是否成立，比如在界面元素上的更改如何影响被测试者操作和体验，从而获得影响被测试者体验水平的关键因素。

（2）提升目标转化率：通过持续改进被测试者体验，A/B 测评可以不断提高某个目标的转化率。比如希望通过广告着陆页提高销售数量，就可以尝试通过 A/B 测评更改标题、图片、表单域、召唤语和页面整体布局等来进行迭代测试。

（3）优化广告效果：通过测试广告文案，公司可以了解哪个版本能吸引更多人点击。通过测试后续的着陆页，可以了解哪种布局能更好地将访问者转化为客户。

（4）算法优化：产品开发人员和设计人员可以使用 A/B 测评来了解新功能或更改所带来的影响。产品发布、客户互动、模式和产品体验都可以通过 A/B 测评进行优化，只要目标能明确定义，并且有清楚的假设。

但进行 A/B 测评也有前提条件，即网站已经有比较多的访问者，能及时进行有效的测试。

概念术语

信度，内部效度，外部效度，问卷法，访谈法，观察法，实验法，自变量，因变量，无关变量，完全随机设计，随机区组设计，被试内设计，被试间设计，混合设计，单因素设计，多因素设计，眼动追踪分析方法，人体体态特征分析方法，心理生理测量方法，脑功能检测技术，EEG，ERP，MEG，fMRI，fNIRS，描述统计，推断统计，非参数检验，参数检验，回归分析，判别分析，聚类分析，因子分析，结构方程模型，大数据方法，A/B 测评方法

本章要点

1. 工程心理学的经典研究方法主要有问卷法、访谈法、观察法、实验法四种。

2. 评价研究的指标有信度和效度。信度指的是测量的可靠性或稳定性。在相同的条件下，同一种测量，先后测量的结果一致性程度越高，这种测量的信度也越高。效度指的是测量的准确性。一种测量越能准确地测出它所测量的内容，这种测量的效度就越高。

3. 问卷法是通过问卷收集数据的研究方法。实施流程包括确立研究目标、设计问卷、确立研究样本、实施调查、分析数据和撰写报告等六个阶段。

4. 访谈法是通过访谈者与被访者之间的交流来获取研究数据的研究方法。实施流程包括明确访谈目的、设计访谈提纲、提问、捕捉信息、反馈信息和撰写报告等六个阶段。

5. 观察法是指研究者直接或者借助一定的辅助工具观察研究对象来获得研究数据的方法。实施流程包括明确观察目的、制订观察计划、准备工具和文档、取样、实施观察、统计观察数据和撰写研究报告等七个阶段。

6. 实验法是指有目的地控制实验条件或者实验变量，研究变量之间的关系和变化规律的方法。实验法最基本的变量是自变量、因变量和无关变量。

7. 常用的实验设计有三种基本的分类。第一种是基于随机化原则划分为完全随机设计和随机区组设计，第二种是根据被试接受实验处理的不同划分为被试内设计、被试间设计和混合设计，第三种是考虑到自变量多少划分为单因素设计和多因素设计。

8. 工程心理学常用的行为特征研究方法主要有眼动追踪分析方法和人体体态特征分析方法两大类。

9. 心理生理测量是指通过多导生理记录仪等设备，对操作过程中与心理变化相关的生理信号进行实时记录、分析和研究的方法。主要分为人体外周系统的生理指标的测量和脑功能及其相关指标的测量两大类。

10. 经典数据处理方法包括初级描述统计和推断统计，也包括回归分析、判别分析、聚类分析和因子分析等较高级的数据模型方法。

11. 推断统计是基于描述统计得出的集中或者差异度量值进行差异性检验，进而说明实验效应的统计处理过程。

12. 在工程心理学研究中，常用的数据模型方法有回归分析、判别分析和聚类分析、因子分析和结构方程模型等方法。

13. 大数据方法有描述性分析、诊断性分析、预测性分析和决策性分析四种基本类型。

复习思考

1. 工程心理学研究方法有哪些?
2. 工程心理学有哪些数据处理方法?

拓展学习

窦祖林，廖家华，宋为群（主编）.（2012）. *经颅磁刺激技术基础与临床应用*. 人民卫生出版社.

侯杰泰，温忠麟，成子娟.（2004）. *结构方程模型及其应用*. 教育科学出版社.

加扎尼加，伊夫里，曼根.（2011）. *认知神经科学：关于心智的生物学*(3 版，周晓林等译). 中国轻工业出版社.

卡拉特.（2012）. *生物心理学*(10 版，苏彦捷等译). 人民邮电出版社.

坎特威茨，罗迪格，埃尔姆斯.（2010）. *实验心理学*(9 版，郭秀艳等译). 华东师范大学出版社.

科恩.(2011).*心理统计学：下*(3版，高定国等译).华东师范大学出版社.
尼尔森，佩尼斯.(2011).*用眼动追踪提升网站可用性*(冉令华等译).电子工业出版社.
张文彤，董伟(编著).(2018).*SPSS统计分析高级教程*(3版).高等教育出版社.
赵仑.(2010).*ERPs实验教程*(修订版).东南大学出版社.
Faro，S. H.，& Mohamed，F. B. (Eds.) (2010). *BOLD fMRI：A guide to functional imaging for neuroscientists*. Springer.

第四章

视觉显示界面

教学目标

了解视觉显示的特点、分类和一般工效学设计原则；把握静态视觉显示界面的基本特点，掌握静态显示界面的人因设计要点和影响因素；把握动态视觉显示界面的基本特点，掌握动态视觉显示界面的显示方式和人因设计要点；掌握视觉显示人因设计中的编码、突显和兼容性因素；掌握视觉交互显示的特点及应用。

学习重点

掌握视觉显示的基本特点和视觉显示界面的基本分类；了解静态视觉显示界面的人因设计要点；了解动态视觉显示界面的类型及其主要内容；了解编码、突显、兼容性对视觉显示人因设计的影响；了解视觉交互显示的基本特点和应用领域。

开脑思考

1. 小到家用电器的操作面板，大到飞机驾驶舱的仪表板，从个人智能手机的界面，到商用电子大屏幕的界面，这些都是视觉显示界面。你觉得这些视觉显示界面都有些什么特点？还能举出其他的视觉显示界面吗？

2. 我们每天走路、坐公交、骑车时都会看到路牌、站牌。这些常用标志在设计的时候要具备哪些要素？设计原则有哪些？

3. 家用电器操作面板，车辆仪表板、中控，演唱会现场使用的电子信息屏，这些屏幕会随着外界环境光的变化改变显示亮度或随着显示内容的变化而改变。这些界面在设计时需要注意些什么呢？

4. 你是否有过 VR 游戏的体验？在 VR 中可以用眼睛、手势等方式控制菜单。那么，什么样的交互会让你觉得它是智能的？需要注意哪些设计要点呢？

视觉是人类外界信息的主要输入通道。视觉显示界面一直是工程心理学中最主要的研究内容之一。

本章第一节是概述，主要论述视觉显示界面的定义、分类及设计要点。第二节是静态视觉显示界面，主要涉及文字、图表、符号标志显示的设计。第三节是动态视觉显示界面，主要涉及表盘仪表、灯光信号、电子显示器、手持式移动设备和大屏幕显示的设计。第四节是视觉显示编码、突显和兼容性，主要论述视觉信息编码、视觉信息突显与视觉显示-控制兼容性等视觉界面设计的要点。第五节是视觉交互显示。

第一节 概 述

视觉显示界面是指所有向操作者传递视觉信息的显示界面。良好的视觉显示界面在很大程度上决定了操作者在人机系统中的工作效率和可靠性，以及操作的安全性。

最常见的视觉显示分类是：静态视觉显示（static visual display）和动态视觉显示（dynamic visual display）。

静态视觉显示是指视觉显示状态或者显示内容不会随时间的推移而发生变化的显示方式。静态视觉显示通常有书籍、道路交通标志、文本说明书和危险信息的提示等。

动态视觉显示是指视觉显示状态或显示内容会随时间的推移而发生变化的显示方式。动态视觉显示包括各种指示灯、计算机显示、显示仪表和移动设备显示等。与静态显示界面相比，动态显示界面的结构和功能更为复杂，显示界面设计中的人因问题更多。动态视觉界面是视觉显示研究的重要内容。

视觉显示的其他分类还有：定性视觉显示（qualitative visual display）、定量视觉显示（quantitative visual display）以及定性-定量视觉显示（qualitative-quantitative visual display）；模拟视觉显示（analog visual display）和数字视觉显示（digital visual display）；平面图符视觉显示（graphics and symbols visual display）、灯光视觉显示（light visual display）、表盘指针式视觉显示（dial indicator visual display）和电光视觉显示（electro-optical visual display）。

从以人为中心的角度出发，视觉显示界面的设计，不仅需要考虑显示技术本身的显示精度、可靠性等指标，还必须考虑显示设计与人的视觉功能及特点的匹配。从人机匹配的角度出发，视觉显示必须充分考虑以下几个方面的因素：

- 可识别性：视觉信息的呈现要让操作者能够识别，显示的信息在其周围刺激中要足够醒目以便引起操作者的注意。
- 可辨读性：视觉信息的呈现要能够让操作者分辨，如分辨交通信号灯、心电图或速度计上的指针。
- 可理解性：视觉信息的呈现要能够让操作者理解显示的信息所要传递的意义，如红色表征危险信息。
- 布局合理性：各种视觉信息的呈现应该有一个合理的布局，通常最重要的和使用频次最高的信息应该显示在最有利于操作者视觉加工的位置上。

- 可容性：视觉信息的呈现应该与操作者的信息加工能力相匹配，过高的信息负荷会造成操作错误增多、疲劳度增大。

在这些原则中，可识别性、可辨读性和可理解性是针对单个视觉信息显示设计的。其中，可识别性指的是视觉信息要能够让操作者从视觉信息呈现的背景中识别出来，可辨读性和可理解性指的是呈现的视觉信息要能够让操作者分辨，并且理解。布局合理性指的是各种视觉信息呈现时的整体设置要求。可容性则是对视觉信息呈现量的要求。

第二节　静态视觉显示界面

静态视觉显示设计通常包括文字显示、图表显示和符号标志显示设计三个方面。

一、文字显示设计

就各种视觉显示界面来说，在知觉层面，文字信息是最小的视觉信息单位。文字显示设计中，字体、字号、文字信息密度等是最重要的人的因素。

国内外许多研究者都研究过不同的字体对视觉搜索绩效的影响。对于英文，不同字体在绩效上没有显著性差异，但在主观上，实验被试更明显偏好 Arial 字体（Bernard et al.，2003）。对于中文，所显示文字为宋体时被试的绩效较高（宫殿坤 等，2009），但对某字体的偏好则受个体性格差异的影响（禤宇明，傅小兰，2004）。

笔画宽度以笔画的厚度与高度的比值来表示，也称为粗高比。国内外研究均表明，笔画宽度、文字大小均能显著影响文字判读绩效。

根据实验结果，有人提出，在照明条件良好的情况下，适宜的印刷品粗高比为：白底黑字，1∶8～1∶6；黑底白字，1∶10～1∶8；当照明条件较差时，较粗的字体更容易辨认（Heglin，1973）。字母数字的适宜大小与视距、照明及辨读字母数字的重要性等因素有关。有人提出了计算字母数字大小的关系式：$H=0.0022D+K1+K2$。式中，H 和 D 的单位均为英寸，H 为字母数字高度，D 为视距，$K1$ 为照明与视觉条件校正系数，$K2$ 为重要性校正系数（Peters & Adams，1959）。

国内研究表明，当汉字粗高比处在 1∶16～1∶10 范围内时可获得最佳的判读效果（沈模卫 等，1990）。2008 年我国开始实施的国家军用标准（GJB 1062A—2008）规定，目标信息的视角应不小于 20°，且不应少于 10 个分辨像素；字母数字的粗高比一般为 7/10～9/10。

文字信息密度对视觉判读绩效有着明显的影响。有实验结果表明，字母间距较小的文本可以提高被试阅读速度（Moriarty & Scheiner，1984）。对于 Web 界面，较宽的行间距、左对齐文本会显著提高搜索绩效（Ling & Schaik，2007）。中文文字信息密度的相关实验表明，信息显示密度和搜索效率两者存在近似倒 U 形的曲线关系，行距 0.7 倍并且列距 0.3 倍时绩效最高（李静 等，2010）。

另外，英文字母的大小写、文本的排版方式等因素都会影响文字的判断绩效。

二、图表显示设计

图表信息具有容易理解、容易记忆、认知负荷较低等优点。由于形式不同，有饼图、柱状图、线框图等；由于显示维度不同，有 2D 图表和 3D 图表。

对各种图表呈现的选择需要依据具体的信息呈现需求和数据特点。

在图表显示应用中，一个重要的问题是图表信息显示中的错觉。有研究表明，为了防止错觉，当数据量小于 20 个时，应尽量采用表格而不是图形来呈现信息（Tufte，1983）。

2D 图表和 3D 图表各有特点。通常，2D 图表可用于确定精确数量关系、精确导航以及距离测量等方面的信息表征，而 3D 图表可用于三维空间搜索、三维形状理解以及接近性导航等方面的信息表征。另外，有人通过实验比较了 2D 显示、3D 显示以及 2D/3D 混合显示三种图表显示方式对不同类型任务（如相对位置判断、朝向判断、物体数量估计等）的绩效的影响。实验结果表明，当提供适当的线索（如阴影）时，3D 图表在接近性导航和相对位置判断任务上的绩效显著较高，采用 2D/3D 混合显示在大多数情况下均要优于单独使用 2D 或 3D 图表显示。研究者还认为，在进行 2D 或 3D 图表呈现方式选择时，需要综合考虑任务本身特征、方向线索、遮挡以及空间接近性等多种因素（Tory et al.，2006）。

三、符号标志显示设计

符号标志是一种常见的视觉信息显示方式。由于不像字母或文本那样需要重新编码，符号标志在视觉加工中速度更快，效率更高。

理解性、匹配度（符号标志与其表示的意义的关系紧密度）及主观偏好是符号标志显示设计最主要的标准。伊斯特比（Easterby，1970）总结了符号标志显示设计的几点原则：

- 图形与背景边界清晰而稳定。
- 有对比性的边界比线性边界要好。
- 图符应尽量封闭。
- 图符应尽量简单。
- 图符应尽量统一。

符号标志显示设计主要分道路交通标志设计和安全标志设计两个方面。

（一）道路交通标志

道路交通标志作为道路信息的视觉显示方式，其合理性直接影响到交通流畅度和交通安全。交通标志的设计需要考虑的主要因素是交通标志的外观尺寸、颜色搭配以及图符标志布局等。

对于交通标志的外观尺寸设计，我国的《道路交通标志和标线》（GB 5768—1999）和《道路交通标志和标线　第2部分：道路交通标志》（GB 5768.2—2009）中都有明确的规定。

交通标志的尺寸需求会受到环境等因素的影响。有实验结果表明，交通标志的可视距离随车速的提高而缩短；同一实验车速，顺光条件下标志的视认性最佳，其次为夜间反光条件，逆光条件下的标志视认性最差（潘晓东，林雨，2006）。

道路交通标志中的告警文本和颜色搭配对驾驶员的危险等级判断有一定的影响。有实验表明，在"CAUTION""WARNING""DANGER"三个文本中，驾驶员对"DANGER"的危险等级判断最优；对于白色、黄色、橙色、红色四种颜色，驾驶员的危险等级判断也依次增高（Chapanis，1994）。

（二）安全标志

安全标志是用以表达特定安全信息的标志，一般由图形符号、安全色、几何形状（边框）或文字构成，主要可以分为禁止标志、警告标志、指令标志、提示标志等四类。安全标志应该简单易懂，符合大多数人的认知习惯和认知能力，具有较强的可识别性。

《图形符号　安全色和安全标志　第1部分：安全标志和安全标记的设计原则》（GB/T 2893.1—2013）规定，安全色一般包括红、黄、蓝、绿四种颜色，对比色包括黑色和白色，几何形状包括圆形、三角形、正方形和长方形。同时，为了使安全标志和辅助标志与周围环境形成对比，要使用衬边。

有实验结果表明，被试对三角形、红色注意程度最大（张坤 等，2014）。另外也有实验表明，最吸引人眼球的背景颜色是红色，蓝色次之，最引人注目的背景形状是方形（李林娜 等，2014）。

第三节　动态视觉显示界面

动态视觉显示的显示状态和显示内容会随时间的推移而发生变化，其界面设计除了要考虑可辨读性和可理解性之外，还需要重视所显示信息的易记忆性。

动态视觉显示可以分成表盘仪表显示、灯光信号显示、电子显示器显示、手持式移动设备显示和大屏幕显示等五个不同的类型。

一、表盘仪表显示

表盘仪表显示通常是指以表盘与指针为显示构件，用指针相对于刻度盘的位置反映信息变化的视觉显示方式。表盘仪表显示的人因设计主要需要考虑单个表盘仪表中的信息显示和多个表盘仪表排列设计两个方面。

（一）表盘仪表显示元素设计

表盘仪表显示元素设计需要分别考虑表盘设计、刻度标记设计、指针设计等几个方面。

表盘设计主要关注表盘形状、表盘尺寸以及表盘与指针的运动关系。

在表盘形状上，对于不同的操作任务有不同的推荐表盘设计，如表 4－1 所示。

表 4－1 两种主要仪表判读任务的推荐表盘设计

任务类型	推荐表盘设计
数值判读	窗式表盘＞圆形表盘＞半圆形表盘＞水平带式表盘＞垂直带式表盘
追踪和调节	水平或垂直带式表盘（与追踪和调节方向一致）

来源：朱祖祥 主编，2003。

表盘尺寸对绩效有一定的影响。一般来说，保持表盘尺寸的视角在 2.50°～5.00°的范围内较为合适（引自刘春荣 编著，2009）。

刻度标记是表盘仪表的重要组成部分，其尺寸和位置的设计是否合理会直接影响仪表的判读效果。其中，最小刻度标记尺寸和刻度间距这两个参数最重要。最小刻度标记尺寸需要考虑人的视觉分辨能力、照明水平、亮度对比和观察距离等因素的影响。刻度间距指两个最小刻度标记之间的距离。一般来说，保持刻度间距在 10 分左右的视角是最理想的。而在照明条件不良或者呈现时间很短时（0.4～2.5s），应该适当放宽这一间距。有研究表明，当刻度间距为 3mm 时，刻度线粗细的下限是 0.5mm；当刻度间距为 6mm 时，刻度线粗细的下限为 1.0mm。间距/粗细为 3/0.5 的刻度线的绩效转折点大约是长度为 2.5mm（赫葆源 等，1966）。

表盘与指针的运动关系可以分为表盘固定指针运动和表盘运动指针固定两大类。总体来说，表盘固定指针运动显示器的绩效要比表盘运动指针固定显示器的绩效要好，尤其是当数值经常变动或连续变动的场合或者数量的改变对操作者非常重要时（Heglin，1973）。

另外也有研究结果表明，指针宽度和字符颜色对被试的反应时具有显著影响（朱郭奇 等，2012）。近年有关汽车仪表界面信息中字符颜色与指针颜色的研究也证明，仪表界面中的字符颜色、指针颜色均会影响驾驶员对仪表界面信息的识读速度，当仪表界面元素颜色相同且均为白色时效果最佳（杨桂云，邓铸，2019）。

（二）表盘仪表显示排列设计

在较复杂的人机系统中，比如飞机驾驶舱、大型电站监控台，往往都需要多个显示不同信息的表盘仪表同时排列在仪表板上。表 4－2 是结合以往研究基础，对表盘仪表显示排列设计提出的设计原则。

表 4-2　表盘仪表排列设计原则

考虑因素	设计原则
仪表的重要性和使用频次	把最重要的或使用频次最高的仪表放置在视野中心（3°视野范围内）。 把比较重要的或使用频次较高的仪表放置在10°视野范围内。 把一般重要的或使用相对较多的仪表放置在30°视野范围内。 较不重要或用得较少的仪表可放置在40°～60°视野范围内。 所有的仪表及其他视觉显示器都应放置在人不必转动头部或转动身体就能观察到的范围内。
仪表间的使用顺序关系	按实际观察顺序放置仪表以减少视线往返转换次数和缩短扫视路线。 把使用过程中联系次数多的仪表靠前放置。
人的视觉空间方位特点	人眼的水平视野范围大于垂直视野范围，所以仪表的空间排列左右方向应宽于上下方向。 人的视觉一般习惯于从左往右、从上往下，以及按顺时针方向进行扫视，仪表排列也要尽可能顺应视觉运动的这种习惯。 位于左上象限内的目标其视觉效果优于其他三个象限，其余象限的顺序为右上象限＞左下象限＞右下象限，放置仪表时应符合这一特点。
仪表功能	功能上相同或相近的仪表应排在同一区域。 不同区域可用颜色或线条进行区分。 同功能的仪表要采用统一的显示格式和显示标志。
与相应控制器的排列关系	当仪表需要通过控制器操纵时，仪表与相应控制器的排列应互相对应。

来源：朱祖祥 主编，2003。

另外，如图 4-1 所示，对于仪表检查等类似任务，按照统一显示格式的原则（即人们倾向于把复杂的图形看成一个完整的整体）对多个表盘指针式仪表进行排列设计有助于操作者在监控操作中快速发现仪表变异信息。

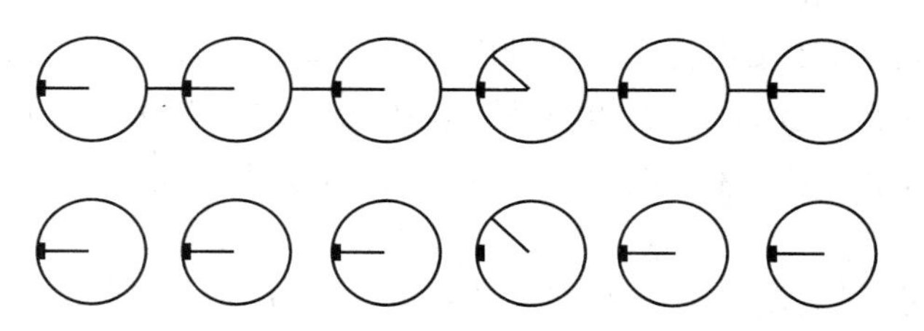

图 4-1　用于监控仪表的排列设计

来源：Dashevsky，1964。

二、灯光信号显示

由于传送距离远、构造简单、成本低以及容易引起人的注意等特点，灯光信号已经被广泛地应用于包括铁路、航海和公路交通等各个领域。灯光信号的人因设计主要需要考虑灯光信号的亮度和颜色要求，以及影响灯光信号判读绩效的观察距离、呈现方式等因素。

灯光信号的辨认亮度阈限是信号灯刚能被人正确辨认是什么信号时的亮度。信号灯的亮度阈限取决于信号灯本身的亮度水平、背景亮度、信号灯尺寸、信号灯的暴露时间等多个因素。有人对红、橙、绿三种灯光信号在信号标志的背景亮度为 0.1～500cd/m^2 时的辨认亮度对比度阈做过测定，实验结果表明，三种颜色信号灯的辨认亮度对比度阈均随信号背景亮度提高而降低，辨认亮度对比度阈降低的幅度则随背景亮度的提高而减小（许百华，1988）。

以灯光颜色表示信号时，灯光信号之间以及灯光信号与环境照明之间应采用不易混淆的颜色。此外，灯光颜色还应有较高的饱和度以及穿透烟雾的性能。虽然能用作信号的灯光颜色有红、黄、绿、蓝和白五种，但实际的信号系统最多由四种颜色信号灯构成（甘子光，周太明，1994）。对雾天中不同颜色的 LED 灯的穿透性能的研究表明，黄光的透雾性能最好，其次是红光，透雾性能最差的是绿光和蓝光（Kurniawan et al.，2008）。

灯光信号的闪烁频率也可以作为一种传递信号来提高灯光信号传递信息的效率，同时闪烁也常常是用来传递紧急或重要信息的方式。有研究者提出，灯光信号的闪烁频率应该控制在每秒 3～10 次，推荐每秒 4 次左右（Woodson & Conover，1964）。但后来也有研究者发现，每秒 17 次闪烁要比每秒 2 次、4 次和 8 次更容易引起人的注意（Dougherty et al.，1996）。

灯光作为告警信号时，有人曾提出以下设计建议（Heglin，1973）：

- 使用时机：用于警告一个当前或潜在的危险情况。
- 数量：原则上只使用一个，如果需要使用多个告警灯，可以采用二级显示或者文字来说明具体的危险状况。
- 采用稳态还是闪烁的灯光：如果信号灯表示一个连续、进行中的状态，除非是特别危急的状况，否则要采用稳光灯，因为连续的闪烁灯光会使人分心。如果所代表的是偶发性的紧急事故或新的状况，则应该使用闪光灯。
- 亮度：一般来说，告警灯的亮度至少是周围背景亮度的两倍。
- 位置：告警灯应该放置在操作者正常视野的 30°范围之内。
- 颜色：告警灯一般采用红色灯光，除非有特殊情况，因为对大多数人来说红色代表危险。
- 尺寸：告警灯的大小不得小于 1°视角。

三、电子显示器显示

电子显示器显示具有显示内容灵活、可实现信息的综合显示和实景图显示等优点，是目前最重要和最常用的视觉显示方式。

电子显示器显示的视觉工效受到显示器各种物理参数和显示器类型的影响。

（一）电子显示器的物理参数

显示器亮度、对比度、分辨率、响应时间、视角、闪烁、几何失真以及色彩度等物理参数均会对显示效果造成影响，并最终影响人们的视觉作业绩效。

显示器的适宜亮度应随环境照明强度不同而变化。在办公室或一般室内照明条件下，显示器亮度通常以控制在50～70cd/m² 为宜。若在室外白昼使用，则由于环境照明强度大，显示器亮度必须随环境照明水平提高而提高。在一些特殊工作环境中（比如飞机驾驶舱），为降低操作者在动态环境照明场景中的工作负荷，显示器亮度和对比度应该随环境照明变化而自动调节，这种自动亮度控制系统的实现依赖于通过工程心理学实验所获得的算法（即显示器亮度、对比度随环境照明变化的曲线；许为 等，1990）。

显示器的对比度是指显示屏上的视标亮度与屏幕背景亮度之比。灰度是指显示图像的亮度等级差别。对比度和灰度均是影响视觉作业绩效的重要因素。有实验结果表明，适中的对比度有利于提高视觉作业绩效，而对比度过高或过低均会对显示质量和视觉作业绩效产生不利影响（吴剑明，朱祖祥，1988）。也有实验结果表明，9∶1～11∶1 的对比度所引起的视觉疲劳最轻，对比度愈趋近高低两端，所引起的视觉疲劳愈严重（朱祖祥，吴剑明，1989）。另外，在0～500lx 照度下，车载 LCD 显示器显示调控指标、环境照明对亮度对比度影响的实验结果显示，相同照度下亮度对比度对视觉效果有显著影响，尤其是在不同照度水平下，影响更为显著（方卫宁 等，2003）。

显示器的字符和背景颜色会影响人的视觉作业工效，尤其是对长时间的作业。有研究系统地比较了 CRT 显示器上 6 种字符颜色的视觉作业工效（朱祖祥 等，1988a，1988b）。实验采用视觉作业绩效、眼肌调节幅合时间变化率以及主观感受评价三个指标来比较两小时 CRT 显示器作业后的视觉工效。结果表明，在 CRT 显示器深黑色显示背景上，绿色显示的工效最好，红色与紫红色最差，蓝、黄、白处于中间，且三者之间无明显差异。进一步的研究表明，CRT 显示器深色背景的视觉工效优于浅白色背景；加大字符和背景间的颜色对比度有利于提高视觉工效。

显示器分辨率（resolution）是屏幕图像的精密度，指的是显示器所能显示的点数的多少。有实验结果表明，随着显示器分辨率的增大，搜索速度明显加快，注视时间明显减少；在低分辨率下更容易产生视觉疲劳（Ziefle，1998）。通常，分辨率越高，屏幕显示效果越好，分辨率如果高于人眼分辨能力，清晰度就不会随着分辨率增大而进一步提高了。

显示器扫描频率（scan frequency）是指 CRT 显示器上每帧图像刷新的速度，一般用每秒内刷新图像的次数即帧频来表示。如果显示器的刷新频率过低，人们观看图像就会有屏幕闪烁的感觉，而且容易引起视觉疲劳。有实验结果表明，扫描频率越高，疲劳程度越低（Läubli et al.，1986）。另外，临界融合频率还受到亮度、环境照明和个体差异等因素的影响。

（二）电子显示器类型

目前被广泛应用的电子显示器主要有 CRT（阴极射线管）和 LCD（液晶显示器）两大类。一般来说，LCD 显示器拥有耐高温、可靠性高、重量轻等优势。

在 LCD 技术的开发初期，从视觉绩效来看，LCD 显示器一般要差于 CRT 显示器。例如，有研究者采用眼球水晶体调节速度记录等方法对七种不同的显示器类型进行了研究，结果表明 LCD 显示器的调节速度最慢，被试的主观评价也最差（Saito et al.，

1993)。随着 LCD 技术的发展，新型 LCD 显示器和 CRT 显示器在视觉绩效上的比较结果几乎没有显著差异。有研究者比较了采用 DSTN-LCD 显示器（双扫描扭曲阵列显示器）和 CRT 显示器在明亮照明条件下和黑暗条件下的视觉搜索绩效，结果发现，处于黑暗环境时，DSTN-LCD 显示器在搜索时间、错误率上都要优于 CRT 显示器（Menozzi et al.，1999）。

20 世纪 90 年代中期，在大尺寸通用 LCD 显示器尚未普及之前，波音公司率先开展了针对大尺寸机载有源阵液晶显示器（AMLCD）的工程心理学系列研究，整体提高了大尺寸机载 AMLCD 显示器亮度对比度、色度分辨力、像素排列和灰度等级等方面的视觉工效，并且在航空全天候环境照明条件下（0.1～11 000lx），AMLCD 在有效观察视角、颜色编码、显示清晰度等众多指标上都超越了 CRT 显示器，达到了世界机载显示技术的领先水平，从而为波音 777 新机型在全球首次在现代大型商用飞机驾驶舱中成功采用大尺寸机载 LCD 显示器（主飞行显示器、导航显示器、多功能显示器等）提供了有力的工程心理学学科保障（Xu & Jacobsen，1997；许为，2000）。

在相同的显示条件下，有人用实验的方法研究了 CRT、LCD 和等离子显示器（PDP）对视觉疲劳的影响。实验结果表明，这三种类型显示器相对优劣的综合评价结果是 CRT 显示器最好，PDP 显示器次之，LCD 显示器最差；而且无论使用哪一种类型的显示器，VDT（视频显示终端）作业都会引起视觉疲劳（顾力刚，2000；许为，王国香，1992）。

四、手持式移动设备显示

近年来，随着移动互联网的兴起，手机、掌上电脑等各种手持式移动设备的出现使得随时随地获取、处理和发送信息成为可能。这大大提高了人们的工作、学习效率和生活质量。手持式移动设备的便携性特点要求显示界面只能局限在不超过 8 英寸甚至更小的尺寸范围内。因此，受到屏幕尺寸、交互方式以及使用环境等因素的影响，原本在桌面显示终端上不会遇到的人因设计问题就凸显了出来。这成为近年来工程心理学的一个新热点。

（一）屏幕亮度及对比度

屏幕亮度及对比度对尺寸较小的手持式移动设备的视觉作业绩效有一定的影响。

以三星手机为例，有人从行为绩效、主观评价以及眼睛疲劳度三方面指标研究了环境照度、手机屏幕亮度对视觉搜索绩效的影响。实验结果表明，当手机屏幕亮度保持不变时，不同环境照度下的视觉搜索绩效差异显著。此外，研究者还提出了在不同的环境照度下手机屏幕亮度的最优值设置参数（李宏汀，张艳霞，2013）。

也有人在室外不同环境照度下研究了不同手机屏幕亮度条件下的视觉搜索绩效、主观评价以及眼睛疲劳度。实验结果表明，环境照度和手机屏幕亮度的最优值是线性变化的：当环境照度较低时屏幕亮度最优值较低，当环境照度为中等水平时屏幕亮度最优值为中等水平，当环境照度为较高水平时屏幕亮度最优值也较高（张艳霞 等，2013）。

（二）呈现内容格式

手持式移动设备小屏幕的字号、文本行间距等对视觉工效有明显的影响。

有人采用阅读速度和准确率作为指标，比较了年轻人和老年人阅读不同字号的文本时的视觉绩效差异。实验结果表明，在字号超过 6 号以后，阅读绩效没有显著差异，但主观上被试更偏好大小适中的选择；年轻人和老年人在绩效上也没有表现出显著差异（Darroch et al.，2005）。

关于电子书屏幕上信息的呈现格式，有人采用搜索时间、搜索正确率等指标对不同文本显示方向、屏幕尺寸以及字号对电子书可读性与疲劳度的影响进行了实验研究。结果表明，文本显示方向、屏幕尺寸以及字号均会显著影响视觉判读绩效。过小的显示文字是造成视觉疲劳的主要原因。在 6 英寸或 9 英寸屏幕上，12 号字的搜索时间最短，而在 8 英寸屏幕上，12 号和 14 号字都比较合适（Lin et al.，2013）。

除字号外，文本行间距也是影响手持式移动设备显示屏视觉阅读绩效的重要因素。

（三）页面信息呈现方式

大屏幕信息如何在小屏幕手持式移动设备显示屏上显示是小屏幕呈现一个很重要的问题。目前的方法主要有专门设置小屏幕呈现内容，去除无关信息、只保留重要信息，以及发展小尺寸信息可视化技术。前两种方式会损失所传递信息的丰富性，因此近年来的研究主要集中在发展小尺寸信息可视化技术上。

有研究者采用完成任务时间、错误率作为指标比较了鱼眼技术、视觉缩放技术和平移技术三种信息呈现方式的视觉任务绩效。其中，鱼眼技术，即当用户点击一个特定区域时，中心焦点区域呈现的信息变大，周围区域呈现的信息会变小。视觉缩放和平移技术是采用缩放和平移等多种方法来进行视图变换的技术。实验结果表明，鱼眼技术在执行网页导航任务时优于其他技术，缩放技术在执行监控任务时优于其他技术，而平移技术的视觉绩效最差（Gutwin & Fedak，2004）。

在页面布局方式上，有研究者提出了总览式缩略图技术（Lam & Baudisch，2005）。这种技术按原始网页布局微缩呈现网页，文字内容用概括性语言代替全部显示。研究者对普通缩略图、单列显示界面、总览式缩略图以及桌面计算机四种呈现方式进行了对比研究。实验结果表明，在完成任务时间、错误率和用户主观评价等多个绩效指标上，总览式缩略图技术的可用性最高，绩效与使用桌面计算机呈现没有显著差异。

在页面布局上还有人提出了 Minimap 的呈现方式（Roto et al.，2006），即通过改变页面的原始布局结构（比如减小空白区域面积等），来最大限度地显示出原有页面的信息。有关 Minimap 呈现方式的实验结果表明，被试对 Minimap 的接受度明显更高。

五、大屏幕显示

如果有庞大的数据信息需要呈现，传统的桌面计算机屏幕就需要更多地采用多页面、屏幕缩放等方式来呈现数据信息。近年来随着技术的发展，大屏幕显示在大数据显示中开始得到广泛的应用。

通常，大屏幕显示器是指显示屏大于40英寸的显示器。实现大屏幕显示的方法有两种：一种是由多个小尺寸监视器拼接出大屏幕，另一种是使用单一大尺寸屏幕或者通过投影仪投影形成大屏幕。由于在尺寸、信息显示数量等方面大屏幕与桌面显示器有很大差别，人的视觉作业绩效影响因素有较大不同。因此，大屏幕显示与交互已经成为人机交互领域近年研究的热点之一。

（一）大屏幕显示视觉工效

通常，大屏幕显示有如下优势和劣势（Ball & North，2005）：

优势方面：

- 可提高任务转换或观看大数据信息文档的绩效。
- 可增强空间定位能力，缩短定位和回忆时间。
- 更易于对任务进行分离。
- 可增强合作的能力。
- 可增加对次要任务的意识所需的屏幕空间。
- 可增强沉浸感和用户主观体验。

劣势方面：

- 需要在单个和多个屏幕间不断调节。
- 对显示物理空间要求高。
- 无法预测软件使用行为。
- 可能有丧失鼠标位置、输入焦点等导航问题。
- 更大的屏幕空间可能会带来肌肉紧张。

目前，多数研究已证实，采用大屏幕显示可以有效提高操作者的视觉作业绩效。例如，有研究者通过一周进行日常工作的实验观察，比较了使用大尺寸高分辨率显示器和使用传统桌面显示器的视觉作业绩效差异。结果表明，采用大屏幕显示可以有效提高多窗口和富信息作业绩效，而且用户在主观偏好上也一致地倾向于使用大屏幕显示器。但研究结果也表明大屏幕显示对用户的认知加工能力提出了更高的要求，因为外周视野中的刺激有时会干扰用户的注意（Bi & Balakrishnan，2009）。在视觉注意中存在两类视觉线索：中央线索和外周线索。外周线索在目标位置由刺激驱动，看起来是自动加工的；而中央线索由目标驱动，通常以某种方式来表示目标位置（如用箭头指出目标方向），需要控制并加以解释。因此，人们对使用大屏幕显示时如何对注意进行管理开展了大量研究。例如，有研究者开发了一项大屏幕交互技术——Spotlight来引导观众在观看大屏幕时的视觉注意，以提高交互效果（Khan et al.，2005）。还有研究者专门针对大屏幕显示特点研究了较大视域内注意的绩效表现。结果表明，当干扰未呈现时，中央视野和外周视野的加工能力是相似的；但当干扰出现时，外周视野加工受到了干扰并且绩效也低于中央视野，即当用户需要同时处理中央视野和外周视野的信息时，正确率和速度都会下降（Feng & Spence，2008）。对此，有研究者提出五种支持与大屏幕显示器交互的技术来解决这个问题（Baudisch et al.，2003b）。这些技术的共同特点就是降低外周视觉区域的分辨率，这样用户就能更少地受到外周视野中刺激的干扰，享受大屏幕显示所带来的交互便利。

大屏幕显示不但能有效地提高个人工作绩效，还能支持会议讨论、团队合作等群体交互活动。大屏幕显示促进群体交互的研究主要有支持工作空间的群体意识和合作，以及支持公共或半公共环境的社会交互和媒体共享两个方面。

有研究者采用质性研究探索了工作空间中大屏幕显示对移交工作这类合作现象的影响，结果表明，大屏幕显示能够显著降低成员的记忆负担，使得任务问题对成员而言更加清晰（Wilson et al.，2006）。有研究者认为大屏幕显示促进了任务共享心理模型的开发，这样成员就能了解自己负责的任务以及他人需要的信息，遇到工作移交这类情况时，他们就可以使用共享心理模型进行协调而不需要进行广泛交流（威肯斯 等，2007）。还有研究者研究了大屏幕显示对旅行咨询这类社会交互活动的影响，结果表明，大屏幕显示提供的交互方式和资源支持用户卷入更多的情感，促进了协作过程，提高了用户满意度（Novak et al.，2008）。

虽然大屏幕显示能有效地支持多种群体交互活动，但同时也会带来许多有趣的问题。比如，有研究者发现，大屏幕显示的引入会影响工作空间中私人信息和公共信息的组成比例，从而影响团队成员的工作模式（Wilson et al.，2006）。有研究者在一项混合主题谈判任务研究中发现，话语控制权、群体协调模式等因素都会对大屏幕显示支持的群体合作行为产生影响（Birnholtz et al.，2007）。由于个体行为是工作环境中的合作者及他人共同形成的社会背景的函数，而群体行为是其成员相互依赖、朝着目标进行动态交互的结果，群体的决策或任务的绩效主要依赖于个体的贡献。在许多群体作业中，个体通常都会执行某项任务，然后与其他成员讨论并分享信息。在此过程中，大屏幕显示确实能促进群体内信息的分享，但也会对群体的沟通模式和协调风格产生影响。此外，影响群体和团队行为的还有从众压力、群体极化等群体思维以及群体态度和群体规模等因素。可以说，群体协作绩效是一种极其复杂的行为结果，大屏幕显示并不一定就能提高群体协作效率。

大屏幕显示对作业绩效之所以有提升的作用，其原因主要是大屏幕显示可以提高操作者利用空间知识和记忆的能力，有利于需要结合大量信息的空间认知、路径追踪、目标定位等操作任务的完成。另外，大屏幕显示也有助于提升操作者的本体感觉和沉浸感，这有利于操作者更快、更自然地进行眼动或头动，从而较快速地完成相应的视觉操作任务。

有人通过路径追踪、特定目标定位、地图认知等一系列实验表明，如果是小屏幕显示，操作者需要花费较长的时间进行放大、缩小等操作，而使用大屏幕显示可以帮助用户迅速定位到目标，从而帮助用户更好地进行方向导航，并提高任务绩效（Ball et al.，2007）。有研究者在富信息虚拟环境界面进行的信息搜索和比较任务实验中发现，采用大屏幕显示技术能够增强本体感觉和提升沉浸感，显著提高作业绩效（Polys et al.，2005）。也有研究者通过实验比较了 1 台显示器、12 台显示器、24 台显示器三种实验条件下使用卫星图像进行地理空间分析任务，实验结果表明，大屏幕显示可以有效提高空间分析作业绩效。原因是用户可以通过身体移动并利用四周可视化的信息进行导向，从而可以充分利用空间记忆和沉浸感来获得空间方位（Shupp et al.，2009）。

另外，大屏幕显示方式对大屏幕显示的视觉工效有着明显的影响。有人比较了平面显示和弯曲显示两种高分辨率大屏幕显示对视觉作业绩效的影响，结果表明，弯曲显示大屏幕设计可以使得用户的身体导向、身体转动移动的效率更高，在任务完成时间上要显著优于平面显示大屏幕设计（Shupp et al.，2009）。

也有研究者从信息显示区位的角度出发，分别研究了大屏幕显示器上信息显示区位对觉察效率和视觉搜索效率的影响，并且与小屏幕显示作业绩效进行了比较。实验结果表明，在大屏幕显示器上，不同信息显示区位之间觉察效率和视觉搜索效率存在显著差异，上视野比下视野有更高的觉察效率。与小屏幕显示相比，大屏幕显示的区位效应更为显著，即在显示器不同区域（如左上区域、中上区域、右下区域等），视觉搜索绩效的差异更大（陈晔，2011）。

此外，也可以通过自适应设计来提高大屏幕显示的视觉工效。有人提出了一种自适应的大屏幕显示方式设计，即通过自动判读用户与屏幕的距离来改变屏幕上显示内容的细节，从而提高视觉工效。在这种自适应设计应用中，当视觉操作者与屏幕的距离较远时，可以减少细节纹理的显示，而当距离缩短时，屏幕上的细节性信息则可以呈现出来（Andrews et al.，2011）。

总之，大屏幕显示可以带来许多传统小屏幕显示无法替代的信息显示优势，但是这种优势必须通过较好地理解和把握视觉操作者的知觉能力、交互技术和显示技术之间的关系才能体现出来。

第四节　视觉显示编码、突显和兼容性

在视觉界面设计中，无论是静态界面设计还是动态界面设计，都和视觉显示的编码、突显和兼容性问题相关。

信息编码是在信息传递过程中，通过对原始信息按照一定的编码规则进行变换，来达到传递信息的目的，如用红、黄、绿灯表示道路是否容许通行。合理的视觉信息编码将有助于操作者对显示信息的辨认和理解。

突显是在与视觉搜索任务有关的视觉显示中，按照一定的规则突出显示多个视觉目标中的若干个视觉目标（如在数列 1，2，3，4，5 中突出显示 2，4 等偶数），从而提高视觉搜索效率的一种方法或技术，其基本思想就是通过特定的显示设计影响用户注意资源在搜索备选项目上的分配策略，优先关注特定视觉目标，缩短搜索时间，从而提高视觉工效。

显示-控制兼容性是指视觉显示器显示和控制器操作之间的兼容性，其中主要包括空间兼容性、运动兼容性和概念兼容性。合理的兼容性设计有助于人机系统的整体操作绩效的提高。

一、视觉显示界面中的信息编码

视觉信息编码主要有单维编码、多维编码两种形式。

（一）单维编码

视觉信息单维编码是指用单一的视觉刺激属性作为代码进行的视觉信息编码方式。常采用包括颜色、形状、长度、亮度、面积、角度、字母、数字等在内的属性。表 4－3 是各种视觉信息单维编码形式及其特点和设计原则。

表 4－3　几种常用的视觉信息单维编码形式及其特点和设计原则

编码形式	特点和设计原则
颜色	以色调、明度、饱和度等颜色属性作为代码。颜色编码具体可以分为色光编码和反射色编码。采用波长作为代码时，色光编码的代码数目不超过 10 个，但最好不超过 3 个。随着操作者年龄的增大，需要适当增大颜色亮度来保证颜色辨别能力；颜色组合尽量不选择互补饱和色，或者采用非饱和互补色组合；颜色编码需注意与人们所熟知的颜色所代表的意义间的一致性；颜色编码不宜被用来表示数量上的差异。同时，色光编码的代码数量还受到色光亮度、色光面积和背景光照明强度等因素的影响，在同一编码系统中可供选择的颜色代码随照明强度提高而减少，随照明色温提高而增多。
几何形状	以几何形状（如方形、圆形等）作为代码。用于编码的几何形状最多 15 种，但最好不超过 5 种。另外，要尽量使代码与其所代表的对象在形状上相似，并使各形状之间清晰可辨，相似的形状会明显增加操作者的搜索时间。
字母与数字	以字母与数字作为代码。优点是用 10 个数字和 26 个字母可以得到大量组合，一般均有较好的识别效果。但应该注意某些字母和数字间容易混淆。
倾斜角度	以物体倾斜角度（如指针）作为代码。最多可用 24 个角度，但最好少于 12 个，适用于指示钟表等图形仪表的方向、角度或位置等。
形状大小	以形状大小作为代码。最多可用 6 种，但最好不超过 3 种，一般只用于特定场合。
亮度（光）	以物体亮度水平作为代码。最多可用 4 种，而采用 2 种时效果最好，只用在特定场合。需要考虑周围环境照明以及其他因素对亮度辨别难度的影响。
光的闪烁频率	以光的闪烁频率作为代码。一般闪光速度最好不超过 2 种，而且闪光频率应该控制在每秒 3～12 次范围内。闪光速度过快或过慢都会影响操作者的辨认效果。

来源：朱祖祥 主编，2003。

在单维编码中，通常颜色编码具有一定的优势。有研究者以正确率和反应时作为指标，研究了采用颜色、形状和大小等不同的编码形式在显示量化数据和称名数据上的作业绩效的差异。结果表明，不管是量化数据还是称名数据，采用颜色编码的作业绩效均较好（Nowell et al.，2002）。颜色编码方案受许多因素的影响。例如，许为和朱祖祥（1989，1990）的 CRT 显示器颜色编码系列研究表明，随着环境照明水平的提高，CRT 显示器上颜色编码方案的选择范围减小。另外，显示色标大小和色标亮度对人在 CRT 显示器上的绝对辨色效果具有代偿作用，这意味着在不利的环境照明条件下，增大色标尺寸或者提高色标亮度都有利于增大颜色编码方案的选择范围以及提高人的作业工效。

虽然颜色编码在大多数视觉搜索任务中是一种较好的编码形式，但由于同一种编码形式在不同的任务中具有不同的传递效率，如何选择适合的编码形式要考虑具体的任务类型和使用条件的因素。

（二）多维编码

视觉信息多维编码是指将两种或两种以上的视觉刺激属性组合起来作为信息代码的信息编码方式。根据维度属性之间的关系和属性编码的冗余性，可以把视觉信息多维编码分为多维正交编码和多维冗余编码。

多维正交编码是指一个维度的代码与另一个维度的代码相互独立的多维编码方式。比如，当利用形状（方形与圆形）与颜色（绿色与黄色）进行编码就属于多维正交编码，具体有绿色方形、绿色圆形、黄色方形、黄色圆形等四种刺激组合。采用多维正交编码可以增加绝对判断的信息数量。

多维冗余编码是指用两个或两个以上的视觉属性代表相同意义的信息编码方式。比如，对交通信号灯采用颜色-方位二维编码方式，即位于上方的红灯亮表示“停”，位于下方的绿灯亮表示“通行”。在这里，其实上方的灯亮就已经表示“停”，红灯亮其实是一种冗余编码。多维冗余编码有助于提高信息传递绩效，但其效果在很大程度上取决于编码组合的代码之间的兼容性以及任务本身的特点。

表 4－4 是根据研究给出的可进行多维编码且相互兼容的各种编码形式（Heglin，1973）。通常，在必须快速做出解释的情境下不要尝试用超过两个维度的编码组合。

表 4－4　多维编码中适合的编码组合

	颜色	字母与数字	几何形状	形状大小	明度	位置	闪速	线长	斜角
颜色		×	×	×	×	×	×	×	×
字母与数字	×			×		×	×		
几何形状	×			×	×		×		
形状大小	×	×	×		×		×		
明度	×		×	×					
位置	×	×						×	×
闪速	×	×	×	×					×
线长	×					×			×
斜角	×					×	×	×	

来源：朱祖祥 主编，2003。

二、视觉信息突显

随着大数据时代的到来，从海量复杂信息中获取有效或重要的信息就显得非常重要。突显是视觉信息显示中的一种重要信息显示方式，其目的是通过设置特殊的信息显示方式，方便人们更有效地进行信息搜索。突显提高视觉搜索绩效的直接机制是，视觉操作者在视觉搜索中采取了导向性搜索策略（胡凤培 等，2005a）。

突显的视觉工效主要受到突显类型及背景和任务难度的影响。有实验证明，白背景下颜色突显不是一种有效的突显方式，但在黑背景下颜色突显能够显著提高视觉搜索的绩效（孔燕 等，1999）。也有实验表明，黑、白背景下高频、中频、低频三种闪烁的突显工效均可以提高视觉搜索的绩效，其中白背景下效果更好（孔燕，王勇军，2000）。另外，有实验证明，下划线作为一种突显方式对被试的视觉搜索绩效有显著的促进作用；在高难度作业中，这种促进作用更为明显，而且与黑背景下被试的绩效相比，白背景下被试的绩效明显较优（葛列众，徐伟丹，2001）。单彩色和复杂彩色背景下不同颜色突显的视觉搜索绩效实验表明，在单彩色和复杂彩色背景下，颜色突显条件视觉搜索绩效显著优于非突显条件；在浅蓝或浅绿的单彩色背景下，四种颜色突显绩效中，红色突显绩效最佳，紫色最差（李宏汀 等，2011）。另外，底纹（胡凤培 等，2001；胡凤培 等，2002；胡凤培 等，2005a）和箱框（胡凤培，葛列众，2001）等突显方式也有助于提高视觉工效，这种促进作用同样在任务难度较高的情况下尤为明显。视觉信息的呈现背景则需要考虑突显方式的类型等各种实际的呈现条件。

随着技术的进步，突显技术也不断得到改进。近年开发的将视线追踪技术与突显技术相结合的眼控突显（eye-controlled highlighting）新技术能够基于操作者即时的视线信息，实现动态的交互式突显（李宏汀 等，2017）。有实验探究了视觉信息呈现材料对不同视线突显技术的影响。结果表明，视线突显技术在视觉搜索任务中能提高视觉操作绩效；视线突显技术的呈现方式和视觉材料的性质对视觉工效有明显的影响（潘运娴 等，2018a）。也有人用实验的方法证明，眼控突显技术在视觉材料复杂度高和相似度高的条件下，对搜索绩效有着明显的促进作用（Wang et al.，2018）。

随着技术的不断进步，系统日益复杂，在传统突显的基础上，近年有人还研究了动态突显这种新型突显技术。这种可以在多个目标中优先显示重要目标的新型突显技术已经被实验证明了其有效性（朱田牧 等，2019）。

三、视觉显示-控制兼容性

视觉显示和控制之间的兼容性既涉及视觉显示也涉及控制设计。合理地设计显示-控制兼容性不仅可以提高视觉工效，也能够促进控制工效。显示-控制兼容性可以分为空间兼容性、运动兼容性和概念兼容性三个方面。

（一）空间兼容性

空间兼容性是指显示器与控制器的空间关系与操作者对这种关系的预测的一致性。可以通过显示器与控制器在外观上的相似性以及显示器与控制器在方位或布局方面上的一致性来体现这种兼容性关系。

有人将反应时作为指标考察了控制杠杆操作与离散的刺激显示之间不同的空间匹配关系对操作绩效的影响，实验结果表明，被试的反应时取决于显示和控制之间的空间匹配关系（Chua et al.，2001）。也有人研究了控制器功能可见性、视觉信息和控制的空间兼容性对作业绩效的影响，实验结果表明，当手柄（控制器）的位置与反应的空间位置兼容时，作业绩效更高，即空间位置信息的编码是产生客体空间兼容性效应的主要原因（宋晓蕾 等，2014；宋晓蕾，2015）。

另外也有研究表明，这种兼容性不仅适用于视觉信息，同样可以应用在听觉信息显示中。有人通过实验发现，视觉和听觉信号均存在明显的刺激—反应兼容性效应。在实验中，如果左耳听到声音，被试用左手按键则符合空间兼容性；反之，左耳听到声音但用右手按键则违反空间兼容性。结果表明，刺激和反应相容时，反应时更短、正确率更高（Chan & Chan，2005）。

有人全面地考察了信号类型（视觉信号、听觉信号）、双手位置关系（交叉或非交叉）以及头的朝向（正立、右转 90°、左转 90°以及左后方）对被试操作绩效的影响，结果表明，以上这些因素都会显著影响操作时间，并且信号类型与头的朝向之间存在显著的交互作用。该研究结果还强调了在进行控制台设计时应该尤其注意保证信号显示-反应布局、刺激-双手位置和头的朝向之间的兼容性（Tsang et al.，2014）。

（二）运动兼容性

运动兼容性是指控制器和显示器的运动关系以及控制器或显示器运动和系统输出的关系与操作者对这些关系的预测的一致性。具体来看，对于不同的控制-显示类型，运动兼容性具有不同的原则。这些原则根据已有的研究结果可以分为以下三种。

1. 相同平面的旋转式控制器和旋转式显示器的运动兼容性

一般来说，显示器呈圆形或扇形、控制器是旋钮时，运动兼容性应该符合以下原则（其中第一个原则最重要，第二个原则次之）：

- 表盘固定、指针运动的情况：顺时针旋转控制器，指针也应顺时针移动，同时对应的数值应该由低到高变化；反之，逆时针旋转控制器，指针也应逆时针移动，同时对应的数值应该由低到高变化。
- 指针固定、表盘运动的情况：首先，表盘的运动方向应该与旋转控制器的旋转方向相同；其次，标尺刻度应由左向右表示数值增大；最后，控制旋钮顺时针旋转应对应数值增大。

2. 相同平面的旋转式控制器和长条形显示器

对于采用旋转式控制器并配以长条形固定标尺移动指针的显示器运动兼容关系，有三条设计原则：

- 瓦里克原则（Warrick principle）：显示器上指针移动的方向与最靠近该显示器同一侧的控制器运动方向相同。瓦里克原则只适用于控制器在显示器左右两侧的情况。
- 刻度同侧原则（scale-side principle）：显示器上指针的移动方向与控制旋钮和显示器标尺刻度同一侧的运动方向相同。
- 右旋增加原则（clockwise-for-increase principle）：顺时针运动时指针向数值增大

的方向移动。

3. 不同平面的显示器与控制器的运动兼容性

当显示器与旋钮控制器安装平面是侧相切或垂直相切时，运动兼容性原则是：

- 顺时针旋转与背离人的直线移动相联系，逆时针旋转与朝向人的直线移动相联系。
- 顺时针旋转表示增加。

有时候，以上介绍的几条不同显示-控制兼容关系的设计原则并不能同时满足，或者根据经验缺乏较为明确的兼容关系时，应该进行权衡，增大影响较大的那些关系的权重，使不兼容关系的效应降到最低。另外，也可以通过以下方法进行考虑：

- 与已经在使用的其他类似系统的设计保持一致。
- 选择一种在逻辑上可以解释的显示-控制兼容关系。
- 先选出备选方案，然后通过实证研究来找出兼容关系最合适的备选方案。

除了双手，双脚也是经常被用来控制机器的肢体。有人对四种视觉显示-脚控制的空间刺激—反应匹配关系的作业绩效进行了研究。结果表明，视觉信号位置与踏板反应位置之间存在显著的交互效应，与其他非对应的匹配关系相比，显示刺激与反应键在同样的横向或纵向方向上时，作业的反应时更短。该研究还表明，左右维度的空间兼容性要比前后维度的空间兼容性更强（Chan & Chan，2009）。

（三）概念兼容性

概念兼容性要求控制器或显示器功能或用途的编码与操作者已有概念一致。比如，红色表示危险或禁止。另外，用不同的控制器大小表示相对的功能增益大小等也属于概念兼容性问题。

有关概念兼容性的研究大多涉及考察图标设计与使用者的期望之间的一致性。比如，有人通过直选法、反应时测试法及主观评价法，研究了汽车警告指示信号装置图标的概念兼容性，并根据实验结果对《汽车操纵件、指示器及信号装置的标志》（GB 4094—1999）① 涉及的各种汽车室内功能图标进行了优化（寇文亮，2010）。还有研究者专门探讨了隐喻与图标可理解性之间的关系，认为用户的联想思维能力与图像、符号及其所要代表的意义之间的关联性，是准确快速理解的关键。要以现实世界中的对象或动作为原型，来设计其所指代的对象或动作的图标，这种手法称为“隐喻现实世界”，即现实世界中的原型与所要设计的图标在属性上应存在接近、相似、对比或因果的联系（滕兆烜等，2013）。

第五节　视觉交互显示

大数据时代，人机系统中要求呈现的信息越来越多，视觉信息的有效呈现是目前工

---

① 已被 GB 4094—2016 所代替。

程心理学研究的核心问题之一。本章已经提到的突显技术等都和信息有效呈现相关。这些视觉信息显示技术在一定程度上提高了视觉作业绩效。但是这些技术都是静态的信息显示技术，即界面的显示方式取决于界面初始的设计，在人机交互过程中不会根据用户实际的个体差异和交互特性发生相应的即时性变化以满足用户的操作需要。

针对这些问题，近年来在人机界面的研究和设计中出现了一种新的信息显示方式，即显示界面能根据用户的即时输入或者用户的操作规律和特点改变初始设置的显示内容或方式，从而满足操作者对复杂信息进行高效操作的要求。这种在人机交互过程中，界面能够改变显示内容或方式的信息显示技术就是交互显示（interactive display；葛列众等，2015）。

一、视觉交互显示的特点

视觉交互显示技术可以分为简单交互显示技术和智能交互显示技术两大类。简单交互显示界面的显示变化是由用户当前的简单操作直接决定的。例如，当用户用鼠标点击特定视觉目标时，计算机系统软件即认为用户当前选择了该目标，因而扩大该视觉目标的显示区域，以方便用户进行进一步的操作。

智能交互显示界面的显示变化是由系统基于用户多次操作的规律特点得出的算法决定的。例如，在用户使用鼠标选择某一视觉目标的过程中，随着光标与视觉目标的距离逐渐缩小，光标的移动速度和加速度就会有规律地由大到小变化。根据这种规律，研究者可以建立特定的算法，并把这种算法应用到界面设计中。在这种设计中，当用户使用鼠标靠近特定视觉目标时，已有的算法就会根据光标的移动方向、移动速度等实时数据判定用户选择了哪个特定目标，并通过特定的视觉显示技术（如扩大该特定目标的显示区域）来适应用户进一步的操作需要。

在人机交互过程中，不同于传统的静态显示，交互显示以一种动态的方式改变界面初始设置的显示内容或方式以满足用户高效和个性化操作的要求。可以说，交互显示是一种以人为中心的新型显示技术。

二、简单交互显示

简单交互显示技术最典型的代表是鱼眼技术（Furnas，1981）。通常，鱼眼技术是一种能同时呈现焦点区域和背景区域的显示技术。焦点区域的信息更加详细，显示尺寸更大，而背景区域的信息则被压缩显示。系统可根据用户的光标当前位置或点击操作切换焦点和背景区域，以满足用户变化的信息浏览需求。

鱼眼技术主要集中应用于阅读和菜单的显示设计。有人研究了鱼眼、线性和整体细节（overview＋detail）显示三种文本阅读的视觉绩效。鱼眼显示条件下，局部的信息显示尺寸相对于背景区域的信息会因操作者的操作而变得更大。线性显示条件下，所有视觉信息的显示尺寸保持不变。整体细节显示条件下，整个文本有整体和细节两个窗口，其中，细节窗口的显示方式与线性显示一致，而整体窗口用来显示整个文档的内容结构。

在阅读过程中，用户一旦在整体窗口中用鼠标移动矩形框确定具体的阅读内容，细节窗口就会把该内容显示出来。实验结果表明，鱼眼显示能提高被试的任务操作速度，而整体细节显示则更有利于阅读者进行深度认知加工（Hornbæk & Frøkjær，2003；Baudisch et al.，2004）。

鱼眼技术另外一个主要应用是鱼眼菜单的设计。有人研究了鱼眼菜单的有效性，结果表明被试对鱼眼菜单的满意度受到任务类型的影响。在目标定位任务中，层级菜单的满意度略优于鱼眼菜单；而在浏览任务中，鱼眼菜单是最受被试喜欢的（Bederson，2000）。还有研究发现鱼眼菜单存在着定位困难的问题，并提出"黏滞式鱼眼菜单"的设计。在黏滞式菜单下，程序会在用户选择目标菜单项的时候自动进入焦点锁定模式，从而帮助用户进行目标定位和选择（张丽霞 等，2011a，2011b）。

除上述桌面显示的应用外，鱼眼技术也可以应用于手机等移动电子设备。有人将鱼眼技术与移动终端的日历应用程序结合起来开发了日历镜头（DateLens）交互技术。在初始状态，该日历应用显示较长一段时间内（如1个月）用户的日程概况，每天具有相等大小的显示区域。用户如果想要详细查看某一天的日程安排，则点击该天所在区域。此时该区域的显示面积就会扩大，以列表方式详细显示该天的活动，而其他区域则被压缩。实验证明，在完成复杂任务时，这种日历镜头具有较高的操作绩效（Bederson et al.，2004）。

三、智能交互显示

相比简单交互显示技术，智能交互显示技术较为复杂。这种技术要求基于以往的用户操作行为的特点和规律构建相应的算法，并在实际的人机交互过程中，根据算法对用户的当前操作行为进行判断，然后改变显示界面的初始内容或形式，以适应用户的当前操作。

智能交互显示技术典型的例子包括速率耦合平滑（speed-coupled flattening）技术、目标气泡（bubble targets）技术、威力镜头（power-lens）技术以及自适应交互显示技术。

速率耦合平滑技术是一种用来解决鱼眼设计中目标定位困难问题的显示技术（Gutwin，2002）。该技术可以根据用户移动光标的速度和加速度动态地改变焦点区域和背景区域显示尺寸的比值。当光标移动的速度和加速度较大时，系统算法判断用户的操作处于目标定位的早期阶段，因而焦点区域和背景区域显示尺寸的比值较小；当光标速度小于某一阈值时（或是光标停止时），系统算法判断用户的操作已接近完成或者已经完成目标定位，焦点区域和背景区域显示尺寸的比值逐步扩大（或者达到最大）。实验结果已证明了速率耦合平滑技术的有效性（Appert et al.，2010）。

目标气泡技术是一种放大交互显示技术（Cockburn & Firth，2004）。当光标靠近视觉目标时，视觉目标本身的显示尺寸不变，但是该视觉目标的实际有效点击区域会发生变化（呈气泡状）。只要操作者的光标落在该有效点击区域并进行点击操作，目标就会被激活。当光标接近视觉目标时，何时增大有效点击区域是由计算机算法控制的。在不同任务的条件下，有研究者对目标气泡技术下被试的操作绩效进行了研究。研究结果显示，采用目标气泡技术的被试的操作绩效优于传统方法，而且被试对该技术的满意度评价很高（马校星 等，2016，2017）。

威力墙（power wall）也是一种放大交互显示技术（Rooney & Ruddle，2012）。如图 4-2（a）所示，威力镜头是一种矩形状的半透明镜头，它的激活依赖于事先设定的算法。当用户准备选择某一个目标时，其操作的光标会向该目标移动，且移动速度逐渐减小，当光标移动的速度低于某一阈值时，威力镜头会由计算机算法自动激活，矩形镜头覆盖区域的显示尺寸均被放大，如图 4-2（b）所示。然后用户就可以在该区域内进一步移动光标并定位目标，如图 4-2（c）所示。当用户将光标移出威力镜头覆盖区域时，威力镜头则会消失。结果表明，相比于传统技术，被试使用威力镜头技术完成任务的速度明显更快。

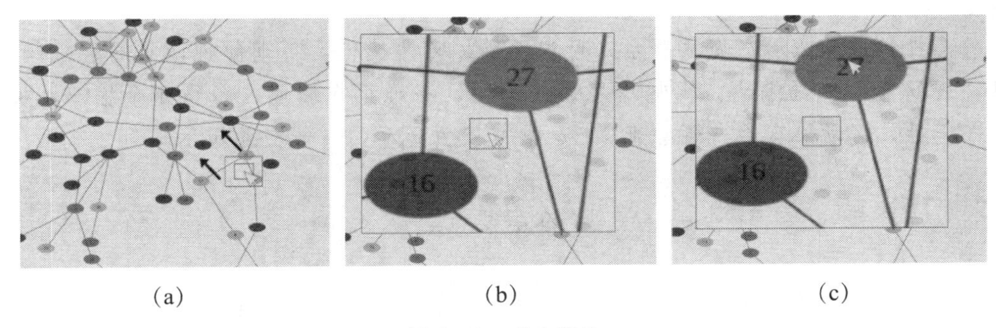

(a)　　(b)　　(c)

图 4-2　威力镜头

注：（a）光标移动速度较快，威力镜头未激活；（b）光标移动速度较慢，威力镜头激活；（c）威力镜头保持不变，用户选择 27 号节点。

来源：Rooney & Ruddle，2012。

自适应交互显示技术是结合了自适应技术的一种交互显示技术。自适应的手机通信录是会随着联系人的拨打频率而改变的手机通信录。手机通信录上的联系人的排列是按照拨打频率高低从通信录的顶端依次向底端排列。研究结果表明，相比于固定联系人的手机通信录，采用自适应手机通信录的被试的任务绩效较高，完成时间更少，按键次数也更少（郑璐，2011）。自适应软键盘的设计采用了自适应算法，在被试输入汉字过程中可以根据被试输入的绩效，不断改变键盘的大小以保证被试能够进行高效输入。实验结果显示，这种自适应软件盘与固定大小软键盘相比，被试的绩效更高（陈肖雅，2014）。

智能交互显示技术具有动态性、即时性和智能性等三个明显的特点。

动态性指的是界面的显示内容和方式会随着用户和计算机的不断交互而发生变化，以适应用户的操作要求。例如，鱼眼菜单中，菜单项的显示大小会从一种尺寸变化至另一种尺寸。

即时性指的是交互显示中，计算机界面的显示内容和方式随着用户和计算机交互的过程而发生的动态变化是实时的。例如，自适应通信录中，联系人的排列顺序会随着用户打电话的实际情况而不断发生变化。在一定程度上，也可以说，即时性是交互显示技术动态性特征的一种补充。

智能性指的是智能交互显示技术能够根据特定的算法对用户的操作进行准确判断，

并合理改变界面的显示内容和方式。

基于上述三个特点，智能交互显示技术不仅能实现大量信息在有限空间的显示，而且能根据用户的操作特征改变显示状态和显示内容，为用户提供一种更加灵活、直观可控的交互方式，提高阅读、搜索等任务的操作绩效。有不少的研究已经证明了这一点。

随着人机交互技术的不断丰富与发展，视觉交互界面的种类与应用场景也逐渐增多，无论是静态还是动态的视觉显示界面，都正在从“以人为中心设计”的理念出发。在不同场景应用合适且高效的视觉显示界面，可为人机交互进程带来新的发展契机。因此，对视觉显示界面与视觉交互的研究，要注重人的因素，强调交互过程的智能化。

概念术语

静态视觉显示，动态视觉显示，可识别性，可辨读性，可理解性，布局合理性，可容性，视觉信息单维编码，视觉信息多维编码，多维正交编码，多维冗余编码，突显，空间兼容性，运动兼容性，概念兼容性，视觉交互显示，智能交互显示

本章要点

1. 视觉显示的分类有：静态视觉显示和动态视觉显示；定性视觉显示、定量视觉显示和定性-定量视觉显示；模拟视觉显示和数字视觉显示；平面图符视觉显示、灯光视觉显示、表盘指针式视觉显示和电光视觉显示。

2. 视觉显示原则包括可识别性、可辨读性、可理解性、布局合理性、可容性。

3. 静态视觉显示设计包括文字显示、图表显示和符号标志显示设计三个方面。

4. 动态视觉显示包括表盘仪表显示、灯光信号显示、电子显示器显示、手持式移动设备显示和大屏幕显示等五种类型。

5. 视觉信息单维编码方式常采用包括颜色、形状、长度、亮度、面积、角度、字母、数字等在内的属性。

6. 视觉信息多维编码方式包括多维正交编码和多维冗余编码。

7. 突显是视觉信息显示中的一种重要信息显示方式，其目的是通过设置特殊的信息显示方式，方便人们更有效地进行信息搜索。

8. 视觉显示-控制兼容性可以分为空间兼容性、运动兼容性和概念兼容性三个方面。

9. 视觉交互显示是指：在人机交互过程中，显示界面能根据用户的即时输入或用户的操作规律和特点改变初始设置的显示内容或方式。

10. 视觉交互显示技术可以分为简单交互显示技术和智能交互显示技术两大类。

复习思考

1. 视觉显示有哪些类型？

2. 视觉显示界面的设计要点有哪些？

拓展学习

葛列众，孙梦丹，王琦君．(2015)．视觉显示技术的新视角：交互显示．*心理科学进展*，*23*（4），539－546.

李宏汀，张艳霞．(2013)．不同环境照度下手机屏幕亮度最优参数研究：以三星某手机为例．*心理科学*，*36*（5），1110－1116.

潘运娴，葛列众，王丽，王琦君．(2018)．视觉信息呈现材料对视线突显技术的影响作用．*心理科学*，*41*（1），8－14.

许为．(1991)．航空夜视镜的人机工效学问题．*国际航空*(12)，52－53.

许为．(2000)．机载有源阵液晶显示器的人机工效学研究．*国际航空*(9)，57－60.

许为，王国香．(1992)．CRT 视觉显示的视觉工效现场研究．*应用心理学*，*7*（1），34－40.

朱祖祥，许为，颜来音，王坚．(1988)．CRT 显示器上不同目标颜色对视觉工效的影响．*应用心理学*，*3*（3），1－6.

第五章 听觉显示界面[①]

教学目标

了解听觉显示的特点，以及听觉显示器的分类和一般工效学设计原则；把握语音界面的特点，掌握语音界面的评价指标、人因设计要点和影响因素；把握非语音界面的特点，掌握非语音界面的表征方式和人因设计要点；掌握听觉告警设计涉及的内容和一般原则。

学习重点

熟悉听觉显示的特点和听觉显示器的基本分类；了解语音界面的特点，掌握言语可懂度和言语自然度的概念，把握语音界面的人因设计要点；了解非语音界面的特点，掌握听标和耳标的基本概念，把握非语音界面的人因设计要点；了解听觉告警的特点，领会听觉告警的人因设计要点。

开脑思考

1. 虽然听觉显示相比视觉显示给我们的感觉没那么熟悉，但其实听觉显示已经深入我们生活的方方面面，比如来电显示的铃声、坐电梯时的楼层提示音。仔细思考一下，我们生活中还有哪些听觉显示？

2. 想象我们正在驾驶汽车，面对陌生复杂的道路，语音导航会是我们的好帮手。那么，什么样的语音导航会对我们的驾驶产生帮助呢？首先，发出的语音指令肯定要能被我们清楚地接收到，其次要能被我们理解。还有其他需要注意的吗？

3. 生活中，有人会为不同的联系人设置不同的来电铃声。想一下我们在设置时会如何选择铃声，是否会根据人的不同性格来选，或者是选择有共同经验的一首歌，让我们一听到铃声就知道是谁的来电，这就是很初步的非语音界面人因设计了。想一下还有什么选择规律有助于我们理解呢？

---

① 本章部分参照了葛列众等所著《工程心理学》（2017）的相关内容。

4. 火灾现场的火警警报、烟雾警报等能帮助我们快速获得危险信号提示，并做出反应，因此听觉告警的设计非常重要。根据你的生活经验，什么样的听觉告警信号能更有效地传递告警信息？我们在设计听觉告警信号时应注意哪些问题？

由于技术的进步，人机系统越来越复杂，信息量日益增大，视觉通道难以满足系统操作要求，而且听觉通道具有迫听性等独特的优越性，所以，听觉显示界面的设计在人机交互设计中有着非常重要的作用。

本章主要讨论听觉信息显示界面及其人因设计。第一节是概述，主要论述听觉显示特点和听觉显示器；第二节是语音界面，主要论述语音界面的特点及设计；第三节是非语音界面，主要论述非语音界面的特点及设计；第四节是听觉告警，主要论述听觉告警的特点及设计。

第一节　概　述

一、听觉显示的特点

听觉显示具有迫听性、全方位性、变化敏感性、绕射性与穿透性等特点。

- 迫听性：环境中的声音信号总会传入人的听觉系统，引起人的不随意注意和快速的朝向反射或惊跳反射。
- 全方位性：人的听觉系统可以接收到整个360°空间中的声音。
- 变化敏感性：由于声音信号是一种时间序列信号，人的听觉系统对声音信号随时间的变化特别敏感，时间解析度（temporal resolution）较高。
- 绕射性与穿透性：声音信号可以不受物理空间阻隔的限制，进行远距离传送，而且声音不受照明条件的限制，具有能够穿透烟雾等障碍的特点，可在夜间、雨雾天气及有阻挡物等照明不良的条件下，远距离传递信息。

但是，听觉显示也有一定的局限性。例如，听觉信号难以避免对无关人群形成听觉侵扰，听觉信道容量、感觉记忆容量也低于视觉，而且声音信号不具有持久性，听觉对复杂信息模式的短时记忆保持时间较短等。

人机交互设计中，开发、设计听觉显示的主要原因包括：一是视觉通道已不能满足复杂人机交互的需要；二是听觉通道具有视觉通道不具有的迫听性、全方位性、变化敏感性、绕射性与穿透性等特点，这些特点可以弥补视觉显示的不足，提高人机系统整体的操作效率和安全性。

二、听觉显示器

通常，听觉显示的装置或者设备即为听觉显示器。在音乐、语音等基本听觉显示器之外，根据功能不同，听觉显示器可以分为反馈信息听觉显示器、辅助信息听觉显示器和告警信息听觉显示器等三大类。

反馈信息听觉显示器是指对系统的操作行为提供该操作完成与否或正确与否，或者对系统当前状态予以声音提示的装置。

辅助信息听觉显示器是指在视觉受限或视觉通道负荷过重等情况下，采用听觉显示的方式向用户传递相关信息的装置。例如，在汽车行驶过程中，车载GPS导航仪的道路语音提示可以使司机在不必查看地图显示屏幕的情况下进行导航操作。此外，盲人或其他视觉缺陷者，借助听觉显示来进行人机信息交互的装置亦属于辅助信息听觉显示器。

告警信息听觉显示器是指当人机系统中某一环节或部件出现故障或发生意外事故，并且需要立即采取行动及时处理时，通过声音显示的方式向相关操作者传递告警信息的装置。

此外，根据所使用的声音信号特性的不同，可以将听觉显示器分为语音听觉显示器和非语音听觉显示器两类。根据听觉显示设备及其安置的不同，还可以将听觉显示器分为固定的听觉显示器和基于头部的听觉显示器两类。

听觉显示器的传递效率在很大程度上取决于其设计特性与人的听觉通道特性的匹配程度，即听觉显示器显示声音的特点要与人的听觉系统的特点相匹配。

听觉显示器设计的一般工效学原则包括易识别性、易分辨性、兼容性、可控性、标准化等。

易识别性原则是指听觉显示器的声音应容易被操作者收听到。声音信号的易识别性受声音强度、频率和持续时间等因素的影响（见表5-1）。

表5-1 人对声音不同维度特征的绝对辨别等级数

声音维度	等级数
强度	4～5
频率	4～7
持续时间	2～3

来源：朱祖祥 等，2000。

易分辨性原则是指操作者应能够容易辨别听觉显示器的不同声音信号及其含义。声音信号的易分辨性包括两类：一类是不同性质（含义）声音信号的易分辨性，另一类是同时及相继呈现的声音信号的易分辨性。

兼容性原则是指声音信号所代表的意义一般应与人们已经习得的或自然的联系一致。即信号含义应该与使用者原有的思维习惯具有较高的兼容性，如尖哨声应同紧急情况相联系，高频声音应同“向上”或“高速”相联系。

可控性原则是指对于听觉显示器显示的声音信号，用户可以选择终止其显示。

标准化原则是指对不同场合听觉显示器所显示的声音信号应尽可能统一。

在具体的界面设计中，需要在权衡利弊综合考虑的情况下，遵循上述设计原则。

第二节 语音界面

一、概述

语音界面具有自然性、高效性、灵活性等优点，也具有被动性、瞬时性、串行性和易受干扰性等缺点。

语言是人类交往的最主要方式，也是人类进行思维交流的一种媒介。即使是在网络与信息技术高度发达的今天，语言仍是人与人之间最轻松、最有效、最自然的交流方式。当今自然人机交互的发展趋势使得语音界面的价值日益凸显。语音界面目前已被广泛应用于各个领域，如计算机输入中的听写识别，各种声讯服务台的交互语音应答（interactive voice response，IVR)，电子商务中的语音门户、语音邮件，以及结合云计算的语音搜索等。

通常，语音界面适用于以下情形：

- 在用户进行其他操作时同时使用，如在驾驶汽车时同时采用语音输入。
- 在视觉显示界面使用受限时使用，如在照明不良的场合中使用。
- 在动作操作输入受限时使用，如在手机短信的动作操作输入复杂、负荷过载的情况下使用。
- 面向盲人、弱视者、手部残疾者等特殊群体的产品，可采用语音界面。

语音界面的专用评价指标主要有言语可懂度（speech intelligibility）和言语自然度（speech naturalness）等。

言语可懂度是指言语通信中语音信号被人听懂的程度。一般用信号被听懂的百分比表示。言语可懂度可以定量地反映收听者对所传递语音信息的理解程度。可以用言语可懂度评价语音界面输入效率，也可以用来衡量系统输出语音质量。

根据使用的测验材料，言语可懂度的主观测定可以分为无意义音节测验、语音平衡词汇测验、同韵词测验、句子测验等方法（朱祖祥 主编，2003）。言语可懂度的客观评测结果可以通过计算言语可懂度指数及言语传递指数获得（张家騄，2010）。

言语自然度是描述系统输出的言语品质与说话人发音的相似程度的指标，是更高层次的言语传递质量的评价指标。言语自然度的评价主要是主观评价。通常采用五级或十级计分进行主观评价，也可采用平均意见分数（mean opinion score，MOS）对包括自然度在内的语音通信质量予以综合评价（张家騄，2010）。

虽然语音界面应用广泛，但仍有待解决的问题。首先，在语音输入（语音识别）方面，有口音和方言问题、自然语言的理解问题、背景噪声问题，还包括语音信号的情绪识别问题。例如，姜晓庆等（2008）选取喜、怒、平静等三种典型情绪状态，通过在不同情感状态下对大量语音样本的基频、能量、时长及相关韵律特征参数的统计分析，采用主成分分析（PCA）方法进行情感状态语音识别实验，以提高语音的识别率。

其次，在语音输出（语音合成）方面，合成高度自然化的语音将会是语音界面输出的主要目标。这种自然化的语音具有很强的真实感，并带有一定的情绪或者感情色彩，在韵律节奏等方面都与人的自然语音非常接近。

最后，随着技术的不断进步以及用户需求的不断发展，将来的语音界面还会有很多新的功能并不断完善，如声纹识别技术（何好义，2005）和音频信息检索的“哼唱检索”技术（冯雅中 等，2004）。

二、言语可懂度和自然度研究

言语可懂度和自然度研究主要涉及影响因素和评价方法。这些研究对语音界面设计有着重要的意义。

（一）言语可懂度研究

言语可懂度受许多因素的影响。国外研究表明，纯音阈值和言语的流利程度都对言语可懂度有着明显的影响（Pollack & Pickett，1964）。听众的认知能力和信噪比是评估语音清晰度的重要因素（Yunusova et al.，2005）。

年龄是影响言语可懂度的一个重要因素。有研究结果表明，老年人的言语可懂度水平和青年人相比有明显的下降（刘达根，1987）。

噪声水平和语音信号的内容对被试的言语可懂度有明显的影响。有研究表明，人对语音信号的获取与识别受噪声水平以及信号内容、长度的影响。噪声对信号的掩蔽作用显著，其中低音最易被掩蔽（张亮 等，2006）。

言语速度对言语可懂度也有明显的影响。有实验表明，言语告警信号的适宜语速为 0.25 秒/字（或 4 字/秒），它的下限为 0.20 秒/字（或 5 字/秒），它的上限为 0.30 秒/字（或 3.33 字/秒）（张彤 等，1997）。还有实验表明，在消防监控界面中，语音信号的适宜语声为女中音；词类信号的适宜语速为 5 字/秒，普通句的适宜语速为 7 字/秒，含数字句的适宜语速为 6 字/秒（张亮 等，2006）。

汉语声调在言语可懂度中有着重要的作用。采用四种合成语言进行的言语清晰度实验表明，在不同的失真条件下，汉语声调具有很强的抗干扰能力（张家騄 等，1981）。

言语传播距离对言语可懂度有很大的影响。有研究表明，在满足语音内容完全可懂的要求时，汉语语音频率的最低上限应为 1 000Hz，最高下限应为 300Hz。该结论为调制信号源频率以提高能量利用效率，提升语音传播距离提供了重要的科学依据（许伟 等，2008）。

方言也是影响言语可懂度的一个因素。有人对山西长治方言词汇的可懂度进行了研究，结果表明，方言的可懂度会随着试听次数的增加而提高，而提高的速度会因为方言的不同而有所不同（李宁 等，2011）。

在呈现一些特殊听觉信号时，不同的听觉信号呈现方法对言语可懂度也有明显的影响。有实验采用言语可懂度、反应时等多种指标，比较了多重听觉信号呈现方法中重叠法与分离法的作业绩效。其中，重叠法是将多种听觉信号叠加起来，同时呈现给被试的双耳（左耳和右耳）；分离法是将多种听觉信号分离开来，同时分别呈现给被试的不同耳朵（左耳或右耳）。实验结果表明，与重叠法相比，分离法作为多重听觉信号的呈现方法有助于对告警语音的理解（葛列众 等，1996）。

可见，听众自身的因素（如认知能力）、言语本身的属性（如语言的普及程度）、言语表达的属性（言语的流利程度、语速、言语特定的呈现方式），以及语言环境（如噪声、传播距离）对言语可懂度都有一定的影响。因此，在语音界面的设计和优化中，为了提高语言界面的效率，必须考虑上述因素的影响。

另外在实际使用中，还可以结合应用一定的技术手段来提高系统的可懂度。例如，有人利用人体检测结果作为语音交互自开启与关闭的条件，加强交互智能性，并对常见的语音去噪算法进行了研究。综合对比去噪效果与时间等因素，选择快速 RLS（递归最小二乘）算法作为语音交互降噪算法，提高了言语可懂度（圣明明，2019）。

（二）言语自然度研究

言语自然度和计算机合成语言有关。有研究表明，影响合成言语自然度的基本因素是语言的节奏和协同发音（吕士楠，齐士钤，1994）。在研究的基础上，研究者还提出了各种计算机合成系统。例如，有人先按照中性语调模式进行韵律特征调节，再采用音节拼接技术实现高自然度的汉语文语转换。利用这种方法建立的 GK-TALK 系统不需要对文本做任何韵律标记，可以把书面语言转换成有声语言，合成语音质量逼近新闻广播语言水平（孙金城 等，1996）。

另外，也有研究者对言语自然度的评价方法进行了相关的研究（齐士钤，俞舸，1998；赵博，2005）。

三、语音界面设计

语音界面设计的目的在于通过语音界面的相关要素的设计，提高语音界面的操作绩效和用户体验。

（一）语音菜单设计

语音菜单的广度指的是同一个菜单层面上选择项的个数，而深度指的是组成一个菜单结构的选择项的层数。

有人对语音菜单的广度和深度的结构设置进行了研究。实验结果表明，这两种结构下被试的操作绩效差异显著，菜单广度较大、深度较小的 4×2 结构条件下的被试操作绩效，要明显优于菜单广度较小、深度较大的 2×4 结构条件下的被试操作绩效。可见，不同菜单结构对语音菜单系统操作绩效具有重要影响，而且当语音菜单项数目一定时，适度提高菜单结构广度比增大其深度更能提高系统的操作绩效（葛列众 等，2008）。在此实验的基础上，关于语音菜单的最大广度的合理设置的研究表明，单层语音菜单的最大广度是 5 个选择项（葛列众，王璟，2012）。但也有实验结果表明，单层语音菜单最大广度是 6 个选择项，而且当菜单的选择项数目大于或等于 6 个时，双层有分类的语音菜单的操作效率更高（穆存远，郝爽，2014）。

语音菜单中语音选择项的呈现方式对语音菜单的操作绩效也有明显的影响。胡凤培等（2010）关于自适应设计对语音菜单系统操作绩效的影响的研究表明，在语音菜单设计中，语音选择项的呈现方式采用自适应设计将有助于被试对语音菜单的操作。

根据目前的语音菜单研究，语音菜单的广度和深度等结构因素与语音菜单选择项的呈现方式对语音菜单的操作绩效有着明显的影响，在语音菜单的界面设计和优化中，这两种因素是需要着重考虑的。在语音菜单的广度和深度的权衡设计中，通常应该考虑采用广度较大而深度较小的“扁平化”设计，但是在每一个层面上，语音菜单的选择项数目最好是保持在 4～6 个。另外，菜单的选择项呈现方式可以考虑采用自适应方式。

（二）语音超文本设计

语音超文本系统通常指的是使用超文本组织信息的语音界面。

目前的语音超文本系统中，进程控制方式主要有用户控制与自动控制两种。用户控制方式是在每个项目呈现后，待用户做出一定反馈操作才会继续出现下一项目。自动控制方式中，系统仅按照一定形式呈现所有项目，而无须用户介入。有实验结果表明，自动控制方式能减少用户的交互次数，降低用户操作的复杂度，因而更适合大型信息系统使用（Resnick & Virzi，1995）。

此外，语音超文本的节点链接方式主要有绝对位置选择和相对位置选择两种。绝对位置选择是指在系统中各个节点分别与特定的按键相对应；而相对位置选择则是提供一个专门的选择按键，用户通过点击按键选中当前项目（即某一个时刻正在呈现的项目）。有研究结果表明，相对位置选择易于掌握和迁移到其他情境中，但用户一旦熟悉了系统的使用方法，绝对位置选择的绩效将会更高（Morley et al.，1998）。

在链接方式中，语音超文本链接的数目（即超文本的广度）对超文本界面的操作有着明显的影响。有研究表明，当链接的数目为 2～3 项时，被试的操作绩效较高（较高的正确率，较短的反应时），但是当数目增加到 4 项或者更多时，被试的操作绩效有明显的下降（崔艳青，2002）。

（三）语音界面的应用

由于计算机技术以及与语音界面直接相关的语音识别和自然语音合成技术的不断发展，语音界面的应用越来越广泛。智能家居语音控制系统由移动终端控制软件和嵌入式便携语音控制器构成，可以对智能家居可控设备进行多样化、全方位语音控制（会蔚 等，2014）。移动机器人语音控制系统可以对移动机器人进行语音控制（张汝波 等，2013）。基于语音识别技术开发的英语语音智能跟读系统，有着良好的教学效果（林行，2014）。可实施的、领域不受限的、可完全通过语音交互的自动问答系统也得到了开发（胡国平，2007）。

在这些语音界面的应用开发中，人机交互技术及其研究可以通过探索用户的需求和交互过程中用户的操作特征，优化界面设计，提高语音界面的使用效率。例如，有人从交互设计的角度出发，运用听觉显示技术，为盲人用户设计了盲人手机界面。他们首先分析用户需求，用 VC++建立原型，然后进行用户原型评估和比较，进而优化盲人手机的界面（王琳琳，2006）。

还有人对人机语音交互等待反馈过程中的反馈时间和语速进行了研究，结果表明，反馈时间会影响用户的时间知觉和主观情感，用户的情感体验可以通过控制反馈时间进行引导（李悦，2020）。

第三节　非语音界面

一、概述

非语音界面是运用日常声音或乐音作为信息表征方式的界面形式。音调信号常常作为非语音界面的呈现形式，如以铃声等特定的声音作为某个事件的代码向操作者传递特定的信息等。

对于听觉界面来说，常用的非语音界面的表征形式主要为听标（auditory icon）和耳标（earcon）两大类。

听标是为表征某一事件及其属性而采用的与日常生活有关联的声音，是计算机事件及其属性与自然的有声事件及其属性之间的映射，如用盘子摔碎的声音来表示删除文件的操作。由于听标的声音常常采用人们熟悉的自然声音，听标的优点是易于理解学习、信息量大，但缺点是难以表征复杂的结构化信息，有时也难以建立自然声音和特定界面元素的关联。

耳标是可以用来表征结构化信息的乐音，是计算机用户界面中向用户提供计算机客体、操作或交互信息的非言语听觉信号。通常，耳标由特定的短节奏音高序列（motive）构成，包括节奏（rhythm）、音高（pitch）、音色（timbre）、音域（register）、力度变化（dynamics）等基本构成要素。耳标具有灵活性高、可表征结构化信息等优点，但也有记忆负荷较大、需专门训练和界面元素的关联性等缺点。

一般来说，非语音界面具有宽频性、保密性、快捷性、简洁性、抗干扰性等优点，也有编码规则复杂等缺点。与同为听觉界面的语音界面相比，非语音界面在速度与言语独立性等方面有较强的优势，具体比较见表 5－2。

表 5－2　语音界面与非语音界面的比较

	表征方式	速度	言语独立性	可懂度
语言界面	言语	较慢（受语速影响）	较差（不同国家、不同方言不通用）	合成言语输出较差，但事前录制的自然言语输出较好，不需要进行学习
非语言界面	非言语（日常声音、乐音）	较快（不受语速影响）	较好（不同国家、不同方言通用，具有全球性）	听标较好，但耳标较差，需要事先进行学习

来源：沈模卫 等，2003a。

基于非语音界面的优势，现有的非语音信息在听觉界面中的使用主要包含以下情况：

- 非语音信息仅用作提示信息的情况，如要求收听者立即动作，没有必要用言语进行解释和指示，或是仅仅提示某一特殊时刻某事发生或即将发生。
- 非语音信息包含保密内容的情况，如针对某些收听者，设置其熟悉的音调信号与代码，而不向其他人开放。
- 言语通道超负荷的情况，此时使用较为简单的非语音信号能够辅助人们正常工作。
- 在噪声的环境中使用。

考虑到非语音界面的特点及适用条件，研究者在综合以往研究的基础上给非语音界面的设计制定了相关的标准（徐洁 等，2010）：

- 听标和耳标都作为每一步操作的反馈信息，表明操作被切实执行，同时指出目前所在的菜单项，在操作完成之后指出操作是成功的。
- 听标和耳标具有区分度。对于不同的听标和耳标，用户能够进行区分。
- 耳标具有层次性。这种层次性体现在多种可区分的非言语声音之间的结合上，而且这种结合是多种多样的，可以是叠加、同声、共鸣等各种操作。
- 听标和耳标具有动态性。耳标可以根据不同需求执行不同声音，有一定的变化性。
- 听标和耳标使用的声音维度，如强度、频度、持续时间等，要避免使用极端值。
- 尽量使用间隙或可变信号，避免使用稳定的信号，使得用户对声音的听觉适应减至最低。
- 对于复杂的信息，可以采用级联信号，如第一级为引起注意的信号，第二级为精确指导的信号。
- 不同的场合使用的听觉信号尽可能标准化，各种听标或者耳标风格应该统一。

尽管现今的研究者们逐渐注意到了非语音界面在日常生活中的重要性，也逐渐在一些产品设计中加入了非语音的因素，但在发展过程中，非语音界面仍旧存在一些需要解决的问题。首先，大部分的设计者在选择非语音的声音信号参数过程中都是按照自己的偏好进行选择，较少有实验依据；其次，听标与耳标的结合形式在何种情况下能促进人们的操作绩效也有待考察；最后，非语音界面与其他通道信息提示的整合与干扰问题也值得进一步的研究。

二、听标和耳标设计

20 世纪 80 年代，非语音界面开始出现。根据适用的人群，非语言界面主要分为以下两类：一类主要针对视力正常的人群，而另一类则针对视力有缺陷的人群。

在具体的人机界面设计中，如果耳标与听标的设计是针对视力正常人群的，这时听标或者耳标主要发挥辅助作用。可是如果耳标与听标的设计是针对视力有缺陷人群的，那么这时听觉通道将是人机界面中最主要的交互方式，听标和耳标的作用将相对较为重要。

（一）视力正常人群的听标与耳标设计

听标和耳标由于其本身属性的差异，受到环境的影响也有所不同。李黎萍等（2011）在安静或噪声情况下，对听标与耳标的直觉性、易学性及环境依赖性进行了研究。实验结果表明，听标与耳标的直觉性与易学性都易受到噪声的影响，且对听标的影响更大。此外，相对于听标，耳标的环境依赖性更强，更易受到环境变化的影响。由此可见，听标意义不灵活，学习受噪声环境影响更大，但其映射性牢固，不易受环境影响。因而，在选择使用耳标与听标时，要充分考虑实际环境条件。

已有研究者通过实验的方式证明了听标和耳标的应用能够提高人们的操作绩效。盖弗（Gaver，1989）为用户提供了一个“听标族”来对计算机图形界面的操作过程进行表征，如用盘子摔碎代表文件删除、用类似撞击木头的声音代表选择文本文件等。当我们将听觉界面和视觉界面相结合时，听标所采用的自然属性声音与界面操作之间能够产生较强的对应关系。利用这种对应关系能够有效地帮助操作者减轻视觉通道负荷，提高绩效水平。有研究者将被试分成两组，一组操纵只有语音提示的菜单，而另一组则操纵有语音提示与耳标提示的菜单，被试根据指示完成一系列任务要求与按键反应。结果表明，耳标的使用可以提高任务绩效，减少按键次数及任务完成时间（Vargas & Anderson，2003）。

由于听标是利用自然属性的声音作为呈现方式，所以在设计过程中需要注意找到与提示信息最匹配的自然声音；而耳标是抽象化的非语音声音信息，只要改变其参数便可构建不同的耳标单元，因而在使用的过程中更具复杂性。不少研究者都从音色、音调、节奏、持续时间等参数对耳标的设计原则进行了研究。有研究者提出耳标使用时的建议参数为：最大 5 000Hz（高于中音 C 四个八度），最小 125～150Hz（低于中音 C 一个八度），这样它们就不容易被掩蔽（李清水，2002）。

除了传统的结构化耳标（即以音色的不同组合作为主要辨别依据的耳标），还可以开发其他的耳标。有人提出了序列化耳标和音乐化耳标（徐洁 等，2008a，2008b）。这些新型耳标形式为未来的语音界面的设计提供了更多的科学依据，也能更好地满足操作者的需求。

（二）视力有缺陷人群的听标与耳标设计

在语音界面设计中，对于视力有缺陷人群而言，听标和耳标的作用就不仅仅是提示，还包括给予使用者指令、引导等其他作用。

有人采用耳标和合成语言表征文字加工过程的操作，赋予每个图标声音，点击时会发出声响，如利用纯音作为反馈，用和弦音标识菜单，用和弦的数目表征菜单包含的选择项数目，并通过音高的不断增强来确定从左往右、从上往下的方向。结果发现，盲人能够成功地在这套系统中进行界面定位（Edwards，1989）。还有人通过耳标中音色、音高等属性的变化实现了对简单图形的表征，如采用风琴音表征 x 轴，用钢琴音表征 y 轴，用音高表示 x、y 轴上数值的大小。这种表征方式对于 80%的用户来说，具有帮助其识别图形、直线的意义（Alty & Rigas，1998）。

有人对盲人手机界面进行了探索，结果表明非语言听觉设计可用于特殊用户的交互界面（方志刚 等，2003）。有人还在盲人手机设计界面中加入了耳标与听标，将菜单项或抽象意义的操作手段与某一选定乐音进行了一一匹配，并对其有效性进行了评估。研究结果表明，利用耳标信息能够提高盲人的操作绩效，且使用者的满意度也较高（王琳琳，2006）。

第四节　听觉告警

一、概述

由于声音信号具有迫听性、全方位性、绕射性与穿透性等特点，人们在复杂的工作环境中能够快速获得危险信号提示；而且，视觉通道往往过载并在许多应激条件下更易或更早受到影响（如振动引起视力下降等），所以，人机界面设计中经常采用声音信号作为告警信号，以提高人们对危险情况的警觉性，缩短人们对异常情况的反应时。

听觉告警（也可称为声学告警，acoustic warning/auditory warning）通常是指在潜在危险存在的情况下，能够引起人注意并提供辅助信息和支持的所有声音。

按照所使用的声音信号的性质，可以将听觉告警信号分为语音告警信号和非语音音调告警信号。按照信息的紧急和重要程度，可以将告警信号分为提示、注意、警告三级，或者分为五级，即增加两个级别，将个别严重危及安全且时间极其紧迫的警告信息设为危险级，将系统中的一般信号指示设为消息级（张彤 等，1995）。

听觉告警信号一般包括警觉信号和识别或动作信号两个组成部分。警觉信号的功能是吸引操作者的注意并提供关于告警紧急等级的初步信息。它一般采用音调信号的形式呈现，也称为主告警信号。识别信号提供问题的性质及产生部位等信息，动作信号提供引导操作者采取矫正动作的信息，一般采用语音信号的形式呈现。

听觉告警被广泛应用于各个领域，如常见的事故现场、急救火警警报等。

常见的用于告警的听觉显示器有蜂鸣器、钟、铃、哨子、角笛、汽笛、警报器等。这些显示器所产生的声音在强度、频率、音色及穿透性等性能上都各有特点，分别适用于不同的场合。

听觉告警信号的设计一般需要满足以下基本原则（芦莎莎，2015）：

- 具有情境兼容性。要考虑情境因素的影响，避免告警信息被其他声音信号所干扰或掩蔽。
- 符号通用信号惯例。避免使用一些具有公认特征的信号，如警车、消防车的信号。
- 与收听者的感受性相适应。避免使用感受性曲线中极端段那部分。
- 必要时使用双重方式，如增加视觉告警信号来进行辅助等。
- 可量化信号。对需要量化的音调信号，提供参照音调。
- 必要时确保个人专用性。当声音信号只需要提示某指定个体时，要考虑让指定个体能够明显接收的同时不打扰他人作业。
- 用简单重复的编码信号来对收听者进行提示。

- 避免使用极端的信号使收听者烦恼或受惊吓。

听觉告警尽管在许多重要的危险情境下都有着不可替代的作用，但是，采用听觉信号进行告警的设计也存在一些缺陷需要解决。例如，相比于视觉通道，听觉通道的容量要小得多，常常会使得提供的信息不具体；听觉信号常常容易受到环境声音的干扰，影响人们的绩效水平等；个体或者群体之间的差异使得人们对不同听觉告警的感知标准不同。因此，在告警信号的设计中可以根据实际的情况，采用一些必要的、合理的应对措施，以减少或者避免这些问题的影响。

二、听觉告警设计

听觉告警设计主要涉及听觉告警中的声音信号参数设置、听觉告警信号呈现方式的设计和听觉告警标准的设计。

（一）听觉告警中的声音信号参数

对于不同类型的听觉告警，研究者研究的声音信号参数是不同的。对于非语音告警，研究者主要研究声音信号的强度、频率等参数。对于语音告警，研究者主要研究语句内容、字数、间隔与语速等参数。

声音信号的强度是影响非语音听觉告警有效性的重要因素。为保证非语音听觉告警信号在工作环境中的可听性，其信号强度应高于绝对阈 60dB 以上，而在噪声环境中，信号强度应高于掩蔽阈 8±3dB。

首先，《人类工效学　公共场所和工作区域的险情信号　险情听觉信号》（GB/T 1251.1—2008）规定，在用 A 计权声级分析时，信号的 A 计权声级超过环境噪声 A 计权声级 15dB 即可。如果噪声强度会随任务阶段发生变化，则应采用自动增益控制来保持适宜的信噪比。其次，非语音听觉告警信号还应根据告警级别确定相应的音量。马治家和周前祥（2000）认为，在载人航天器中，应急告警的声音信号强度应该使舱内所有人员都能感知到，睡眠中的人员也能被叫醒；而对告警级的听觉显示，要保证至少有一个人总能收到告警信号，根据告警程度决定是否叫醒睡眠者。

此外，研究还表明，儿童响度分类的最低值与最高值均低于成人，因此在设置告警系统时，要考虑人群差异（张萍 等，2005）。

频率也是影响非语音听觉告警有效性的重要因素。有实验选取了相同响度，但频率不同的 6 种声音信号，要求被试在听到一个信号后进行辨别，并按照实验任务要求进行相应的按键反应。实验对 6 种不同频率声音的绝对辨别能力进行了等级排序，为不同的声音编码系统提出了选择方案（李宏汀 等，2005）。此外，还有人考察了纯音告警信号的频率与间隔对司机反应速度的影响。实验中，他们选取了 6 种不同频率的声音信号，与 6 种不同的时间间隔，分别组合成不同的实验条件，并要求被试在这些条件下，对屏幕中出现的箭头进行方向判断。结果表明，间隔时长会影响对司机的提示效应，而且这样的影响具有极限性（郭孜政 等，2014）。

对于语音告警，声音信号的语句内容、字数、间隔与语速等参数对界面设计非常重要。有人通过书面调查的方式，在考虑语言告警准则、飞行员使用习惯及汉语句法的基础上，选定了战斗机在17种不同告警条件下的最佳汉语用语。但是，关于语音告警信息的呈现语速、语句字数等具体参数，国内外相关研究尚无统一的结论（郭小朝 等，1994）。关于飞机驾驶舱的语音告警的语速呈现标准，有研究结果表明，语音告警信号的适宜语速范围为3.33～5字/秒，最佳语速为4字/秒（张彤 等，1997）。在关于战斗机座舱的模拟实验中，有实验得出最佳语速范围为4～6字/秒（刘宝善，武国城，1995）。

此外，还有人讨论了消防监控界面中语音信号呈现的最适宜语速，并针对不同的语句类型给出了最优的选择。他们的结果表明，词类信号的适宜语速为5字/秒，普通句的适宜语速为7字/秒，含数字句的适宜语速为6字/秒（张亮 等，2006）。

（二）听觉告警信号的呈现方式

选择简洁、符合情境的呈现方式能够使告警系统发挥出最大的作用。听觉告警信号的呈现设计主要涉及通道数量和呈现的形式两个方面。

从通道数量方面来说，一般认为重要告警信息用视听综合方式（音调-语音-视觉）呈现是较好的。针对告警的三种级别——提示、注意与警告的最优呈现方式，有人比较了飞机座舱中纯视觉告警、纯听觉告警和不同试听综合告警在三种级别上的应用绩效，发现警告级别信号的最佳呈现方式是视听综合告警，而注意与提示级别信号的最佳呈现方式是纯视觉告警（张彤 等，1995）。

也有人认为，使用视觉加语音告警方式可缩短危急时刻操作者对告警信号的反应时，在高度紧张和高视觉负荷的情况下，语音告警信息可以减轻工作负荷（朱祖祥 主编，2003）。

从呈现的形式方面来说，一般是指考虑当两个或更多同一紧急级别的告警信号同时出现时的呈现形式。多重告警信号的呈现形式包括重叠呈现（将多种听觉信号叠加并同时呈现给双耳）和分离呈现（将听觉信号分离开，并将分离的信号在同一时间内分别呈现给双耳）两种。研究表明，与重叠法相比，分离法作为多重听觉信号的呈现方式有助于对告警语音的理解（葛列众 等，1996）。

（三）听觉告警的标准

听觉告警标准是国家相关部门针对听觉告警系统应用的场合出台的系列准则，以供相应部门在设计相关的系统时进行参照。

根据不同的适用条件，有研究者在基础研究的基础上，形成了具有针对性的不同领域的听觉告警标准。例如，《军事装备和设施的人机工程设计手册》（GJB/Z 131—2002）对听觉告警信号进行了规定：一般情况下，听觉警告信号应由特别能引起注意的有特色的复合音组成，且听觉警告信号全部主要成分的主要频带应高于噪声水平至少20dB（A）；在安静环境中，听觉注意信号应在50～70dB（A），在有噪声背景的地方，听觉注意信号各主要成分频率中心部位上的主要频带至少应高于噪声水平20dB（A）；听觉提示信号可以结合视觉呈现，为特殊作业成分提供指导，其参数设置应为短的、悦耳的、不致引起厌烦而又有明显特征的声音信号，且其主要频带应高于噪声水平20dB（A）（引自郭耀东，2002）。

我国军用标准《飞机座舱告警基本要求》（GJB 1006—90）规定了语音告警信息在飞机中的使用准则，要求军用告警信息应当简短、明确、不产生异议，而且语言标准、话音清晰。

有些特殊的应用，也有一些相关的听觉告警标准，如《麻醉和呼吸护理报警信号　第2部分：听觉报警信号》（YY 0574.2—2005）和《医用电气设备　第1-8部分：安全通用要求　并列标准：通用要求，医用电气设备和医用电气系统中报警系统的测试和指南》（YY 0709—2009）、《舰艇声光信号统一规定》（GJB 623A—98）、《声学　紧急撤离听觉信号》（GB 12800—91）、《船舶声光报警信号和识别标志》（GB/T 9193—2005）、《人类工效学　险情和信息的视听信号体系》（GB/T 1251.3—2008）、《机械电气安全　指示、标志和操作　第1部分：关于视觉、听觉和触觉信号的要求》（GB 18209.1—2010）等。这些标准在设计听觉告警显示器时均可参照执行。

概念术语

听觉显示器，语音界面，言语可懂度，言语自然度，语音界面，语音菜单，语音超文本，非语音界面，听标，耳标，听觉告警

本章要点

1. 听觉显示具有迫听性、全方位性、变化敏感性、绕射性与穿透性等特点，但也存在听觉侵扰、听觉信道容量低、感觉记忆容量低、持久性弱等局限性。

2. 听觉显示器按功能可分为反馈信息听觉显示器、辅助信息听觉显示器和告警信息听觉显示器等三大类。

3. 听觉显示器的一般工效学设计原则包括易识别性、易分辨性、兼容性、可控性、标准化等。

4. 语音界面具有自然性、高效性、灵活性等优点，也具有被动性、瞬时性、串行性和易受干扰性等缺点。

5. 语音界面的专用评价指标为言语可懂度和言语自然度。可懂度受到听众自身因素、言语本身属性、言语表达属性和语言环境等因素影响，自然度受到语言的节奏和协同发音的影响。

6. 语音界面的人因设计要点有语音菜单和语音超文本，语音菜单受到广度、深度、选择项呈现方式等因素影响，语音超文本受到节点链接方式、超文本广度等因素影响。

7. 非语音界面具有宽频性、保密性、快捷性、简洁性、抗干扰性等优点，也有编码规则复杂等缺点。

8. 非语音界面表征方式有听标和耳标两大类。听标易于理解学习、信息量大，但难以表征复杂结构化信息，有时也难以建立自然声音和特定界面元素的关联；耳标灵活性高，可表征结构化信息，但记忆负荷较大且需专门训练和界面元素的关联性。

9. 非语音界面针对不同目标人群有不同的功能侧重，一般的设计标准为：可反馈操作信息，具有区分度，具有层次性，具有动态性，声音维度避免极端值，使用间隙或可变信号，复杂信息采用级联信号，听觉信号标准化。

10. 听觉告警信号的一般设计原则为：具有情境兼容性，符合通用信号惯例，与收听者的感受相适应，必要时使用双重方式，可量化信号，必要时确保个人专用性，编码简单重复，避免极端信号。

11. 听觉告警设计包括声音信号参数设置、信号呈现方式设计和听觉告警标准设计。

复习思考

1. 什么是语音界面？
2. 语音界面的人因设计要点有哪些？
3. 什么是非语音界面？
4. 非语音界面的人因设计要点有哪些？
5. 听觉告警的人因设计要点有哪些？

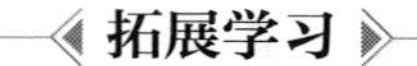

拓展学习

河野道成．(2020). *语音界面冲击：人机交互对话的未来与应用*(范俏莲译). 中国人民大学出版社.

穆尔．(2018). *听觉心理学导论*(6版，陈婧等译). 北京大学出版社.

第六章
控制交互界面

教学目标

了解传统控制交互界面，控制器的识别以及操作设计的影响因素；了解自然交互界面，掌握语音、眼动、脑电等自然交互界面相关研究以及人因设计要点；了解点击增强技术，掌握静态点击增强技术和动态点击增强技术的基本特点以及优化途径；了解控制交互界面的研究展望，把握控制交互界面未来研究的重点。

学习重点

了解传统控制界面的基本分类，掌握控制器的识别与操作；了解自然交互界面，掌握自然交互界面的实现方式及人因设计要点；了解点击增强技术的基本特点，掌握静态点击增强技术和动态点击增强技术的基本特点及优化途径；展望显示-控制综合交互界面的研究。

开脑思考

1. 我们按键让电梯运行至想去的楼层，使用鼠标、触控板等操作电脑，让“小爱同学”或者“天猫精灵”控制扫地机器人完成清扫。可见，控制器在生活中无处不在。请再举一些你生活中的控制器，你能区分哪些是传统控制器，哪些是新型交互控制方式吗？

2. 编码是控制器识别的基本方式，能帮助我们区分不同的控制器。根据前几章的学习，想象一下有哪些编码方式可以帮助我们识别控制器。

3. 除了最常见的手指点击操作，你还能想到哪些交互方式？新冠肺炎疫情期间 Switch 上的《健身环大冒险》风靡一时，这类游戏允许玩家使用眼睛控制、语音控制、手势控制来完成游戏。你觉得这些控制方式可能会与常用的按键、旋钮有什么不同？

4. 我们常用的鼠标光标大小、形状都不会变化。如果我们希望能改变鼠标光标的设计，来帮助我们更好地进行选中、点击等操作，你觉得可以从哪些方面进行设计？

控制器（controller）是系统操作者用来控制机器的装置。控制器可以将控制信息传递给机器，执行功能，调整、改变机器运行状态。人与控制器的交互构成了人机系统中的控制交互界面。传统控制器，如按钮、杠杆、方向盘以及操纵杆等利用机械的方式来实现控制。科技的进步使得人与机器之间的控制交互越来越趋向自然交互的方式，如语音交互、眼控交互和脑机交互等。在控制交互界面的设计中必须考虑人的因素，这样才能有效地帮助人们更好地实现控制意图。

在这一章，我们主要讨论传统控制器设计中人的因素，以及一些新型交互控制技术和兴起的点击增强控制技术。其中，第一节论述与传统控制器相关的人机交互设计，第二节主要论述眼控、脑控等新型控制交互界面的设计，第三节主要论述静态和动态点击增强技术的基本特点和相关界面设计的优化途径，第四节为研究展望。

第一节　传统控制交互界面

传统控制器有不同的类型。根据操作控制器的身体器官，可以分为手控制器、脚控制器和言语控制器；根据输入信息的特点，可以分为连续调节控制器和离散位选控制器；根据运动方式，可以分为平移控制器和旋转控制器；根据运动维度，可以分为一维控制器和多维控制器。

在控制交互过程中，操作者需要识别不同的控制器，并使用控制器完成特定的交互操作。传统控制交互界面的人因设计主要涉及控制器的识别和操作两个方面。

一、控制器的识别

操作者主要通过对控制器的编码来识别控制器。根据编码所涉及的感觉通道，控制器编码方式主要分为视觉编码和触觉编码两大类。

（一）视觉编码

在照明条件良好的情况下，可以根据颜色、标记、大小等视觉特征对控制器进行编码。

颜色编码是利用不同颜色表征对控制器进行编码。采用颜色编码时需要考虑颜色数量和颜色意义。有研究表明，由于人的记忆负荷有限，颜色代码的数量不应超过 5 种（Narborough-Hall，1985）。常用的颜色代码有红、橙、黄、绿、蓝等。特定颜色代码有通用的含义。例如，国家标准《安全色》（GB 2893—2008）规定在公共场所、生产经营单位，交通运输、建筑、仓储等行业，以及消防等领域，红色传递禁止、停止、危险或提示消防设备、设施的信息，而绿色传递安全的提示性信息。

标记代码是对控制器进行标注的各种文字和符号。标记代码的识别效率通常取决于人们对标记图案的感知与理解。例如，有人对电梯按钮的设计做了改进，增大了标识中开按钮三角形和竖线之间的间距（让人联想到开门），减小了关按钮三角形和竖线之间的间距（让人联想到关门）。他们的研究结果表明，因为该设计与存储的表象记忆信息相匹配，增加开按钮与关按钮两者之间的差异性会提高识别效率（王海英 等，2014）。

大小编码是通过尺寸大小的不同对控制器进行编码。大小代码常用于指示控制器，既可以用视觉也可以用触觉进行识别。如果仅仅使用触觉进行识别，通常没有形状代码有效，因为仅凭触觉正确辨认不同的尺寸是比较困难的。

除了传统的机械控制器，视觉编码也在电子产品界面的虚拟设计中有着广泛应用。一项对触摸屏的研究发现，当目标为正方形时（相比于圆形），被试的目标点击绩效更高（张晓燕 等，2011）。

（二）触觉编码

在照明条件不好或操作者无法投入足够视觉注意的情况下，可以通过控制器的触觉特征对不同的控制器进行编码。

位置编码是根据控制面板上控制器位置的不同对不同控制器进行编码。在同一个控制界面上，功能相近的控制器通常应该放置在相邻的位置上；而且，控制器的排列方式应该尽可能和操作者的操作步骤相对应，以便于更快速地进行操作。有研究发现，当任务要求连续输入字母时，字母所处按键的相对位置对输入绩效有影响：当两个连续输入的字母位于同一按键时，操作绩效最高，其次为相邻按键；同时，水平和垂直方向的相邻按键的操作绩效显著优于斜向排布的相邻按键（何灿群，2009）。在位置编码中，不同控制器的相对位置以及控制器之间的距离都是影响控制操作的重要因素。

操作方式编码是通过使用不同的操作方式对不同控制器进行编码。每个控制器都有自己独特的操作方式，如推、拉、旋转、滑动、按压等。例如，拉的操作方式会产生不同的触觉运动觉反馈，而通过这种反馈就可对控制器进行有效识别。操作方式编码不能用于时间紧迫或准确性要求高的场合，也很少单独使用，而是作为与其他编码组合使用的一种附属编码方式。在手控交会对接系统中，控制手柄的设计是保证航天员完成观察和操作任务的关键之一（王春慧，蒋婷，2011）。

形状编码是通过不同形状对不同控制器进行编码。有研究发现，被试辨认圆形、矩形和三角形的速度显著快于多边形和星形（Ng & Chan，2014）。

表纹编码可看作形状编码的一种，它通过不同的表面纹理来表征不同的控制器。表纹编码更多地依赖触觉反馈。为了能够使特异性和可操作性有效结合起来，有研究者考察了圆形把手的特定参数（边缘表面、直径和厚度）。结果表明，被试能通过触觉很好地区别直径相差 1/2 英寸、厚度相差 3/8 英寸，以及纹路不同（光滑、齿边和滚花纹）的把手（Bradley，1967）。

综上所述，控制器的识别主要依赖于控制器的编码，而控制器编码主要有视觉和触觉编码两种。视觉编码又分颜色编码和标记编码。颜色编码中，主要问题是代码的数量和颜色意义的表征标准化，而标记编码的效率取决于标记本身设计的有效性。触觉编码主要有位置、操作方式、形状和表纹编码。位置编码中，控制器之间的相对位置和距离对操作的效率有很大的影响。操作方式编码经常和其他编码方式结合起来应用，其效率和操作者的操作认知习惯有着较大的关系。形状编码中，平时常用的圆形、矩形和三角形等形状的控制器识别效率较高。表纹编码是形状编码的一种，其效率取决于操作者的触觉反馈。

如果要对控制器进行编码，就需要注意编码方式的选择、控制器个数与选择反应的关系以及冗余编码这三个问题。

在选择控制器编码方式时，应考虑以下因素：

- 视觉要求和操作环境的照明条件。通常视觉条件不够理想，就不能采用颜色和标记编码。
- 对控制器识别速度和准确性的要求。在对控制器识别速度和准确性要求较高的场合下，不宜采用大小或操作方式编码。
- 可编码的控制器个数。不同的编码方式，其可编码的控制器个数是不同的。如果需编码的控制器个数较多，采用形状或标记编码较为有效。
- 这种编码在其他系统中使用的程度。
- 可用的控制面板空间。

控制器编码第二个需要注意的问题是控制器个数与选择反应的关系。

通常，控制器的个数越多，操作者的选择反应时就越长。它们之间的关系，可通过如下的希克-海曼（Hick-Hyman）定律来描述（Hick，1952）：

$$RT = a + b\log_2 N \quad \text{公式 6-1}$$

式中，a、b 为常数，N 为控制器备选数目。选择反应时随备选数目的对数（以 2 为底）增大而线性增加。控制器备选数目越多，其选择反应时就越长；当备选数目加倍时，选择反应时增加一个常量。因此，在对时间要求较高的控制操作中，可适当减少控制器的数目。

控制器编码第三个需要注意的问题是冗余编码问题。冗余编码是指对控制器同时使用两种或两种以上的编码方式。与单一编码方式相比，当采用冗余编码方式时，人们所能辨别的控制器数目增多，辨别时间缩短。当操作的精确度和时间要求较高时，冗余编码的方案对控制器的识别起着重要的作用。例如，将电源开关控制器做成大的红色按钮，放在显眼的位置，就有利于电源的开关操作。

二、控制器的操作

控制器界面的设计不仅涉及控制器操作的工作负荷，也和控制器操作效率相关。控制器操作的实际设计主要需要考虑控制器形状与大小、位置、操作阻力和反馈方式等几个方面。

（一）形状与大小

很多研究发现，控制器的形状与大小会对操作者的操作产生影响。葛列众和胡绎茜（2011）研究了在电脑式微波炉控制面板上，不同形状下按键面积的最小值和最优值。他们的研究结果表明，当以反应时和正确率为指标时，矩形、圆形按键面积的最小值分别是 50mm^2 和 30mm^2，最优值分别是 110mm^2 和 70mm^2。傅斌贺等（2015）对车载终端的研究也表明，不同尺寸触屏按键会影响任务完成时间和错误率。键盘尺寸对信息操作的任务完成时间有显著影响，表现为在一定范围内（15mm），尺寸越大，任务完成时间越少；另外，按键设计既要考虑尺寸因素，也要兼顾按键尺寸和按键间隙的综合效果。

在一些特殊场合，控制器的大小尤为重要，如在核泄漏事件中，操作者需要戴手套手持中子探测器（一种单手手持检测设备）来探测核辐射量。赫林等（Herring et al.，2011）发现，戴防护手套情况下使用中子探测器，操作者更加偏好长度为 11cm、直径约 3.5cm、横截面为带有一个或者两个平面的圆形和正方形（相比横截面为三角形及长宽比为 1 以上的四边形）。原因是这种形状和大小的设计使得操作者在戴手套的情况下使用较少的力量就可以握住探测器。

在振动工作环境下，直升机座舱显示器周边按键大小也会对操作绩效产生显著的影响（何荣光 等，2010）。研究者通过分析实验数据发现，按键反应时受大小影响：无振动时，按键大小为 10mm×10mm 即可；震动频率为 23Hz、振幅为人体稍感振动时，按键大小最少应增大到 13mm×13mm。此时反应时和正确率的综合成绩最优。这可能是振动环境下视觉清晰度下降，增大的按键尺寸有利于驾驶员快速锁定按键目标，进而缩短了反应时，提高了正确率。此外，显示器的形状也会影响操作绩效。赵玉冬等（2019）设计了一款能够满足机载显示更新换代需求的圆形液晶显示器，全面地从圆形显示器的屏蔽设计、加热设计、亮度均匀性设计等维度提高了机载显示性能。

（二）位置

通常，在工作空间内控制器分布在操作者手足可触及的范围内，因此控制器的位置设置首先要考虑操作者的肢体最大可触及范围（包络面）。有研究结果表明，左右手臂的包络面特征类似，但是在－15°～－150°、高度 72cm 以下时，左手臂的最大触及范围小于右手臂（Li & Xi，1990）。这项研究使得在配置适合我国劳动者工作空间、操作设备等相关设施时有了重要的数据依据。还有研究表明，控制器位置与注视线夹角为 30°、高度为 48～84cm，并在包络面内 0～20cm 时绩效最高（李纾，奚振华，1991）。根据相关的研究，对于人体的手和脚都可以绘制出相应的最佳操作空间。

控制器位置设置还要考虑操作者的舒适性。有研究结果表明，对于上肢来说，如果考虑关节力矩的影响，肩关节前屈后伸舒适角度范围为 0°～40°，肘关节前屈后伸舒适角度范围为 94°～130°；对于下肢来说，髋关节前屈后伸舒适角度范围为 5°～12°，膝关节前屈后伸舒适角度范围为 110°～135°。这样的设计可以提高操作者的舒适性，降低工作疲劳（吕胜，2012）。有人研究了操作者在使用容器进行倒水任务时，容器把手位置参数对肩膀和上肢肌肉运动和关节位置的影响。他们的研究结果表明，低把手位置和垂直把手角度能最小化肩膀肌肉的负荷，高位置、倾斜的把手能最小化肌肉活动和小臂的偏斜角度（Uy et al.，2013）。

操作器位置设置不仅要考虑到操作者的舒适性和疲劳度，也要考虑到可否提高工作绩效。对平面显示器的研究发现，相比于左右竖直排列的按键，被试对水平排列的按键反应更快（何荣光 等，2010）。但也有研究者在对单手手持中子探测器进行的核辐射检测任务中，通过对比不同大小的按钮和摇杆及其相应的文字标识在不同排列方向下的使用情况发现，被试对垂直排列的按钮和标识的反应最快，最易用（Herring et al.，2011）。

在一些特殊的工作场合，如在现代战机的驾驶舱中，舱内控制器位置对飞行员操作会有一定的影响。有研究者使用软件模拟了飞行员和驾驶环境，考察了不同操纵杆位置（中央和侧位）对飞行员的躯干位移距离和手部惯性力大小的影响。他们的结果发现，侧位操纵杆（相比于中央操纵杆）所造成的躯干位移较小，手部产生的惯性力较小。研究者认为较小的躯干位移和手部惯性力可以避免飞行员误操作，提高飞行中的安全性（都承斐 等，2014）。

（三）操作阻力

控制器通常需要设置操作阻力，这不仅仅是为了防止控制器的偶然触发，也可为操作者的操作提供一定的力和本体感觉的反馈。在键盘研究中，键盘按键阻力，即键盘启动力（keyboard reaction force），被称按键刚度（keys witch stiffness），而打字力（typing force）是使用者打字时按键所施加的力。研究表明，为了最大限度地降低操作负荷，应使得键盘的启动力保持在0.47N以下（Rempel et al.，1997）。

（四）反馈方式

除了形状与大小、位置和操作阻力等因素，控制器的反馈方式也是影响控制器操作的关键因素之一。根据反馈的感觉通道不同，反馈方式可以分为触觉、听觉和视觉反馈三种。

首先，在触摸屏的使用中，虚拟的按钮和扳扭开关无法像传统控制器一样提供控制操作的本体感觉反馈。因此，有研究者认为增强机械触感，形成良好的触觉反馈系统，是触摸屏手机设计的最为关键的技术之一（王硕，2012）。沙伊贝等（Scheibe et al.，2007）介绍了用于以手指为交互方式的沉浸式虚拟现实程序中的一种新的触觉反馈系统。该系统由有形状记忆合金丝包裹的手指套环组成，可以为用户的操作提供触觉反馈。他们的实验结果表明，这种反馈系统能够帮助用户更可靠地控制任务，而且相比于没有反馈的其他系统，用户更偏好于这种触觉反馈系统。

控制器也可以采用听觉或者视觉反馈的方式。例如，王雪瑞（2013）考察了不同的听觉反馈方式对高层电梯按钮操作的影响。结果发现，相比于无声音反馈，有声音反馈更受用户喜爱。用户在三种视觉反馈中的操作绩效没有明显差异，但是在偏好上有差异，被试最偏爱的反馈方式是数字和边框都变亮，然后依次是数字变亮和边框变亮。研究者建议设计电梯按键时应采用视觉变化更加明显的方式，如颜色变化面积大或者视觉变化位于按钮的中心等。在眼控研究中，有人探讨了两种反馈设置（视觉反馈和视听觉结合反馈）对眼控打字的影响。结果发现，无论是从客观绩效指标还是从主观体验指标上来看，视听觉结合的反馈方式都要优于视觉反馈方式，这种差异可能是前者降低了被试的打字认知负荷所致（张孟乾，2017）。

也有研究者将不同的反馈方式结合，如刘建军等（2017）基于人机交互背景下的触觉语音反馈机制，通过模拟实际车辆环境中的通信场景，研究了汽车触觉语音反馈的用户体验以及相应的应用潜力。实验结果表明，触觉语音反馈可为安全和社会交流提供支持，内饰触觉反馈应当简单明了，并保持在驾驶员方便触及的位置，同时要适当运用触觉＋语音反馈。

综上所述，控制器形状与大小、位置、操作阻力和反馈方式对控制器的操作绩效和舒适程度都有一定的影响。除此之外，为了防止累积性肌肉骨骼损伤等职业病，控制器的设计必须与人的手和脚的运动特点相适应。例如，考虑到手-臂系统的特点，手控制器的设计中，应该保持手腕伸直，避免组织的压迫受力和重复的手指动作。

第二节 自然交互界面

随着技术的进步，人机交互日益趋于自然交互，即采用语音、眼动、脑电等来实现人机交互。这一节将着重介绍语音、眼动、脑电等自然交互界面及其人因设计。

一、语音交互

语音控制器是通过计算机的言语识别技术，将语音识别为计算机可辨的指令，以执行一定的控制功能的装置。语音交互界面指的是由语音控制器来完成人机交互的界面。通常，语音控制界面由说话人、语音识别系统和反应装置等三个部分组成。

语音识别系统可分为依赖说话人系统（speaker dependent system）和不依赖说话人系统（speaker independent system）两大类。前者具有特定说话人的语音特征数据库，对特定的人的语音识别效率较高。不依赖说话人系统在理论上能识别使用某种语言的任何人所说的话，其语音识别的准确性在很大程度上取决于使用该系统的用户群体言语特征的相似性。

语音控制界面最大的优势在于其自然性，操作用户无须学习就可以掌握语音界面的使用。但是，在选用语音控制界面时也应当慎重考虑输入速度、人的言语可变性、环境噪声等问题。

在人机交互研究中，与语音交互界面相关的研究内容主要有语音菜单、语音超文本和语音驾驶界面。

（一）语音菜单

在使用语音菜单时，操作用户可以用语音来选择菜单选择项。语音菜单的设计主要涉及菜单的广度和深度，以及语音选择项的呈现方式。

目前的研究表明，语音菜单广度并没有统一的结论。有研究表明，语音菜单广度应该限制在 4 个以内（Gould et al.，1987）。近期，国内研究表明，语音菜单的广度最大不应超过 5 个或者 6 个（葛列众，周川艳，2012；穆存远，郝爽，2014）。另外，还有研究表明，语音菜单广度受到语音菜单内容的影响，对于命令式菜单（command like option），项目数应该限制在 4 个以内，而实物式菜单（object like option）的项目数可以适当放宽（Schumacher et al.，1995）。也有研究表明，不同菜单结构对语音菜单系统操作绩效具有重要影响，当语音菜单选择项数目一定时，适度提高菜单结构广度比增大其深度更能提高系统的操作绩效（葛列众 等，2008）。

语音选择项的呈现方式对语音菜单的操作也有明显的影响。有研究表明，采用自适应方式呈现语音选择项有助于用户操作绩效的提高（胡凤培 等，2010）。其中，自适应选择项的设计指的是各语音选择项的排列顺序将随着各语音选择项使用频次的不同而发生变化，使用频次高的语音选择项自动往前调整在选择项中的呈现位置。

（二）语音超文本

语音超文本系统通常指的是使用超文本组织信息的语音界面。如果出现不良的照明环境、视觉信息过载等情况，使得视觉信息呈现受到限制，那么使用语音超文本可以提高界面使用效率（Raman & Gries，1996；Petrie et al.，1997）。

语音超文本界面设计需要考虑进程控制方式与节点链接方式两个方面的问题。

进程控制方式主要有用户控制与自动控制两种。自动控制中，系统呈现所有项目而无须用户介入；用户控制则是在每个项目呈现后，待用户做出一定反馈操作才会继续出现下一项目。有研究结果表明，自动控制减少了用户的交互次数，降低了用户操作的复杂度，因而更加适合大型信息系统（Resnick & Virzi，1995）。

节点链接方式主要有绝对位置选择和相对位置选择两种。绝对位置选择是指在系统中各个节点分别与特定的按键相对应；而相对位置选择则是提供一个专门的选择按键，用户通过点击按键选中当前项目。目前的研究表明，相对位置选择易于掌握和迁移到其他情境中，但用户一旦熟悉了系统的使用方法，绝对位置选择的绩效将会更高（Morley et al.，1998；Resnick & Virzi，1995）。在节点链接方式中，语音超文本链接的数目（即超文本的广度）对超文本界面的操作也有着明显的影响。目前的研究表明，语音超文本的适宜广度为3个或者3个以下，而且当语音超链接数目大于3个时，应该把重要、常用的超链接项设计在靠后或靠前的位置上（崔艳青，2002）。

（三）语音驾驶界面

在汽车驾驶操作场景中，车载语音控制界面可以提高操作绩效，减轻用户的操作负荷。根据任务范式，语音驾驶界面的研究范式主要分为双任务范式与探测反应范式。

在早期的语音控制研究中，研究者采用双任务范式，被试参与模拟驾驶任务的同时，也要参与在导航系统中的文字输入任务。实验表明，在驾驶情况下，相比于逐个字母地拼写出地址和在触摸屏上手动输入地址这两种输入方式，逐个词语地说出地址的输入方式最快，汽车行驶最平稳（Tsimhoni et al.，2004）。同样采用双任务范式，也有研究发现相比于手动输入，语音输入时刹车更少，且被试的刹车反应速度更快，行车安全性更高（He et al.，2014）。

考虑到驾驶过程中需要较大的注意范围和较高的注意转移才能确保行车安全，也有研究结果表明，相比手动输入地址的方式，语音输入时的检测反应任务（DRT）完成时间更短，主观工作负荷评分更低，驾驶控制更稳定（Munger et al.，2014）。

以上研究说明了语音驾驶界面减轻了用户的视觉注意负荷和双手操作负荷，提高了工作绩效，保证了工作安全，具有重要的实践意义。

近年来，随着研究的深入和技术的发展，语音控制研究从语音界面逐步向外拓展。年龄、使用经验等因素对语音控制技术应用的影响开始受到研究者的关注（McWilliams et al.，2015），渐渐普及的穿戴式设备中的语音控制将成为新的研究热点和应用方向（Tippey et al.，2014）。

二、眼动交互

眼动交互的基本方式是利用眼动记录技术，记录眼球运动特征（如视线注视频率以及注视持续时长），并根据这些特征信息来分析用户的控制意图，代替鼠标、键盘等交互工具实现与机器交互的目的。传统的心理学研究通常将眼动作为一种行为指标，应用于阅读、设计、道路交通等领域。例如，有研究者通过比较用户在不同设计作品上的眼动模式来判断用户的兴趣程度（徐娟，2013），或对人机界面的可用性进行评价（Zhang et al.，2012）。随着虚拟现实、增强现实技术的发展，人机交互领域的研究已将眼动视为一种有潜力的交互技术。作为一种新兴的人机交互方式，眼动交互能简化交互过程，增大人与计算机之间的通信带宽，大大降低人的认知负荷。

与鼠标等传统指点设备相比，眼动交互具有更加快速、自然和智能等优点。在具体的界面设计中，眼动交互主要有以下两种应用：

- 代替基于传统接触式图形用户界面（graphical user interface，GUI）的交互设备来帮助用户更高效地完成选择、移动和控制等交互操作，例如，用视线代替遥控器控制无人机飞行（Pavan et al.，2020）。
- 应用在界面显示中以提高信息的传递效率，即眼控系统通过分析实时的眼动信息获取用户的兴趣和需求，进而适应性地改变信息的显示方式，如大小、颜色、布局等（葛列众 等，2015；Nirmalee & Ranathunga，2018）。

眼动交互作为一种处于发展中的新技术，当然也存在一些问题，如米达斯接触（Midas touch）问题、精度与自由度问题和用户视觉负荷过重等。随着研究的不断深入，在技术上，研究者将进一步提升眼动追踪的精度以解决米达斯接触等问题，使眼动能更加准确真实地反映用户的需求，减少错误指令。在功能上，逐步实现眼动交互的简单化、智能化、个性化，并将现有的眼动研究应用于界面更小的移动设备。

下面，将从三个方面介绍国内外研究者在眼动交互中取得的研究进展，包括眼动控制研究、视线增强研究、虚拟现实眼动研究。

（一）眼动控制研究

雅各布（Jacob，1991）介绍了一个眼控交互系统，它能够基于视线完成选择、移动、菜单命令等交互任务。基于该系统，可优化和区分出纯视线交互、视线与动作结合这两种眼动控制技术，从而提高眼动控制的健壮性（robustness）。在眼动控制中最重要的就是制定触发策略，主要的三种触发策略是：（1）凝视时间。用户可以通过简单地“看”向操作对象并“凝视”来实现与操作对象的交互，如持续注视虚拟键盘中的“A”键表示输入字母“A”。（2）眼势。把视线当作“笔”写出操作指令，如自上朝下看表示向下翻页。（3）视线与动作结合。该策略通常把交互过程分为“看—确认”两个阶段，如用眼睛注视需要交互的对象，再用眨眼或手部运动等动作来触发交互，如视线看向一个音乐图标并眨眼表示下载音乐。

1. 凝视时间

以凝视时间为触发策略的文章普遍认为比较适合的凝视时长为400～1 000ms。例如，有研究者认为眼动控制虚拟键盘实现文字输入的最佳触发时间为500ms（Helmert et al.，2008；冯成志，2010）。李宏汀等（2017）通过研究指出，用户搜索三位数然后用视线选择正确的目标时最佳的触发时间为700ms。由于单一固定的凝视时长不能适应不同用户的使用习惯和复杂任务，随后的研究者根据不同用户完成任务时的眼动特征、用户的使用习惯等开发出了凝视时间自适应的眼动控制系统。例如，在一项利用眼控进行文字输入的研究中，马亚兰塔等（Majaranta et al.，2009）根据用户实时输入英文单词的绩效（输入速度）设计出能够在450ms和1 000ms之间自动调整触发按键时凝视时间的眼控虚拟键盘，通过练习后可以达到每分钟输入19.9个字。此基础上，莫特等（Mott et al.，2017）提出根据用户输入习惯制定凝视时间自适应算法。该算法通过计算输入下一个字母或符号的可能性自动降低触发可能性较高的虚拟按键所需凝视时间，提高触发可能性较低的虚拟按键所需凝视时间，通过练习后平均输入速度可以达到每分钟13.7个字。在界面操控任务中，有人使用类似的自适应算法，通过分析自然网页浏览中的眼动特征，去推断网页中每个超链接被点击的概率，自动降低触发可能性较高的超链接所需凝视时间，提高触发可能性较低的超链接所需凝视时间（Chen & Shi，2019）。

2. 眼势

使用眼势，伊索科斯基（Isokoski，2000）设计了MDITIM（minimal device independent text input method，最少设备依赖文本输入法）系统。它采用N、S、W、E（分别置于屏幕的上、下、左、右四个边缘）并根据莫尔斯码的编码方式对26个英文字母进行编码（如a用NSW表示），输入字母时按照编码顺序依次注视相应位置用视线直接“写字”。此后，沃布罗克等（Wobbrock et al.，2008）设计出的EyeWrite让用户模仿手写笔在电子设备上书写那样用视线的移动轨迹“写字”，再由计算机进一步识别和编译视线姿势来进行文字输入。EyeWrite输入系统具有两个特点：第一，由视线姿势构成的字母形状与罗马字母相似（如图6-1所示）；第二，输入模式基于视线的横跨（crossing），而非指向（pointing）。相比于眼控软键盘输入方式，EyeWrite的优点在于它能节省屏幕空间，而且对视线校准精度要求更低。上述实验结果的比较说明，被试使用EyeWrite时的平均输入速度比使用眼控软键盘时更慢，但错误率更低；而在主观偏好上，被试更偏好EyeWrite输入方式。赵等（Zhao et al.，2012）把类似的视线姿势输入方式应用于手机，根据前缀编码技术（prefix coding technology）设计了12种彼此区分的视线图式，分别对应10个阿拉伯数字（0～9）、删除键以及拨号键的功能。结果发现，相比于以凝视时间为触发策略的控制方式，利用眼势来完成输入在手机端更方便可行，且超过 60%的用户倾向于选择该设计。

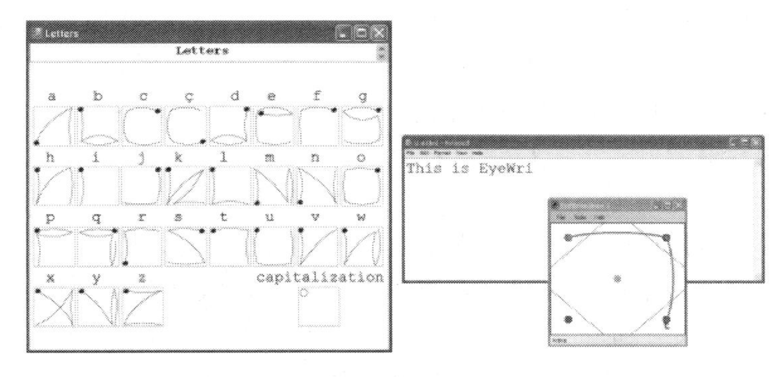

图 6-1　EyeWrite 眼控输入系统字母表

来源：Wobbrock et al.，2008。

3. 视线与动作结合

关于视线与动作结合，王等（Wang et al.，2001）设计了 EASE（眼睛辅助选择和输入）中文输入系统，用户在打字时，不需要将视线在输入法列出的备选词和数字按键中来回切换，视线看向备选词用空格键确定，以此来替代数字按键。研究结果显示，该系统能提高用户打字效率。库马尔等（Kumar et al.，2007a）提出了一种结合视线和键盘的控制技术，名为 EyePoint，将用户的视线位置作为目标区域，用按键来放大或者选中目标。该系统的过程可分为四个阶段：注视—点击—确认—释放（look-press-look-release）。研究者开展了用户研究以考察该技术的有效性，结果发现，用户使用 EyePoint 时完成任务的速度与鼠标很接近，有些情况下甚至更快。但在错误率上，使用 EyePoint 比鼠标更高。李婷（2012）介绍了一个应用于驾驶环境的眼动交互系统——EyeHUD。在驾驶途中，驾驶员可以完全使用视线来控制车载系统上的功能键。以眼动控制音乐设备为例，当驾驶员想打开车载音乐时，他需要完成以下步骤：注视音乐图标—眨眼—再次注视—再次眨眼。可用性测试的结果表明，EyeHUD 系统的识别成功率和主观满意度都较高。但是，该研究对系统的测试是在实验室的模拟汽车环境中进行的，道路干扰较小，与真实的驾车环境相差较大，因此 EyeHUD 的生态效度还有待进一步考察。胡炜等（2014）比较了眼动＋键盘、眼动＋眨眼、凝视和键盘这四种输入方式。他们的研究结果发现，相比于其他的交互方式，眼动＋键盘这种视线与动作相结合的输入方式在输入速度、准确率以及用户疲劳度方面均优于其他眼控输入方式。普福伊费尔（Pfeuffer et al.，2014）开发的 Gaze-touch 技术则是将视线和触控手势相结合，通过视线选定焦点位置后，用户可以在触控屏上的任意位置对选中的区域或控件进行多点手势控制。该技术可以有效避免单独使用触控手势时遮挡操作对象或屏幕的问题。马哈詹（Mahajan，2015）把视线和语音指令进行结合，例如用户注视屏幕的左上角区域，该区域有红、绿和蓝三个文件，用户说出“红色”就表示该区域的红色文件被选中。由于视线无法“静止”的特性与动作相结合容易错误触发指令，该系统可以缓解凝视操作对象所导致的视觉疲劳，同时也可以有效避免误触，在一定程度上实现了解放双手的交互操纵。

（二）视线增强研究

视线增强的目的在于根据用户的需求动态改变界面显示，从而增大复杂界面的信息输出带宽，帮助用户更好地获取信息而不在于触发操作或者执行指令。雅各布（Jacob，1993）介绍了一种基于视线的交互式界面，该界面分为左右两个区域，右边区域显示了各船只的地理位置。当用户注视右边区域的某一船只时，则左边区域会显示该船只的各个属性。库马尔等（Kumar et al.，2007a）介绍了一种基于视线的自动滚动界面，这种界面能根据视线当前所在位置自动改变显示内容，使用户在阅读的过程中不再需要控制滚动条。用户研究显示，被试认为界面的滚动速度是适中而且可控的。自动滚动技术的关键在于准确判断用户在阅读时眼睛何时移动、移动至哪个位置，而这也是目前阅读领域的眼动研究主要的两类分析指标，即时间维度和空间维度（闫国利 等，2013）。但是该研究使用的被试数量较少，仍需进一步的系统研究来评估其优缺点。

另外，有研究者将眼控技术与目标动态扩大技术、鱼眼技术等方法相结合，以提高眼控在指点操作中的准确度（Ashmore et al.，2005）。目标动态扩大技术和鱼眼技术的原理均为在交互过程中动态放大目标的尺寸，从而让视线更好地定位于目标。张新勇（2010）通过视线点击任务考察了目标动态扩大技术对视觉输入的作用。实验结果表明，目标放大技术在一定范围内能显著降低错误率和任务完成时间，但是当目标放大到一定程度后，其作用会减小。针对视线控制的点击定位问题，马校星等（2017）提出用气泡代替传统的尖点光标。结果发现，视线辅助气泡光标的点击操作绩效显著优于传统鼠标控制的尖点光标。

浙江理工大学心理系实验室也开展了一些这方面的研究。李宏汀等（2017）提出了一种基于视线的交互式突显技术。他们将该技术应用于海量信息搜索情境，它能即时突显用户当前视线所在位置的项目，进而帮助用户更快地对该项目进行知觉和加工。研究结果显示，基于视线的交互式突显能显著地提高用户的搜索效率。

（三）虚拟现实眼动研究

眼动控制未来的一个诱人应用领域就是虚拟现实、增强现实和混合现实，这些系统中的界面通常遵循传统的以眼睛为中心的设计原理（Mackinlay et al.，1991）。此原理将用户的视线注视方向作为参考帧中心，并放置交互式对象或场景，以增强视觉感知，进而达到身临其境的效果（Bowman，1999；Lubos et al.，2014）。近年来为了带来更好的沉浸体验，研究者开始利用眼动追踪创造面对面互动系统，这种系统中的虚拟形象可以逼真地再现凝视和眼神接触（Andrist et al.，2017；Schwartz et al.，2020）。此外，眼动追踪还被用作虚拟现实显示系统中的视线引导（Sidenmark & Gellersen，2019）。例如，帕伊等（Pai et al.，2017）开发出的GazeSphere系统可以根据用户头动和视线注视的位置来改变场景，这种导航方式更为自然地与视线追踪完全同步。坦里维迪和雅各布（Tanriverdi & Jacob，2000）研究了眼动控制在虚拟现实中的有效性，结果发现，当虚拟环境距离较远时，眼控方式比手动操纵杆控制更有优势。荣松（Jönsson，2005）设计了三种不同的眼控游戏原型，实现了多种不同的眼控功能：用视线瞄准目标并且触发射击，游戏图像根据视线实时变化，等等。可用性测试的结果表明，眼控交互方式是快速易学的，且对用户来说比一般的鼠标控制更具吸引力。斯特尔马赫和达克塞尔特（Stellmach & Dachselt，2012）发现，连续的眼动控制比离散的眼动控制更适合在 VR 中控制物体实现前后左右的运动和转向。连续的眼动控制指的是只要注视着操作对象就能持续触发相应指令（如注视“左”按键区域物体就能持续向左运动），离散的眼动控制指的是持续注视操作对象一定时间才触发相应指令（如持续注视“左”按键区域 250ms 后物体开始向左运动）。直到最近，在虚拟现实中实现眼动交互的方式大部分还是利用凝视时间或眼势。三维的虚拟现实界面不同于传统的二维交互界面，其中的眼动校准成为一种挑战，因此平滑追踪眼动变得越来越流行。比达尔等（Vidal et al.，2013）追踪了用户的视线运动并与界面上动态移动的物体相关联，展示了该交互方式的互动性。随后该技术被用于游戏（Khamis et al.，2015）、身份验证（Cymek et al.，2014）、投票（Khamis et al.，2016）和文本输入（Lutz et al.，2015）等。

三、脑机接口

脑机接口（brain computer interface，BCI）是一种不依赖于外周神经和肌肉等常规输出通道的新型人机信息交流装置。本质上，脑机接口是一种基于大脑神经活动的信号转换和控制系统，其利用的脑电信号可分为以下几类：P300 事件相关电位（event related potential，ERP）、视觉诱发电位（visual evoked potential，VEP）、稳态视觉诱发电位（steady state visual evoked potential，SSVEP）、自发脑电（spontaneous EEG）、慢皮层电位（slow cortical potential，SCP）、事件相关去同步（even related desynchronization，ERD）和事件相关同步（event related synchronization，ERS）。脑机接口主要包括非侵入式脑机接口和侵入式脑机接口两种。非侵入式脑机接口将检测电极安装在大脑头皮上，而侵入式脑机接口将检测电极植入大脑皮层中的特定区域，又称为植入式脑机接口。脑机接口系统的组成如图 6－2 所示。

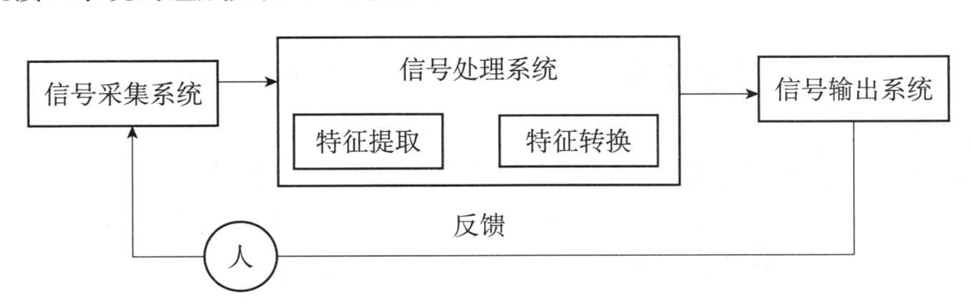

图 6－2　脑机接口系统的组成

脑机接口最初主要用于帮助神经肌肉障碍患者与外界进行沟通。肌萎缩侧索硬化（ALS）、脑干损伤和脊髓损伤等病症都会破坏神经肌肉通道，通过获取这些患者的脑电信号，提取其特征，可以有效地帮助他们实现与外界的信息交流。美国空军研究实验室（Air Force Research Laboratory）的 ACT（替代控制技术）计划也包含对脑机接口的研究，其目的是让操作者能在保持双手作业的情况下与计算机进行交互。作为一种新型控制手段，脑机接口还可应用于游戏等娱乐领域。随着准确率和信息传递效率的提高，脑机接口的应用领域也将不断拓展。

虽然脑机接口的研究已取得较多成果，但它也存在一些问题和挑战。第一，技术问题。例如，信号的传输速度较慢，最大约为25bit/min，以该速度输入单词需要几分钟的时间。第二，自动化程度较低，用户通常需要一段时间的学习训练才能适应。第三，由于个体在神经系统上的差异性，脑机接口还无法很好地适应每个用户。因此，高精度、高自动化和高适应性是脑机接口未来发展的主要趋势。

下面将从脑机接口的两大应用领域来介绍相关研究，即脑机接口作为医疗辅助技术和作为智能交互方式的研究。

（一）脑机接口作为医疗辅助技术的研究

脑机接口的一项重要应用是作为医疗辅助手段，帮助运动功能障碍患者控制外部设备。法韦尔和唐钦（Farwell & Donchin，1988）最早将P300作为控制信号应用于脑机接口。他们提出了P300拼写系统（P300 speller system）。依靠这个系统，瘫痪病人可通过拼写单词实现与外界的交流。纽约州卫生部沃兹沃斯中心（Wadsworth Center）开发了简化版的基于EEG信号的脑机接口系统，用于严重功能障碍患者的家庭生活（Wolpaw，2007）。该系统可供患者日常交流，实现文字处理、环境控制、邮件收发等功能，以满足每一个用户的需求。该系统的第一个用户是一位患有ALS的科学家，他认为该系统比眼控系统更有效。该用户在过去的一年里，每天使用脑机接口系统完成写邮件等工作长达6～8小时。上述介绍的脑机接口系统都要求用户具有敏锐的视力，视弱患者则无法使用，为此，奈波尔等（Nijboer et al.，2008）探索了基于听觉反馈的脑机接口系统。该研究比较了被试在视觉刺激和听觉刺激下使用脑机接口的表现。他们的研究结果显示，尽管视觉反馈组被试的绩效优于听觉反馈组，但是两组被试在训练的第三阶段末期并没有表现出差异，而且听觉反馈组的一半被试在最后阶段达到了70%的准确率。他们的实验结果表明，通过一定时间的训练，基于听觉反馈的脑机接口可达到与视觉脑机接口相同的效率。

除了作为直接的控制手段来帮助患者与外界交流，脑机接口还可用于康复训练。研究者将脑机接口与一些认知任务［如运动想象（motor imagery，MI）］相结合，来诱导大脑的神经可塑性，恢复其运动功能。李明芬等（2012）用基于运动想象的脑机接口来训练7名严重运动功能障碍患者的运动认知能力。他们的研究发现，经过两个月的脑机接口康复训练，患者处理与运动相关的认知时间缩短，认知程度提高，并促进了其上肢运动功能的恢复。王娅（2005）研制了结合脑机接口技术和功能性电刺激仪（functional electrical stimulation，FES）的偏瘫辅助康复系统，该系统的设计思路为：将大脑由于运动想象而产生的电信号转化为FES的控制命令，控制FES对肢体进行刺激，同时产生的感觉信息和运动信息会反馈给大脑皮层，从而完成对损伤中枢的刺激，加速其康复过程。为测试该康复系统的可行性，研究者开展了一系列实验并取得了较好的结果，但是该研究采用的被试并不是有严重运动障碍的残疾人，因此该系统的有效性还需进一步测试。

（二）脑机接口作为智能交互方式的研究

越来越多的研究者将脑机接口应用于办公、娱乐等领域，以实现更加智能的人机交互。奇蒂等（Citi et al.，2008）介绍了一种基于 P300 的脑控 2D 鼠标。在该系统界面上，四个随机闪烁的矩形呈现在屏幕上代表四种运动方向。如果用户想要移动鼠标至某个方向，就需要注意该方向的矩形，从而诱发外源性 EEG 成分。系统分析用户的注意后，移动鼠标位置。他们的实验结果表明，用户使用该眼控鼠标的任务绩效良好。2011 年，NeuroSky 与海尔电视合作推出全球首款脑波电视，电视中安装了脑电波监测耳机 MindReader，并且内置多款脑波控制游戏。该耳机能检测到用户的脑电波信号，识别用户所处的思维状态（比如换台、调节音量）并将其转换为电视可识别的数字信号。目前 NeuroSky 公司已将脑电波耳机更新至 MindWave Mobile 2。黄保仔（2013）在已有脑机接口系统的基础上设计了一种脑电波控制的网页游戏系统。陈东伟等（2014）结合 MindWave Mobile 耳机（脑波接收器）和手机终端设计了一款脑控射击游戏，为用户提供更好的游戏体验。

2008 年，日本本田公司研制了一款脑控服务机器人，它能识别出操作者的运动想象意图并且做出回应（引自王斐 等，2012）。在国内，天津大学较早便开始从事该领域的研究。赵丽等（2008）成功研制了基于脑机接口技术的智能服务机器人控制系统。该系统通过对脑电 α 波阻断现象的特征识别和提取来实现对机器人在四个方向上的运动控制。他们的实验结果表明，经过简单训练后被试的控制准确率可高达 91.5%。这种基于脑机接口的机器人可用于航天、军事等危险性较高的领域，提高高难度作业绩效。

四、可穿戴设备交互

可穿戴设备指的是用户可直接穿戴在身上的便携式电子设备，具有感知、记录、分析用户信息等功能。可穿戴设备是“以人为中心，人机合一”理念的体现。目前的可穿戴设备大多可以连接手机或其他终端，与各类应用软件紧密结合，以帮助人与机器进行更加智能的交互。便携性、实时性、交互性是可穿戴设备的三大突出优势。从佩戴部位来看，可穿戴设备可分为头戴式、腕戴式、携带式和身穿式。可穿戴设备与人的交互方式有：传统物理输入（按键和触摸屏）、肢体运动感应、身体信息感应、环境数据采集等。

可穿戴设备目前存在的问题可归纳为以下几点：

第一，交互准确性不高。由于无法像智能手机那样输入，可穿戴设备需要探索新的交互方式。目前主要依靠传感器采集人体数据和环境数据，并将一些处理后的信息反馈给人的感官系统，也会使用实体按键进行交互。也有设备采用语音、姿势输入等新型输入方式，但它们有较大的环境局限性。例如，在嘈杂的环境中语音输入的识别率会受到很大影响。此外，在公众场合使用语音输入难免会给人带来尴尬。未来的可穿戴设备在交互方式上可以考虑更自然智能的眼动、脑电输入等方式。

第二，用户隐私不好保护。可穿戴设备能够采集用户多方面的信息，如位置信息、健康信息和生活方式信息等重要数据。如何确保用户个人信息的安全性，是可穿戴设备走向应用阶段的一个巨大挑战。

第三，价格高昂。可穿戴设备需要芯片技术、传感器技术和智能交互技术的支撑，高技术要求造成其成本较高。因此，要推动可穿戴设备的广泛应用，如何改进技术以降低其生产成本是研究者和制造商要解决的重要问题。

现有的可穿戴设备主要应用于健康管理领域（如苹果手表）和信息娱乐领域（如谷歌眼镜）。下面我们将主要介绍可穿戴设备在这两个领域的开发设计研究，即研究者如何设计设备的功能、如何实现交互等。除此之外，我们也会对一些针对现有设备的可用性研究和优化研究进行讨论。

（一）健康管理领域的可穿戴设备研究

曹沁颖（2015）设计了一款面向病患的穿戴式健康医疗手环，它具有采集、显示数据两大功能。手环采集的数据包括病患体征、运动、睡眠、饮食和服药情况等数据。这些数据可以为医生诊断提供参考。该手环可以通过配套App实现数据显示功能，提供不良状态智能提醒和紧急求助等面向用户的服务。健康医疗手环拥有完整的人机交互系统，用户可通过肢体动作（感应手腕抬起的肢体动作来点亮屏幕和取消提醒）和按键灯输入等多种方式向设备输入信息；手环也可以通过视觉显示、振动提醒和蓝牙传输向用户输出信息。研究者采用纸面原型测试考察了该健康手环的可用性。实验结果显示，用户基本能独立完成给予的交互任务，且对界面设计的满意度较高。

老年人生理自理能力较差，且患病概率较高，因此老年人群体是健康管理设备的主要目标群体之一。麦克林德尔等（McCrindle et al.，2013）开发了一款辅助老年人日常生活的可穿戴设备。该设备可以监测老年人的健康状况，探测潜在问题，提供日常活动提醒和交流服务。在设备开发阶段，研究者采用用户调查、案例分析和情景建模等方法，以确定设备的功能和技术参数。例如，焦点小组共招募了47名老年被试（包括健康与患病老人）参与，深度探究用户的需求，并且识别原型设计的问题。经过用户研究之后，研究者得到了用户在界面设计和服务使用上的一些需求和偏好。在屏幕显示界面，用户偏好数字钟表而非模拟钟表来显示时间；在配色方面，用户更喜欢具有高对比度的简单配色，如白色背景黑色图标；在屏幕图标和字体、间距大小方面，大部分用户倾向于简单的图标和较大的字体、间距。

张和劳（Zhang & Rau，2015）考察了在可穿戴设备上显示屏幕（有、无）、移动方式（慢跑、走路）和性别对人机交互的影响。研究要求被试佩戴智能手表和智能手环完成以下复杂任务：运动、操作智能手表以及通过智能手环管理健康信息，并填写用户满意度量表。实验结果表明，相比于男性被试，女性被试在信息获取和情绪体验上的满意度更高；另外，被试与可穿戴设备的交互在慢跑时比走路时认知负荷和知觉难度更高，流畅体验更差；具有显示屏幕的智能手环更受用户青睐。但值得注意的是，在移动端软件中显示相关信息能提高无屏幕手环的使用体验。

（二）信息娱乐领域的可穿戴设备研究

石磊（2013）介绍了一款结合增强现实的交互式翻译眼镜。该眼镜会识别用户手指指向的单词并进行翻译和显示。翻译功能的实现需要以下关键步骤：定位用户手指的坐标；提取坐标周围图片上的文字并将其转换成字符；通过翻译算法将中文翻译为英文；用微投影技术显示在眼镜上。在交互设计环节，研究者设计了眼镜的自动对焦功能（见图 6－3）。该功能能够对人们指出的文字信息进行自动对焦，模糊掉其他无用的信息，使得翻译的过程更有目的性，从而提高人机交互效率。

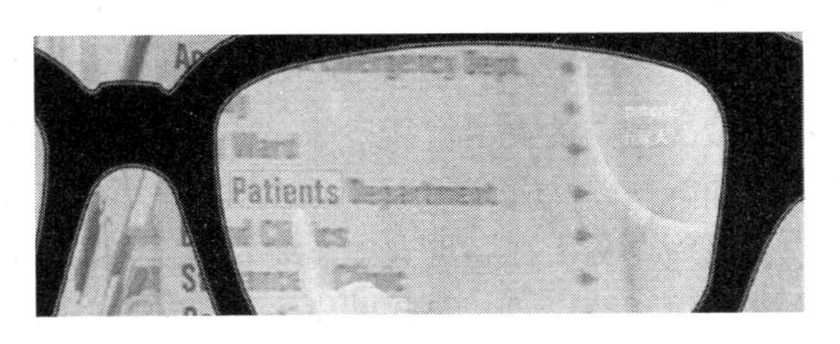

图 6－3 翻译眼镜的概念图

来源：石磊，2013。

为了解决可穿戴设备屏幕小导致用户输入困难这一问题，越来越多的研究者采用手势、身体姿势等交互方式。谷歌 ATAP（高级技术和计划）团队研制了微型雷达，它可以捕捉到 5mm 波长级的手指运动，比如按钮动作、位移手势。该雷达尺寸非常小，可以植入一系列可穿戴设备的芯片中（引自 Bell，2015）。库马尔等（Kumar et al.，2012）提出了一种基于数据手套和 K-NN 分类算法的手势识别实时人机交互方式。数据手套能够捕捉手的位置和关节之间的角度，并使用 K-NN 算法将这些姿势分类。这些姿势分为点击、旋转、拖拽、指向和正确放置等。他们的实验结果表明，在没有距离限制的动态环境中，使用数据手套进行交互比普通的静态键盘和鼠标更加精确和自然。利夫等（Lv et al.，2015）设计和评估了一种可应用于基于视线的可穿戴设备的非触摸交互技术，即动态姿势交互技术。研究者设计了 11 种基于手/脚的交互动作，并且在手机程序和谷歌眼镜两种平台上考察了这 11 种交互动作的可用性。第一阶段的可用性测试表明，用户认为谷歌眼镜是更适合非触摸交互方式的平台；第二阶段的情绪测试表明，非触摸交互方式对用户的情绪产生了积极影响。

陈等（Chan et al.，2015）介绍了一款小型可穿戴设备——Cyclops。它能通过鱼眼镜头捕捉用户的姿势来实现与人的交互。不同于其他姿势输入系统需要依赖外部镜头或者分布全身的传感器。Cyclops 是非常小的装备，可以像徽章一样佩戴在身上。研究者将 Cyclops 应用于四种不同的软件和系统（交互式健身、手机赛车游戏、全身虚拟系统和交互式玩具）来验证该设备的有效性。用户可以通过手脚的动作来完成游戏，如：移动手机至身旁，游戏呈现驾驶员视角；推开手机至远处，游戏呈现第二人称视角；推动右侧的虚拟操作杆来发动汽车；脚踏左侧来刹车。另外，在交互式健身实验中，Cyclops 对来自 20 个被试的 20 个健身动作的识别率可达到 79%～92%。

第三节　点击增强技术[①]

一、概述

随着计算机技术的不断发展，图形用户界面已经成为各类电子产品的主流界面。作为图形用户界面的主要输入操作方式，点击操作通常指的是用户采用鼠标等指点设备对界面特定视觉操作对象（菜单选择项、图符等）的指点或拖拽操作。

为了提高界面输入绩效，研究者针对点击操作的特征进行了大量的研究，由此产生了各种以提高点击操作绩效为基点的点击增强技术。这些点击增强技术的实现途径主要有两条：第一条以费茨定律为基础（MacKenzie，1992），缩短指点设备的移动距离或者增大指点设备的有效点击区域，从而提高点击操作绩效；第二条以自适应等相关智能技术为基础，基于用户操作习惯和特点，合理调整和优化视觉操作对象及其空间布局来提高操作绩效。

可见，点击增强技术本质上是点击技术的绩效改进或者界面优化技术，其目的在于提高用户的界面输入操作绩效。点击增强技术按照实现途径有静态和动态两种技术。

在用户使用静态点击增强技术的过程中，视觉操作对象可点击区域和指点设备有效点击区域等界面视觉要素都不会发生任何变化。其中，这种技术又分成区域扩大和距离缩短两种类型。区域扩大类型又包括视觉操作对象可点击区域扩大和指点设备有效点击区域扩大两种类型。

在用户使用动态点击增强技术的过程中，视觉操作对象可点击区域和指点设备有效点击区域，以及用户点击操作距离等界面视觉要素会发生有效的变化以适应用户的点击操作。

本节将对各种点击增强技术进行介绍。

二、静态点击增强技术

静态点击增强技术提高操作绩效的途径，其实可以归纳为三种：一是缩短用户移动指点设备的距离；二是扩大视觉操作对象的可点击区域；三是扩大指点设备的有效点击区域。

通过缩短用户移动指点设备的距离来提高指点设备操作绩效是一个很容易想到的途径。在这种距离类型研究中，一项经典的设计是饼状菜单（pie menu；Balakrishnan，2004）。卡拉汉等（Callahan et al.，1988）第一次提出了饼状菜单的概念，并对线性菜单和饼状菜单进行了一项比较研究。结果发现，线性菜单的排列方式使得光标从上往下到达每个菜单项的距离依次增大，而项目的点击难度也随之逐步增大；而饼状菜单的设

① 本节内容参照了作者团队所发表的一篇综述（金昕沁 等，2015）。

计则是基于圆中心到圆周上任意一点的距离相等（均等于其半径），它解决了线性菜单中光标从上往下到每个菜单项的距离依次增大的问题，光标到达任何一个菜单项的距离一致，且这种一致能够帮助用户建立一种有效的操作记忆。他们的实证研究结果表明，用户使用饼状菜单完成任务搜索的时间显著少于使用线性菜单所需要的时间，且错误率更低。

吉亚尔等（Guiard et al.，2004）提出的对象指点（object pointing）是另一项通过缩短指点设备移动距离来提高操作绩效的技术。此技术的核心在于它提供了一种用于检测光标运动方向的算法，一旦检测到光标开始移动，它就计算出光标的运动方向，将该方向上距离当前目标最近的目标作为下一个选取对象，并忽略两个目标之间的空白空间，光标直接从起始目标移动至选取目标位置上。这项技术使得传统光标在目标之间的移动距离缩减至零，将缩短距离的思想发挥到了极致。吉亚尔等对传统指点技术和对象指点技术进行了比较研究。他们的实验结果表明，在简单的来回点击任务中，用户使用对象指点技术的平均完成时间比使用传统指点技术少了将近74%；在复杂的二维点击任务中，对象指点技术也可以提高用户的操作绩效，并且随着任务难度的提升，绩效的提高越明显。

静态点击增强技术的另一种实现方法是扩大区域，而区域扩大的方式可进一步分为视觉操作对象可点击区域扩大和指点设备有效点击区域扩大两类。

弗纳斯（Furnas，1986）提出的鱼眼视图技术属于扩大视觉操作对象可点击区域的经典技术。当代表指点设备的光标在屏幕上移动时，光标所在的区域就会放大以达到扩大视觉操作对象可点击区域的目的，而光标周围的区域则相应缩小显示。这种技术通过扩大光标所在显示区域的面积来促进用户对光标当前所在区域的视觉信息的操作。相关的应用也有很多。例如，贝德森（Bederson，2000）把鱼眼视图设计引入线性文本菜单中，使之能够在很小的空间内显示更多的菜单项。研究结果表明，大多数用户倾向于用鱼眼菜单来完成浏览任务。佩克等（Paek et al.，2004）把鱼眼视图的思路引入网络搜索结果的可视化中，并设计出 WaveLens 界面，该设计可以在相对小的屏幕空间内呈现多个结果内容。研究结果表明，用户在完成某项搜索任务时，相比于传统的搜索结果列表，使用 WaveLens 更快、更精确。

指点设备有效点击区域扩大技术的典型代表为区域光标（area cursor；Kabbash & Buxton，1995）。从外观上来看，区域光标呈现的是一个矩形，而尖点光标呈现的是一个“点”。从操作上来看，区域光标指的是当用户选择某个目标时，其有效点击区域是一整块矩形面积。因为区域光标比尖点光标拥有更大的覆盖区域，用户更容易获取目标。卡巴什和巴克斯顿比较了区域光标和尖点光标的操作绩效，结果表明，对于获取小型目标，用户认为使用区域光标时难度大大降低，其获取目标的正确率也显著提高。芬勒特等（Findlater et al.，2010）为有运动缺陷的用户群体优化了区域光标，结果发现其点击小型目标的时间比尖点光标平均缩短了19%。沃登等（Worden et al.，1997）也发现，老年人群体使用区域光标做简单的操作任务时，其平均完成时间相较尖点光标显著缩短，操作绩效显著提高。

综上所述，可对目前的静态点击增强技术总结如下：

（1）静态点击增强技术可以有效提高用户的操作绩效。不管是饼状菜单、对象指点，还是鱼眼视图和区域光标，都在不同程度上提高了用户的操作绩效。

（2）静态点击增强技术提高操作绩效的原理均可以通过费茨定律来解释。根据费茨定律，缩短移动距离或扩大点击区域均可以减少指点设备的操作任务完成时间。其中，饼状菜单、对象指点技术缩短了视觉操作对象与指点设备之间的距离，而鱼眼视图和区域光标技术则是扩大了点击区域的面积。

（3）静态点击增强技术在使用过程中还存在不足之处。如饼状菜单，当菜单项个数较多时，单个菜单区域将被大幅度缩小，从而影响用户的点击正确率，这表明饼状菜单对选项数目存在限制（Callahan et al.，1988）。而当饼状菜单添加子菜单时，菜单在显示上更为凌乱且没有组织性，另外饼状菜单相对于线性菜单占用更多的空间。对象指点仅适用于目标选取操作，并且它的优势在目标密度较高且空白区域较少时将在一定程度上受到限制。鱼眼视图非线性地改变了视觉显示空间，使得聚焦在运动时显得不太稳定，视图也不能永久保持固定的大小。区域光标的优势体现在对小型目标的获取上，对于获取大型目标，操作绩效并不显著；另一弊端是，当同时覆盖好几个目标时，系统很难分辨出用户想要点击的真正目标，击中真正目标的难度反而会上升（Kabbash & Buxton，1995）。

三、动态点击增强技术

动态点击增强技术和静态点击增强技术不同，这种技术指在操作过程中，图形用户界面上的视觉要素将产生动态的变化以适应用户的点击操作。基于其变化的依据，可以将动态点击增强技术进一步分为基于视觉目标特性的点击增强技术和基于用户操作特点的点击增强技术。

基于视觉目标特性的动态点击增强技术主要指根据界面上的目标密度或空间布局等因素的变化来相应地优化指点设备的显示方式，从而提高操作效率。这类技术的典型代表是由鲍迪施等（Baudisch et al.，2003a）提出的拖拉弹出（drag-and-pop）技术。拖拉弹出技术是一种面向大幅面交互界面的、用于获取远处控件的技术。当用户移动某一个文件图标时，该技术将根据当前文件的性质判断出与其相关的应用程序，并在指点设备所在区域附近显示相关程序的图标副本。用户只需将文件移动到某个程序图标副本位置上，即可完成使用该程序打开文件的操作。这种技术大大缩短了用户移动指点设备到目标的距离，提高了用户获取目标的操作绩效。鲍迪施等还比较了传统拖放技术和拖拉弹出技术的操作绩效，实验结果也证实用户使用拖拉弹出技术完成任务的平均时间显著缩短了。

另一项基于视觉目标特性的动态点击增强技术是由格罗斯曼和巴拉克里什南（Grossman & Balakrishnan，2005）提出的气泡光标（bubble cursor）。气泡光标是基于区域光标的一种新型光标。在外观上，气泡光标呈现为圆形。与区域光标的大小固定不变不同，气泡光标的大小会在移动过程中根据可点击目标和光标此时的相对位置实时变化。从操作上来说，每个目标的有效点击区域也会随着界面中目标的数量和分布发生改变。格罗斯曼和巴拉克里什南比较了气泡光标和尖点光标的操作绩效，结果表明，在平均点击时间和正确率上，气泡光标都比尖点光标有优势，且无论界面中的目标数量有多少，气泡光标都能保持良好的绩效。劳卡宁等（Laukkanen et al.，2008）在气泡光标的基础上对其半径算法做了改进，设计出了锥形和惰性气泡光标（cone and the lazy bubble）。其研究表明，这种优化的气泡光标提高了点击的正确率，有效避免了气泡光标半径实时变化分散用户注意力的问题。特桑迪拉斯（Tsandilas，2007）将气泡光标的概念引入普通菜单中，他的研究表明气泡菜单可以提高菜单选择的操作绩效。

于等（Yu et al.，2010）提出的卫星光标（satellite cursor）技术也属于基于视觉目标特性的技术。该技术由主光标和多个随其同步移动的卫星光标组成。如图 6－4 所示，对于屏幕上的四个目标，系统会在其附近分别生成并关联一个与之唯一对应的卫星光标，每个卫星光标只能用于点击与之关联的目标。当用户使用主光标进行操作时，主光标周围会形成一个虚线圈。虚线圈内的阴影目标按照界面上目标的原始布局进行重新分布，用户操作时只需使用主光标点击虚线圈中的阴影目标，即等价于相应的卫星光标对相应实际目标的点击。卫星光标根据界面中不同的目标空间布局，会动态形成一个新的控制操作区域。从显示上来看，卫星光标技术不改变视觉显示区域目标的面积大小和位置，但是从操作上来看，这项技术重新布局了区域，缩短了用户使用主光标移动到目标的距离，提高了操作绩效。于等比较了卫星光标和尖点光标完成任务的平均点击时间，发现用户使用卫星光标完成任务的平均点击时间显著少于尖点光标，相比于尖点光标，用户也倾向于选择使用卫星光标。

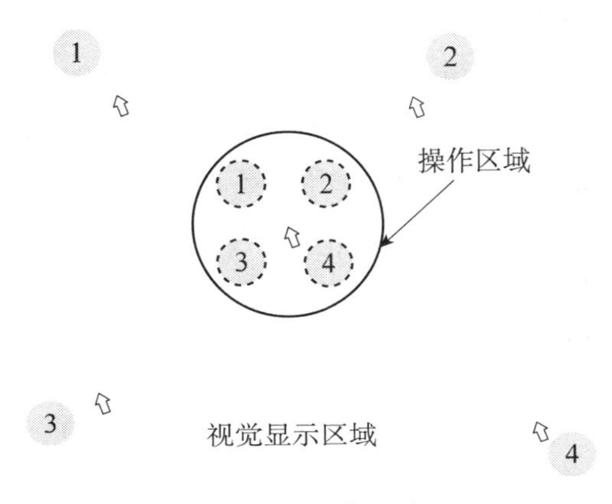

图 6－4　卫星光标示意图

注：图中虚线圈中的是主光标，主光标对阴影目标的点击等价于卫星光标对相应的实际目标的点击。

基于用户操作特点的动态点击增强技术主要指在操作过程中，视觉要素随着用户操作特点的不同而相应地变化。布兰奇等（Blanch et al.，2004）提出的语义指点（semantic pointing）就属于这类技术。语义指点技术的核心在于可以根据用户以往的操作频次对操作对象进行分类显示。例如，在某个对话框内有两个操作按键，“不保存”这个按键的操作频次很低，仅占总操作参数的 1%，而“保存”这个按键的操作频次很高，占 99%。按照语义指点技术的设计，当用户使用指点设备移动至该对话框内时，操作频次较高的“保存”键的实际有效点击区域会扩大，操作频次较低的“不保存”键的实际有效点击区域会缩小，但是这两个按键在显示区域却没有发生变化。布兰奇等比较了语义指点和尖点光标的操作绩效，结果表明，用户使用语义指点技术完成任务的平均时间比尖点光标要短，错误率也更低。埃尔姆奎斯特和费克特（Elmqvist & Fekete，2008）将这项技术引入 3D 环境中，让用户在一款 3D 游戏中使用语义指点技术，结果发现用户搜索目标的精确度显著提高。

综上所述，可对目前的动态点击增强技术总结如下：

（1）动态点击增强技术可以有效提高用户的操作绩效。不管是拖拉弹出、语义指点还是气泡光标，都在不同程度上提高了用户的操作绩效。

（2）动态点击增强技术之所以能够提高绩效，部分原理也可以通过费茨定律来解释，如气泡光标技术扩大了光标覆盖区域的面积，拖拉弹出技术缩短了指点设备与视觉操作对象之间的距离。还有一部分原理是考虑用户操作特点，降低其犯错概率，提高用户体验，如语义指点技术通过放大用户使用频次较高的目标对象的有效点击区域来提高用户的操作绩效。

（3）就目前的设计来看，上述提到的几种动态点击增强技术还有不少的缺点。例如，语义指点技术的实现依靠变化的有效点击区域，但是有效点击区域的变化会打破界面的原始布局，也会影响用户对指点设备移动的判断。气泡光标技术的缺点在于气泡光标本身大小不断变化会对用户造成视觉上的干扰（Grossman & Balakrishnan，2005）。在使用拖拉弹出技术时，系统自动判断产生的多个图标副本容易使用户混淆，导致较高的错误率。除此之外，这项技术的优势在较小的操作空间内显示不出来，而且只适合于拖拉任务（Baudisch et al.，2003a）。卫星光标技术的性能受到界面上目标数量的限制，当界面上目标数量很多时，操作区域的目标数量也会变多，视觉效果不佳；除此之外，生成多个卫星光标会造成时间延迟和视觉干扰的问题。

四、小结

由上述可知，各种静态点击增强技术都可以在不同程度上提高用户的操作绩效，使用户操作时间缩短，正确率提高。而其之所以能够提高绩效，是因为各种静态点击增强技术的设计都遵循费茨定律。但是这类技术还存在一个很大的问题，即没有考虑用户操作特点。

动态点击增强技术和静态点击增强技术一样，也可以在不同程度上提高用户的操作绩效，其原理也可以用费茨定律来解释。但与静态点击增强技术不同的是，动态点击增强技术开始考虑用户操作特点，如语义指点技术将用户使用频次较高的操作对象的有效点击区域扩大，将用户使用频次较低的操作对象的有效点击区域缩小，以适应用户的操作。但是，这种技术同样存在一些问题：第一，一些动态点击增强技术在视觉上会造成一定的干扰，从而影响用户体验。例如，尽管目标在视觉显示区域的缩放提高了用户点击单个目标的操作绩效，但是当目标密度很大或者在多个目标中点击其中一个目标时，目标的缩放会打乱原始界面的布局，会对用户造成一定的视觉干扰。第二，一些点击增强技术的适用环境存在局限性。例如，拖拉弹出技术在大幅面操作界面上更具有操作意义。

针对上述提及的这些点击增强技术的不足之处，可提出以下一些解决途径供参考：第一，减少视觉干扰。例如，只在有效点击区域放大目标而在视觉显示区域保持目标的初始大小；在实际应用中，只把用户最想要点击的或需要引导用户点击的目标放大。第二，丰富点击增强技术的应用环境，如可将已有的点击增强技术迁移到触屏界面或者三维点击环境中。第三，还可以考虑一些其他因素来优化点击增强技术，如指点设备位置与目标之间的角度等。费茨（Fitts，1954）证明了光标起始位置和目标之间的角度与操作的错误率有关。在后来的几十年里，不断有研究者证明在二维点击环境中，光标移动角度和操作绩效有一定显著关系（Vetter et al.，2011）。这都为日后探寻新的思路提供了有利的参考。总之，将来的研究应以用户体验良好的技术发展为主，围绕用户操作特点和操作规律展开。

第四节　研究展望

与视觉显示一样，控制交互是人机界面研究中另外一个重要的组成部分。传统的研究主要集中在机械的脚、手等肢体控制界面，而新型交互研究主要集中在语音、眼控、脑控和可穿戴设备交互界面。今后的控制交互研究主要集中在以下几个方面：

首先，进一步研究各种传统控制器的各种界面参数，重点是考虑不同操作者人体尺寸、动作操作、心理模型和操作环境的各种因素对控制交互的影响，以期能够得到适合各种类型操作者和各种操作环境的最优控制交互界面。

其次，在传统控制交互研究的基础上，借助智能新技术，进一步深化以自然交互为主要目的的新型交互研究。这种研究包括本章已经论述的语音、眼控、脑控和可穿戴设备交互界面的研究，还包括手势交互等界面的研究。未来研究的重点将是各种新型界面的影响因素及操作规律和特点。例如，现在的研究已经证明眼动交互的可行性，而以后的研究将注重眼动交互的影响因素及操作规律和特点。

最后，随着人机交互应用场景、人机界面的不断复杂化，研究的着眼点是显示-控制综合交互界面，即在研究控制交互界面的同时，考虑控制界面和显示界面的综合优化设计问题。应该承认的是，在现实的任何一个人机界面中，控制问题总是和显示问题交织在一起，反之亦然。所以，一种以系统性为基础的显示-控制综合研究将成为未来研究的重点。

概念术语

控制器，控制交互界面，视觉编码，颜色编码，标记编码，大小编码，触觉编码，位置编码，操作方式编码，形状编码，表纹编码，按键刚度，打字力，语音交互，语音菜单，语音超文本，语音驾驶界面，眼动交互，眼动控制，凝视时间，眼势，视线增强，虚拟现实，脑机接口，可穿戴设备交互，点击增强技术，费茨定律，静态点击增强技术，动态点击增强技术

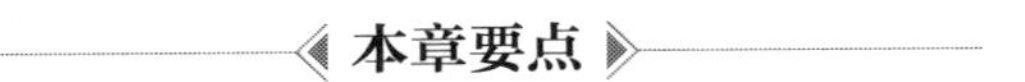

本章要点

1. 控制器是系统操作者用来控制机器的装置。控制器可以将控制信息传递给机器，

执行功能，实现调整、改变机器运行状态。人与控制器的交互构成了人机系统中的控制交互界面。

2. 传统控制器有不同的类型。根据操作控制器的身体器官，可以分为手控制器、脚控制器和言语控制器；根据输入信息的特点，可以分为连续调节控制器和离散位选控制器；根据运动方式，可以分为平移控制器和旋转控制器；根据运动维度，可以分为一维控制器和多维控制器。

3. 视觉编码的特征包括颜色、标记、大小等。

4. 触觉编码的特征包括位置、操作方式、形状、表纹等。

5. 控制器编码需要注意编码方式的选择、控制器个数与选择反应的关系以及冗余编码这三个问题。

6. 控制器操作的实际设计影响因素包括形状与大小、位置、操作阻力和反馈方式。

7. 语音控制器是通过计算机的言语识别技术，将语音识别为计算机可辨的指令，以执行一定的控制功能的装置。语音控制交互界面指的是由语音控制器来完成人机交互的界面。通常，语音控制界面由说话人、语音识别系统和反应装置等三个部分组成。

8. 语音交互界面相关研究主要有语音菜单、语音超文本和语音驾驶界面研究。

9. 眼动交互的基本方式是利用眼动记录技术，记录眼球运动特征，并根据这些特征信息来分析用户的控制意图，代替鼠标、键盘等交互工具实现与机器交互的目的。

10. 眼动控制具有更加快速、自然和智能等优点。

11. 眼动交互相关研究主要有眼动控制研究、视线增强研究和虚拟现实眼动研究。

12. 脑机接口是一种不依赖外周神经和肌肉等常规输出通道的新型人机信息交流装备。

13. 脑机接口可利用的脑电信号主要有P300事件相关电位、视觉诱发电位、稳态视觉诱发电位、自发脑电、慢皮层电位、事件相关去同步和事件相关同步。

14. 可穿戴设备是指用户可直接穿戴在身上的便携式电子设备，具有感知、记录、分析用户信息等功能。可穿戴设备是“以人为中心，人机合一”理念的体现。

15. 可穿戴设备存在的问题包括交互准确性不高、用户隐私不好保护、价格高昂等。

16. 点击操作通常指的是用户采用鼠标等指点设备对界面特定视觉操作对象的指点或拖拽操作；点击增强技术本质上是点击技术的绩效改进或者界面优化技术，其目的在于提高用户的界面输入操作绩效。

17. 点击增强技术可分为静态点击增强技术和动态点击增强技术两种。

复习思考

1. 传统控制器有哪些？
2. 新型控制交互技术有哪些类型和特点？
3. 控制交互界面的设计要点是什么？

拓展学习

金昕沁，葛列众，王琦君．(2015)．点击增强技术研究综述．*人类工效学*，*21*(1)，69－73.

吕晓彤，丁鹏，李思语，龚安民，赵磊，钱谦，伏云发．(2021)．脑机接口人因工程及应用：以人为中心的脑机接口设计和评价方法．*生物医学工程学杂志*，*38*(2)，210－223.

第七章

工作负荷及其应激

教学目标

了解生理负荷、心理负荷及其应激的基本概念，以及相关的测量方法和手段；把握在人机系统设计中与生理负荷、心理负荷及其应激相关的人因设计要点及影响因素。

学习重点

熟悉生理负荷、心理负荷及其应激的基本概念；掌握生理负荷、心理负荷及其应激的基本测量方法；了解生理负荷、心理负荷及其应激的影响因素；掌握生理负荷、心理负荷及其应激的人因设计要点。

开脑思考

1. 国家劳动法有明确的规定，体力劳动根据强度可分为轻劳动、中等劳动、重劳动和极重劳动。你还能列出对体力劳动进行分类的其他标准吗？

2. 从事高强度、高风险职业（如高空作业员、战斗机飞行员），需要经过严格的选拔，要有良好的生理素质和心理素质来应对高负荷的工作。你觉得选拔的指标会有哪些？

3. 第一次驾驶汽车上路时，我们难免会感到紧张，这是一种正常的应激体验。你在生活中还有过哪些应激状态，能回忆起当时的感受和对你有哪些方面的影响吗？

由于技术的进步，人机系统越来越复杂，信息量日益增大，操作者的生理负荷、心理负荷有着不断增大的趋势，操作过程中，应激情况也会不断发生。所以，研究生理负荷、心理负荷及其应激在人机系统中的作用及相关的人因设计，在人机交互设计中有着非常重要的作用。

工作负荷（workload）是单位时间内个体所承受的工作量，或人完成任务所承受的工作负担与压力大小以及人所付出的努力与注意程度。在确保系统整体产出、工作速度、运行精度及运行可靠性处于正常恒定水平的条件下，工作负荷的水平就成为衡量人-机-

环系统性能优劣的关键指标。工作负荷可以分为生理负荷和心理负荷两类。本章将用三节分别讨论生理负荷、心理负荷及其应激。本章先分别对生理负荷和心理负荷的影响因素及测量等进行阐述，然后介绍这两类工作负荷所导致的结果——应激，并对影响应激的因素以及应激的测量进行系统介绍。

第一节　生理负荷

一、概述

生理负荷（physical workload）又称生理工作负荷或体力负荷，指单位时间内人体所承受的体力活动工作量。人的体力活动主要通过人体肌肉骨骼系统完成，因而生理负荷直接表现为肌肉骨骼系统的负荷量及相应的肌肉活动水平。

根据所涉及的工作内容和性质及其对肌肉活动的不同要求，可对生理负荷进行不同的分类。

根据工作持续时间的长短，可以将生理负荷分为瞬时负荷和持续负荷。瞬时负荷是指人体在短时间内承受的负荷，如载人飞船升空或返回时的超重负载，以及飞行员救生弹射时的弹射冲击、开伞冲击和着陆冲击等。瞬时负荷的耐受力或可容忍极限主要取决于个体肌肉骨骼结构特征和强度、动作姿势以及个体体质。持续负荷是指人体在较长时间内承受的负荷，是日常工作和生活中最为常见的负荷。通常我们所讲的生理负荷一般是指持续负荷。持续负荷的可容忍极限除取决于个体肌肉骨骼结构特征和强度、动作姿势以及个体体质之外，还受人体代谢能力或耐力的影响，因而人体对持续负荷的可承受极限远低于对瞬时负荷的耐受极限。

根据工作所涉及的肌肉活动部位是大范围的全身性肌肉还是某些特定部位的局部性肌肉，可将生理负荷分为全身性负荷和局部性负荷。前者涉及全身性肌肉活动，如提举、搬运等工作，或舞蹈、游泳等体育活动；后者仅涉及部分肌肉的活动，如打字员工作时涉及的肌肉主要是手部肌肉及用于维持姿势的腰背部及颈肩部肌肉。相对于全身性肌肉活动，局部性肌肉活动更容易因负荷过重、暴露时间过长而引起局部肌肉疲劳，甚至引起局部肌肉骨骼系统劳损。

根据主要涉及的肌肉在工作时的活动状态，可以将生理负荷分为动力性负荷和静力性负荷。前者涉及肌肉为完成工作而不断进行收缩与舒张活动，如行走、搬运、提举等，其单次动作持续时间较短；后者涉及工作中为维持躯体的某种姿势或某种工作状态而使相应的肌肉处于某一持续收缩状态，如长时间将物体举在某一位置、坐姿工作中维持一定的躯体姿势等，其持续时间往往较长。日常生活中，人们往往更加关注动力性负荷而相对忽略了静力性负荷，但由于静力性工作的长时性以及当前坐姿工作的增加，静力性负荷导致的疲劳不适乃至肌肉劳损问题日益突出。

二、生理负荷的影响因素

影响生理负荷水平和效应的因素有许多，主要有工作、环境和个体因素三大类。

（一）工作因素

负重水平、动作、姿势、工作时间、速度和作业重复性等工作因素直接决定生理负荷水平。负重水平与工作时间决定了与工作任务有关的外部力学环境，而动作、姿势、速度等因素则与负重水平和工作时间共同决定了生理负荷作用于操作者的力和力矩，这直接引起机体组织的各种效应。亦即负荷水平可以由负重水平与工作时间体现出来，但负荷水平对人的影响还受个体动作、姿势等的影响。例如，对于同样的负重水平，由于推和拉、提和举的施力限值不同，动作、姿势不同时其对人的影响就会不同。

对于给定的负重水平及动作、姿势，通过生物力学计算，即可确定作用于各关节的力和力矩，从而确定生理负荷对特定部位的效应或影响水平。例如，对于同等重量的重物提举，采用直膝弯腰式、屈膝直腰式、自由式三种不同提举姿势时，其整体能耗及对脊柱的作用力均因姿势而异（引自朱祖祥 主编，2003）。

（二）环境因素

工作环境中的工作空间大小、布局、噪声、振动、微气候等环境因素也间接影响生理负荷水平和效应。例如，工作空间偏小或布局不当，会使操作者难以以正常的姿势进行工作，而别扭的工作姿势也会影响正常的施力水平及耐受水平，从而间接增大生理负荷，加速疲劳。环境中空气的质量，如粉尘、有害气体等的存在会通过影响操作者的呼吸系统影响人体作业机能水平，进而影响生理负荷效应。

另外，工作环境中的强噪声及高温高湿或低温高湿等亦会使个体对生理负荷的耐受力下降，相对增强生理负荷的不良影响。

（三）个体因素

生理负荷的影响存在明显的个体差异。个体的体质及训练水平等因素都对生理负荷效应有着显著的影响。对于同等强度的负荷水平，体质差或训练不够的个体会产生高强度的负荷体验，而体质好或训练有素的个体则可能不会产生这种负荷体验。这也就决定了在某一特定时期受技术条件所限而必定具有高强度生理负荷的人-机-环系统中（如载人飞船的超重过载负荷）人员选拔与训练的重要性。

（四）影响进程

生理负荷的影响随着负荷强度增大及暴露时间延长而逐渐增强。这一进程分为热身启动、最佳稳态、疲劳和劳损等四个阶段。

在最初的热身启动阶段，由于人体固有的生理惰性的影响，人体各器官系统的工作能力远未达最高水平，需要逐步提高以进入工作状态。对于体育运动来说，在一定强度和持续时间的运动之后，人会出现呼吸困难、胸闷、头晕、心率激增、肌肉酸软无力、动作迟缓不协调，甚至想停止运动等“极点”现象。极点过后，这些不适感会逐渐减轻或消失，呼吸趋于正常，心率也渐趋平稳，这标志着机体正式进入工作状态。

机体正式进入工作状态之后，人体各部分机能逐渐适应工作环境的要求，达到最佳状态并能保持一定时间。这个阶段是最佳稳态阶段。在这一阶段，人的工作效率也达到最佳水平，吸氧量、心率、心排血量和动脉血压等生理指标都在一定时间内保持稳定。

随着生理负荷强度的增大或暴露时间的延长，工作能力开始下降，疲劳开始出现，人体进入疲劳阶段。不同的生理负荷类型可以产生不同的疲劳，如全身性疲劳和局部性肌肉疲劳。全身性疲劳表现包括肌肉力量减弱、动作协调性和灵活性下降、操作速度变慢、注意力涣散、工作效率降低。局部性肌肉疲劳同样表现为肌肉力量减弱、肌肉酸痛，有时伴有阵发性肌肉痉挛或震颤。疲劳中肌肉运动控制能力的下降有可能会导致职业损伤和事故。对于生理负荷所致的肌肉疲劳，有外周机制和中枢机制两种解释：前者侧重于肌肉活动中外周代谢性酸物质累积的作用，后者则侧重于大脑皮层运动中枢的激活水平及其对运动单位的募集、激活和控制能力的影响。疲劳的意义就在于它是一种自然的人体防御反应，疲劳的出现即提示工作负荷过高，需要休息或降低工作强度，甚至完全停止工作。

在疲劳阶段，虽然人体有明显的不舒适感和工作效率的下降，但是机体的生理状态通过代偿调节仍可维持基本正常，机体尚未产生病理性改变或损伤；但若生理负荷强度继续增大或暴露时间继续延长，则人体会进入劳损阶段。在该阶段，生理负荷将会导致机体出现一定程度的病理性改变或损伤，如极高生理负荷水平下的肌肉拉伤、韧带撕裂等急性反应，以及静力性负荷或动力性负荷长期作用所导致的累积性肌肉骨骼系统疾患等，后者主要包括各类职业性肌肉骨骼疾患（occupational musculoskeletal disorder，OMD）。

职业性肌肉骨骼疾患主要是一些与职业有关的慢性肌肉骨骼损伤，或称累积性损伤（cumulative trauma disorder，CTD），如慢性下腰痛（chronic low back pain，CLBP）、颈肩痛以及“网球肘”、“高尔夫球肘”、“妈妈手”、“扳机指”、肌腱炎、腕管炎、肩部圆袖韧带炎、颈肩肌筋膜炎、颈肩张力症候群等。这些多是由工作中长期处于不良体位和姿势、工作施力方式不正确及重复性动作所导致的，往往要经过很长时间才逐渐显露出来。

另外，在高强度劳动或大运动量训练中，长期处于小于强度极限的负载状态还容易导致疲劳性骨折（stress fracture）。随着技术的发展，极强生理负荷所导致的肌肉损伤相对减少，而负荷长期作用导致的累积性肌肉骨骼疾患却在相对增多，尤其是由于坐姿伏案工作的增加，长期的静力性负荷作用导致腰背部及颈肩部肌肉劳损的发生率大大提高。

三、生理负荷的测量

生理负荷测量是对工作环境中，在单位时间内人体所承担的体力活动工作量的测量，其结果可为进一步的工作安排与劳动保护提供可靠的依据。

生理负荷测量包括主观测量和生理测量两方面。其中主观测量多采用主观量表对生理负荷的水平进行评估。生理测量又分为直接与间接两种测量方法。直接测量通过对工作的作业分析来直接测量负荷，间接测量则通过测定工作对操作者的影响来间接测量负荷。

（一）主观测量

不同生理负荷条件下个体的主观体验是不同的。生理负荷的主观测量就是被测试者根据自己对劳动强度的主观感受来主观描述或参照一定的标准进行量化报告，从而评估生理负荷水平。主观测量简单易行，因此在实际工作负荷评价中经常使用。

主观工作负荷评估技术（Subjective Workload Assessment Technique，SWAT）是由美国空军开发的多指标评价法。该测试包括时间负荷、努力程度和压力负荷三项指标。例如，有研究者基于自行火炮作战使用性这一特殊要求，参照 SWAT 量表建立了工作负荷指标体系。研究结果表明，该评价方法能有效评价驾驶员多种工作负荷下各种因素之间的关联影响，可为自行火炮驾驶舱设计改进、配置优化提供参考依据（李小全 等，2012）。

20 世纪 70 年代，美国国家航空航天局（NASA）开始重视载人航天中人的工作负荷问题，并在 1986 年开发了任务负荷指标（NASA-TLX）这一评估工具。该量表在形式上与 SWAT 量表类似，只在程序上进行了简化。TLX 量表由脑力要求、体能要求、时间要求、努力程度要求、绩效水平和受挫程度等六个指标组成。该方法并没有严格区分生理和心理负荷，生理负荷的评估可以参考体能要求、时间要求等指标。

（二）生理测量

生理测量分为直接与间接两大类。

1. 直接测量

生理负荷的直接测量指通过作业分析来直接评估确定工作的生理负荷。例如，基于个体的生理能力分析工作的力量与动作姿势要求，分析动作频率，分析工作的时间要求，分析各种动作姿势及其工作时间占总工作时间的比例，以确定工作强度及其对人体产生的影响。

传统的动作姿势分析方法中较为常用的是 Ovako 工作姿势分析系统（Ovako Working Posture Analyzing System，OWAS）。该系统由芬兰的 Ovako Oy 钢铁公司于 1973 年提出，主要用于确定工作时的姿势，并按照该姿势可能引发肌肉骨骼伤害的程度予以评分编码，评分结果再分等级，以作为工作改善的依据，适用于全身性活动的工作分析。

最初的 OWAS 工作姿势分析仅限于躯体背部、手臂及腿部三个人体部位，其中背部 4 种姿势，手臂 3 种姿势，腿部 7 种姿势，将某一作业姿势予以编码可得到一个三码的编码组合，共有 84 种躯体姿势编码组合。后来又增加了头颈部的 5 种姿势以及负荷重量 3 种水平，将三码的工作姿势扩充细化为五码共 1 260 种工作姿势。在对工作进行现场观察编码或事后录像分析编码之后，将各种身体姿势及负荷编码予以统计，由此判别操作者工作姿势的行动等级（action categories，AC），即该姿势可能引发肌肉骨骼伤害风险的程度，共分为四级，各级含义及相应要求如表 7-1 所示。

表 7-1　OWAS 工作姿势分析等级

等级	姿势危害	处理方案
AC1	姿势正常	无须处理
AC2	姿势有轻微危害	应近期采取改善措施
AC3	姿势有显著危害	应尽快采取改善措施
AC4	姿势有严重危害	必须立即采取改善措施

由此可见，OWAS 最初是用来评定工作姿势及其潜在肌肉骨骼系统损伤风险的，同时也反映了工作的生理负荷水平。同样，劳动卫生或职业医学领域用于评定肌肉骨骼系统损伤风险的一系列方法都可以用于确定工作的生理负荷。

体能需求分析表（physical demand analysis worksheet）通过记录与工作有关的体能负荷需求和各动作的活动时间，来分析该工作对操作者的生理体能需求状况，以便进一步分析潜在的肌肉骨骼伤害风险程度。另外，类似方法还有用于评定静态和动态作业生理负荷情况下职业性肌肉骨骼疾患危险度的快速暴露检测法（Quick Exposure Check，QEC）、用于上肢负荷评定的快速上肢评定系统（Rapid Upper Limb Assessment，RULA）等。

为了评估长期护理人员的生理负荷，有研究者开发出了生理负荷指标（physical workload index，PWI）来评估生理负荷量（Kurowski et al.，2014）。其中所包括的因素有躯体姿势、腿部姿势、手臂姿势和手部承重。

作业分析具体方法较为复杂，经常还要用到各种动作捕获分析类仪器或时间动作分析仪器，具体可参见相关的书籍。

2. 间接测量

生理负荷的间接测量主要是通过对操作者工作过程中相伴随的生理生化指标变化的测定来确定生理负荷对操作者的实际影响。间接测量法是通过对生理生化指标的测量，推论人体所承受的生理负荷的程度。

在生理负荷的间接测量中，指标的选取相当重要。一般来说，衡量测量指标优劣可以从以下几点考虑：

- 敏感性：指标应对任务需求敏感，生理负荷较小的波动都能通过指标明显体现出来。
- 特异性：指标应是有选择地对特定待测对象的变化敏感，对其他对象的变化不敏感，其他无关对象的变化不会引起指标的变化。
- 可靠性：指标应该是稳定可靠的，具备高信度或高一致性，多次测量结果应高度一致。
- 实时性：在待测对象随时间不断变化的情况下，指标应能实时动态地反映待测对象的瞬时状态及变化。

- 无干扰性：指标的测量实施不应对当前进行的任务造成干扰，或对操作者身体造成额外损伤，如用针肌电图对肌肉功能及活动水平进行测量时就需要将针电极扎入被测试者的肌肉组织，造成被测试者的痛苦，干扰、限制了其正常活动，因而具有侵入性，不具备无干扰性，不能用于对现场生理负荷或肌肉疲劳状况的评价。
- 易操作性：指标的测量实施应该简便易行，无须耗费大量的人力、物力，便于进行现场研究，同时还要求测量设备具备很好的抗干扰能力，可在复杂的现场作业环境中获取可靠的测量数据。

很难有指标能够同时满足以上标准，且上述要求中，有些彼此之间还存在权衡关系，因而在实际使用过程中应结合具体情况综合考虑指标的取舍选用。

生理负荷间接测量的客观指标主要有生理指标和生化指标两大类。生理指标包括心率、心率变异性及肌肉电活动等，而生化指标包括血乳酸、血红蛋白等生化物质的含量。

心率变异性（heart rate variability，HRV）近年来在医学和运动生理学领域受到较高的关注。心率变异性是指窦性心律在一定时间内周期性改变的情况，是反映交感神经与迷走神经张力及其平衡的重要指标。有研究者在考察驾驶员工作负荷时参考了心率变异性这一指标，将驾驶员工作负荷定义为车辆运行速度和驾驶员心率的变化程度（胡江碧 等，2010）。

表面肌电（surface electromyography，sEMG）技术作为一种生理指标测量技术，是通过表面电极将中枢神经系统支配肌肉活动时伴随的生物电信号从运动肌肉表面引导记录下来并加以分析，从而对神经肌肉功能状态和活动水平做出评价。与其他生理负荷测量方法相比，sEMG技术是一种无损伤的实时测量方法，具有客观性强、多种信号处理等特点，可以用来反映局部肌肉活动水平和功能状态，提供特异性指标（王笃明 等，2003）。

在体力劳动或体育运动中，人体各器官的活动随着劳动或运动强度的增大而增强，人体器官物质代谢活动和能量代谢活动也相应增强。随着中高强度生理负荷的持续，人体体内一些生化物质将会发生显著变化，表现为血乳酸、血红蛋白、尿素氮、血清肌酸激酶、血睾酮、免疫球蛋白、尿蛋白、尿胆原等含量的变化。体育运动训练领域常用这些生化指标来评定运动员的身体机能状态、疲劳状态和运动训练强度等。因此，通过对生化指标的测定即可评估生理负荷。例如，在模拟的工作环境中，有人采用了多个生化指标来测量被试的生理负荷，包括乳酸、乳酸脱氢酶、肌酸激酶和钙离子。研究结果表明，乳酸、乳酸脱氢酶、肌酸激酶是反映肌肉疲劳状态灵敏有效的客观指标，适合评价低负荷重复性活动的疲劳进程（赵霞 等，2015）。

生理测量法当中，直接测量法和间接测量法的生化指标测量都具有一定的滞后性。其中，直接测量法成本较低，简便易行，得到广泛采用。但由于间接测量法的生化指标测量技术可以对生理负荷进行定量分析，并且可以无损伤地获得实时数据，目前受到越来越多研究者的关注。

第二节　心理负荷

一、概述

心理负荷（mental workload）是与生理负荷不同的另一种工作负荷。对于心理负荷，迄今尚无严格统一的定义，因而心理负荷的名称也呈多样化，如心理工作负荷、脑力负荷、精神负荷、智力负荷等，工业工程及人机工程等领域多称脑力负荷。

对于心理负荷的定义，存在以下几种观点（刘卫华，冯诗愚 编著，2009）：

- 心理负荷是工作者在完成任务时所使用的那部分信息处理能力。
- 心理负荷是工作者在工作中所感受到的工作压力的大小。
- 心理负荷是工作者在工作中脑力资源的占用程度。
- 心理负荷是工作者在工作中的繁忙程度。

另外，还有研究者依据工作负荷对人体造成的负担的性质，将工作负荷划分为体力负荷、智力负荷和心理负荷三类（龙升照 等，2004）。其中，智力负荷是完成任务的作业在智力上给人带来的负担，也称脑力负荷，主要源自工作对人的智力活动强度、难度和持续时间的要求。一定时间内人脑接收、处理的信息量越大，需要解决的问题越复杂，整个脑力活动持续的时间越长，则脑力活动的强度越大，作业人员所承担的智力负荷也越大。心理负荷则是完成任务的作业在智力以外的心理上给人带来的负担，也称精神负担，主要源自工作对人的心理要求和对人体产生的心理应激，如作业单调性、孤独性、限制性、持续性和潜在的危险性对工作者造成的负面心理刺激等。

总结以上观点可以发现心理负荷包括两部分，一部分是脑力资源占用程度或所用信息处理能力等认知方面的负荷，另一部分是压力或负面心理应激等情绪方面的负荷。由此，从广义上讲，心理负荷可以定义为工作者在工作中所承受的心理工作量，表现为感知、注意、记忆、思维、推理、决策等方面的认知负荷和情绪压力负荷；而狭义的心理负荷则指其中的认知负荷，或称脑力负荷。

心理负荷对系统工作绩效、系统操作者的工作态度、工作动机和身心健康都有明显的影响。

心理负荷与工作绩效之间呈倒U形曲线关系，心理负荷水平过低或过高（即心理低负荷和心理超负荷）都会对系统工作绩效造成不良影响，只有在中等强度的心理负荷条件下，系统才能取得最优工作绩效。例如，对于心理低负荷条件下雷达监控作业中的雷达员、飞机自动驾驶中的飞行员，目标出现概率较低致使其经常长期得不到信息刺激，导致其皮层兴奋性水平降低、注意水平下降，从而遗漏目标信息或在信息出现（或异常状况出现）时反应迟钝或产生失误。而在心理超负荷情况下，由于心理资源不足，无法顺利完成工作任务，过大的时间压力不仅不能促进工作者的操作效率，反而使其无所适从，操作速度降低，反应时延长，正确率下降，操作失误增多。

心理负荷水平还会影响工作者对其工作的态度和满意度，进而影响其工作动机水平。与低心理负荷条件下的工作者相比，高心理负荷条件下的工作者更倾向于认为工作单调、令人厌烦，对上班感到苦恼和忧虑，也易出现更多的随意离职与旷工。

高的心理负荷水平会引发注意窄化、认知偏差、决策延缓与失误等认知问题，以及自尊降低、攻击性增强等不良情绪与社会行为。长期处于高的心理负荷水平，会给工作者健康造成不良影响，甚至导致一系列身心疾病的产生，如偏头痛、神经性头痛等神经系统问题，胃溃疡等消化系统问题，高血压、冠心病等心血管系统问题。随着科学技术的飞速发展，尤其是计算机与自动化和智能化技术的广泛应用，人机分工已与以往大不相同，系统中操作者的作用和地位也发生了明显变化，其生理负荷已大为减轻，但心理负荷却日益增大。

因此，非常有必要重视心理负荷研究及在人机系统中合理的负荷管理。

二、心理负荷的影响因素

影响心理负荷水平和效应的因素可以分为工作因素、环境因素和个体因素三大类。

（一）工作因素

工作任务的难度、强度、持续时间、单调性等工作因素直接决定对工作者的要求，决定心理负荷的水平。任务难度越高，对脑的活动水平的要求就越高；任务的可利用时间越少，时间紧迫感越强，时间压力越大，心理负荷就越高；任务强度越大，持续时间越长，脑力负荷就越重。另外，任务本身是否很单调也会影响工作者的心理负荷。

（二）环境因素

这里的环境因素既包括物理环境，也包括组织文化管理等社会环境。

物理环境中工作空间大小、布局、照明、噪声、温度、湿度、振动、空气质量以及相应仪器设备性能等都会影响心理负荷水平和效应。例如，长期在幽闭狭小的空间中（如潜水艇）工作势必影响工作人员的情绪性心理负荷，而仪器设备性能带来的问题，如网速太慢、计算机经常出故障等亦会影响工作者的工作情绪和工作效率，进而增大心理负荷。

在社会环境方面，单位同事间的人际关系，组织文化氛围、管理机制、激励机制等都会影响操作者对工作和单位的情绪情感反应，进而影响其工作动机与工作效率以及相应的心理负荷。

另外，个体在其脑力工作中是否会经常受到外部环境的意外干扰，如物理环境中突发噪声的干扰，或社会环境中同事行为的干扰等，也会影响个体的心理负荷水平。

（三）个体因素

个体的健康水平、知识技能水平、认知方式、情绪管理能力、社会支持状况、工作动机与责任心等都会直接影响心理负荷水平和效应。工作负荷是相对的，就如同样的体力劳动，对于体质强壮的人只能算是中等甚至轻松水平的体力负荷，但对于体质孱弱的人则可能已经超限，属于超限的体力负荷。同样，由于个体差异的存在，相同的工作任务对不同的人将产生不同的脑力负荷，进而产生不同的影响。例如，对于知识技能水平很高的工作者，该工作任务的脑力负荷并不高，但对于知识技能水平较低者，则可能是很高的脑力负荷。另外，个体的认知方式也影响其心理负荷水平，对于同样的工作任务或刺激，有的工作者关注其积极有利部分的认知与评价，而有的工作者则侧重其消极不利的一面，很明显，两者会产生截然相反的情绪反应，从而也会带来不同的心理负荷水平。

三、心理负荷的测量

通常，心理负荷的测量指的是采用主观和客观的指标对操作者的心理负荷水平进行测量。通过对心理负荷的测量，可以确定人-机-环系统中操作者的实际负荷情况，发现现有人-机-环系统存在的问题，并加以优化改进。

心理负荷测量的常用方法主要有量表测量法、行为测量法和生理测量法三大类。

（一）量表测量

量表测量指的是通过操作者对主观体验的评定来确定操作者心理负荷程度的方法。通常，量表测量法要求操作者采用特定的测试量表，依据工作过程中的主观体验来对自身的心理努力程度、心理应激水平及工作的难度、时间压力等做出主观评判。量表测量是最简单易行也是最常用的心理负荷测量方法。

量表测量法中的量表有单维度量表和多维度量表两种。单维度量表主要有 OW 量表（Overall Workload Scale，整体工作负荷量表）和 CH 量表（Cooper-Harper Scale，库伯-哈珀量表）。多维度量表主要有 NASA-TLX 量表和 SWAT 量表。其中，最常用的为 NASA-TLX 量表。

TLX 量表由脑力需求（mental demand）、体力需求（physical demand）、时间需求（temporal demand）、绩效水平（performance）、努力程度（effort）和受挫程度（frustration）6 个项目组成（Hart & Staveland，1988）。测试实施时，通过对偶比较法将 6 个项目两两配对，要求被试判断每个配对中哪一个项目可以导致更大的工作负荷。在每次比较中被选择的项目计 1 分，获得最高分数的项目被认为比其他项目诱发了更大的工作负荷。最后，总的工作负荷得分就是 6 个项目的分值与其各自项目权重的积的加权平均数。有许多研究表明，TLX 量表表现出了良好的信度和效度（如肖元梅 等，2005，2010；杨玚，邓赐平，2010）。另外，目前有不少的研究在采用 TLX 得分作为心理负荷的指标的同时，还结合其他行为或生理指标，以考察不同指标之间的相关性。例如，有人在车辆驾驶任务研究中，以 TLX 评分作为主观评价指标的同时，还采用车辆速度及刹车次数作为驾驶造成的心理负荷的行为指标。最后的研究结果表明，两者显著相关（孙向红，杨帆，2008）。

（二）行为测量

行为测量指的是通过操作者典型任务操作的行为指标及其变化来测量心理负荷的方法。在早期的心理负荷的行为测量中，多采用单任务和双任务范式。行为指标多采用反应时、正确率等绩效指标。

单任务范式研究中，可以使用 *n*-back 任务测试被试的心理负荷。有研究证明，在 *n*-back 任务操作中，随着被试记忆负荷增大，其反应时也会随之延长（沈模卫 等，2003b）。

除了使用单任务范式，心理负荷行为测量的研究还可采用双任务范式。例如，有人采用双任务范式对视觉追踪操作的负荷进行了研究。研究中，被试操作的主任务为追踪任务，被试需要通过操纵杆使用右手对显示器上的目标进行尾随追踪，绩效指标为目标与瞄准器之间误差距离的平均值（平均追踪误差距离）；次任务为探测任务，被试需要对出现目标刺激做出“是”反应，对出现非目标刺激做出“否”反应。绩效指标为反应时变化率。结果发现，在不同的任务难度下，主任务的绩效有着更加显著的变化（相比于次任务的绩效）（张智君，朱祖祥，1995）。主任务绩效可以作为心理负荷评估的一个较好指标。

同样采用双任务范式，还有研究者将眼动数据作为心理负荷的指标。研究中，主任务为驾驶任务，次任务为听觉或视觉任务。研究者发现，相比于同时操作主任务和听觉次任务，或者只操作主任务，被试在操作主任务和视觉次任务时，其视觉搜索面积和瞳孔面积更小（王抢 等，2014）。这说明，同时操作主任务和视觉次任务时，被试有较大的心理负荷。

除了采用双任务范式，也有研究采用生态效度更高的模拟工作环境，并结合多种行为指标考察不同心理负荷下的行为特点。例如，在一项以真实高速公路为研究背景的研究中，研究者采集了 12 名驾驶员的眼动数据。结果发现，超速行驶、超车、小转弯半径可以导致驾驶员心理负荷的升高，主要表现为其对前方车辆的扫视更加频繁、对前方道路的注视时间延长等眼动反应（胡江碧，常向征，2014）。

近年来，研究者提出了不少针对特定操作的心理负荷的行为测量法。例如，有人提出可以用客观驾驶难度（objective driving difficulty，ODD）作为车辆驾驶心理负荷的指标，其中 ODD 与司机每分钟刹车次数和车速成正比。他们的实验结果表明，ODD 与被试主观报告的 TLX 得分和主观驾驶难度评分都显著相关（孙向红，杨帆，2008）。也有人提出，可以用注视熵率值作为驾驶员心理负荷的指标。他们的实验表明，熵率值为 0 表示视觉扫描的灵活性最低，搜索效率最低，心理紧张度最高，心理负荷也最高；相反，熵率值越大，表明驾驶员在单位时间内扫描更多的区域，搜索效率提高，心理紧张度降低，心理负荷降低（彭金栓 等，2014）。有人在手机可用性研究中，以实验的方法证明，可以用典型任务操作的路径分析作为操作者心理负荷的评价指标（戴均开，葛列众，2007）。也有人提出在游戏操作中，可以用被试的鼠标点击次数与注视点数之比作为心理负荷的评价指标（Lin et al.，2008）。

（三）生理测量

心理负荷的生理测量指的是通过各种生理生化指标来评价心理负荷程度的测量方法。

心理负荷的生理测量指标主要有中枢生理指标、外周生理指标和生化指标三大类。其中，中枢生理指标主要有基于脑电图（EEG）、事件相关电位（ERP）、功能性磁共振成像（fMRI）、功能性近红外光谱（fNIRS）和经颅多普勒超声（TCD）等技术的各种指标；外周生理指标包括心电、血压、呼吸率和皮肤电等；生化指标包括唾液、尿液中免疫球蛋白、儿茶酚胺和皮质醇的水平等。

基于中枢生理指标的心理负荷测量是最为常用的心理负荷的生理测量技术。

EEG 测量是通过直接记录工作者在任务执行过程中的自发脑电信号，然后加以处理分析，进而对心理负荷做出评估。

在使用 EEG 进行心理负荷测量的早期研究中，一般将某个频段的脑电（如 α、β、θ）变化作为心理负荷的指标。有研究发现，随着计算任务的难度增大，β_2（频带为 20.0～29.8c/s）波幅与任务前 β_2 波幅的比值也会增大，而且，β_2 波幅比值与任务难度主观评价之间的相关显著（张文诚 等，1992a）。

除了以某个频段的脑电变化作为心理负荷的指标，有人提出可以使用状态相关脑波复杂度（EEG complexity measure related state，Cs）作为心理负荷的指标。他们发现，相比于闭眼安静状态，心算任务带来的心理负荷会导致 Cs 显著改变。研究者认为，Cs 可以作为心理负荷客观评价的指标（韩东旭 等，2001）。还有研究通过改进 EEG 信号处理方法来改进对心理负荷的测量，如采用原功率调制（Source Power Comodulation，SPoC）方法对 EEG 信号进行特征提取，发现当任务难度等级发生变化时，EEG 信号也能够灵敏地发生变化（邱静 等，2015）。因此，可以通过观察脑电信号电位值和脑电分布图的变化判断被试所处的心理负荷水平。研究者的验证实验结果表明，这项技术在不同类型的认知任务上均有较好的表现。

但是 EEG 信号同样受到多种物理和心理因素的影响，如机体水平、疲劳状态等都会影响 EEG 信号，因而 EEG 信号分析更多地用于评价机体疲劳状态。ERP 是对 EEG 信号进行进一步处理得到的与一定事件相关的脑电活动，它可以较为准确和敏感地反映心理负荷的水平。

关于心理负荷的 ERP 研究主要试图确定对心理负荷敏感的 ERP 成分，如已有研究认为 P300 波幅和潜伏期可以反映心理负荷的水平，另外还发现 N100、N200 和失匹配负波等其他成分也可以作为心理负荷指标，但研究结论不尽一致。

在一项以 *n*-back 为任务的研究中，三种记忆负荷水平诱发的三种不同峰值的 P3（P300）波差异显著：0-back 任务诱发的 P3 波幅显著高于 1-back 和2-back，而 1-back 任务诱发的 P3 波幅显著高于 2-back（王湘 等，2008）。采用其他记忆任务作为实验范式的研究也发现，随着记忆负荷的增大，P300 波幅、记忆错误率和记忆难度的主观评分也随之增大（张文诚 等，1992b）。在模拟飞行驾驶任务中，研究者发现失匹配负波（MMN）和 P3a 成分是心理负荷的敏感指标，具体表现为：随着心理负荷的增大，MMN 的峰值显著增大（完颜笑如 等，2011；卫宗敏 等，2014），P3a 峰值显著降低

（卫宗敏 等，2014）。

近年来，也有部分研究者采用fMRI和fNIRS来测量心理负荷。例如，有人让被试参加20分钟的精神警惕性测试（Psychomotor Vigilance Test，PVT），以检测其注意力和反应速度的变化，并采用动脉自旋标记灌注的fMRI（arterial spin labeling perfusion fMRI）技术来测量大脑激活度（Lim et al.，2010）。结果发现，在任务结束后，被试的反应速度显著降低，心理疲劳度主观评分提高。fMRI结果表明，PVT任务显著激活了右侧额顶叶，而在任务结束后，右侧额顶叶区域的激活度比任务前的激活度还要低。研究者认为右侧额顶叶的激活是由PVT任务诱发的心理负荷所致，随后其激活度的降低则是由于出现了疲劳效应。有研究者采用fMRI技术研究了0-back和2-back记忆任务下大脑激活度的差异，结果发现，2-back任务下大脑双侧额下回、额中回和顶上小叶以及左侧颞下回激活度更高（鲁繁，2012）。上述研究表明，fMRI技术可用于考察不同任务诱发的心理负荷所导致的脑区激活差异，但考虑到fMRI时间分辨率较低，仪器体积庞大，也有研究者选择用fNIRS技术对心理负荷进行研究。例如，有人分别使用*n*-back记忆任务和多元归因任务（Multi-Attribute Task Battery，MATB）作为研究范式，结果发现随着*n*-back和MATB任务难度的逐渐提高（两个任务的难度等级范围均为0～3），被试的反应时增加，正确率降低，TLX评分升高；fNIRS的数据显示，在两个任务的难度等级为0～2时，被试背外侧前额皮层（dlPFC）的含氧血红蛋白（HbO）和总血红蛋白（tHB）的含量随着任务难度提高而提高；基于以上实验结果和推论，研究者认为fNIRS可以作为反映心理负荷的有效指标（潘津津 等，2014）。

除了采用fMRI和fNIRS技术之外，也有研究采用TCD技术来测量大脑动脉血管的血流速度，进而对心理负荷进行评估。但目前这项技术在神经人因学的研究中并没有取得较为一致的结论。

基于外周生理指标的心理负荷测量通过对各种外周生理指标的测量来评定心理负荷的程度。外周生理指标包括心电、血压、呼吸率和皮肤电等，其中最常使用的指标为心电（ECG），而心电指标中较为常用的指标为心率（HR）及心率变异性（HRV）。

由于心率受个体机能水平及环境噪声、温度等因素的影响较大，个体生理负荷对心率的影响远大于心理负荷对心率的影响，因而将心率这一指标用于心理负荷的测量其效果并不理想。所以，在实际研究中一般结合心率变异性及其他方法对心理负荷进行考察。心率变异性主要用来评定自主神经状态，其中主要用到的参数见表7-2。

表7-2 心率变异性的相关参数

	常用参数	说明
时域法	SDNN	平均正常RR间期的标准差
	RMSSD	相邻RR间期差的均方根
	NN50	相差大于50ms的相邻RR间期的总数
	PNN50	相差大于50ms的相邻RR间期占RR间期总数的百分比
	SDANN	每5分钟正常RR间期平均值的标准差
	SDANN Index	每5分钟正常RR间期标准差的平均值

续表

	常用参数	说明
频域法	TP	总的频域值
	VLF	极低频成分（0.03～0.04Hz）
	LF	低频成分（0.04～0.15Hz）
	HF	高频成分（0.15～0.40Hz）
	LF/(TP－VLF)	归一化的 LF 值
	HF/(TP－VLF)	归一化的 HF 值
	LF/HF	低频/高频比率

注：RR 表示两个 R 波之间的时间间隔。

来源：黄永麟，尹彦琳，2000。

心率变异性由于能较好地反映交感神经与迷走神经张力及其平衡，近年来在医学和运动生理学领域受到较高的关注。工效学领域也已开始将其用于对生理负荷和心理负荷的评价。例如，有人以智力游戏《祖玛》作为任务，他们假设游戏中球状物的移动速度越快，被试需要付出更多的注意努力，做出更快的行为反应，因此游戏难度更高，心理负荷更大（Lin et al.，2008）。研究结果发现，归一化的 LF 值可以很好地表征心理负荷，随着任务难度的上升，LF 值升高。有人通过模拟驾驶任务也发现，LF 值及 LF/HF 值随着模拟驾驶时间的增加而上升，HF 值随着模拟驾驶时间的增加而下降（李增勇 等，2004）。有研究者采用心率和血压变异性两种测量指标也得到了类似的研究结果，且心率变异性和血压变异性显著相关（焦昆 等，2006）。

也有用皮肤电（EDA）作为心理负荷的评价指标的。但是在应用中皮肤电指标有一定的局限性，因此皮肤电经常需要结合其他指标一起使用（葛燕 等，2014）。

生化指标也可以用来测量心理负荷。一般常用的生化指标有免疫球蛋白 A（IgA）、皮质醇以及儿茶酚胺等物质的含量。基于生化指标的心理负荷测量多采用应激范式。例如，有人为了模拟真实的工作环境，要求被试同时进行四种认知任务：计算任务、记忆-搜索任务、听觉及视觉监控任务（Wetherell et al.，2004）。这四种同时进行的任务持续 5 分钟。在任务前后收集被试的唾液样本，以测定 IgA 的含量。该研究结果表明，相比任务前，在任务后被试的 IgA 含量显著升高。随后，研究者通过 TLX 量表进行主观工作压力评分，区分出高、低心理负荷两组被试，并测定这两组被试的 IgA 水平。结果表明，相比高心理负荷主观评分组，低心理负荷主观评分组的 IgA 水平较低。这说明，IgA 水平可以作为心理负荷的生化指标。采用类似的应激范式，有人采用特里尔社会应激测试（Trier Social Stress Test，TSST）作为评定工具，将唾液中的皮质醇含量作为测量指标（杨娟 等，2011）。他们的结果表明，在 TSST 诱发应激情境之后，被试唾液中的皮质醇水平显著提高，被试主观报告的紧张水平提高，心跳加速。此外，还有人考察了长期的心理负荷对皮质醇水平的影响。在追溯了有关皮质醇觉醒反应（CAR）的 62 项研究后，他们认为 CAR 的提高与工作和生活压力显著正相关（Chida & Steptoe，2009）。除了使用唾液，也有研究者采用尿液来测量心理负荷。例如，有人招募了 54 名军机飞行员，在飞行前 30 分钟和飞行后 20 分钟收集其尿液样本。他们的结果发现，飞行后的飞行员尿液中的肾上腺素水平显著高于飞行前。研究者认为，这个结果是飞行带来的心理负荷激活自主神经系统造成的（Otsuka et al.，2007）。

相比于外周生理指标和生化指标，中枢生理指标的特点是可以更精确地反映大脑的认知加工过程。其中最常使用的是EEG和ERP技术，其具有时间分辨率、敏感性和实时性较高的优点。但心理负荷的ERP分析存在以下问题：一是各ERP成分的特异性不强，易受多种物理刺激因素及心理因素的影响，某成分或许能反映心理负荷的影响，但很难确定某成分的变化就是心理负荷的变化所致。二是ERP的记录中需要对同一刺激反复呈现数十次，然后将多次刺激的信号进行分割、叠加与平均，如此众多的同一刺激的反复呈现一方面会对工作者当前的任务执行造成干扰，另一方面在现场实地施测过程中也不具备可操作性。因此，ERP的记录分析多限于实验室研究。fMRI技术存在造价高昂、时间分辨率较低、被试身体不可移动等缺点，所以较少采用。相比fMRI，fNRIS技术价格低廉，便携性较好，不需要限定被试的身体运动状态，但目前这方面的研究还较少，需要进一步的研究。

基于外周生理指标的测量一般采用ECG技术，并使用心率和心率变异性作为指标。ECG更多地代表了机体整体的唤醒水平。ECG同样具有较好的时间分辨率和敏感性，但包含了更多的信息，所以单一地使用ECG指标会导致内部效度过低的情况出现。

基于生化指标的测量一般使用皮质醇水平作为心理负荷的指标，其具有高度的客观性，在唾液和尿液样本中均可检出，在长期的心理负荷研究中（如载人航天研究）和急性心理应激研究中较多采用。但生化指标多用于短时间内较大心理负荷的测量，因此并不能更加细致地区分不同水平的心理负荷，并且相比于外周和中枢生理指标，生化物质的分泌具有节律性，其取样和测定都需要较为烦琐的步骤和较长的时间，因此在心理负荷评定的实际工作中较少采用。

心理负荷的生理测量的最大优点在于其客观性，其次是实时性，不足在于所需仪器一般较为昂贵，且对环境有一定要求，数据记录与处理分析较为复杂，同时有些生理指标的测量在一定程度上可能会影响到正常工作。

第三节　应　激

一、概述

应激的概念可以从生理学、物理学、心理学和认知四个方面去加以理解。

生理学的观点最早是由谢耶（Selye，1936）提出的。他认为，应激是躯体对施加于其上的任何需求所做出的非特异性反应。谢耶又将应激分为正性应激（eustress）和负性应激（distress）：前者指积极的、令人愉悦的好的应激，后者则指消极的、令人不快的破坏性应激。无论是处于正性应激状态还是负性应激状态，躯体都会进入较高的生理唤醒水平，并消耗更多的能量，躯体的生理唤醒与能量消耗就构成了应激。

物理学的观点认为，应激就是外部环境施加于人身上的沉重压力，就如同车辆作用于桥梁的压力或强风作用于高层建筑的推力，是那些使人感到紧张的事件或环境刺激，如天灾、战争、工作中的人际矛盾等。

心理学的观点认为应激是一种精神紧张、焦虑甚至惊恐的内部心理状态。当有影响到自己的事情发生时，人们总是要采取一定的应对措施。无论是积极地想办法解决困难，还是消极地逃避与否认困难，此应对过程总是伴随着时间、精力的消耗以及心理冲突，此时心理上的主观体验即为应激。

认知的观点则认为应激是个体与外部环境交互作用的结果，即只有当个体的认知评价认为环境事件于己不利，而且其需求超出了自己的处理能力之时才会产生应激。应激的结果是心身疲惫及患心身疾病的风险增大。例如，夏季的强台风对于沿海居民来说会造成财产损失，且超出了其应对能力，因而是负性应激；但对于离海边相对较远地区的居民来说，台风带来的降雨会降温消暑，其影响利大于弊，因而就不会形成应激。同样，丢失 200 元钱对于穷人来说可以算是较大的应激，但对于富翁来说根本不算什么。这一观点强调相对于事件要求的个体能力及个体认知评价的作用。应激源是指能引起机体应激反应的来源。应激源是多方面的，既有工作特征与环境条件方面的，也有家庭、组织与社会文化方面的，依据不同的标准，应激源有着众多不同的分类。

以往传统工程心理学多将应激看作一种比较普遍但较为复杂的生理和心理状态，认为是人机系统偏离其最佳状态且作业要求与个体能力之间出现不平衡所致，并将导致工作应激的来源分为工作、环境、组织与社会以及生理节奏等（朱祖祥，2001）。

- 工作方面，如长期固定的作业位置和姿势、较快的工作速度、较长的工作时间、繁重的体力负荷、信息超负荷、信息缺乏的警戒。
- 环境方面，如噪声，高温高湿，低温高湿，振动，有害气体、粉尘等污染恶劣的空气状况，有毒、辐射等危险或有限制的作业场所。
- 组织与社会方面，如工作责任心、工作态度、人际关系、组织气氛和政策、领导行为、薪酬待遇、社会压力、舆论、竞争等。
- 生理节奏方面，如生理节奏不规则、睡眠剥夺等。

由于可以将应激看作工作负荷的影响结果，或者工作负荷的组成部分，前面介绍的影响生理负荷和心理负荷的因素都可以被看作应激源，此处不再赘述。

二、应激的影响

应激的影响可以分为生理、心理及行为三方面。

（一）生理影响

有人将应激的生理反应称为一般适应综合征（general adaptation syndrome），它包括警觉、抵抗和衰竭三个阶段（Selye，1936）。

在最初的警觉阶段，躯体生理唤醒水平升高，机体动员自身资源以应对刺激，肾上腺素及去甲肾上腺素分泌提高，使得瞳孔放大、呼吸加深加快、心跳加快、血压升高，同时抑制人体免疫系统的免疫反应。

在继后的抵抗阶段，由于机体资源的超常动员，生理系统与外部刺激抗衡相持。在此阶段，能量的生成小于能量的消耗，个体的消化、成长、性与生殖活动均会减缓，在慢性应激的后期则可能已没有能量来用于应对躯体损害，造成疲劳感。同时，长期的慢性应激还会导致机体免疫功能降低、内分泌紊乱，也反过来给自主神经系统和中枢神经系统造成严重影响，影响学习和记忆，严重者还会产生抑郁和精神症状。

如果应激持续存在，则机体会进入衰竭阶段。机体的资源储备有限，而新资源的生成又会因为应激反应而大大减缓，导致新资源的生成慢于资源的消耗，最终使个体用于抗衡相持的资源枯竭，无力对抗对身体各系统的伤害，导致机体免疫功能降低，增高了许多与应激相关的心身疾病如冠心病、高血压、消化性溃疡、头痛等的患病危险性。应激的上述生理效应在生理生化指标上主要表现为心排血量增大、心率升高、心率变异性降低，呼吸频率升高、换气量和氧耗量增加，出汗率增大、皮肤电反应增强，血液和尿液中的各种化学成分（如糖、乳酸、蛋白等）及激素含量发生改变等。这些生理生化指标上的表现也正是应激影响测量确定的重要依据。

（二）心理影响

应激的心理影响体现在认知、情绪和态度等方面。

认知影响主要表现为应激对知觉/注意和记忆的影响。应激状态下个体的知觉/注意广度缩小，个体往往集中注意其认为可以避免或缓解应激的对象上，周围其他信息则被忽视。这一现象被称为“知觉/注意狭窄化”（perceptual/attention narrowing），也称为“隧道化”（tunneling）。若个体集中注意的是正确的应被注意的对象，则不会产生不良影响，但若不是应被注意的对象，则会导致应被注意的对象得不到应有的关注，从而导致危险的后果。

应激条件下心理认知功能的另一种重要变化就是工作记忆受损，与当前任务情境相关的信息往往难以进入工作记忆，或工作记忆中有关当前任务的短时记忆容量变小，使得个体难以据此进行相关决策与操作。在应激状态下，保存个体知识技能的长时记忆却很少受到影响，有时甚至有所提高。因此，应激状态下个体往往会基于以往经验下意识地采取最常用的“优势”行为。但是，这种基于经验和定势的习惯反应往往不一定正确，这也是误操作的主要成因。例如，驾驶员在遇到紧急情况时，其习惯反应或“优势”行为是刹车，这在一般情况下是没有问题的。但若是车辆在高速行驶中发生爆胎，下意识地紧急刹车则会加剧车辆的失控状态，导致横滑或者翻滚。这时，正确的方法则是先通过油门控制车速，使车辆逐渐稳定下来直至停止。

应激状态下的情绪反应包括紧张、焦虑、受挫以及害怕或恐惧等，同时还表现出情感淡漠、神经紧张和思维混乱，疲劳感增强、乏力，情绪恶劣、攻击性倾向增强等。应激状态下个体在态度方面主要表现为对工作不满意、失去工作动机和工作信心等。

（三）行为影响

应激对人的行为的影响可以体现为行为策略及方式的变化、作业绩效的变化和不良行为的出现三方面。

应激状态下，个体往往会有意无意地改变行为策略以缓解应激源的影响。例如，在一项让被试进行两小时模拟飞行作业的研究中，由于需要监控的仪表数量较多，开始操作时被试显得十分紧张，作业绩效也不好，但随着作业时间的延续，操作者逐渐倾向于忽视外周信息，而将注意力集中于主要的几个仪表（引自朱祖祥，2001）。这既是应激条件下“注意狭窄化”现象的体现，也是操作者行为策略调整的结果。

虽然都知道行为的速度和准确性之间存在“速度-准确性”的权衡，但是急性高强度应激条件下，个体往往会牺牲行为准确性而立即采取行动，而这往往会导致操作失误。这也是应激对行为策略的影响。因此，在出现紧急情况的最初几秒甚至几分钟内先不要急于采取行动，而要先考虑选择适当的行为。

此外，当作业难度过大时，操作者既可能通过降低内部绩效标准来减少所受到的工作压力，也可能通过攻击性行为来释放内部心理压力。高刺激负荷条件下的操作者往往表现出试图回避外界刺激，而在低刺激负荷情况下，如在雷达监控、安全监控等低刺激条件下待了几小时甚至数天的操作者则表现出强烈的寻求外界刺激的欲望，此时，在正常情况下对他们毫无意义的刺激也可能会引起他们的兴趣，借此填补其刺激空白。

应激对作业绩效的影响因应激水平或强度而异，基本符合耶克斯-多德森定律，即应激强度与作业绩效之间的关系不是一种线性关系，而是因工作性质与难度而异，一般是倒U形曲线，即中等强度的应激最有利于任务的完成。高强度应激下个体的视野或注意力往往集中在一个狭窄的范围内，这使得复杂活动中操作者能知觉或注意到的相关线索减少，从而导致作业绩效恶化。这表现为反应迟缓、准确性下降、生产数量和质量降低、发生事故可能性增大等。

应激情况下，个体的助人行为减少，攻击性行为增加，更倾向于以自我为中心，忽视他人的线索，协作行为减少，导致团体绩效降低。在工作中还会表现出行为失序、注意力不易集中、旷工率和离职率增大等。另外，药物滥用、暴食或厌食等异常行为在应激条件下也会出现。

以上应激对个体生理、心理及行为的影响程度受个体能力、认知评价和态度与责任心等因素的影响。例如，在工作中，只有当操作者能意识到人机系统出现了问题及其可能导致的严重后果，并且他具有强烈的动机来解决这一问题时，应激的影响才能体现出来。此时，随着相对于操作者个体能力的任务难度的增大，以及操作者所体验到的问题后果严重程度的提高，应激的影响会相应增强。但是，若操作者由于能力因素或态度与责任心因素而意识不到人机系统问题的产生及后果，或对后果漠不关心，则应激就不会发生或影响甚微。因此，操作者的能力、意图、态度和责任心以及对应激源的认知评价结果对应激的产生及影响程度有重要作用。

三、应激的影响因素

在工作环境中，不同类型和程度的应激反应会影响操作者的身心健康与工作绩效。

根据目前的研究，影响应激反应的主要因素有职业、环境和个体因素等三个方面。

（一）职业因素

不同的职业特点，如工种、工龄、工作任务、工作级别等都会影响系统操作者的应激水平。

有研究者以驻海岛官兵（实验组）和非海岛某部队官兵（控制组）为研究对象，采用军人急性应激反应量表对应激水平进行了研究。结果发现，除睡眠情况因子外，其余因子（涉及肌肉骨骼、呼吸系统、心血管症状、神经系症状、消化系症状、生殖泌尿症状、语言状态、情绪情感）差异均显著，表现为实验组的应激反应更加严重。这说明相比于非海岛官兵，驻海岛官兵的应激水平更高（潘虹 等，2014）。采用类似的研究方法，有研究者使用护士工作应激源量表（CNSS）对 2 091 名护理工作者进行了测查，结果发现，应激源得分受到职业因素的影响，工作 11～15 年的护士得分最高，工作时间较短者与较长者应激水平较低（张静平 等，2011）。

执行军事任务会引起高应激反应。有研究以伞兵做跳伞任务为应激刺激，通过鉴定唾液中 α-淀粉酶和皮质醇含量来考察跳伞应激对伞兵的影响。研究者在登机前 2 小时和 1 小时，着陆后 0.5 小时和 2 小时采集唾液样本。结果发现，从登机前 2 小时到着陆后 0.5 小时，跳伞组的皮质醇水平明显提高，且每个时间点的皮质醇水平都高于控制组（20 名不参加跳伞的士兵）。这说明，军事任务可以引起显著的应激反应（陈良恩 等，2013）。

有的研究者综合多个职业因素，考察了 903 名军人在军事演习（应激）情况下的 SCL-90（症状自评量表）得分，并同时记录了他们的军龄、兵种和军阶等信息。结果发现，在军事演习的条件下，军龄较大、军阶较高的炮兵（相比于步兵和侦察兵），其 SCL-90 得分更低。这说明，军龄、军阶和兵种对应激反应均有一定的影响（杨国愉 等，2004）。

（二）环境因素

工作的环境因素包括物理环境和社会环境。其中，物理环境包括海拔、湿度、温度、重力、日照时间等因素；社会环境包括组织管理方式、组织气氛、人际关系、社会文化、社会支持等因素。

有研究者采用军人心理应激自评问卷（PSET）评估了在高原工作的官兵的心理应激水平，结果发现，海拔 5 000 米地区高寒、干燥、大风的应激环境对官兵身心健康危害较大；而使用高压氧疗养可显著降低高原官兵的应激得分，说明该疗养方式可降低高原官兵的心理压力，提高其抗应激能力和心理健康调节水平（徐莉 等，2015）。

另外，有研究者采用头低位卧床的实验方法模拟了太空环境。他们采用 EEG 作为测量手段，让被试参与 45 天的头低位卧床实验。结果发现，随着卧床天数的增加（分别在卧床开始的第 2 天、11 天、20 天、32 天、40 天，卧床结束后 8 天），EEG 偏侧化指标线性增长（修利超 等，2014）。此外，工作中的社会环境也会影响应激反应水平。有研究者采用 SCL-90 对参加军事演习的 903 名军人进行了现场测试，结果发现，民主型管理方式（相比于专制型和放任型）、和睦安宁的集体气氛（相比于偶尔争吵和经常争吵）与优良的人际关系（相比于一般和不良）可以显著降低应激反应（杨国愉 等，2004）。还有研究者以 99 名在德国学习的学生/学者为对象，证明应激源和应激反应与跨文化适应负相关。这说明，不同的文化环境可以影响对应激的反应及对应激的适应水平（严文华，2007）。

为了更加综合地考察物理环境和社会环境带来的应激效应，有研究者选取长沙市 788 名电子产业工人作为调查对象，采用自制的一般情况调查问卷以及中文版职业应激量表（OSI-R）对相关信息进行了采集。研究结果表明，电子产业工人的职业任务与个体紧张得分显著高于我国西南地区常模，个体应变能力得分低于我国西南地区常模（陈发明 等，2014）。

（三）个体因素

性别、年龄、婚姻状况、生理周期、人格特质、情绪调节策略、自我效能感和心理弹性、精神障碍等因素对个体的应激水平具有较好的预测作用。

有研究者使用 CNSS 量表对我国东部、中部和西部三个地区 21 家医院的 3 091 名护士进行了测查，结果表明，已婚护士的工作应激源得分高于未婚护士；26～30 岁护士的工作应激源得分最高，25 岁以下者得分最低（张静平 等，2011）。

关于应激反应在性别上的差异，更加直接的证据来自采用 TSST 测试作为评定工具的对比研究。研究者发现在应激条件下，初二的男性学生（相比女性学生）有着更高的皮质醇水平（陆青云 等，2014）。

更多的研究聚焦于人格特质对应激反应的影响。有研究者对山西省和天津市 6 所高校的 538 位教师进行了测查，结果表明，工作应激与工作满意度显著负相关，即教师的应激水平越高，对工作越不满意（贺腾飞，刘文英，2012）。采用类似的研究工具，研究者还发现坚韧人格、内控感、和善性、严谨性、心理弹性、自我接纳、自我效能感、随和、自立人格与应激水平显著负相关（洪炜，徐红红，2009；任慧峰 等，2012；夏凌翔，2011；赵鑫 等，2014），神经质、SCL-90 得分与应激水平显著正相关（赵鑫 等，2014；左昕 等，2011）。

最后，一些心理训练、沟通策略或情绪调节策略可以降低应激水平。有研究者为了考察心理训练对战斗机飞行员应激损伤的防护效果，将参加重大演习任务的 69 名战斗机飞行员根据是否参加心理训练（认知调节训练、生物反馈训练、沙盘游戏训练和团体心理训练）分为训练组和控制组，并采用 SCL-90 得分评估心理应激水平。结果发现，在军事应激中，训练组在躯体化、强迫、焦虑、敌对和偏重因子上的得分低于控制组。这个结果说明，心理训练能够调节战斗机飞行员的军事应激反应，改善心理健康状况（胡乃鉴 等，2015）。除了来自外部干预，个体自身也会对应激产生适应性反应。有研究表明，采取活跃且自制沟通策略的宇航员会传递他们心理上的紧张情绪，减轻他们的心理负荷。这说明，在长期飞行任务中，宇航员沟通策略会对宇航员的情绪产生影响（Shved et al.，2012）。

根据以上研究可以发现，大多数研究者采用量表测量法，影响应激的因素是多种多样的，所用的量表也不尽相同。这就导致不同研究的结果难以进行比较与总结，只能得出有限的结论，而无法深入挖掘影响与调节应激的潜在机制。在未来的研究中，在兼顾创新与探索的情况下，研究者应注重提高不同研究之间的可比性，在应激的内在机制上有所突破。

四、应激的测量

一般而言，传统的应激测量较多使用量表测量法，但随着测量技术的发展与研究的深入，越来越多的研究者开始使用行为测量法和生理测量法，这为我们提供了更多的途径来发现和确定与应激相关的问题。

（一）量表测量

较多研究者采用量表测量法收集数据，对不同变量进行相关分析，以考察应激水平及其影响因素。例如，军事飞行员是高风险、高工作负荷的职业，工作中存在大量的应激情境，考察其人格特质和认知方式与心理应激水平的关系具有重要的实践意义。有研究者采用工作压力感问卷（JSQ）、艾森克人格问卷简式量表中国版（EPQ-RSC）、航空安全控制点问卷（ASLOCI）、坚韧人格问卷（HPQ）对166名军事飞行员进行了测查，结果发现，EPQ-E得分高（外倾性人格）的飞行员其工作压力感较弱，两者显著负相关。类似地，HPQ得分与工作压力感也显著负相关。ASLOCI中的外控分量表得分与工作压力感正相关。以上研究结果表明，外倾、坚韧以及内控感较强的军事飞行员，其工作压力感更弱（任慧峰 等，2012）。采用类似的研究方法，有研究者对军人出国留学和访学人员（严文华，2007）、护士（杨娟 等，2012）、宇航员（Shved et al.，2012）的应激水平进行了测查。以上研究大多采用相关分析作为主要方法，更多的研究者为了更加深入地考察应激水平受到何种因素的影响，采用回归分析（陈发明 等，2014；左昕 等，2011）、中介效应（模型）分析（夏凌翔，2011；赵鑫 等，2013，2014）、结构方程（洪炜，徐红红，2009）等统计方法，这些统计方法可以为应激的来源和影响应激的因素提供更多的预测性解释。例如，有研究者分别采用大学教师工作应激量表、高校教师工作满意度调查问卷，以及EPQ-RSC对山西省和天津市6所高校的538位教师进行了测查。其中大学教师工作应激量表由34道题目组成，分为5个分量表，分别是工作保障、教学保障、人际关系、工作负荷与工作乐趣。研究结果表明，工作应激与工作满意度显著负相关，即教师的应激水平越高，对工作越不满意。研究者通过回归分析发现，工作应激经由人格特质变量间接地影响工作满意度，具体表现为人格外倾的教师具有较高的工作满意度，高神经质的教师具有较低的工作满意度（贺腾飞，刘文英，2012）。采用类似的方法，有研究者发现社会支持能缓解工作应激带来的影响，提高工作满意度（贺腾飞，2015）。

（二）行为测量

应激反应本身具有积极意义，有助于机体对应激做出适应性反应，只有超出一定程度的应激才会对机体的正常功能产生不利影响。在慢性应激工作任务中，研究者较多使用行为测量法。一般使用的测量方法以反应时和正确率作为主要指标。例如，一项以572名连续执行4～16个月高强度军事训练的军人为对象的研究，通过特质焦虑量表将参加训练的军人分为特质焦虑组和非特质焦虑组，并在训练期间进行认知能力测查。结果发现，相比于非特质焦虑组，特质焦虑组经历军事应激之后，短时记忆、双手协调、双脚协调和复杂鉴别任务绩效均更差（王丽杰 等，2011）。这个结果说明，认知作业任务对应激水平的检测具有较高的敏感性。为了降低行为测量造成的干扰，有研究者对执行3个月宇航任务的宇航员的报告内容进行分析，并将报告字数、消极/积极情绪词语数作为其沟通策略的行为指标。结果发现，6名宇航员在沟通策略上出现了分化：一组宇航员的沟通策略更加活跃且自制（activation and self-government），其报告内容更长，报告内容除了正常的工作交流之外，更具情绪色彩，这组宇航员的主观心境得分也更高。另一组宇航员的报告内容很短，缺乏情绪表现。研究者认为采取活跃且自制沟通策略的宇航员传递了他们心理上的紧张情绪，减轻了他们的心理负荷（Shved et al.，2012）。

（三）生理测量

在对应激的生理测量中，较多采用的指标或技术有唾液或血液中的皮质醇水平、α-淀粉酶水平、心率，fMRI、PET、EEG、ERP等。大多数研究者采用皮质醇水平作为应激水平的指标。例如，有研究者以伞兵为研究对象，通过测定唾液中α-淀粉酶和皮质醇含量来考察跳伞应激对伞兵的影响。研究者在登机前2小时和1小时，着陆后0.5小时和2小时采集唾液样本。结果发现，从登机前2小时到着陆后0.5小时，跳伞组的皮质醇水平明显提高，且每个时间点的皮质醇水平都高于控制组（不参加跳伞的士兵），α-淀粉酶含量变化与皮质醇含量类似。研究者认为α-淀粉酶水平间接反映了交感-肾上腺髓质（SAM）的唤醒度，而皮质醇水平反映了下丘脑-垂体-肾上腺轴（HPA）的唤醒度。两个系统都与应激反应相关，可以作为评估应激水平的指标（陈良恩 等，2013）。有研究者使用TSST测试模拟了社会应激场景，证明皮质醇是简单高效的应激水平的指标（Huang et al.，2015；陆青云 等，2014；杨娟 等，2011）。TSST测试一般配合皮质醇水平的测量，而蒙特利尔脑成像应激任务（MIST）则配合MRI与PET进行测量，这为我们了解应激状态下的大脑变化提供了重要的研究手段。在MIST任务中，被试需要在时间紧迫的情况下对题目进行解答，若在规定时间内无法做出解答，这个试次就被认为是失败的。主试告知被试总体成功率达到80%才被认为是成功的。如果被试在作答过程中成功率很高，则程序会自动调整时间限制，使得被试的成功率保持在40%。如果被试失败，此时主试会对被试进行消极反馈，告诉他这个“失败”，并且督促其努力提高自己的分数。这种实验设计诱发了被试的自我卷入（ego involvement）和失控感（uncontrollability）。控制组被试则没有时间限制，不会被告知总体成功率，也没有主试的消极反馈，因此不会诱发自我卷入和失控感。此时使用MRI、PET和18F-fallypride（多巴胺D2受体显像剂）测定脑区的激活程度，并记录被试的心率。结果发现，相比于控制组，应激组的背内侧前额皮层（dmPFC）区域被显著激活。另外，dmPFC激活度越高，则心率越快（Nagano-Saito et al.，2013）。同样采用MRI技术，有研究者发现在4～16个月的高强度军事训练后，572名特种部队军人中的特质焦虑个体的海马体形态出现了双侧萎缩（相比于非特质焦虑个体）。研究者推测这可能是具有特质焦虑的军人在经过高强度军事训练后，分泌了过量的糖皮质激素，引起了神经细胞的功能不足，使得神经细胞丢失和反应性胶质增生，最终导致海马体的体积变小（王丽杰 等，2011）。

在一项模拟宇航员的工作应激环境的研究中，有人发现，相比于社会隔离被试 72 小时，经过社会隔离＋睡眠剥夺 72 小时后的被试在 Go/NoGo 任务中，Go-P300 的波幅更大。研究者认为，这可能由于被试的执行功能受到了损害（Liu，2015）。在另一项模拟太空中微重力环境和身体受限等宇航条件的研究中，研究者采用 EEG 作为测量手段，让被试参与 45 天的头低位卧床任务（加上前后准备共 65 天），统计各量表得分的同时，记录前额区与额中区的 α 波段（8～13Hz）的功率值并且取自然对数，然后用右侧电极记录的数值减去左侧电极记录的数值，即得到 EEG 偏侧化指标。研究结果发现，随着卧床天数的增加（分别在卧床开始的第 2 天、11 天、20 天、32 天、40 天，卧床结束后 8 天），EEG 偏侧化指标线性增长（修利超 等，2014）。

以上研究表明，影响应激反应的因素较多，而目前对应激的测量大多使用量表法。但不同研究者对应激的定义不同导致研究之间难以比较，也难以得出统一的结论。例如，有的研究者将心理健康量表（如 SCL-90）得分作为应激反应的指标，将其他变量（如工龄）定义为影响应激的因素。有的研究者则将心理健康量表定义为心理健康指标（或症状指标），使用心理应激量表（如军人心理应激自评问卷）得分作为应激水平的指标。从应激的生理意义来看，应激反应不等同于症状或心理健康。在对应激源做出反应的初期，应激反应具有积极意义，此时心理健康量表得分并不具有临床意义，心理应激量表得分对于应激反应具有更好的代表性。随着应激反应的持续，机体开始出现长时间应激所导致的衰竭症状，也就是应激开始对身心健康产生较大危害，此时心理健康量表得分才具有较大的意义。在以后的研究中，如何根据任务要求、工作环境和个人特点评估应激反应并实施劳动保护具有现实意义。

概念术语

工作负荷，生理负荷，瞬时负荷，持续负荷，全身性负荷，局部性负荷，动力性负荷，静力性负荷，心理负荷，智力负荷，量表测量法，行为测量法，生理测量法，中枢生理指标，外周生理指标，生化指标，应激

本章要点

1. 工作负荷是单位时间内个体所承受的工作量，或人完成任务所承受的工作负担与压力大小以及人所付出的努力与注意程度。工作负荷主要分为生理负荷和心理负荷两类。

2. 生理负荷又称生理工作负荷或体力负荷，指单位时间内人体所承受的体力活动工作量。生理负荷表现为肌肉骨骼系统的负荷量及相应的肌肉活动水平。

3. 根据工作持续时间的长短，生理负荷可以分为瞬时负荷和持续负荷；根据工作涉及的肌肉部位是大范围的全身性肌肉还是某些特定部位的局部性肌肉，生理负荷可分为

全身性负荷和局部性负荷；根据主要涉及的肌肉在工作时的活动状态，生理负荷可以分为动力性负荷和静力性负荷。

4. 影响生理负荷水平和效应的因素主要有工作、环境和个体因素三大类。

5. 生理负荷的影响随着负荷强度增大及暴露时间延长而逐渐增强。这一进程分为热身启动、最佳稳态、疲劳和劳损等四个阶段。

6. 生理负荷测量是对工作环境中，在单位时间内人体所承担的体力活动工作量的测量，其结果可为进一步的工作安排与劳动保护提供可靠的依据。生理负荷测量包括主观测量和生理测量两方面。

7. 心理负荷的定义有以下几种：(1) 工作者在完成任务时所使用的那部分信息处理能力；(2) 工作者在工作中所感受到的工作压力的大小；(3) 工作者在工作中脑力资源的占用程度；(4) 工作者在工作中的繁忙程度。

8. 影响心理负荷水平和效应的因素可以分为工作因素、环境因素和个体因素三大类。

9. 心理负荷测量的常用方法主要有量表测量法、行为测量法和生理测量法三大类。

10. 从生理学的角度来说，应激是躯体对施加于其上的任何需求所做出的非特异性反应；从物理学的角度来说，应激是外部环境施加于人身上的沉重压力；从心理学的角度来说，应激是一种精神紧张、焦虑甚至惊恐的内部心理状态；从认知的角度来说，应激是个体与外部环境交互作用的结果。

11. 应激的影响可以分为生理、心理及行为三个方面。

12. 应激的影响因素主要有职业、环境和个体因素三个方面。

13 应激的测量方法主要有量表测量法、行为测量法和生理测量法三种。

复习思考

1. 生理负荷与心理负荷的影响因素有哪些？二者间有何联系与区别？
2. 生理负荷与心理负荷的测量方法有哪些？二者间有何联系与区别？
3. 试分析工作负荷各类测量方法的优势与不足。
4. 如何理解应激？应激的影响因素有哪些？

拓展学习

葛燕，陈亚楠，刘艳芳，李稳，孙向红．(2014). 电生理测量在用户体验中的应用. *心理科学进展*，*22* (6)，959－967.

梁丽玲，赵丽，邓娟，叶旭春．(2019). NASA-TLX 量表的汉化及信效度检验．*护理研究*，*33* (5)，734－737.

Gawron，V. J. (2019). *Workload measures*. CRC Press.

第八章

工作环境

教学目标

掌握照明、噪声及微气候和冷热环境对作业的影响，以及应对措施；熟悉特殊环境的主要特征、影响及应对措施。

学习重点

掌握照明环境的基本特征、影响视觉作业的五种因素；掌握噪声环境的基本特征、影响及噪声控制方法；掌握微气候环境的基本特征，熟悉冷热环境的影响及应对措施；掌握航天失重环境与高原低氧环境的基本特征、影响及应对措施。

开脑思考

1. 在不同的照明环境以及噪声环境中，我们的工作效率是否一致？它们是如何影响我们的工作的？

2. 航天员在太空中会遭遇不同的环境特征，登山运动员在攀登珠穆朗玛峰时也会因为环境的不同而产生各种身体变化。在这些特殊环境中，环境对人体会产生怎样的影响？我们如何去克服？

作为人-机-环系统的重要组成部分，环境对人的工作绩效与心理行为有着重要的影响。适宜的工作环境不仅可以提高操作者的工作绩效，而且可以使操作者保持良好的情绪，降低工作负荷。本章首先将从照明、噪声及微气候和冷热环境等方面论述工作环境对操作者的影响，然后论述航天失重、高原低氧等特殊环境对操作者的影响。

第一节　照明、噪声及微气候和冷热环境

通常，工作环境包括照明、噪声及微气候和冷热等环境。传统工程心理学对这四类环境都做了大量的研究。这些研究主要涉及各种环境中各种因素的度量、环境对操作者作业的影响及相关环境的优化。

一、照明环境

（一）照明光源及其特性

照明环境包括自然采光和人工照明环境。利用自然界的天然光源，解决作业场所照明问题的方法叫自然采光。利用人工制造的光源来解决作业场所照明问题的方法叫人工照明。光源有热光源（如太阳、蜡烛、白炽灯等）、冷光源（如日光灯、汞灯等）。

随着社会经济和科技的发展，目前人工照明的应用越来越广泛。照明光源的选择通常要考虑光源发光强度、光源发光效率以及光源颜色三个因素。

光源的发光强度是决定环境照明强度的基本因素，它可以用光通量、光强、亮度等单位进行度量（本章涉及的环境度量指标和方法的具体内容请参考相关书籍或论文）。

光源的发光效率是反映光源经济效益的一个重要参数。它由灯泡发出的光通量与其消耗的电功率之比来确定，单位为流明/瓦（lm/W）。与热光源相比，冷光源的发光效率较高。白炽灯的发光效率为 20～30lm/W，而荧光灯则为 65～78lm/W（引自朱祖祥 主编，2003）。

光源的颜色包括光源的色表和显色性。色表是光源所呈现的颜色，也就是人眼直接观察光源时所看见的光的颜色，如荧光灯呈日光色。色表可以用色温或相关色温表示。当光源的光谱与加热到温度为 T_c 的黑体[①]（或完全辐射体）发出的光谱分布相似时，则将温度 T_c 称为该光源的色温，其单位是绝对温度（K）。

显色性则是度量光源照射下物体颜色失真度大小的指标。当不同光源分别照射到同一种颜色的物体上时，该物体将呈现不同的颜色。在某种光源照射下显示的物体颜色越接近该物体在阳光下的颜色，这种光源的显色性就越好，反之则越差。显色性通常以显色指数来衡量，把显色性最好的日光作为标准，将其显色指数定为 100，其他光源的显色指数均小于 100。

显色指数愈小，显色性愈差，一般显色指数低于 50 为差，50～75 为一般，75 以上为优。物体的颜色随照明光源光色的不同而变化，物体的本色只有在天然光照明的条件下才会不失真地显示出来。

（二）照明对视觉作业的影响

人类视觉基本功能的维持需要一定的照明条件。当照明不良时，视觉操作绩效会有所下降，而且容易产生视觉疲劳、视力下降、眼睛发胀、头痛或其他疾病而影响健康，并造成工作失误和工伤。

环境中照明水平、照明分布以及照明光源性质等都会对视觉操作绩效产生一定的

---

① 所谓黑体，是指在辐射作用下，既不反射也不透射，而是把作用于它的全部辐射都吸收的物体。黑体被加热时，随着温度的升高，其辐射由长波向短波移动，相应的颜色也沿红、黄、绿、蓝顺序依次变化。

影响。

1. 照明水平

照明水平是指工作环境中照明的强度或一定视觉作业的背景亮度。照明水平直接影响人的视敏度和对比灵敏度等视觉功能，进而影响视觉作业绩效。一般情况下，视敏度及对比灵敏度均随照度的升高而提高，但与此同时，相应的视觉功能提高量却在逐渐递减，这一关系被称为照明收效递减律（引自葛列众，朱祖祥，1987；许为，刘为民，1992）。对于各类场所作业面上的照度标准值，可参见《建筑照明设计标准》（GB 50034—2013）中的具体规定。

2. 照明分布

光的稳定性和均匀性是衡量照明环境质量的另一个重要方面。光的稳定性要求照度或者亮度在设计的照明空间内保持恒定，不产生波动和频闪。光的均匀性则要求照度或亮度在某一作业范围内分布均匀适度。

照明分布是指整个视场中不同照明区域的照明水平的分布情况，通常可以使用最低照度均匀度、平均照度均匀度和亮度比作为指标来评价视觉环境中照明分布的优劣。最低照度均匀度是整个视场中最小照度值与最大照度值之比。平均照度均匀度是视场中最小照度值与平均照度值之比。亮度比则是视场中任意两个区域的亮度比值，定义式为：

$$亮度比=L_2 : L_1 \qquad 公式\ 8-1$$

式中，L_2 指特定区域（如工作面）的亮度值，L_1 为特定区域邻近区域的亮度值。通常 L_2 比 L_1 大。

当环境照度不均匀时，人眼从一个亮度表面移到另一个不同亮度表面需要一个明适应或暗适应的调节过程。在此适应过程中，视觉功能会有所下降，而且作业中频繁的适应调节很容易导致视觉疲劳。同样，照度不稳、闪烁或忽明忽暗也会减弱视力，增加视觉系统的额外负担。

照明分布主要受照明方式的影响。照明方式包括一般照明、局部照明和混合照明。

一般照明是指不考虑特殊局部的需要为照亮整个场地而设置的照明。此种条件下，整个被照明区域产生大致相等的照明水平，其照明分布的均匀性较好，不易产生眩光。

局部照明是为满足某些部位如工作面的特殊高照度需要而设置的照明。局部照明往往会导致整个环境的照明分布的均匀性变差，并容易产生眩光。

混合照明则是采用一般照明和局部照明相结合的方式，可以避免两者的缺点。

另外，有研究发现照明分布还影响用户的主观照明水平感受，在空间平均照明水平相同的前提下，操作者主观上会认为，分散照明比集中照明效果好，照明水平高（Kato & Sekiguchi，2005）。

3. 照明光源性质

照明光源性质对视觉作业，特别是对颜色辨认作业有一定的影响。通常，白光照明下对色标的辨认效果要优于色光照明，而高色温白光照明又优于低色温白光照明。也有实验表明，随着环境照明水平的提高，CRT 显示器上的绝对颜色辨认效果下降；2 800K 中等色温照明下的绝对辨认效果优于 1 800K、5 800K 色温照明；高亮度 CRT 显示器色标有利于提高绝对辨认效果。同时，CRT 显示器色标大小和色标亮度之间存在交互作用，即绝对辨认效果有随色标亮度增大而提高的趋势，而小尺寸色标比大尺寸色标更为明显（许为，朱祖祥，1989，1990）。

另外，照明光源的显色性决定了照明光源性质对视觉作业尤其是颜色相关视觉作业绩效的影响。《建筑照明设计标准》规定了室内照明光源色表特征及适用场所（如表 8-1 所示）。

表 8-1 光源色表特征及适用场所

相关色温（K）	色表特征	适用场所
<3 300	暖	客房、卧室、病房、酒吧
3 300～5 300	中间	办公室、教室、阅览室、商场、诊室、检验室、实验室、控制室、机加工车间、仪表装配
>5 300	冷	热加工车间、高照度场所

在一些特殊的操作环境中（如飞机驾驶舱），需要系统考虑照明性质与显示器参数之间的兼容性和视觉工效。例如，航空夜视镜通过像增强器将夜光辐射下微光目标的光学图像增强 10 000～25 000 倍，以产生足够亮度的成像。戴有夜视镜的驾驶员除了对驾驶舱外目标进行搜寻外，还需判读舱内仪表。红光、白光照明光谱分布在夜视镜像增强器的光谱反应范围内，且辐射能量强度远大于窗外微光目标时，会“淹没”所观测目标的成像。因此，与夜视镜相兼容的驾驶舱内仪表照明光谱只能在低于像增强器光谱响应的起始波长（600nm 左右）中选择。在该波长范围内的可见光中，绿光的光效率最高（主波长 555nm），人眼疲劳影响相对较小，且与夜视镜荧光屏的单一绿色成像色调一致。因此，驾驶舱需要采用特殊的绿光仪表照明，舱内告警信号灯需要采用黄色或者适当过滤的红色（许为，1991a，1991b）。

4. 照明的颜色效应

照明光源性质对人的舒适感也有着重要影响。

图 8-1 显示了照明水平、照明光源性质（以色温为指标）与光色视觉舒适感之间的关系。一般色温大于 5 000K 给人以冷的感觉，低于 3 300K 则给人以暖的感觉，介于 3 300K 和 5 000K 之间则感觉一般。由图可见，光色视觉舒适感不仅与照明光源性质有关，而且还与照明水平有关。因此，可根据不同环境或地区的实际情况，采用合适的光源来增加舒适感。

除了照明水平及色温之外，照明的空间分布形式（直接照明/间接照明）也会影响操作者对照明空间氛围的感知。

在不同色光照明下，物体表面颜色会产生不同程度的变化。表 8-2 显示了不同色光对物体表面颜色的影响。由表可见，当色光不同时，被照物体的表面颜色会有相当程度

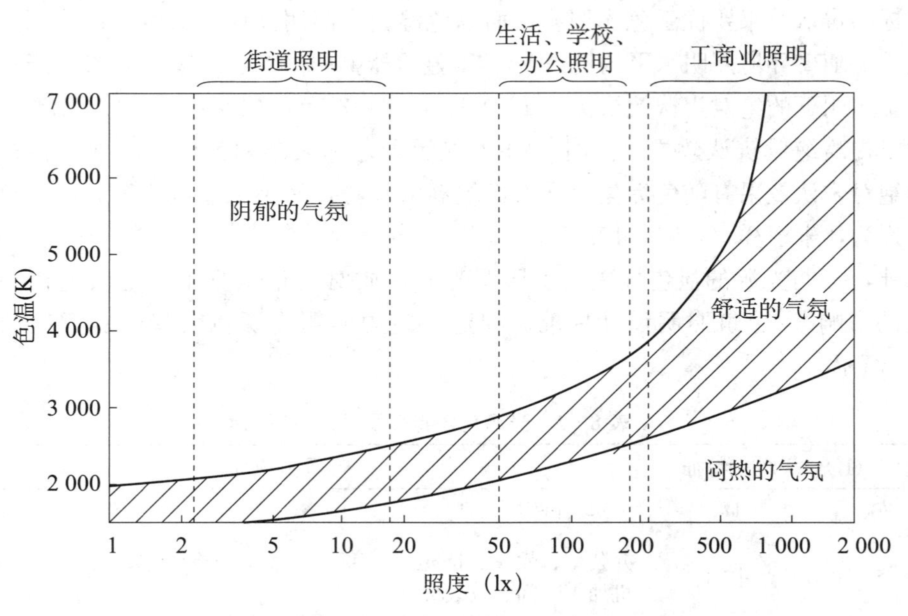

图8-1 照明水平、色温与光色视觉舒适感之间的关系

来源：朱祖祥 主编，2003。

的变化。这些结果在航空、艺术及商业等领域有着很大的应用价值。

表8-2 不同色光对物体表面颜色的影响

物体颜色	照明的颜色			
	红	黄	绿	天蓝
白	淡红	淡黄	淡绿	淡蓝
黑	红黑	橙黑	绿黑	蓝黑
红	灿红	亮红	黄红	深蓝红
天蓝	红蓝	淡红蓝	绿蓝	亮蓝
深蓝	深红紫	淡红紫	深绿紫	灿蓝
黄	红橙	灿淡橙	淡绿黄	淡棕
棕	棕红	棕橙	深橄榄棕	蓝棕
绿	橄榄绿	黄绿	亮绿	绿蓝

来源：朱祖祥 主编，2003。

此外，颜色还具有冷暖感、轻重感、远近感等心理效应。这些内容可以参考相关专业书籍。

5. 眩光

眩光是由视野中光源或反射面亮度太高、太耀眼，或者光源与其背景的亮度对比太大引起的视觉系统不舒适和视觉功能下降的一种现象。例如，夜间开车会车时对面车远光灯的突然照射会使人看不清道路情况。

按照产生原因的不同，眩光可分为直射（直接）眩光、反射（间接）眩光和对比眩光。直射眩光是由眩光源的强烈光线直接照射观察者的眼睛造成的。直射眩光效应与光源位置有关，如图 8-2 所示。反射眩光则是由强光照射过于光亮的表面（如电镀抛光表面）后再间接反射到人眼造成的。对比眩光是由观察目标与背景明暗相差太大造成的。

根据眩光对观察者视觉影响的程度不同，也可以将眩光分成不舒适眩光、失能眩光（碍视眩光）和失明眩光三类。其中不舒适眩光又称心理眩光，其效应主要是视觉上的不适。失能眩光的效应主要是它能使观察者视野中观察对象的能见度下降，同时还会使人烦恼，精神涣散，注意力不集中，从而引起视觉作业绩效的下降。失明眩光又称闪光盲，是亮度很高的眩光源作用于人眼一定时间后，使人在一段时间内暂时失明的视觉现象。失明眩光在日常生活中并不常见，多见于一些特殊场合，如作为非杀伤性防暴武器的眩光弹和强光灯，其发射的强烈光束会对人眼产生强烈的眩光作用，使歹徒、暴乱人群产生视觉障碍或者短暂失明，从而制止犯罪活动。

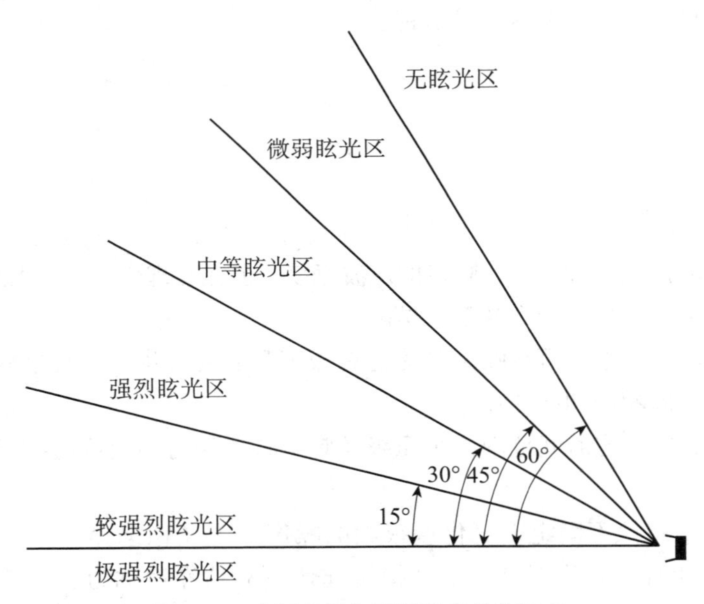

图 8-2　光源位置与直射眩光效应强度

眩光产生的不良影响主要有：一是引起视觉不适，造成视觉疲劳、视力下降，严重时可使人暂时失明；二是影响视觉对象的能见度，降低视觉作业的绩效。图 8-3 显示了眩光源处于不同位置时对视觉作业绩效的影响。有研究表明，眩光源与视线的夹角越小，观察者的视觉作业绩效越差（葛列众 等，1998；田春燕 等，2000）。

防止眩光的产生可以从以下几方面考虑：

- 选用质量较好、眩光指数较小的光源。
- 使眩光源尽可能远离观察者视线，将光源布置在视线外微弱刺激区。
- 适当提高眩光源周围环境的亮度，以减少亮度反差。
- 对于反射眩光，应通过变换光源位置或工作面位置，使反射光不处于视线内。还

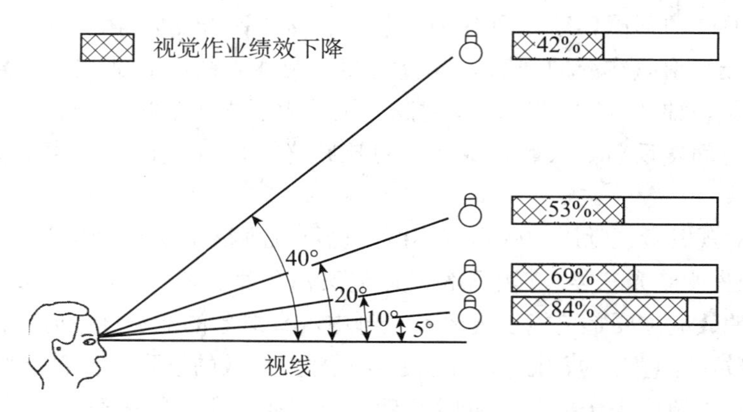

图 8-3　不同位置眩光源对视觉作业绩效的影响

可通过选择材质和涂色来降低反射系数，经常注视的工作面不能用反光颜料和材料，以免产生反射眩光。

- 对于失明眩光，可佩戴减光护目镜。

二、噪声环境

（一）概述

物理学上的噪声是一种紊乱、随机的声波振荡，但在心理学上，但凡干扰人的工作、学习和生活，使人产生烦恼的声音都是噪声。

按照噪声的时间特性，可将噪声分为稳态噪声和非稳态噪声，其中后者又可进一步分为起伏噪声、间歇噪声和脉冲噪声。

稳态噪声是指在一定时间范围内声压级及频谱特性保持不变或具有可以忽略不计的小的起伏的噪声。

声压级及频谱特性不固定，变化量很大的噪声即为非稳态噪声。其中声压级在一个很大的范围内随时间变化而呈一定规律性起伏波动的噪声称为起伏噪声；在一定时间段内交替出现与消失或声级多次下降到背景声级的噪声为间歇噪声；由一个或多个猝发声组成，声压级具有明显峰值，单次持续时间小于 1 秒的噪声为脉冲噪声。脉冲噪声又可进一步分为准稳态脉冲噪声和独立猝发声，前者由一系列振幅相近而时间间隔小于 0.2 秒的猝发声组成，后者包括波形振幅恒定或近似恒定的猝发声以及瞬态衰变的猝发声。

按照噪声强度特性，可将噪声分为低强度、中等强度和高强度噪声三种。此类强度等级划分是相对的，尚无明确的绝对标准。一般认为，强度不大，即使长时间作用对人体也不产生明显影响的噪声属于低强度噪声；强度较大，短时间内对人体不会产生明显影响，但长时间累积作用会产生一定不良影响的噪声属于中等强度噪声；强度很大，即使是短时间作用也会对人体产生明显不良影响的噪声属于高强度噪声。

按照噪声频率的高低，可将噪声分为高频噪声、中频噪声、低频噪声；按照噪声频率的宽窄，可将噪声分为宽带噪声和窄带噪声。例如，电梯、变压器、中央空调（包括冷却塔）及交通噪声等多属低频噪声，而汽笛噪声则属于高频噪声和窄带噪声。

此外，依据噪声来源的不同，还可以将噪声分为交通噪声、工业噪声、社会生活噪声以及航空航天噪声等。

噪声可以用客观的物理参数和主观的心理参数评价。常见的评价参数如表 8－3 所示。

表 8－3 常用声音参数

分类	名称	符号	说明	单位名称	单位符号
声音物理量	声压	P	声波通过传播媒介时产生的压强	帕斯卡	Pa
	声压级	L_P	声压与基准声压之比的常用对数乘以 20，即 $L_P=20\times\lg(P/P_0)$，其中 P_0 是 1 000Hz 纯音的听阈声压，为 2×10^{-5}Pa	分贝	dB
	声强	I	单位时间内通过垂直于声波传播方向单位面积上的声能强度	瓦/平方米	W/m²
	声强级	L_i	声强与基准声强之比的常用对数乘以 10，即 $L_i=10\times\lg(I/I_0)$，其中 I_0 是 1 000Hz 纯音的听阈声强，为 10^{-12}W/m²	分贝	dB
	声功率	W	单位时间内声源向外辐射的总能量	瓦	W
	声功率级	L_W	声功率与基准声功率之比的常用对数乘以 10，即 $L_W=10\times\lg(W/W_0)$，其中 $W_0=10^{-12}$W	分贝	dB
声音心理量	响度	N	人耳对声音强弱的主观感觉，取决于声音强度和频率，以 1 000Hz、40dB 的纯音为基准，该基准音响度为 1 宋，感觉声音是基准音响度的倍数时即为该声音的响度	宋	sone
	响度级	L_n	等响的 1 000Hz 纯音的声压级	方	phon
	音调		人耳对声音频率的主观感觉，以 1 000Hz、40dB 的纯音为基准，该基准音心理量为 1mel	美	mel

噪声的客观物理参数主要有声压、声压级、声强、声强级、声功率、声功率级等（见表 8－3）。

人耳对声音的主观感觉不仅取决于声音的物理强度，噪声影响程度与噪声物理特性也不是简单的线性关系，很难用单一的物理参数来定量描述噪声对人的影响，这就需要一系列噪声的主观评价参数。

响度是人对声音强弱的反映，其大小取决于声音的强度和频率，度量单位是宋（sone）。

响度级建立在两个声音相比较的基础之上，度量单位为方（phon）。以 1 000Hz 的纯音为基准音，若某一声音听起来与某一强度的基准音一样响，则该声音的响度级在数值上就等于这个基准音的声压值。如果100Hz、67dB的纯音和1 000Hz、60dB的纯音等响，则100Hz、67dB的纯音的响度级即为60phon。响度级是一个结合频率与强度的主观评价量，反映了人的听觉系统对各种声音响度的主观感受性。

一般情况下，响度级每增加10phon，正常人耳感觉到的响度增加1倍，二者关系如下：

$$L_n = 40 + 10\log_2 N \qquad \text{公式 8-2}$$

式中，L_n 为响度级，N 为响度。

为了使噪声测量仪器的测量结果能直接反映人的主观响度感觉，噪声测量仪器——声级计中设计了一种特殊滤波器，叫计权网络。通过计权网络测得的声压级叫计权声压级或计权声级，简称声级，单位为dB（A）。声级是一个主观心理量，不同于客观物理量中的声压级。

声级中采用A计权网络的则称为A计权声级。在噪声测量中，A计权声级被用作噪声评价的主要指标。

等效声级是等效连续A计权声级的简称，指在规定测量时间内A计权声级能量平均值，记为 L_{Aeq}（简写为 L_{eq}），用来衡量在非稳态噪声声级不稳定的情况下，人实际所接收的噪声能量的大小。

$$L_{\mathrm{eq}} = 10\ \lg\left(\frac{1}{T}\int_0^T 10^{0.1 \cdot L_{\mathrm{A}}}\,\mathrm{d}t\right) \qquad \text{公式 8-3}$$

式中，L_{A} 指 t 时刻的瞬时A计权声级，T 为规定的测量时间段。

噪度是噪声所引起的干扰的主观感觉量，单位为呐（noy），规定声压级为40dB、中心频率为1 000Hz的1/3倍频程噪声的噪度为1noy，两倍吵闹程度的噪度则为2noy。

感觉噪声级则是对噪声吵闹程度的主观相对度量，定义为正前方传来的、主观上判断为与受试信号具有相等感觉噪度的、中心频率为1 000Hz的倍频带噪声的声压级，其单位为分贝（dB）。

噪度、感觉噪声级与响度、响度级虽然同为噪声的主观度量参数，但前两者反映的是“闹”的感觉程度，而后两者反映的仅仅是“响”的感觉程度。

言语干扰级（speech interference level）是评价噪声对会话的干扰程度的指标，其值为面对面通话环境中噪声的中心频率为500Hz、1 000Hz、2 000Hz的三个倍频带声压级的算术平均值。当噪声的言语干扰级低于语音的有效声压级12dB时，人耳可以正确地听懂100%的句子。

NC曲线是根据噪声的频谱分析结果并考虑人的听感特性后提出的一组噪声干扰标准曲线，是由等响曲线和言语干扰级发展而来的一组曲线，也可反映噪声对言语的干扰（Beranek，1957）。NC曲线中同一曲线上各倍频程的噪声可被认为具有相同程度的干扰。考虑到噪声的高频成分对人体和会话的影响较大，曲线由低频到高频向下倾斜。其应用对象主要为室内环境。表8-4为噪声NC值所对应的噪声环境评价。

表 8-4　NC 值所对应的噪声环境评价

NC 值	噪声环境评价
20～30	非常安静，大会议适用
30～35	安静，会话距离 10 米以内
35～40	会话距离 4 米以内；打电话无影响
40～50	普通会话距离 2 米，稍大声会话距离 4 米；打电话稍受影响
50～55	稍大声会话距离 2 米；打电话受影响，会议不适用
55 以上	会话困难；电话通话困难

来源：袁修干 等编著，2005。

（二）噪声影响

噪声对人的影响可以分为生理和心理两方面。

1. 生理影响

噪声的生理影响可以分为特异性效应和非特异性效应两大类。其中，特异性效应指噪声对听觉系统的影响，非特异性效应则是指对听觉系统之外的其他生理系统的影响。

在噪声作用下，人的听觉敏感性会降低，表现为听阈的提高，或称听阈偏移。按照听阈偏移的时间特性或强度，可将其分为暂时性听阈偏移和永久性听阈偏移。

暂时性听阈偏移是指在噪声停止后听觉敏感性可以完全恢复的听阈偏移，多采用 2 分钟后的暂时性听阈偏移（TTS_2）作为指标来度量。

暂时性听阈偏移的程度受噪声强度、频率和暴露时间以及个体噪声敏感性等因素的影响，而且高频噪声影响大于低频噪声。

暂时性听阈偏移的恢复时间与听阈偏移的程度有关，偏移越大，恢复时间就越长。40dB 以内的听阈偏移，在噪声停止作用后 16～18 小时即可完全恢复。

暂时性听阈偏移恢复速度是先快后慢，在噪声停止作用后的最初 2 分钟，听阈恢复最快。

噪声引起的不能完全恢复的听阈偏移是永久性听阈偏移。它是由暂时性听阈偏移累积而成的，又称为噪声性耳聋。噪声性耳聋与噪声的强度、频率和作用时间有关。永久性听阈偏移是一种慢性渐进性的听觉系统损害，通常首先是在 4 000Hz 处产生听力下降，随后逐渐扩展到 3 000～6 000Hz 范围内，最后会危害到整个频谱。

人若在毫无思想准备时突然暴露于极强的噪声环境中，如高于 150dB 的脉冲噪声，鼓膜内外会产生较大的压力差，导致鼓膜破裂，使人双耳完全丧失听力，这种损伤被称为爆震性耳聋，或称声外伤。

噪声还会对听觉系统之外的其他生理系统产生一定的危害，主要有：

（1）神经系统。长期噪声作用会使中枢神经系统大脑皮层的兴奋抑制失去平衡，导致脑电图异常，引起头痛、头晕、耳鸣、失眠、多梦、乏力、心悸、恶心和记忆力减退等症状。长期的强噪声作用还会造成自主神经系统功能紊乱。

（2）消化系统。噪声会抑制胃部运动、减少唾液分泌或促进胃液过度分泌，长期处于噪声环境中会导致胃功能紊乱、食欲不振，溃疡和胃肠炎发病率较高。

（3）内分泌系统。70～80dB的中等强度噪声即可使个体出现应激反应，肾上腺素分泌量增加，肾上腺皮质功能增强。

（4）心血管系统。噪声作用会造成血压升高、心率加快、心律失常以及心电图缺血性变化等症状。

2. 心理影响

噪声的心理影响体现在许多方面。噪声引发的烦恼情绪反应是噪声心理影响的最主要体现，主要表现为焦躁、厌烦、心神不安等各种不愉快情绪。噪声引起的烦恼程度不仅与噪声本身的物理特性有关，还与个体敏感性及环境等其他因素有关。噪声烦恼程度的影响因素如表8-5所示。

表8-5 噪声烦恼程度的影响因素

噪声物理特性	其他因素
声强	可预见性
声强波动	可控制性
频率波动	必然性
频谱组成	利益相关性
频率波动	内容意义性
持续时间	任务性质及难度
间歇时间	个体敏感性
	发生时段
	发生地点

来源：Rashid & Zimring，2008。

在噪声的物理特性中，声强、声强波动、频率波动、持续时间等一般均与烦恼程度正相关，间断噪声和脉冲噪声较连续噪声引发的烦恼程度更大，且间歇时间规律性越低，引发的烦恼程度越大。一般认为，同等条件下，高频噪声比低频噪声更为恼人。

另外，由于低频噪声衰减慢，穿透力强，在建筑结构中的传递损失小于中高频噪声，故低频噪声引起的烦恼程度亦不可小视，尤其是在夜间，住宅区中央空调、空调外机、水泵、电梯等发出的低频噪声对居民会造成很大的干扰。

噪声的必然性及利益相关性会影响听者的烦恼程度。例如，对于开着空调纳凉、听着音乐或弹奏钢琴的人来说，产生的声音并无多大影响，甚至就是他所需要的；而对于周边的邻居来说，这些声音必然造成干扰，引起一定的烦恼。

可预见性与可控制性高的噪声引起的烦恼程度就相对较低。这就是人们对自己所发出噪声的容忍度要高于他人发出的同等强度的噪声的原因。例如，自己活动（如使用冲击钻打孔）所导致的噪声何时产生以及持续时间与强度都是可预见的，也是可控的；但对于邻居来讲，这一切都是无法预见及不可控的，而且活动对他也无益处，因而其对该噪声的容忍度就低很多。

噪声内容是否具有意义也是影响烦恼程度的一个重要因素。有研究表明，办公场所中最令人生厌的噪声源就是周边他人的谈话声（Sundstrom et al.，1994）。

噪声对人的干扰还与当前任务的性质及难度有关。对于简单体力劳动，噪声干扰不大，但对于需要高度集中注意的高难度脑力劳动，噪声就更容易使人注意分散、记忆下降，从而出错或降低工作绩效。

噪声所造成的干扰程度还受个体敏感性的影响（Kjellberg et al.，1996）。某些人对噪声非常敏感，与其他人相比，这些人对噪声的反应更为强烈，表现出更为烦躁，也就更易产生心理障碍。

另外，噪声的发生时段及地点也对其干扰程度有着重要影响。同等条件下，夜间及周末时间的噪声较之白昼或工作日更容易引起人的烦躁。因此，有些国家的标准在降低夜间噪声声级标准值的同时，也降低了周末时段的噪声声级标准值。同样，医院、疗养院等区域，居民区、商业区、工业区等都对噪声水平有着不同的限定标准。

不可控噪声会提高个体的环境应激水平。而环境应激水平的升高会使人对社会性线索的敏感性降低，对环境中其他人易产生消极反应。噪声对社会心理行为的影响可以通过人际交往、助人行为及攻击行为等方面体现出来。

强背景噪声可以掩蔽人的谈话声，降低言语清晰度，从而引起交往困难。同时，彼此间因听不清对方说话的声音而不得不提高嗓门，被迫大喊大叫，容易发怒，影响正常的人际交往。有研究认为，噪声会降低人际吸引力，增大彼此的人际距离（Mathews et al.，1974）。交通噪声越大，邻居间的非正式交往就越少（Appleyard，1970）。噪声之所以会对社会交往产生影响可能是因为噪声增加了环境信息量，使得个体的信息负荷过载，从而不愿再寻求刺激信息或不愿再关注其他信息，或信息过载使得个体的注意范围变窄。

社会心理学研究发现，人在心情愉快时比不愉快时更愿意帮助别人（Weyant，1978）。噪声使人易怒或烦躁，因而也会影响助人行为。另外，噪声对助人行为的影响还取决于噪声是否可控、噪声的音量以及需要帮助者的特征等。

噪声并不会直接引发攻击行为，但会通过提高人的唤醒水平从而增强攻击行为。与噪声对助人行为的影响类似，噪声对攻击行为的影响亦受噪声强度以及可控性和可预测性的影响（贝尔 等，2009）。

此外，噪声，尤其是不可预见的突发性高强度噪声，会分散人的注意力，长时的高强度噪声还会使人的注意范围变窄。同样，不可控的强噪声会降低记忆信息保持量、影响记忆信息的提取，使人更多地注意令人烦躁的事物，回忆与消极情绪相关的事件，造成记忆的扭曲（贝尔 等，2009）。

噪声对工作绩效的影响是以噪声的生理及心理效应为中介的。一方面，噪声通过影响听力或干扰声音信号的辨别影响听觉类作业；另一方面，噪声通过引起相应生理心理效应影响操作者的知觉注意水平或信息传递，进而影响工作绩效。

噪声对工作绩效的影响因噪声自身物理特性、操作者个体特征、任务性质及难度等因素而异。综合相关研究结果，噪声对工作绩效的影响有以下几点：

- 95dB（A）以上的持续稳态噪声可使操作绩效下降。
- 95dB（A）以下的中等水平的噪声对人的操作，尤其是有记忆过程参与的作业有一定的干扰。
- 间歇性、突发性非稳态噪声较相同强度的持续稳态噪声对工作绩效的干扰更大。

- 高频噪声（大于 2 000Hz）对工作绩效的干扰比低频噪声更大。
- 噪声往往只影响作业的质量，增加差错，而不影响作业的速度。
- 噪声对有复杂知觉或信息处理过程参与的高难度工作的绩效有较大的干扰。
- 噪声对简单的日常操作性作业影响不大，有时反而会有一定的促进作用。例如，对于非常单调的工作，中等强度的噪声（背景音乐）反而有益。

人对环境噪声具有一定的适应性，过于寂静或突然的寂静（如暴风雨来临之前的寂静）会使人产生紧张甚至凄凉的感觉。所以，声音过小也会成为问题。在一个寂静无声的环境中工作，心理上会产生一种害怕紧张的感觉，这也必然会对工作造成影响。因而，温和的噪声在一定程度上有助于人的工作与生活。例如，低强度的稳态噪声（空调或风扇的声音）或柔和的背景音乐可以在一定程度上屏蔽非稳态噪声造成的分心和惊扰，特定环境下还可以起到警示作用，使个体维持较高的唤醒水平。办公场所中一定程度的背景音乐或背景噪声可对谈话声起到掩蔽作用，从而有利于维持办公空间的私密性。

（三）噪声控制

噪声可以通过制定一定的标准，采取一定的防范措施加以控制。

噪声标准是噪声控制和环境保护的基本依据，决定着要将噪声控制到何种程度。噪声标准的制定是以不同时间、不同地点人对不同噪声的生理心理反应及噪声危害为依据的。噪声相关标准众多，有听力保护标准、一般环境标准、交通噪声标准、建筑设计标准、机械设备标准。表 8－6 列出了部分场所或设备产品的噪声限值标准。

表 8－6 部分场所或设备产品的噪声限值标准

编号	名称
GB 3096—2008	声环境质量标准
GB 9660—88	机场周围飞机噪声环境标准
GB 14227—2006	城市轨道交通车站站台声学要求和测量方法
GB/T 12816—2006	铁道客车内部噪声限值及测量方法
GB/T 3450—2006	铁道机车和动车组司机机室噪声限值及测量方法
GB 14892—2006	城市轨道交通列车噪声限值和测量方法
GJB 1357—92	飞机内的噪声级
GB 1495—2002	汽车加速行驶车外噪声限值及测量方法
GB 19606—2004	家用和类似用途电器噪声限值

噪声干扰的形成过程一般是“声源—传播途径—接收者”，因而噪声的控制也需从这三方面入手。首先是降低噪声源的噪声级，如果技术上不可行或经济上不合算，则应考虑阻止噪声的传播，若仍达不到要求，应采取接收者个人防护措施。

在降低声源发声强度方面，主要是改善设备性能、加强维修保养，降低设备运行中的机械振动、撞击或摩擦。

在改变噪声源的方向性方面，主要是合理安装设备，尽量使设备发声方向与声音传播方向不一致。主要措施有：改进设备基座，设置减振装置或将设备安装在由弹簧、橡胶、毛毡等消声材料组成的消声隔层的地基上。噪声源隔声、封闭噪声源也是有效的办法，通过安装隔声罩或修造隔声间对设备进行整体性隔离，可以减少设备对周围环境的声辐射。

在噪声传播的途径上，可以安装各类遮声板、隔声板和吸声板，以增大噪声在传播过程中的衰减。

在上述措施达不到要求或成本过高时，则可以从接收者方面采取个人防护措施，如使用隔声头盔、耳罩和耳塞等个人防护装具或对工作人员实行轮班工作制以减少噪声暴露时间。

传统的噪声控制技术都属于被动措施。近年来出现了一种新的主动消噪技术，它在对噪声进行频谱分析的基础上，利用主动产生的与噪声频谱相同而位相相反的另一个新的噪声与原噪声进行抵消，从而达到消噪目的。其原理如图 8-4 所示。

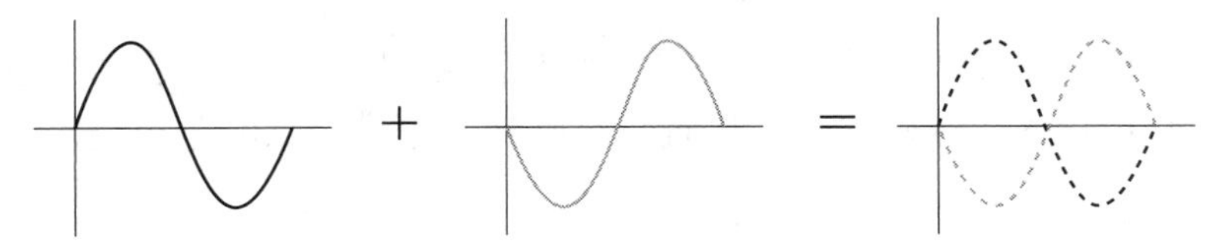

图 8-4 主动消噪技术原理示意图

最后，对于大范围的噪声问题，如交通噪声，应该从城市规划及建筑总体设计方面着手，对强噪声源的位置进行合理布局。

三、微气候环境

相对于大外部空间的气候环境，潜艇、坦克、飞机等舱内空间及车间、教室、办公室等室内空间等这些特定空间内的温度、湿度、通风等环境因素的综合可称为微气候环境。微气候环境中的气温、气流、湿度、热辐射等因素对人的生理心理状态及工作绩效都具有不可忽视的影响。其中个体热感觉是上述要素综合作用的结果，因而微气候环境的特性主要体现为其热舒适性。

（一）人体温度及其调节

人体的温度可分为体内核心温度和体表皮肤温度两类。

体内核心温度是指人体颅腔、胸腔和腹腔内部等人体深部的温度，可反映人体热调节机能正常与否。体内核心温度难以直接测量，通常以临床上较易测定的口腔、腋下或直肠温度代替。由于人体内各部位温度不尽相同，三者温度稍有差异，三种方式测得的人体体温正常值范围为腋下温度 36.0～37.4℃、口腔温度 36.6～37.7℃、直肠温度 36.9～37.9℃。

体表皮肤温度分布不均，因所处人体部位而异。通常离躯干越远，温度越低。例如，环境温度为 23℃时，人体额部温度为 33～34℃，躯干温度约为 32℃，手部约为 30℃，脚部约为 27℃。实际应用中，通常以平均皮肤温度（即人体体表不同部位皮肤温度的加权平均值）来表示人体整个体表的皮肤温度值，其计算公式如下：

$$T_s=\sum_{i=1}^{n}(K_iT_i)$$ 公式 8－4

式中，T_s 为加权平均皮肤温度，K_i 为人体体表各测试部位的权重（即该部位体表面积与人体总体表面积的比值），T_i 为体表各测试部位所测得的温度值。

体表皮肤温度受环境温度和着装影响，波动较大，对环境温度具有较强的适应性。

此外，在实际使用中，还经常用到人体平均温度，它是体内核心温度与体表皮肤温度的加权平均值。

人体温度取决于能量代谢过程中的产热量与散热量：若产热量大于散热量，体温将升高；反之，则降低。产热与散热的动态平衡使体温在狭小的正常范围内波动，保持着相对恒定。人体正常体温的波动还受到性别、年龄、昼夜节律、体力及脑力负荷等因素的影响。

体温的相对恒定是通过复杂的体温调节机制来实现的。体温调节包括生理调节和行为调节两种。

如图 8－5 所示，当体内产热量或环境温度发生改变时，下丘脑会对全身温度感受器上传的温度感觉信息进行分析整合，从而使心血管、汗腺和肌肉等相关效应器官做出相应的生理调节。

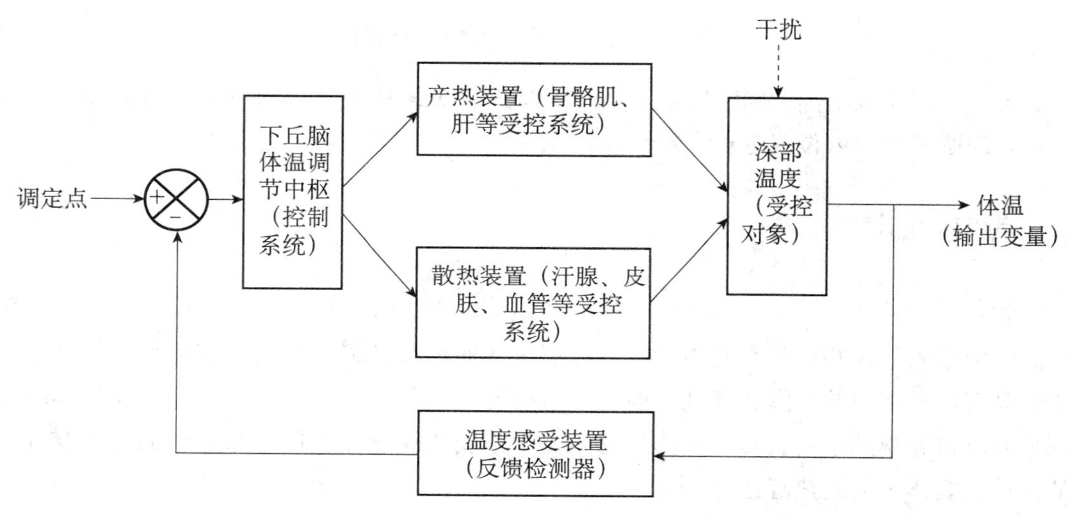

图 8－5 人体热调节系统控制

来源：陈信，袁修干 编著，2001。

生理调节主要有血管收缩与扩张、肌肉收缩产热以及汗腺出汗蒸发散热等。

血管收缩与扩张是体温调节最为主要的机制，可以改变“核心—体表—环境”的传热速率，起到双向调节的作用。在高温炎热条件下，外周血管扩张，血流量增加，体表皮肤温度升高，可以增加体表与环境的热交换，加快人体散热；在低温寒冷条件下，外周血管收缩，血流量减少，体表皮肤温度降低，可以减缓体表与环境的热交换，减少人体热量散失。

当外周血管收缩不足以维持体内核心温度时，肌肉便会在体温调节中枢的控制下进行阵发性的非随意收缩（“打寒战”），产生一定的热量以维持体内核心温度。人体通过运动取暖亦是肌肉收缩产热的一种体现。

安静状态下人体在环境温度达到约30℃时便开始出汗。汗液的蒸发散热，增强了人体散热的效能。除外部环境温度外，汗腺出汗蒸发散热功能的发挥、出汗的程度还受空气湿度、风速以及衣着和体力负荷等因素的影响。

上述生理调节方法的效能是有限的。当生理调节难以维持体温恒定时，人们往往会采用各种行为调节方法来调节体温，如改变身体姿势、活动状态，加强通风，减少着装，使用各种室内温控系统以及通风服、液冷服等个体调温装置。

（二）人-环境热交换

为了保持体温的相对恒定，人体需要持续不断地与外界环境进行热量交换。人体与环境之间的热交换主要有辐射、对流、传导和蒸发四种方式。这四种方式同时存在且相互影响。一般情况下，传导换热在人-环境热交换中作用十分有限，辐射换热量最多，占总换热量的42%～44%，对流换热量次之，占32%～35%，蒸发换热量占20%～25%（引自陈信，袁修干 主编，1996）。

辐射换热是指人-环境间以热射线的形式进行热量传递。辐射换热效率取决于体温与环境温度的差值、人体有效辐射面积、皮肤与服装的反射系数和吸收系数。其中，人体有效辐射面积取决于人体姿势及着装程度。

对流换热是指通过流体介质（空气或水）在人-环境间交换热量的一种方式。人体周围有薄薄一层同皮肤接触的空气（或水），人体的热量传给这一层空气，由于空气不断流动（对流），体热便会发散到空间。对流换热效率主要取决于人-环境间的温度差以及流体介质的对流换热特性，如水的对流换热效率就远高于空气。在空气这种介质中，对流换热效率还受到风速的影响，风速越大，对流换热效率越高。

传导换热是指人体与环境中的物体直接接触而进行的热交换，其换热效率取决于人体与所接触物体间的温度差及所接触物体的热传导特性。一般情况下，人体直接接触的是衣服，由于衣服是热的不良导体，所以人-环境间以传导的方式进行的热交换量不大。

蒸发换热是人-环境间进行热交换的一种特殊方式，即人体通过蒸发向环境散发热量。当环境温度接近或超过体表皮肤温度时，上述辐射、对流、传导等方式就难以使人体热量向环境散失，反而从环境吸收热量，此时蒸发就成为人体热量散发的唯一途径。

人体蒸发换热又可分为皮肤有感蒸发和皮肤无感蒸发两类。前者是指体表汗液蒸发，后者是指水分透过皮肤以蒸汽形式扩散到环境中导致热量散失。

蒸发换热效率取决于皮肤表面和环境中大气的水汽压差以及水的蒸发吸热特性。此外，还受风速、气压、湿度等环境因素及着装覆盖面积和透气性等因素影响。高风速、低气压、低湿度有利于人体蒸发换热。

除了上述四种主要的换热方式之外，呼吸换热、机体排泄亦在人-环境间产生热交换。

（三）热舒适性的影响因素和度量

热舒适是人体对热环境感觉满意的一种主观体验。影响人的热感觉或环境热舒适性的因素可以分为环境因素与人的因素两大类。前者包括空气温度、辐射温度、湿度和空气流动，后者包括人体代谢率及着装隔热性。

空气温度，即气温，是影响人体热感觉的直接因素。常用的气温度量标准有摄氏温标、华氏温标和绝对温标三类，单位分别为摄氏度（℃）、华氏度（℉）、开（K）。

常用的环境温度测量方法有干球温度、湿球温度和黑球温度三种。

除了气温之外，室外还存在太阳辐射，室内工作空间四壁、工作空间中的热源（如发热的机器、人体等）都会具有不同的温度，与人体间存在辐射换热。但这种热辐射的空间分布是不均匀的，因为工作空间四壁及各热源表面温度各不相同。通常采用平均辐射温度来指代辐射温度，它是一个假想的黑色包围体表面的温度。当人在某一真实的非均匀热空间环境中的辐射换热量与在一个假想的均匀的黑色包围体空间中的辐射换热量相同时，此黑色包围体表面的温度即可被看作该实际非均匀空间的平均辐射温度。

辐射温度可由黑球温度和干球温度度量。

湿度是指空气中水蒸气的含量，可分为绝对湿度和相对湿度。空气湿度可由湿球温度和干球温度度量。

环境中空气流动的速度即风速，可以通过影响人体蒸发换热和对流换热而影响人-环境热交换，从而影响人体热感觉与环境热舒适性。空气流动对环境热舒适性的影响还与气温有关。

当气温高于体表皮肤温度时，空气流动虽可以促进人体蒸发换热，但同时也通过促进对流换热而使人体从外部环境吸收更多的热量，对人体热平衡造成不良影响。

当气温低于体表皮肤温度时，特别是在低温高湿环境中，空气流动将加速人体热量散失，使人更觉寒冷。低温环境中，风对人体温度的这种效应可用风冷指数（wind chill index，WCI）来度量。风冷指数是用于评价风速与空气温度对人体热感觉综合影响的指标。

人体代谢率通过影响人体产热量而影响人体热平衡，进而影响人体热感觉。体力负荷对人体能量代谢与产热量的影响非常明显。当活动强度加大时，人体产热量迅速增加，人体温度升高，散热量也随之增加。表 8－7 所示为人体不同活动状态下的代谢率（GB/T 18049—2017）。

表 8－7 不同活动的代谢率

活动	代谢率	
	W/m^2	met
斜倚	46	0.8
坐姿，放松	58	1.0
坐姿活动（办公室、居所、学校、实验室）	70	1.2
立姿，轻度活动（购物、实验室工作、轻体力作业）	93	1.6
立姿，中度活动（商店售货、家务劳动、机械工作）	116	2.0
平地步行		
2km/h	110	1.9
3km/h	140	2.4
4km/h	165	2.8
5km/h	200	3.4

着装是人体热平衡调节的主要行为手段之一。在热环境中，减少着装可以促进人体热量散失，提高人体的舒适感；在冷环境中，增加着装则可以减少人体热量散失，从而能够御寒保暖。

着装隔热性通常用热阻来表示，单位为克洛（clo）。1clo 相当于人体在室温为 21℃、相对湿度不大于 50%、风速小于 0.1m/s 的环境中静坐或从事轻体力活动（代谢产热量约为 210kJ/h）时，人感到舒服的着装隔热性。其中，$1clo = 0.155m^2 \cdot ℃/W$。

在影响环境热舒适性的环境物理因素中，除了上述空气温度、湿度、风速及热辐射四个因素之外，气压也是一个不可忽视的因素。有研究认为气压对人体热舒适感觉有显著影响，且其影响程度仅次于气温（张英杰 等，2009）。气压既影响人体蒸发换热，也影响对流换热，低气压会促进蒸发换热却抑制对流换热。当气温较低时，出汗量极少，低气压对蒸发换热的促进作用小于对对流换热的抑制作用，两者综合作用的结果是减少了人体热量的散失，因而主观温度感觉就较高气压条件下为暖；在气温偏高情况下，人体出汗较多，低气压对蒸发换热的促进作用就会加速人体散热，同时低气压对对流换热的抑制作用也会减少人体从环境中的吸热量，二者综合作用的结果是加速了人体散热，减少了人体吸热，因而主观温度感觉较高气压条件下就显得凉爽些。

另外，热环境本身的均匀性及热环境对人体不同部位影响的均匀性，空气流动中的涡动气流及紊流强度等亦是影响人体热感觉或环境热舒适性的重要因素。

在影响环境热舒适性的个体因素中，除了活动强度及着装外，个体先前所处的热环境也会影响到其对当前所处环境的热感觉评价，在前一个热环境中的暴露情况和活动情况可能会对人在新热环境条件下的热舒适感觉造成大约 1 个小时的影响。

由上述环境热舒适性影响因素的分析可见，人对环境的热感觉是多种因素综合作用的结果。气温等单一指标难以反映环境热舒适性，因而需要一种简便的能综合各种影响因素的指标来对环境热舒适性进行评价。这些指标主要有有效温度、新有效温度、标准有效温度、作用温度、湿-黑球温度、平均热感觉指数（PMV）、风冷指数（WCI）和牛津指数（WD）等，可以根据具体的环境和评价要求采用合适的指标对环境热舒适性进行评价。

四、冷热环境

（一）高温环境的影响

高温生理反应的最主要体现是大量排汗，心脏负荷增大，此外还体现为高温对各生理系统的影响。

（1）心血管系统。由于心血管系统在体温调节中起着非常重要的作用，持续高温会使皮肤血管扩张，大量血液流向体表。这就必须增加心血输出，加快血液循环，从而加重了心脏的工作负荷，使心血管系统经常处于紧张状态，可导致血压发生变化。此外，排汗蒸发导致的体液减少、血液浓缩、皮肤血流增多而内脏血流减少以及血液酸碱平衡的变化都会使人体的耐受力降低。

（2）神经系统。持续高温对中枢神经系统具有抑制作用，表现为大脑皮层兴奋性减弱，条件反射潜伏期变长，注意水平降低；严重时还会出现头晕、头痛、恶心、呕吐乃至虚脱等热衰竭症状。

（3）消化系统。由于高温条件下体内血液的重新分配，皮肤血流增多而内脏血流减少，导致消化道相对贫血。高温条件下，唾液和胃液等消化液分泌减少。由于出汗排出大量盐分及大量饮水，胃酸浓度下降。消化吸收能力受抑制，从而导致食欲不振、消化不良及一些肠胃疾患的增加。

高温生理反应随着温度升高和暴露时间延长而逐渐增强，大致可划分为代偿、耐受和病理性损伤三个阶段。

（1）代偿阶段。在开始阶段，体温调节机制发挥作用，调节体温至新的热平衡，使机体逐步适应新的热环境，这是适应性的代偿过程。

（2）耐受阶段。若温度继续升高，体温的生理调节已经无法达到新的热平衡，人-环境热交换使得热积不断增加，体内核心温度难以保持相对恒定，开始不断升高。体内核心温度直接影响到人体器官的正常工作，表8-8所示为不同体温时相应的症状。此时体温的生理调节逐渐受到抑制，机体已无力进行代偿，而转入对热应激的耐受阶段，开始出现头晕、疲乏、呼吸困难、肌肉疼痛等一系列衰竭前症状。

（3）病理性损伤阶段。当高温持续或温度继续升高时，体温调节机制被完全抑制而失效，温度超出人体生理耐受范围，引起热衰竭、中暑或心脏病发作，此时便进入病理性损伤阶段。

表8-8　不同体温时出现的症状

体温（℃）	症状
41～44	死亡
41～42	热射病，体温迅速升高而虚脱
39～40	大量出汗，血流量减少，血液循环出现障碍
37	正常
35	大脑活动过程受阻，发抖
34	倒摄遗忘
32	稍有反应，但整个过程极为缓慢
30	意识丧失
25～27	肌肉反射与瞳孔光反射消失，心脏停止跳动，死亡

来源：朱祖祥 主编，2003。

高温的心理影响除了表现为热的不舒适感觉之外，还会降低人的注意水平，使人产生烦躁、烦闷的情绪反应，增加人的主观疲劳感。此外，高温还会影响人的社会心理行为。

环境心理学研究表明，温度较高的时候，人们会感到不舒服与易怒，而且对他人的人际吸引力的评价也会降低。但是当被评价者与评价者同处高温环境中时，高温对人际吸引力的评价并无显著影响，而处于高温环境中的评价者对未处于高温环境中的被评价者的人际吸引力的评价会降低（引自贝尔 等，2009）。

高温带来的消极情绪还会影响到人的助人行为。有研究发现，与参加过环境舒适实验的被试相比，参加过高温实验的被试更不愿意参加其他实验（Page，1978）。夏天温度越高，愿意提供帮助的人越少；冬天温度越低，愿意提供帮助的人也越少（Cunningham，1979）。但此类研究结论不尽一致。

环境心理学研究表明，高温会影响攻击性与攻击行为。这一结论是确定的，只是具体的影响形式不尽相同。多数情况下，高温会使人易怒、暴躁而增强攻击性，然而在某些情况下，如极端高温情况下，高温与其他环境因素的结合又会引起逃避高温行为而减少攻击性与攻击行为（引自贝尔 等，2009）。

高温对操作者的工作绩效有着明显的影响。对于体力劳动，高温的影响已不限于工作绩效方面，而是关系到健康与安全。高温条件下，体力劳动强度越大，能量消耗越大，人体产热量越高，人体水分耗失率也越高。因此，为保证工作的正常进行，同时也为保障操作者的健康安全，必须为不同劳动强度的操作者确定持续接触高温的时间限值标准。一般来说，工作地点温度越高，劳动强度越大，则允许持续接触高温的时间就越短。

对于脑力劳动，由于热环境对认知绩效的影响受到多种因素的影响，如任务类型、暴露时间、个体的环境适应性及技能水平等，众多相关研究结论不一，但其中有两点结论基本一致（Hancock & Vasmatzidis，2003）：

- 热环境对认知操作绩效的影响因认知任务而异，对注意水平要求越高越易受影响。
- 高温对认知绩效的影响大小与体内核心温度变化有关，警戒、双任务、追踪及简单心理任务绩效下降的临界温度分别是使体内核心温度升速 0.055、0.22、0.88 和 1.338℃/h 所对应的环境温度。

以往职业卫生防护标准的制定都是基于医学生理学的标准，现今随着科学技术的进步，各类工业机器、武器装备系统日益复杂，对人的认知操作要求日益增高，而研究已经确认高温条件下人会产生操作失误，这就使得相关职业卫生防护标准的制定充分考虑对认知绩效产生影响的限值，在那种会发生影响全局的致命性错误的工作中就更为重要。

（二）低温环境的影响

低温环境所引起的机体生理反应主要是机体代谢产热增加，皮肤血管收缩，体表皮肤温度降低以减少人体散热。但若是温度过低，或低温持续时间过长，则由于皮肤血管持续处于极度收缩状态，流至体表的血流量会显著下降甚至完全停滞，造成外周循环障碍，进而使组织部位发生冻痛、冻伤和冻僵等现象。低温条件下最易受影响的是肢体远端部位，这些部位常因低温而感觉麻木、僵硬，导致肢体灵敏性和活动性降低，严重影响运动的协调性、灵活性与准确性。另外，低温条件下机体还会出现“鸡皮疙瘩”与“打寒战”的现象。

低温生理反应的进程与高温生理反应的进程类似，即随着温度降低和暴露时间延长而逐渐增强，也可大致划分为代偿、耐受和病理性损伤三个阶段。

（1）代偿阶段。刚开始时由于对流和辐射散热的增强，人体热量散失过多，人体热平衡被打破，此时体温调节机制开始发挥作用，一方面收缩外周皮肤血管，减少体表血流，降低体表皮肤温度以减少对流和辐射散热，另一方面通过人对冷环境反射性的体位改变（如抱胸、蜷腿、弓腰、缩背等蜷缩姿势）等行为调节全身散热率，最终调节体温至新的热平衡。这也是适应性的代偿过程。

（2）耐受阶段。若温度继续降低，体温的生理调节已经无法达到新的热平衡，机体已无力进行代偿，而转入对冷应激的耐受阶段，开始出现全身性和局部性的冷应激反应。全身性冷应激反应表现为人体过量散热使得体内核心温度难以保持相对恒定，开始不断下降。体内核心温度的下降反射性地引起心率加快和寒战，寒战这一肌肉的阵发性非随意收缩可以产生一定的热量，但作用有限，而且往往本身又会增加散热，加速体能的消耗，引起极不舒适的感觉。

（3）病理性损伤阶段。当低温持续或温度继续降低时，人体体温调节机制被完全抑制而失效，温度超出人体生理耐受范围，体内核心温度极度下降，导致呼吸失律、心率降低、语言与记忆产生障碍、意识模糊，使人完全丧失工作能力甚至死亡，此时已进入病理性损伤阶段。

低温的心理影响除了表现为冷的不舒适感觉之外，同样会使人产生消极的情绪反应，也同样影响人的攻击性、助人行为等社会心理行为。

同高温的心理影响类似，有研究发现中等程度的低温引起的消极情绪会增加攻击性，而极端低温引起的消极情绪则会减少攻击性（Bell & Baron，1977）。同样，冬天温度越低，愿意提供帮助的人也越少（Cunningham，1979）；但非正式的观察发现，严寒有助于增加助人行为（引自贝尔 等，2009）。

低温对工作绩效产生影响主要通过两种方式。一是通过影响肢体，尤其是手部肌肉的敏感性与灵活性进而影响操作绩效；二是通过影响体内核心温度来影响脑与躯体的生理机能，进而影响工作绩效。

低温对手工操作的影响尤为明显，手的操作效率和手部皮肤温度及手温有密切的关系。手的触觉敏感性的临界皮温是10℃左右，操作灵巧度的临界皮温是12～16℃。长时间暴露于10℃以下的低温条件，手部触觉敏感性、肌肉灵活性及协调性会降低，导致手工操作效率下降。另外，寒冷还会导致肌肉黏滞性增加或者寒战，既影响操作动作，又使运动损伤的危险性增加。

手工操作在一定程度上也受人体平均皮肤温度下降的影响。在人体平均皮肤温度降到21℃时，对颤抖敏感或精确定位等要求较高的操作任务就会受到不良影响。这种负效应随操作者在冷环境中所待时间延长而更加明显。

对于脑力劳动，有研究认为寒冷会影响简单认知任务，但对复杂认知任务的影响不确定。重复暴露于中等低温环境（即冷适应）可缓解冷应激带来的生理不适，但对认知绩效无显著影响（Mäkinen，2006）。另有研究发现，酪氨酸可以延缓由冷环境所引起的认知操作绩效的降低（O'Brien et al.，2007）。

（三）冷热环境的应对

高温（或低温）环境的防护措施主要包括控制高温（或低温）环境和采用个体防护

措施。

对高温（或低温）环境的控制措施可以有如下几种：

- 用隔热（或隔冷）材料将高温（或低温）源与环境隔离，减少热量向环境的扩散（或减少低温源从环境吸热）。
- 对整个空间（舱室）环境的空气温度进行人工调节。
- 对人体周围的空气温度进行调节。

无法采用上述控制方式或成本过高时可以考虑采用个体防护措施，包括使用个体防护装置、通过锻炼和习服提高个体耐力、注意饮食活动等。

（1）使用个体防护装置。常见的个体防护装置有火灾现场、冶炼炉旁等高温环境中消防人员的消防服、操作人员的防热工作服，极地高原或冷库等低温环境中工作人员的防寒工作服等。另外，对于一些特殊的作业环境，还可以使用具有主动降温或加热功能的个人防护装置，如用于航空航天领域的液冷服和风冷服，由于服装内采用了通风和水冷散热回路，大大提高了防护服在高温条件下的热防护能力。此类主动热防护装置现已扩展至其他军事领域和一些特殊工业生产行业，如装备沙漠酷热地区军队的单兵降温系统即属此类。

（2）通过锻炼和习服提高个体耐力。不间断或反复居留于高温环境中，身体会逐渐适应环境条件，对炎热的耐受能力提高，出现热适应状态，这被称为热习服。通过锻炼和习服提高人体对高温（或低温）环境的耐受能力也是一种应对高温（或低温）环境的有效防护措施。经常进行体育锻炼、具备良好身体素质的个体，其外周循环调节功能和排汗功能及代谢功能也都较好，可以更好地耐受高温（或低温）应激，如身体训练对局部耐寒性即末梢循环功能有着良好改善作用。长期生活在高温（或低温）环境中（习服）也可以使个体逐渐适应相应的环境温度而维持正常的健康状态，这可以明显增强人体对高温（或低温）环境的适应能力，减少由高温（或低温）引起的不良反应。

（3）注意饮食活动。适当补充水分与喝冷饮、服用一些消暑药物、降低体力负荷、减少活动也是高温防护的辅助措施。而适当的高热量食物的补充则有助于提高人体抗寒能力。

对冷热环境的控制的最理想状态是创设热舒适环境，这需要考虑以下几点：

（1）充分考虑环境热舒适性的六大影响因素，包括气温、湿度、风速、热辐射、个体人体代谢率和着装隔热性。对此，可以参照一些相关标准推荐的热舒适区间参数，结合实际的具体环境与工作人员、工作任务进行具体分析确定。

（2）考虑均匀性与空气紊流等因素。除了上述六大因素之外，环境温度的均匀性也会对环境热舒适性造成影响，如不对称的辐射场（暖屋顶、凉墙面）、局部对流制冷（引起身体裸露局部寒冷感的涡动气流）、接触热的或冷的地面等都会导致人的头至脚之间的垂直空气温度差异，这一差异会引起身体局部不适。这些因素在创设热舒适环境时也需要充分考虑。

（3）考虑接触面材料。环境中与人体接触面的材料及其特性也会影响人的热感觉，如座椅、地板等的材料，其导热性、透气性、透湿性等性能都直接影响着人体接触部位的热感觉，因而也需要加以注意。

另外，对于像办公室之类的工作空间，可以考虑室内植被调节。在室内栽种花草也是调节室内微气候的不错选择，通过花草的天然调湿功能，亦可以改善环境质量。

第二节　特殊环境

随着科技的进步，人类对外部环境的探索范围日益扩大，载人航天、深海探测、极地科考、高原开发，这些活动面临的都是特殊环境。特殊环境是人类必须经过复杂的生理心理适应过程才能生存下来的环境。在太空、深海、极地、高原等特殊环境中，除了照明、噪声、温湿度等一般环境因素对人的影响之外，尚有失重、低压、低氧等特殊环境因素的影响，这些特殊环境因素将会对人的生理、心理等产生何种影响已引起研究者的广泛关注。本节将简要介绍航天失重、高原低氧环境对人的心理的影响以及相应的应对措施。

一、航天失重环境

（一）概述

载人航天环境的特殊性由地球轨道外层空间物理特性以及载人航天器特殊性和航天任务特殊性三方面因素共同决定，如微重力、短昼夜周期、强宇宙辐射、狭小隔离空间等。

微重力是航天环境最为显著的特征。由于作用于绕轨飞行航天器的离心力和重力的相互抵消，加速度低于 10^{-4}G。微重力通常亦称为失重或零重力。这种与地面相比的根本性变化对几乎所有的机体生理系统都有着显著影响，同时也影响着人的认知及情绪等心理功能。

昼夜周期在地面上为 24 小时，但在近地轨道昼夜周期大大缩短。航天器在以约 28 000 千米/小时的速度绕地飞行时，昼夜周期将变为 90 分钟。在月球表面，昼夜周期则又长至约 28 天。因此，航天环境下昼夜周期的改变将会对人的生理节律造成重大影响。

强宇宙辐射是指太空环境缺少平时由地球大气层提供的屏蔽保护，致使高能、高穿透性的银河系宇宙射线及太阳高能粒子的辐射强度高于地面环境。强宇宙辐射既可能引起危害人体健康的急性效应，又可能引起后续延迟效应，如继发性癌症、白内障、纤维化、神经退行性病变、血管损伤、免疫系统受损、内分泌失调以及遗传效应等，其中遗传效应是航天员更为关注的（万玉民 等，2011）。

受航天器整体空间限制，航天员空间居住舱较为狭小，缺乏独处私密空间，生活条件较为苛刻，且与亲人朋友隔绝，缺乏社会接触，属于典型的限制隔离环境。

除了微重力、短昼夜周期、强宇宙辐射以及狭小隔离空间之外，航天器高低温交变的热环境、振动及声光环境等均会对航天员造成不同程度的影响。在各类航天环境因素对人的影响中，最为突出的即是微重力对人的影响。

（二）航天失重环境的影响

鉴于载人航天环境的复杂性以及它的影响的多样性难以尽述，此处主要介绍微重力的生理和心理影响。

1. 微重力的生理影响

微重力的生理影响是传统航天医学研究中最主要的研究问题。数十年的载人航天工程实践及相关科学研究均已证明，微重力对人体的心血管系统、肌肉骨骼系统、前庭/感觉运动系统以及免疫系统等各个生理系统均有着重要影响。相关研究领域已取得丰硕的成果，此处仅进行简要介绍。

在对心血管系统的影响方面，人体体液在微重力环境下的重新分布会导致中心血流量增加和颅内压升高，继而依次引发心血管、内分泌及血液各系统复杂的适应效应，导致体液丢失，同时还会影响肺微循环、脑微循环等。微重力引起的心血管功能失调主要表现之一是立位耐力下降，这是航天员返回地面后面临的严重问题（沈羡云，王林杰，2008）。

在对肌肉骨骼系统的影响方面，微重力致使作为人体支撑系统的肌肉骨骼系统负荷突降，导致人体肌肉尤其是对抗重力所必需的肌肉体积和力量显著下降，抗重力骨骼肌萎缩，抗疲劳耐力降低。若无适当的对抗措施，航天员在短期和长期航天飞行中丧失的肌肉质量可达20%～50%（引自卡纳斯，曼蔡，2010）。同时，微重力还会导致骨钙丢失，致使骨密度下降，导致骨折和因钙排泄增多而发生肾结石的风险增大。

在对前庭/感觉运动系统的影响方面，微重力的影响基本可以分为两类。第一类是单纯的前庭功能失调，导致航天员姿势控制和身体运动控制出现障碍。第二类是由前庭平衡功能失调所引起的自主神经系统和其他系统的综合性功能紊乱，如视觉、前庭觉、本体感觉信号间协调性的丧失。其中，空间运动病是最严重的后果，症状包括身体不适加剧、无食欲、胃部不适、短暂而突发性呕吐、恶心、困倦等；首次飞行的航天员发病率为44%～67%，持续时间通常为1～3天，有时可达7天，严重影响航天员的工作能力（引自卡纳斯，曼蔡，2010）。

在对免疫系统的影响方面，在失重、航天飞行任务应激及强宇宙辐射的共同作用下，细胞免疫功能受限，尤其是T细胞功能受限。同时，失重可能导致体内潜伏病毒生长速度变快，在应激及细胞免疫功能受限等其他因素的共同作用下，原本在地面不会引起机体疾病的病毒可能在航天失重环境下致病（余志斌 主编，2013）。

2. 微重力的心理影响

相较于微重力生理学研究，微重力心理学研究就显得相对薄弱。在航天心理学中，大量研究集中于长期狭小幽闭隔绝环境及异质乘组、文化差异等对航天员人际交往、情绪等心理健康及精神问题的影响。对单纯微重力心理影响的研究则主要集中于微重力对航天员认知功能、工作绩效等方面的影响。

有研究表明，航天失重环境会干扰人的认知功能，例如出现空间定向障碍和错觉、时间观念改变、注意集中能力衰退等（引自卡纳斯，曼蔡，2010）。

空间定向障碍和错觉是微重力对认知能力的影响的最直接与最主要体现。空间定向能力是个体在三维空间环境中准确感知确定自身与外部物体间相对位置与方向的能力，对大型空间站内的导航寻路作业意义重大。航天失重环境下，由于重力竖直状态这一关键参照系线索的缺失，个体空间定向能力受到严重影响，且该影响会在个体进入微重力环境后即刻产生，持续时间长短不一。曾有调查表明，104 名俄罗斯航天员中有 98%的人报告曾存在部分或完全的空间定向障碍并出现空间错觉，尤其是在黑暗或闭眼等缺乏视觉信息参照的情况下（引自肖玮，苗丹民 主编，2013）。

宋健等（2006）曾综述归纳了航天失重环境下的空间定向障碍的主要类型，主要包括微重力下的倒置错觉、视性再定向错觉、舱外活动恐高性眩晕以及方向定向障碍等。微重力对认知的影响研究相对较多的第二个领域就是空间知觉及心理表象和心理操作的相关研究。

在空间知觉与表征方面，有人研究了飞机抛物线飞行中被试在闭眼状态下横向书写与纵向书写的单词长度（高度）。结果发现，在失重条件下，纵向书写的单词长度较平飞条件下降低了约 9%（Lathan et al.，2000）。除了单词书写之外，关于物体描画亦出现了相近的研究结果。有人在另一项抛物线飞行模拟失重研究中采用调整法来由被试调节某三维物体的长宽高，借此研究失重条件对被试深度与距离知觉的影响。结果表明，失重条件下三维物体调节结果较正常条件下更矮、更宽、更深，这与单词书写及物体描画的研究结果相一致，均表明了失重条件对空间知觉与表征的影响（Lathan et al.，2000）。有人在失重飞机上进行的物体运动知觉研究亦表明，失重飞行条件下被试的速度知觉偏差率显著大于平飞条件，且在平飞阶段以及正坐实验中，被试对竖直方向的速度感知偏差总体大于水平方向；而在失重飞行阶段和头低位条件下，这种方向效应有消退的趋势（王笃明 等，2015）。

在心理表象及心理旋转方面，有人综述了以往研究认为失重环境对心理旋转的影响因心理旋转类型而异；心理旋转可以分为基于外物的非自我中心的旋转和基于自身的自我中心的旋转，失重环境并不影响非自我中心的心理旋转，但却降低了自我中心的心理旋转绩效，原因可能在于前者可通过单纯视觉空间信息处理来解决，而后者则涉及视觉空间信息和前庭信息两类信息线索，在失重条件下前庭信息线索消失，导致自我中心的心理旋转绩效下降（Grabherr & Mast，2010）。有人进一步采用人手、字母、场景三类心理旋转材料，通过飞机抛物线飞行模拟失重条件研究了失重对心理旋转的影响。结果表明，在提供竖直线索参照时，自我中心和非自我中心的心理旋转的反应时及错误率均不受失重条件的影响，而在缺乏竖直线索参照时，自我中心的心理旋转将受到影响（Dalecki et al.，2013）。

微重力对认知功能的影响是多方位的。除了上述空间定向障碍和错觉、空间知觉及心理表象和心理操作等方面之外，微重力还会对质量甄别以及学习记忆、注意、决策等认知功能产生影响。曾有短期航天飞行中的两项心理生理学实验要求航天员通过摇荡小球来两两比较其质量，结果表明在失重环境下质量甄别能力减弱，差别阈限升高至地面时的1.2～1.9倍（引自卡纳斯，曼蔡，2010）。

在微重力对学习记忆能力的影响方面，有人在研究中将22名男性被试分为头低位卧床组及正坐控制组，两组分别进行图片浏览任务，任务进行中以强声刺激诱发其惊跳反射，记录眼轮匝肌EMG信号波幅来作为惊跳反射强度指标。结果发现，正坐控制组出现正常的惊跳反射的适应效应（习惯化抑制），但头低位卧床组未出现此适应效应。这些结果表明，头低位卧床模拟失重或可借由心血管系统而影响学习能力及大脑可塑性（Benvenuti et al.，2011）。有研究综述了载人航天中微重力对认知功能的影响，认为微重力条件对短时记忆提取的速度和准确性以及高级认知功能，如逻辑推理等的影响较小，但是一些需要注意参与的认知任务（如跟踪任务、视觉选择反应）和长时记忆任务，在航天环境或模拟失重条件下会受到影响（杨炯炯，沈政，2003）。

在微重力对注意的影响方面，有研究发现在长达438天的航天飞行任务中，航天员的高级注意能力会出现显著的下降（Manzey et al.，1998）。也有人研究了$-6°$头低位卧床对女性抑制功能的影响，结果表明头低位模拟失重影响了被试的抑制功能，在时间进程上表现为由损害到恢复的发展变化过程（姚茹 等，2011）。对执行功能及决策能力的影响方面，有综述认为失重会降低宇航员的执行功能及决策能力（Gabriel et al.，2012）。

微重力除了通过影响航天员的上述认知功能及情绪状态而影响其工作绩效之外，还会影响航天员自主运动功能，进而影响其操作绩效。失重飞机抛物线飞行的相关研究结果表明，微重力可以使进行空间指向任务的手臂运动的精度和可靠性下降。航天飞行的相关研究虽未得出此结论，但研究结果均一致表明进行空间指向任务的手臂运动速度明显变慢（引自卡纳斯，曼蔡，2010）。

在短期航天飞行任务对人的工作绩效的影响方面，美俄等前期航天任务的相关研究表明一些基本认知功能（如记忆、推理、算术运算等）变化不大，但感知-运动功能与高级注意功能（负责多任务作业时注意的分配），如跟踪作业和双作业操作在重力环境改变初期会受到较大干扰（引自陈善广 等，2015b）。

在长期航天飞行任务对人的工作绩效的影响方面，现有的研究表明航天失重环境对工作绩效的影响因时间进程而异，存在一个干扰与适应补偿过程。在长期航天飞行的最初2～4周和返回地面后的最初2周，精确运动控制及注意相关绩效可能会降低，但在成功适应空间环境之后，即便是经历长期航天飞行，认知功能与工作绩效亦可维持在较高水平，即人体具有较强的对抗太空环境不利影响的适应与复原能力（引自肖玮，苗丹民主编，2013）。有研究对四名宇航员进行了记忆、追踪、心理旋转等六项认知绩效测试，共进行38轮（其中飞行前24轮，飞行中9轮，飞行后5轮），结果表明两名宇航员未出现认知绩效的降低（Eddy et al.，1998）。

总结微重力对认知功能及工作绩效的影响会发现，该领域的研究存在以下两个共同点：一是影响因素的多样化；二是影响效果的时间效应。

在影响因素的多样化方面，无论是短期航天飞行还是长期航天飞行，微重力总是伴随狭小幽闭隔绝、短昼夜周期以及高负荷任务压力等各类环境、任务及乘组等应激源因素，即使是在地面头低位卧床模拟失重或飞机抛物线飞行模拟失重条件下，亦难以剥离隔绝、应激等因素的影响。上述因素皆有可能影响个体的情绪情感等心理状态，继而影响认知功能及工作绩效。

在影响效果的时间效应方面，失重环境乃至航天综合环境对人的认知功能、工作绩效、情绪情感等的影响效果及表现形式均受时间因素的调节，各类影响因时间进程而异。

航天失重环境对情绪的影响的时间进程效应更为明显。古欣等（Gushin et al.，1993）基于俄罗斯的中长期航天飞行数据将航天员的情绪变化划分为四个阶段：

第一阶段是初始不适期，主要是环境变化导致生理不适进而引起心理不适。

第二阶段是相对平稳期（飞行第 6 周前后），此阶段航天员生理上已适应航天环境，情绪上因受隔绝、限制、单调生活的影响尚未显现而相对平稳。

第三阶段是情绪波动关键期（从第 6～12 周开始，持续至任务结束前 2～3 天），此阶段由于受到隔绝、单调生活及任务负荷压力等的影响，航天员易出现情绪稳定性降低、易激惹、精力衰退、喜欢刺激性音乐等情绪及行为表现，也容易出现“衰弱综合征”等精神类疾病。

第四阶段是末期兴奋阶段（任务结束前 2～3 天至任务结束），此阶段主要表现为欣快，情绪及工作效率均相对高涨。

（三）航天失重环境的应对措施

航天失重环境对人的生理及心理的影响是全方位的，各类应对措施亦是纷繁复杂，目前尚未有有效的综合性方法能全面防护与对抗其影响。

在各类应对措施中，既有主要针对微重力生理影响的措施，也有针对微重力心理影响的措施。

在主要针对微重力生理影响的各类措施中，人工重力可能会达到全面防护的效果，将有可能成为全面对抗失重影响的首选措施，但由于工程技术的原因以及相关医学研究的缺乏，迄今为止对人工重力的实际作用尚缺乏深入了解。人工重力实施方案、人体各系统所需的合适强度与持续时间、空间实施过程中存在的潜在副作用等尚需详细的观测与研究（余志斌，2010）。

除了将来可能的人工重力环境创设之外，运动锻炼也是对抗微重力的重要措施之一。运动锻炼不仅可以缓解微重力对人体的心血管系统、肌肉骨骼系统、前庭/感觉运动系统以及免疫系统等各个生理系统的不良影响，而且有助于航天员保持心理健康、情绪稳定，并可以提高航天员认知及操作能力，如决策能力等（Gabriel et al.，2012）。

在微重力心理影响的应对方面，由于影响因素的多样化，现有的各类措施均是面向整体航天环境的（微重力、短昼夜周期、强宇宙辐射、狭小隔离空间、长期幽闭的单调生活以及高负荷任务操作、异质乘组等多因素的混合环境），极少有单纯针对微重力的特异性措施。例如，为避免因难以正确感知和识别面部表情而导致的误解，研究者建议航天员在进行面对面交流时采取相同的体位方向（Cohen，2000）。这其中有针对航天员选拔、训练及任务支持的各类心理措施，有针对航天环境适居因素的环境改进措施，也有针对航天任务的工作设计方面的措施。

为了在航天飞行任务中维持航天员的心理健康、保证其正常工作能力，严苛的心理选拔、科学的心理训练及任务中多样化的心理支持已成为各国航天机构普遍采用的措施，并已取得了良好的效果（王峻 等，2012）。

航天环境适居因素主要包括居住舱设计、工作站设计、后勤服务设施、特定装备以及各类环境因素等。随着人-机-环系统工程的发展，航天环境宜居性及工效学研究日益受到重视。已有研究者指出，太空舱内部的装置摆设不仅要符合航天任务的要求，还要与航天员的需要、习惯相结合，使其更具适居性。特别是在长时航天任务所处的空间站和月球基地等设施中，更应加强人-机-环方面的研究（王雅 等，2014）。其中，基于个人空间的乘员居住区设计、舱内装饰、窗口设计等是受到普遍关注的重要内容。

鉴于在长期隔离和限制条件下人的个人空间需求及领域性增强，舱室设计中提供充足的个人空间和私密住处就成为重要的心理影响应对措施。表 8－9 按照优先考虑顺序列举了乘员个人生活空间应具备的主要功能。

表 8－9　乘员个人“宿舍”应提供的重要功能（按优先考虑顺序）

顺序	内容
1	有效隔离外界视线和声音
2	不受干扰的睡眠
3	个人环境调节（如可调的灯光、温度）
4	通过音像传输和电子邮件进行私人通信
5	穿脱个人衣物
6	存放个人物品
7	个人娱乐（即可使用不占空间的娱乐设备）
8	个人可调装饰（如屏风上的绘画/照片、可调的灯光颜色）
9	从居住舱向外观景

来源：卡纳斯，曼蔡，2010。

合理的舱内装饰可以弥补航天居住舱空间活动范围的受限；其中，颜色的合理使用既可以使工作区（兴奋的暖色调）、生活区（宁静的冷色调）等不同区域的不同心理功能得以加强，还可以作为场所或位置代码标识，有效防止在空间居住舱中出现空间定向和导航障碍。

窗户在居住舱这一封闭受限的环境中，不仅是居住舱建筑结构的一个“宜人”特色，而且具有非同一般的心理意义；窗口可通过降低单调感、限制和隔绝感来促进航天员的身心健康，还可防止出现幽闭恐惧症反应，这已为众多航天逸事报告所证实（卡纳斯，曼蔡，2010）。

科学合理的工作设计和日程安排亦可防止航天失重环境对人体健康的损害和工作绩效的降低。这包括为航天员规定适当的每日工作量，保持 24 小时作息制度惯例不变，以及采取措施避免工作乐趣和动机的降低，例如在长期航天飞行任务中给乘组提供尽可能多的自由、由航天员自主计划和安排工作任务等。

二、高原低氧环境

（一）高原环境特性

关于高原，不同的学科有着不同的界定。地理学上指海拔达 500m 以上，地势平缓面积较辽阔的高地。医学上则是指能引起明显生物效应的海拔达 3 000m 以上的广泛区域，由于存在生物个体差异，部分耐受性差的人在海拔达 2 000m 时亦可出现明显的高原反应。

根据人体暴露于高原环境时出现的生物效应程度，高原还可进一步分为以下四级（崔建华，王福领 主编，2014）。

- 中度高原（moderate altitude）：海拔 2 000～2 500m，人体在此高度一般无任何症状或仅有轻度生理反应，如呼吸和心率轻度加快、运动能力稍有降低，除极少数对缺氧特别易感者之外，极少有人发生高原病。
- 高原（high altitude）：海拔 3 000～4 500m，多数人进入此高度会出现明显缺氧症状，如呼吸和脉搏加快、头痛、食欲缺乏、睡眠差，易发生高原病。
- 特高高原（very high altitude）：海拔 4 500～5 500m，人进入该高度时缺氧症状进一步加重，运动和夜间睡眠期间会出现严重的低氧血症，一般认为海拔达 5 000m 以上为生命禁区。
- 极高高原（extreme altitude）：海拔达 5 500m 以上，人类难以长期居住，到达此高度时机体生理功能会出现进行性紊乱，常失去机体内环境自身调节功能，出现极严重的高原反应、显著的低氧血症和低碳酸血症。

据 WHO 1996 年的统计数据，全球有约 1.4 亿的人口居住于海拔达 2 500m 以上的区域，其中亚洲占了 56%。此外，每年还有约 4 000 万人口到高原短期生活，即总计不下 1.8 亿人口受高原环境的影响（引自李彬 等，2010）。

高原地区具有空气稀薄、严寒缺氧、日光（紫外线）辐射强、昼夜温差大、山高沟深落差大等环境特性。低压、低氧、低温、强风及强辐射是高原环境的主要气候特点，直接影响人体与环境之间的能量交换和物质交换，对人体生理及心理功能会产生不同程度的综合性影响。这些影响的大小主要取决于海拔，其中低气压是核心，低氧是关键，低氧与低温是高原病的主要致病因素。

（二）低氧环境的影响

高原环境下，由于海拔的升高，空气中氧分压降低，致使所吸入空气的氧分压不足，血液在肺内得不到充分的氧合，血液中氧分压下降，血氧含量和血氧饱和度降低，甚至出现低氧血症，造成缺氧，这是高原环境对人体产生影响最为明显和最严重的原因。因而，此处主要介绍高原低氧环境对人体生理及心理的影响。

另外，在军事航空领域，如陆航或海航直升机在执行飞行任务时大多未装配供氧设备，随着飞行高度的增大，低氧对飞行员的操控绩效亦会产生越来越大的影响。

1. 低氧的生理影响

低氧的生理影响是传统高原医学研究中最主要的研究问题。高原环境下人体的一切生命活动均处于低气压、低氧分压的环境中，这种高原低压低氧环境对人体的影响是多系统、全方位、急慢性并存的，对呼吸系统、心血管系统、消化系统、生殖系统、免疫系统及中枢神经系统等均有着不同程度的复杂影响。

呼吸系统对高原低氧环境的反应程度直接决定机体对高原环境的习服。高原环境下大气压降低，单位体积空气中的氧气含量随海拔的升高而降低，因此在高原必须吸入更多的空气才能供给较低海拔平原相同量的氧，所以肺通气量的增加是提高氧运输系统效率的第一步。初到高原低氧环境，人类抗衡低氧的最有效手段之一即是加强呼吸，增强肺通气、换气。一般进入高原几小时就可发生过度通气，并在一周内迅速增高。同时高原低氧还会促使呼吸系统为适应此环境而发生肺泡弥散面积增大、通气血流比例改善、肺血管结构重塑等生理变化。此外，高原低氧还可以导致睡眠呼吸紊乱，其特征性呼吸变化是周期性呼吸伴有或不伴有呼吸暂停。

在对心血管系统的影响方面，高原低氧环境可使心率明显加快，并随海拔的增加而提高，在高原尤其是特高高原地区，心率可增至85～90次/分钟，而平原地区约为75次/分钟。高原低氧环境同时也会显著影响人体血压，一般初到高原时多出现血压升高，以舒张压升高为主，之后随高原居留时间的延长及人体低氧习服机制的建立而呈不同形式的变化。高原低氧还影响心搏出量，在急速进入高原的人群中，在头几天多数人的心搏出量会降低，一周左右降至最低，进入的高原海拔越高，心搏出量降低越明显。除了心率、血压和心搏出量之外，高原低氧环境还会对肺循环-右心系统、脑循环、微循环血液流变学和动力学产生影响。高原低氧环境下显著的肺动脉高压及心率增快使得心脏承受着沉重的压力负荷，易导致高原性心脏病。高原低氧环境对心血管系统的各类影响均与海拔及高原停留时间有关，高海拔比低海拔影响大，急进高原较缓进高原影响大。

在对消化系统的影响方面，急进高原后，消化腺的分泌和胃肠道的蠕动受到抑制，除胰液分泌稍有增加之外，其余与消化相关的唾液、肠液、胆汁等分泌均较处于平原时减少，胃肠功能明显减弱。因此会出现食欲缺乏、腹胀、腹泻或便秘、上腹疼痛等一系列消化系统紊乱症状（格日力 主编，2015）。研究表明，急进高原人员早期最常见的反应是胃肠道症状，恶心、呕吐和食欲缺乏可高达60%（引自崔建华，王福领 主编，2014）。此外，高原低氧环境还会导致肝功能及代谢方面的变化。

在机体的所有器官中，中枢神经系统的氧耗最高，因而中枢神经系统（尤其是大脑）对低氧也就最为敏感。人进入高原时，由于大气压降低，氧分压、肺泡内氧张力和动脉血氧饱和度亦随之下降，导致氧气向脑组织的扩散释放减少而产生缺氧症。当动脉血氧饱和度降至75%～85%时，即会产生判断错误与意识障碍等症状，而降至51%～65%时即可引起昏迷。另外，高原低氧环境通过对中枢神经系统产生影响还会导致一系列的心理障碍，影响个体的感知觉、注意、记忆、思维等认知功能和情绪情感等心理状态。

此外，高原低氧环境还会导致一系列高原特有疾病，如急性高原反应、高原肺水肿、高原脑水肿等急性高原病，以及高原红细胞增多症、高原性心脏病等慢性高原病。

2. 低氧的心理影响

相较于高原低氧生理学和高原医学研究，高原低氧心理学研究就显得相对薄弱。低压、低氧、低温、强风及强辐射等高原环境因素不仅对人体生理状况有着重要影响，而且还会影响个体的感知觉、注意、记忆、思维及情绪情感等心理状态，进而影响高原作业人员的工作绩效。

由于中枢神经系统对内外低氧环境最为敏感，低氧的心理影响基本来自中枢神经系统。而各类生理心理影响的强弱主要取决于海拔及高原停留时间，高海拔比低海拔影响大，急进高原较缓进高原影响大，且各类症状大多在高原习服之后消失。

在急性缺氧情况下，初期可出现感官功能减退，视觉和听觉紊乱，如感觉四周变暗、噪声变弱或有音调的改变。神经功能障碍可呈现特殊的醉酒样状态，包括精神愉快、欣然自得，对周围环境失去正确的定向力和判断力。易激动和发怒，即使事先明确缺氧的危险性，也对其面临的危险境地毫无警惕，对周围事物有着不切实际的认识，盲目做自己不能胜任的工作，常常做出不当的动作，然后迅速转入抑制状态，表现出头痛、头部沉重、精神萎靡不振、全身无力、嗜睡、脑力活动迟钝、注意力不集中、对周围事物漠不关心、沉默、抑郁、忧虑、悲伤、哭泣、淡漠、无欲、动作迟缓、工作能力下降。严重者可出现神志障碍、意识模糊、抽搐、晕厥。还有部分个体在高原地区的山峰上主观感觉良好而突然出现晕厥和意识障碍，若不及时抢救则会因延髓的呼吸中枢和心血管运动中枢出现麻痹而死亡，亦有表现为全身疲乏无力、衰弱、全身肌肉麻痹后死亡。

在慢性缺氧情况下，个体会产生一系列神经精神方面的改变，主要表现为中枢神经系统功能紊乱和大脑皮层高级活动失调。在神经精神系统方面往往伴有一般高原反应和其他系统反应征象。首先，可出现头痛、头重、耳鸣、易疲劳、衰弱、晕眩、记忆力减退、分析判断发生困难、注意力不集中、工作能力低下、易出汗、四肢厥冷发麻、失眠等类似神经衰弱综合征的临床症状。其次，可出现喘息、震颤、四肢强直、无力、抽搐等癔症发作症状。多数患者意识清楚，少数出现轻度意识障碍，包括晕厥、意识浑浊、轻度神志不清、头脑晕沉，常表现为恐惧不安、烦躁等症状。最后，可出现躁狂-抑郁症样改变，表现出兴奋、轻度的精神欣快感，身体活动增加，言语增多，喜欢争论，联想丰富，常伴有不耐烦、急躁、易怒等，亦有出现相反症状，表现为抑郁、情感淡漠、对周围事物不关心、活动减少、沉默寡言、疑虑重重，甚至伤心落泪等（崔建华，王福领主编，2014）。

国内外众多研究均表明，高原低氧对个体认知功能的影响显著而持久，中等海拔对人的认知功能影响较小，但长期高海拔暴露则会明显损害认知功能，如感知困难、记忆获得保持较差、言语功能降低等。

高原缺氧对机体感觉功能的影响出现较早，其中视觉对缺氧最为敏感。高原缺氧对视觉的影响包括视物模糊和短暂的视力减退、视疲劳、闪光幻觉、飞蚊幻觉、夜盲、复视、视野改变、视敏度下降、视觉反应时及暗适应时间延长，甚至出现一过性失明等。急性缺氧时，主要依赖于视杆细胞的暗视力（夜间视力）受影响最为显著，从海拔1 200m起即开始出现障碍，在4 300m以上时受损明显，且并不因机体代偿反应或返回低海拔地区而有所改善；主要依赖于视锥细胞的明视力（昼间视力）的低氧耐受力则较强，平均自 5 500m 始才开始受损（引自崔建华，王福领 主编，2014）。有研究者以 31 名飞行员为实验被试研究了明视和暮视光环境中急性轻度缺氧对飞行员视觉跟踪辨认能力的影响，结果表明暮视光环境条件下，急性缺氧状态下的纵向动态视力显著低于正常状态，但明视光环境条件下，二者无显著差异（时粉周 等，2008），这证实了明暗视力对低氧环境的不同耐受力。即便是轻度缺氧亦会显著影响视觉功能。有人研究了模拟直升机飞行轻度缺氧对飞行人员的对比敏感度函数（CSF）以及对比视力（CVA）等视形觉功能的影响，结果表明直升机飞行高度（轻度急性缺氧）对视觉系统功能有显著的影响，并据此建议在直升机飞行中当需要精确识别目标背景时应该供氧或采取一定的缺氧防护措施（张慧 等，2001）。有研究者测试了急性轻度缺氧对对比视力、对比敏感度函数、动态视力、快速暗适应及暗视力等视形觉功能的影响，结果发现模拟轻度缺氧条件（相当于海拔 3 000m 的高度）即开始对视形觉功能各指标产生显著影响（王珏 等，2003）。中度缺氧则可进一步使视野缩小，在海拔 6 000m 时视野明显缩小，周边视力丧失，盲点扩大，若缺氧进一步加重则可引起全盲。除了急性缺氧，慢性缺氧亦可对视功能造成重要影响。布凯等（Bouquet et al.，2000）采用低压舱模拟高原缺氧对颜色辨别能力的影响，结果发现低海拔条件下被试的颜色辨别能力无明显变化，但高海拔条件下颜色辨别能力下降，主要体现为红蓝辨别障碍。高原低氧除了影响视觉功能之外，对听觉、触觉、痛觉等各感知觉系统均会产生影响，听力及听觉定向力均随海拔升高而降低；触觉和痛觉在严重缺氧时会逐渐迟钝，极端高度下（大约 6 000m）多数人会出现错觉和幻觉体验，表现形式为躯体幻觉、听幻觉和视幻觉等。各类反应时亦会随海拔升高而变长（谢新民 等，2007）。

在对注意力的影响方面，早在五十多年前就有学者发现在海拔达 4 200m 时，数字编码测验可显示出被试注意力受损（Evans & Witt，1966）。有人对适度低氧暴露 8 小时后的被试进行视觉搜索测试，结果表明测试成绩显著低于低氧暴露前，低氧减弱了被试的连续注意能力（Stivalet et al.，2000）。李学义和吴兴裕（1999）利用低压舱模拟 3 600m、4 400m 高度 1 小时，5 000m 高度 30 分钟低氧暴露对 16 名男性青年被试注意力的影响，结果表明急性中度缺氧会对注意广度及注意转移能力产生显著影响，3 600m 时注意力已有下降但未达显著水平，4 400m 时注意广度测验综合绩效已降至 88%，5 000m 时则进一步降低至 80%。也有研究表明，快速进入海拔 5 380m 高原时早期听觉注意力方面的认知功能会显著降低，但经过一段时间（30 天）的习服后，部分认知功能可得到一定程度的恢复（蒋春华 等，2011）。但关于高原低氧对注意力的影响亦有不同的研究结论。保宏翔等（2013b）对在 3 700m 和 5 200m 两个海拔高度驻防 3 个月的士兵进行了 8 项认知神经心理功能测试，结果却发现注意力（注意广度）有随海拔升高而增强的趋势。还有研究者对某进藏训练部队的 50 名军人进行连续测评，结果亦表明海拔对注意广度及注意转移能力影响不明显，但对短时记忆力和复杂思维判断力影响较大（杨国愉 等，2005b）。在一项对两个不同的登山小组的实地测评研究中，第一组在 16 天内从海拔 2 000m 上升到了 5 600m，接着用两天时间登上了海拔 6 440m 处；第二组在海拔 6 542m 处持续居住 21 天。研究结果发现，只有第二组的注意力受到了明显的影响（Bonnon et al.，2000）。上述研究结论的不一致可能源于高原低氧效应影响因素的多样化，高原低氧效应不仅取决于海拔，还取决于高原暴露缓急及停留习服时间等时间进程因素，高原急进及短暂停留会使包括注意力在内的认知功能降低，缓进则会使高原低氧的不良影响降低，长期停留后则会产生习服，使部分认知功能得以恢复。

在对记忆的影响方面，众多研究已表明高原低氧环境会对人类及动物的学习及记忆能力造成损害。综合分析高原低氧对学习及记忆影响的研究，可将相关研究大致分为以下几类：对不同记忆组成部分的影响研究、记忆损伤海拔阈限的研究、高原低氧记忆损伤的生理生化机制研究、高原低氧记忆损伤应对研究。

在高原低氧对不同记忆组成部分的影响研究中，一部分集中于对空间记忆、工作记忆、短时记忆等不同记忆类型的影响，另一部分则从记忆编码、存储、提取三阶段的视角进行分析。

现有研究大多认为高原低氧对各类记忆均会造成不良影响。例如，特纳等（Turner et al.，2015）的研究表明，急性缺氧（10%氧含量）条件下，被试的言语记忆、视觉记忆及复合记忆、执行功能、认知灵活性等均显著降低。阿斯马罗等（Asmaro et al.，2013）模拟了海拔17 500ft（5 334m）和25 000ft（7 620m）低氧条件下被试的短时记忆与空间记忆容量以及选择注意、认知灵活性、执行功能等，结果发现各认知功能均受海拔的影响，且海拔越高，损伤程度越大。泰勒等（Taylor et al.，2016）综述了低氧环境对认知功能的影响，认为在海拔高于5 000m时，各类记忆，包括空间记忆、工作记忆、学习能力等均显著受损。国内亦有众多研究得出类似结论，如吴兴裕等（2002）利用低压舱模拟300m、2 800m、3 600m、4 400m低氧环境，研究了18名男性青年被试在不同高度暴露1小时后的感知觉、记忆、注意、思维和心理运动功能的变化情况，结果表明在2 800m高度暴露1小时后连续识别记忆测验的综合绩效就已显著低于对照水平。李彬等（2009）研究了海拔及居留时间对移居者记忆与肢体运动能力的影响，结果发现数字记忆广度随海拔的升高而逐渐降低。保宏翔等（2014）对37名新兵进驻4 400m海拔3个月后的多项认知功能指标的测试结果表明，字母短时记忆容量轻微下降。

亦有部分研究认为高原低氧对记忆并非全是负面影响。一项对17名登上5 350m高峰的运动员的研究表明，在山上停留15天以后，运动员的记忆测试绩效显著提高。研究者认为，对低氧的适应可能是记忆反应增强的原因；已有部分资料显示一定条件的低氧可以促进动物和人类的学习及记忆能力（韩国玲，2009）。张等（Zhang et al.，2005）对在适度低氧环境中（海拔2 260m）人的空间记忆、长时记忆以及短时记忆都做了考察，结果发现适度低氧仅对被试的短期视觉构建能力（ability of visual construction）产生影响，对其他功能未造成明显影响；他们还发现，适度的间歇性低氧暴露（2 000m，3周或4周，4小时/天）却可以提高动物的空间记忆能力。维特纳和里哈（Wittner & Riha，2005）亦发现，短暂的急性低氧暴露（7 000m，60分钟）也可以提高动物的空间记忆能力。保宏翔等（2013a）研究了急进高原对42名新兵认知功能的影响，结果发现在记忆广度（短时记忆容量）指标上，在平原地区记忆广度峰值为8位，9位数之后能正确记忆的人数锐减；急进高原后，记忆广度峰值也是8位，但能正确记住9、10位甚至更长位数的人数缓慢下降；短时记忆在急进高原后反而轻微好于进高原前。

从记忆编码、存储、提取三阶段进行分析，众多研究表明，高原低氧环境对记忆的存储及提取的影响不尽一致。早在1942年，就有研究证实，11%的低氧便可以对大鼠在迷宫中的视觉辨认学习能力造成影响，而且低氧对学习能力的损害要大于对存储和提取能力的损害。后续的研究进一步发现，海拔高于6 000m的低氧环境对信息的存储能力没有影响，但是会损害对新信息的学习能力。然而，动物实验表明，严重的低氧也可能损害动物对信息的存储和提取能力。例如，连续4天的低氧处理可以损害大鼠的信息存储能力，不过这种损害在动物回到常氧环境中6天后便得以恢复；急性低氧暴露3小时可以严重损害动物的信息提取能力，5小时则严重影响动物对新信息的学习能力；水迷宫研究发现，海拔5 500～6 400m的低氧暴露可以损害动物的空间记忆能力，而且对记忆能力的损害程度和海拔正相关，且低氧损害的是动物的学习能力，而对动物存储信息的能力则无影响（引自张宽 等，2011）。从上述研究结果可以推测，高原低氧最先影响的是记忆的编码阶段与提取阶段，即短时记忆向长时记忆的转化与记忆的提取，然后才是记忆的存储阶段。

在记忆损伤的海拔阈限研究方面，有学者研究了不同海拔下86名被试的数字短时记忆能力，结果发现只有在海拔达到3 658m时被试的短时记忆才会产生障碍；有学者研究了72名飞行员在海拔606m、3 788m以及4 545m时的短时记忆能力，结果表明只有当海拔达到4 545m且记忆任务难度较大时，飞行员的短时记忆绩效才会明显降低；但也有学者发现，只有在海拔达到4 500～4 600m时被试的短时记忆才会受到损害；还有学者对20名攀登德纳里峰（6 193m）的登山者在35天的攀登过程中做了空间记忆能力测评，结果在海拔3 800m时未观察到低氧对其记忆能力的影响，而在海拔5 000m以上时其空间记忆能力受损较大（引自张宽 等，2011）。综合上述研究结果，可以认为高原低氧对记忆的不良影响应存在海拔下限，高原低氧记忆损伤的海拔阈限约为3 500m。

在对思维的影响方面，一般研究结论认为高原低氧对复杂认知任务的影响大于对简单任务的影响。思维作为人脑对客观现实的间接和概括的反应，涉及的复杂认知活动比重更大，因而更易受高原低氧的影响。急进高原条件下，海拔达到1 500m时思维能力即开始受损，新近学会的智力活动能力受到影响；海拔达到3 000m时思维能力全面下降，判断力较差，但已熟练掌握的任务仍能完成；海拔达到4 000m时书写字迹拙劣，造句生硬、语法出错；海拔达到5 000m时思维明显受损，判断力尤为拙劣，做错了事也不会有所觉察，反而自觉正确，不知道危险；海拔达到6 000m时意识虽然存在，但机体实际上已处于失能状态，判断常常出现明显错误，而自己却毫不在意；海拔达到7 000m时，相当一部分人会在无明显症状的情况下突发意识丧失，少数人仍可坚持。严重缺氧常使人产生不合理的固定观念，表现为主观性增强、说话重复、书写字间距扩大、笔画不整、重复混乱等；理解与判断力受损，丧失对现实的认识和判断能力。缺氧还会导致个体自觉性或自我意识觉知的缺乏，即缺氧虽已致使个体思维能力显著受损，但个体自身往往意识不到，做错了事也觉察不到，还自以为思维和工作能力“正常”，这种对自身及外部环境危险因素觉察意识的缺失往往会导致严重后果。曾有低压氧舱实验发现，有被试在海拔7 000m左右出现下肢瘫痪、记忆力丧失、书写不能等症状，但被试自身对此却缺乏觉察，不顾舱外主试意见，仍要坚持继续停留且坚信自己的思考是“清晰的”，判断是“可靠的”（杨国愉 等，2003）。此外，高原低氧还会对认知灵活性、冲突控制等认知执行功能造成影响。有研究以低氧舱模拟海拔 3 600m 低氧环境，采用任务转换范式观察 23 名男性被试在低氧模拟各阶段的认知灵活性，同时监测焦虑状态及基本生理指标的变化，结果发现中度低氧暴露会影响人的认知灵活性和焦虑状态；低氧暴露前，焦虑可促进个体的认知灵活性，低氧暴露后，焦虑会妨碍个体的认知灵活性（徐伦 等，2014）。有学者借助 ERP 技术（采用 flanker 任务范式）研究了长期高原暴露对冲突控制功能的影响，结果发现长期高原低氧暴露会影响冲突解决阶段的冲突控制功能（Ma et al.，2015）。

在对语言的影响方面，早在 1943 年就有学者发现极端低氧环境暴露可以导致暂时性失语；有学者在登山运动员登上海拔 6 800m 高度时立即进行言语能力测验，结果发现被测者抽象思维能力及言语流利程度均会降低；还有学者发现，近期攀登过高海拔山地的登山队员与最近 7 个月内未攀登海拔高于 5 000m 的登山队员相比，在言语流利程度上表现出相当大的损伤（引自张宽 等，2011）。有研究分析了登山队员实际攀登珠穆朗玛峰过程中的无线电电话录音，结果发现登山队员对言语的理解时间随着海拔的升高而逐渐增加（Lieberman et al.，1995）。

情绪情感对高原低氧的敏感性较强，相应的高原低氧效应也就出现得相对较早。一项研究表明，在海拔 1 800m 左右以欣快感为主的情绪变化就已经出现，到海拔 4 000m 左右，除有躯体不适之外，欣快感普遍存在；另一项对 80 名登山者的研究发现，在海拔低于 2 500m 时，个体的情绪特征主要表现为兴奋-冷漠，当海拔高于 5 500m 时，情绪特征中的欣快-冲动因素便占主导，且抑郁综合征的发生概率增大（引自张宽 等，2011）。高原低氧对个体情绪影响的严重程度及具体表现除取决于海拔（缺氧程度）和暴露时间之外，还与个体情绪反应类型有关。例如，在低压舱实验中，由于情绪反应类型的个体差异，有的被试表现为活动过多、兴奋喜悦、好说俏皮话、好做手势、爱开玩笑等；有的被试则表现为嗜睡、反应迟钝、对周围事物漠不关心、头晕、疲乏、精神不振和情感淡漠等；还有的被试表现为敏感、易激惹、敌意、争吵等，严重者会出现醉酒样状态，若海拔继续升高，则这种情绪失控现象将会更加严重；在 6 000m 以上高度停留时，有些被试会出现突然的、不可控制的情绪爆发现象，如忽而大笑、忽而大怒，有时又突然悲伤流泪等，情绪情感的两极性表现非常明显（杨国愉 等，2005）。焦虑与抑郁是高原情绪情感研究中最为集中的两种心理状态。例如，廖丽娟等（2004）采用焦虑自评量表（SAS）和抑郁自评量表（SDS）对 303 名高原驻防官兵（驻防海拔 3 800m）进行调查，结果表明高原驻防官兵焦虑、抑郁总分均显著高于全国常模水平，高原驻防官兵轻度焦虑、抑郁分别占 28.05%、25.74%，中度分别占 9.9%、10.56%，重度分别占 3.3%、2.97%。杨国愉等（2005）亦采用 SAS 和 SDS 对某进入高原训练的部队 50 名军人在不同海拔、进入高原不同时间及不同军事作业阶段的情绪反应进行动态跟踪观察，结果发现高海拔环境对从低海拔地区进入高海拔地区训练的军人的情绪反应有明显的影响，但抑郁和焦虑反应出现明显的分离现象，抑郁反应程度明显高于焦虑，焦虑得分只是在初进高海拔地区时略有升高，之后随军人进入高原环境的时间延长而迅速下降，但抑郁的反应有所不同，自军人进入高原后抑郁得分一直居高不下，处于轻度抑郁状态，这种情况一直延续，在军人返回低海拔地区后仍继续存在。

高原低氧对人的影响是全面的，除了对上述感知觉、注意、记忆、思维、言语、情绪情感等方面的影响之外，高原低氧还影响个体的人际交流能力、心理运动能力等。例如，高原环境下人际交往相对较少；轻度低氧环境下，控制的精确性、四肢运动协调能力、手臂稳定性等下降，随着海拔升高，肢体肌肉易疲劳、无力，可能出现震颤、抽搐和痉挛等表现，严重缺氧时症状可加剧（崔建华，王福领 主编，2014）。

高原睡眠是高原医学的重要研究内容。众多研究已表明，高原低压低氧会导致机体神经、呼吸调节功能及昼夜生理节律的变化，影响个体的睡眠模式与睡眠质量。高原睡眠紊乱的基本表现主要有频繁觉醒、周期性呼吸、夜间呼吸窘迫等。夜间频繁觉醒导致整夜睡眠中深度睡眠减少，睡眠连续性受到严重破坏，呈片段状睡眠，易使人处于一种睡眠剥夺状态，从而导致日间疲乏、困倦，致使工作效率、警觉性降低。周期性呼吸的典型表现为在 2～3 次的深呼吸之后继之以 10～20 秒的呼吸暂停。周期性呼吸被视为机体的一种自我保护机制，有利于改善动脉血氧合作用。夜间呼吸窘迫主要表现为由气短引起觉醒后常伴有无法深呼吸的感觉和胸部束缚感，且此感觉不因坐起及走动而缓解，可持续数小时乃至整个晚上，并伴有恐惧感。这些睡眠障碍可以影响个体的日间情绪状态，引起社会活动、人际交往、职业工作效率方面的损害以及注意和记忆等认知功能的损害。有人研究了长短期驻藏官兵睡眠质量与认知功能的相关性，结果发现驻藏官兵的睡眠质量各成分（催眠药物除外）得分与智商及记忆的 10 个成分得分均显著负相关，并认为高原驻防期间，尤其是在习服期，可通过改善驻藏官兵的睡眠质量来提高其认知水平（李强 等，2010b）。高原睡眠障碍及其继发效应的强度主要取决于海拔及高原停留时间。有研究对比了进藏未超过 3 个月的习服组军人与驻藏 1 年以上的适应组军人的睡眠质量与认知功能，结果表明在高原缺氧环境下，习服组的睡眠质量明显差于适应组，主要表现在入睡困难、日间功能障碍和睡眠的主观感受差等方面（李强 等，2010a）。

高原低氧对人的生理、心理及睡眠等的影响又会进一步影响人在高原条件下的体力作业和脑力作业效率。高原低氧对人体血氧饱和度、最大摄氧量、心率及能量代谢率的影响直接会制约人的劳动能力。在海拔 2 260m、3 000m 和 4 100m 处，人的劳动能力较平原地区分别降低 11%、21%和 34%（引自崔建华，王福领 主编，2014）。

上述高原低氧的生理影响、心理影响虽主要是低氧因素作用的结果，但各类研究发现（尤其是实地研究发现）却是高原环境中低压、低氧、低温、强风及强辐射等因素综合作用的结果；同时，影响的大小亦是由环境因素（海拔、停留时间等）及个体因素所共同决定的。

（三）高原低氧环境的应对措施

1. 高原卫生保健与防护

鉴于高原低氧对人的生理心理影响的广泛性，尤其是急进高原所引起的急性高原病严重影响移居人群的身心健康乃至生命安全，急进高原的卫生保健与防护就显得尤为重要。科学的卫生保健与防护措施不仅可以增强个体在高原环境下的生存能力、降低高原病发病率，而且有助于提高高原生活质量和工作效率。高原卫生保健与防护要从进入高原前准备开始，纵贯进入前、进入中及进入后三阶段。表 8－10 所示为不同阶段高原卫生保健与防护知识简表。

表8-10　高原卫生保健与防护知识

阶段	方法		措施
进入高原前	健康教育	普及高原医学知识，克服恐惧、焦虑心理	
	药物预防	在医生指导下服用氨茶碱、地塞米松、硝苯地平	进入高原前24小时开始服用，直至进入高原后急性高原病症状消失
		服用复方红景天胶囊	进入高原前5～7天开始服用，直至进入高原后急性高原病症状消失
进入高原时	阶梯习服	每晚宿营地高差不超过300～600m	在3 000m以下地区，每天宿营地高差不超过600m
			在3 000～5 000m地区，每天宿营地高差不超过150～300m
进入高原后	高原卫生	保暖	
		避免疲劳	
		食用高碳水食物	
		限制烟酒	
		饮水3～4升/天	

来源：格日力 主编，2015。

进入高原前的准备和防护主要包括心理状态调整、健康筛查、体能训练和预缺氧、药品及物资准备等。

绝大多数初上高原者对高原环境了解甚少，不是对进驻高原没有足够重视，抱着无所谓的态度毫无准备，就是过分焦虑紧张甚至恐惧，这两种心理都不利于个体应对高原低氧环境。紧张恐惧、忧心忡忡、思虑过度均会使大脑处于兴奋状态，增加脑耗氧量，从而增大低氧效应，使身体不适加剧。有研究发现，性情开朗、心情愉悦者进入高原后低氧反应往往较轻，而性格沉闷、心理压力较大者进入高原后的低氧反应往往较重；情绪稳定者较情绪不稳者高原反应要轻（引自崔建华，王福领 主编，2014）。因而对于初进高原者，可通过健康教育事先了解高原地理环境、气象条件及相关高原病知识，以消除对高原不必要的恐惧心理，避免精神过度紧张。

严格的健康筛查亦可避免一些不宜进入高原的人员进入高原，有效降低高原对健康的威胁。耐力型有氧锻炼可以增强心肺功能，提高身体素质，有利于提高对高原恶劣自然环境条件的适应能力，降低急性高原病发生的可能性或严重程度；但进入高原前一周应停止或减少体能训练，预防疲劳，以保持良好的体力进入高原，减少急性高原病的发生。

预缺氧是指机体经短暂时间缺氧后，对后续的更长时间或更严重缺氧性损伤具有了一定的抵御和保护作用。常用的低氧训练方式有低压舱法、低氧呼吸器法以及氮气稀释器法等。有研究发现，在平原进行缺氧条件下的运动，有利于机体对高原的习服，从而能更快地适应高原环境；在高原进行有针对性的预缺氧复合锻炼，可以显著提高人体对高原环境的耐受性，有效预防急性高原病（引自格日力 主编，2015）。

药物预防是预防急性高原病的一种简单且快速有效的方法，常用药物有复方红景天胶囊、复方丹参滴丸等，前者可明显改善低氧环境人群的食欲和睡眠，提高人的抗缺氧、抗寒、抗疲劳能力及免疫功能，已被广泛应用于急性高原病的预防和治疗，以及高原人群工作效率的提高（格日力 主编，2015）。此外，在进入高原之前还应避免饮酒、感冒、疲劳，保证睡眠充足。

进入高原过程中，在时间条件允许的条件下，缓进阶梯习服是一种能有效预防急性高原病的措施，但当执行紧急任务时，则无法采取缓进阶梯习服，此时在高原行进的过程中间歇性吸氧则可以有效促进高原习服，降低急性高原病发病率。同时，该阶段还应注意饮食营养、防寒保暖、防疲劳。

进入高原之后，除了满足营养膳食卫生要求之外，个体还应保证充足的睡眠和休息，减少体能训练活动，适当降低工作负荷强度。有研究者认为，为保护劳动者的健康，提高工作效率，在海拔 2 000m 以上应避免从事过重体力劳动，海拔 3 000m 以上不宜从事重度体力劳动，海拔 4 000m 以上只宜从事中度体力劳动或略小于中度的体力劳动（崔建华，王福领 主编，2014）。有研究者研究了常压低氧条件下低强度活动对认知操作绩效的影响，8 名被试在常压低氧环境下（12.5%氧含量）完成两种条件实验，一种条件为被试静坐 5 小时，另一种条件为静坐 2 小时后进行 1 小时低强度负荷运动（工作负荷等同于 50%最大吸氧量），以 fNIRS 监测脑血氧水平并进行认知操作绩效测试，结果表明低氧条件下认知功能降低，低强度运动降低了脑血氧水平，但未对认知操作绩效造成进一步的不良影响（Kim et al.，2015）。

高原富氧室是在高原地区建立起来的氧浓度高于 21%的富氧房间，是近年兴起的对抗高原缺氧、预防高原病，维护进入高原人员健康的有效设施。李彬等（2010）对海拔 5 200m 高原驻防官兵的研究表明，每天吸氧 1 小时能显著改善高原驻防官兵的记忆功能和肢体运动能力。同时，富氧室内还可种植一些平原地区的花草，这不仅可以在生理上也可以在心理上对驻高原人员产生积极影响（格日力 主编，2015）。

2. 高原习服与适应

高原习服与适应是人体系统在高原环境影响下的变化过程与结果，这两个概念非常相近但又有所差异。目前高原医学研究者将从低海拔进入高海拔后机体为适应高原低氧环境而通过神经-体液调节发生一系列代偿适应性变化，从而在新环境中有效生存称为习服（acclimatization）；将长期基因突变使机体功能及结构发生深刻改变，而这些特性又通过生殖传给后代而巩固下来，称为适应（adaptation）。个体对高原的习服是后天获得的，机体结构及功能的改变是可逆的；而适应则是高原世居个体经世代自然选择所获得的，具有遗传特性（格日力 主编，2015）。

研究及实践均已证明，人体对高原低氧环境具有强大的习服能力，在一定限度内，通过采取适当的措施和手段，可以加快习服过程，促进高原习服。高原习服的影响因素主要有海拔、气候状况等环境因素，机体状况、营养状况、精神心理等个体因素，以及登高速度、劳动强度等任务因素。上述进入高原前、进入高原中及进入高原后的各类高原卫生保健与防护措施均有利于促进高原习服。

值得注意的是，与高原习服相反，高原世居者或已习服高原环境的移居者下到平原后，会出现一系列的功能和代谢甚至结构性改变等症状，这被称为高原脱习服。高原居住地海拔越高，居住年限越长，返回平原时年龄越大，发病率就越高。目前高原脱习服的发病机制尚不十分清楚，亦缺乏明确的诊断标准和有效的防范措施，已知最为有效的办法就是延长机体的代偿时间。从高原下到平原，应当采取“循序渐下”的预防措施，比如先从 5 000m 下到 3 000m，休整一段时间后再往低处走（崔建华，王福领 主编，2014）。

概念术语

光源的色表和显色性，视敏度，照明收效递减律，光的稳定性和均匀性，光源的色温，响度，等效声级，感觉噪声级，噪度，微气候，传导换热，蒸发换热，呼吸换热，热舒适性，热平衡调节，热阻，热环境，微重力的生理影响，微重力的心理影响

本章要点

1. 照明对视觉作业的影响因素包括照明水平、照明分布、照明性质、照明的颜色效应以及眩光。

2. 照明方式包括一般照明、局部照明和混合照明。

3. 物理学上的噪声是一种紊乱、随机的声波振荡，但在心理学上，但凡干扰人的工作、学习和生活，使人产生烦恼的声音都是噪声。

4. 按照噪声的时间特性，可将噪声分为稳态噪声和非稳态噪声，其中后者又可进一步分为起伏噪声、间歇噪声和脉冲噪声；按照噪声强度特性，可将噪声分为低强度、中等强度和高强度噪声三种；按照噪声频率的高低，可将噪声分为高频噪声、中频噪声、低频噪声；按照噪声频率的宽窄，可将噪声分为宽带噪声和窄带噪声；依据噪声来源的不同，还可以将噪声分为交通噪声、工业噪声、社会生活噪声以及航空航天噪声等。

5. 噪声对人的影响可以分为生理和心理两方面。

6. 噪声干扰的形成过程一般是“声源—传播途径—接收者”，因而噪声的控制也需从这三方面入手。

7. 体温的生理调节主要有血管收缩与扩张、肌肉收缩产热以及汗腺出汗蒸发散热等。

8. 常用的环境温度测量方法有干球温度、湿球温度和黑球温度三种。

9. 高温环境对各生理系统的影响表现为对心血管系统、神经系统、消化系统的影响。

10. 高温生理反应随着温度升高和暴露时间延长而逐渐增强，大致可划分为代偿、耐受和病理性损伤三个阶段。

11. 低温生理反应的进程与高温生理反应的进程类似，即随着温度降低和暴露时间延长而逐渐增强，也可大致划分为代偿、耐受和病理性损伤三个阶段。

12. 航天失重环境的影响包括微重力的生理影响和微重力的心理影响。

13. 低氧环境的影响包括低氧的生理影响和低氧的心理影响。

复习思考

1. 试述照明对工作的影响。
2. 什么是眩光？有什么影响？该如何应对？
3. 如何衡量噪声？
4. 噪声对人有何影响？如何控制噪声？
5. 影响环境热舒适性的因素有哪些？
6. 衡量环境热舒适性的指标有哪些？
7. 冷热环境对人有何影响？
8. 该如何应对冷热环境？

拓展学习

葛列众，朱祖祥．(1987)．照明水平、亮度对比和视标大小对视觉功能的影响．*心理学报*，*19*（3），270－281.

田春燕，葛列众，郑锡宁．(2000)．视标亮度、眩光距离和眩光面积对视觉判读作业绩效的影响．*心理科学*，*23*（3），366－367.

许为．(1991)．航空夜视镜的人机工效学问题．*国际航空*(12)，52－53.

许为．(2000)．机载有源阵液晶显示器的人机工效学研究．*国际航空*(9)，57－60.

许为，朱祖祥．(1989)．环境照明强度、色温和目标亮度对CRT显示器颜色编码的影响．*心理学报*，*21*(4)，269－277.

许为，朱祖祥．(1990)．目标亮度和大小对CRT显示器颜色编码的影响．*心理学报*，*22*（3），260－266.

第九章

安全与事故预防

教学目标

了解事故的特征与危害；把握事故发生的原因；把握典型的事故理论和模型，掌握事故分析的方法；掌握安全性分析方法、事故预防对策，以及常见的安全防护装置的设计要点。

学习重点

了解事故特征和事故危害；了解事故原因，了解事故理论和模型，把握人因失误模型；了解事故预防对策，把握安全性分析方法，了解常见安全防护装置设计。

开脑思考

2020年6月13日，浙江省温岭市境内沈海高速公路温岭段温岭西出口下匝道发生一起液化石油气运输槽罐车重大爆炸事故，共造成20人死亡，175人受伤，直接经济损失9 470余万元。发生时，事故车辆行驶至弯道路段，未及时减速导致车辆发生侧翻，罐体前封头与跨线桥混凝土护栏端头猛烈撞击，形成破口并快速撕裂、解体，导致液化石油气迅速泄出、气化、扩散，遇过往机动车火花产生爆燃，最后发生蒸气云爆炸。事故的危害可见一斑。你在日常生活中见到过哪些事故呢？你思考过事故背后的原因吗？要怎么预防类似事故的发生呢？

本章主要论述安全与事故预防，主要包括事故特征与危害、事故原因及理论、事故预防三节。安全与事故预防是工程心理学传统的一个研究领域。事故的发生往往难以准确预测与有效控制，事故的发生与人、机器、环境、管理等因素有关。只有充分了解与分析事故发生的原因，我们才能更好地预防与控制事故。

第一节 事故特征与危害

近年来，我国水灾、火灾、泥石流、冰冻、地震、危化品泄漏等各类自然灾害、人为灾害、突发公共事件频繁发生。由于事故发生突然，人员伤亡、经济损失和政治影响较大。我们只有了解了事故的本质，才能更好地预防与应对事故的发生。

一、事故定义

不同的国家与学者对“事故”（accident）的定义有所差别。国际标准化组织在国际标准 ISO 45001 中将事故定义为“工作过程中实际导致人员生命与健康损害的事件”。美国国防部标准 MIL-STD-882E 将事故定义为“导致人员生命与健康损害、财产损失、环境破坏的一个或者一系列意外事件”。中国《现代劳动关系辞典》表述的事故定义是：广义上，指生产生活中可能会带来损失或损伤的一切意外事件；狭义上，指在工程建设、工业生产、交通运输等社会经济活动中发生的可能带来物质损失和人身伤害的意外事件（引自付汇琪 等，2017）。也有学者将事故定义为人们在实现有目的的行动过程中，由不安全的行为或状态引起的、突然发生的、迫使其行动暂时或永久中止的、与人的意志相反的意外事件（张宏林 主编，2005；郭伏，钱省三 主编，2018）。

可见，事故的背景是存在某种实现目的的行动过程，而且事故是突然发生的，较难避免，事故可能会造成人员伤亡、财产损失以及环境危害等不良后果。

二、事故特征

事故同其他事物一样，有其特征，只有了解了事故的特征，才能更好地预防事故。事故主要有以下几个特征。

（一）因果性

因果性指事故是相互联系的多种因素共同作用的结果，引起事故的原因有时是多方面的。因此，在事故调查分析中，应弄清事故发生的因果关系，找出事故发生的原因，这可对预防类似的事故再次发生起到积极作用。

（二）随机性

随机性指事故发生的时间、地点，以及事故后果的严重程度是偶然的。这就给事故预防带来一定的困难。但是，事故的这种随机性在一定范围内也遵循统计规律，从事故的统计资料中可以找到有关事故发生的特定规律。

（三）潜伏性

潜伏性指的是表面上，事故是一种突发事件，但是事故发生之前一般会有一段潜伏期。事故发生之前，系统存在着事故隐患，具有危险性，如果这时有触发因素出现，就会导致事故发生。

（四）可预防性

现代事故预防所遵循的一个原则即事故是可以预防的。也就是说，任何事故，只要采取正确的预防措施，都是可以防止的。认识到这一特征，对防止事故发生有着重要的意义。

三、事故危害

事故对人类的危害是显而易见的。事故的发生或引发人员死亡，或造成财产损失，或危害环境，给个人、家庭、社会都会带来巨大的影响。

据我国煤矿安全生产网数据统计，2010—2019年全国共发生煤矿生产安全事故868起，造成3 670人死亡。根据国家市场监督管理总局（原国家质检总局）发布的年度全国特种设备安全状况的通告，2014—2019年全国共发生电梯安全事故321起，共造成227人死亡，事故发生数量和死亡人数占特种设备安全事故的比例都比较高，分别为23.60%和16.01%。2018年发生生产安全事故4.9万起，造成3.46万人死亡，同比下降6.5%和8.6%。2019年全年各类生产安全事故共造成29 519人死亡，其中工矿商贸企业就业人员10万人中生产安全事故死亡人数1.474人，较上年下降4.7%；煤矿百万吨死亡人数0.083人，较上年下降10.8%。尽管死亡总数较2018年有所下降，但29 519人的数字还是应引起我们的警醒。上述情况反映了我国当前仍然存在很多安全问题，也暴露出安全工作的问题与不足。在安全防控上，我国仍有很长的路要走。

第二节　事故原因及理论

一、概述

在工业工程、工效学领域，事故原因可分为人、机器、环境三个方面的因素。其中人是影响事故发生的主要因素，而人在进行生产时的心理和行为直接对安全产生至关重要的作用。因此，人的失误越来越引起重视，各学者对人因失误的原因、类型以及模型都有所研究。

事故理论在于探讨事故发生、发展规律，研究事故始末过程，揭示事故本质，其目的是指导事故预防和防止同类事故重演。在事故理论研究的基础上，研究者构建事故模型，用以探讨事故成因、过程和后果之间的联系，深入理解事故发生的因果关系。

事故理论的研究已经有近百年的历史。从20世纪初期到第二次世界大战前，这一时期的基本观点是把大多数事故的原因归结于人的注意失误。这一时期的理论主要有事故频发倾向论、事故遭遇倾向论、心理动力论等（李万帮，肖东生，2007）。

20世纪30—70年代，尤其在第二次世界大战后，科学技术飞跃发展，同时也给人类带来了更多的危险。研究者开始意识到机械和物质的危险在事故致因中的地位。于是，在安全工作中比较强调实现生产条件、机械设备安全。这一阶段主要的理论有工业安全理论、能量意外释放理论、“流行病学”事故理论等。

20世纪70年代后，战略武器、宇宙空间站及核电站等大规模复杂系统相继问世，其安全性问题受到了人们的关注。人们在开发研制、使用和维护这些复杂系统的过程中，逐渐萌发了系统安全的基本思想。

以下从工程心理学的角度，从人、机器、环境三个方面分析事故发生的原因，介绍几种典型的事故理论和模型，同时介绍人因失误理论和模型。

二、事故原因

在工程心理学研究中，事故原因多种多样。例如，有直接原因，也有间接原因；有显性原因，也有潜伏原因；等等。也有人认为，事故的发生缘于系统各成分之间的相互作用（Slappendel et al.，1993）。总体来说，事故发生的原因，可以概括为人、机器和环境三个方面。

（一）人的原因

人因失误（human error）又称人为差错、人因差错、人为失误等，或简称为人误。从认知科学领域到应用科学领域，人因失误已得到广泛的关注和研究。人因失误的定义有很多种，不同的学者对其有不同的解释。斯温和古特曼（Swain & Guttmann，1983）认为，“任何超过系统正常工作所规定的接受标准或容许范围的人的行为”即可称为人因失误。而英国心理学家里森（Reason，1990）将人因失误定义为背离意向计划、规程的人的行为或是遵循意向计划却未达到预期目标的人的行为。综上，人因失误可定义为人的行为结果偏离了规定的目标，并产生了不良的影响。人的心理和行为特性关系到人对设备的操作，以及对工作环境的适应。如果操作的设备、设计的系统，或者生产流程不符合人的特性，就容易出现人因失误，导致事故发生。在发生的所有事故中，人的失误造成的事故占很高的比例。据统计，2012—2018年中国房屋市政工程安全事故类型中，高处坠落2 211起（占54%），机械伤害523起（占13%），坍塌450起（占11%）。其中，人因失误导致的事故占事故总量的75%以上（赵丽坤 等，2020）。只是2020年9月一个月，就发生了73起安全事故，造成277人死亡，其中人因失误占80%以上（李生才，笑蕾，2020）。

诱发和影响事故的人的特性包括危险知觉能力、危险认知能力、避免危险的决策能力以及避免危险的行动能力等方面。这些能力涉及感知觉、记忆、注意、觉醒状态、经验、训练水平、运动能力、态度、动机、个性、危险倾向以及人体测量和运动生物力学等因素。以往的研究表明，在人的因素方面，生理因素、心理因素、工作经验和能力、年龄和性别等都是影响事故发生的重要因素。

首先，人的不良生理状态会引发人因失误。常见的不良生理状态包括带病工作、身体不适、过度疲劳、应激和一些生物节律失调等。生物节律（biorhythm）是人的生活习性和生理机能受到体内生物钟控制，呈现周期性规律变化的现象。人体的生物节律分为体力节律、情绪节律和智力节律，称为“人体三节律”。有研究者统计了我国1990—2013年发生的60起矿井事故，分析了生物节律与安全事故发生之间的关联性。他们的研究结果表明，有两种或者三种节律处于危险期的情况下容易发生事故，这类事故数量占总事故数的 53%。无危险日和单重危险日的事故发生率相对较低。可见，生物节律与事故的发生有紧密的联系，通过生物节律预防矿井事故至关重要（孔嘉莉 等，2013）。除此之外，5-羟色胺、多巴胺以及去肾上腺素分泌和脑神经错误相关负波等生理信号也与人的异常操作相关（Holroyd & Coles，2002；姚三巧 等，2003；Fedota & Parasuraman，2010）。还有大量研究表明，操作者的疲劳状态与异常操作行为存在关联。应激也与事故发生密切相关（武淑平，宋守信，2008；赖永明，高新超，2020；黄知恩 等，2020；Berastegui et al.，2020）。工作应激和与工作无关的应激都可能是诱发事故的重要原因。有研究发现，生活应激源，如某位亲属故去、离婚、受领导批评或与同事闹矛盾等，都能使操作绩效显著下降（引自朱祖祥 主编，2003）。

除了不良生理状态，人的不良心理或精神状态也能够对生产结果产生不利影响。人会情绪化，在工作过程中易受到多种因素的影响而产生心理波动，导致情绪的多变性，因而会出现不同的心理状态。在工作过程中不良的心理或精神状态会对人产生负面影响，最终导致不良的行为出现，使人的不安全的心理状态得到激发，不安全行为得以出现。情绪是人的喜、怒、哀、乐等的心理表现，工人们在工作、生活中也不可避免地受到情绪的影响。近期研究也表明，情绪状态与人因失误的发生存在关联（陈纪煌，尹欣霞，2020；李书帆，2019；Magaña et al.，2020）。

大量研究还发现，认知因素（如注意力情况）也与人因失误或者异常操作行为存在关联（邹树梁 等，2020；宋志红，耿秀丽，2019；Fotios et al.，2021）。例如，心智游移（意识状态的一种）是矿工工作压力对异常行为产生影响的部分中介变量（李乃文等，2018）；飞行员的紧张情绪也会影响其认知与操作水平，导致操作行为异常（Cartwright et al.，2020）。

人格也与人因失误存在关联。哈桑扎德等（Hasanzadeh et al.，2019）使用大五人格量表考察了建筑工人人格与跌落事故的关系，发现外向性、尽责性和开放性等特质与事故发生显著相关。危险倾向是指有的人在特定环境中更容易触发事故的人格特质，它甚至会影响事故的严重程度。很多研究已经发现，一部分人似乎比另一部分人更易触发事故，即大多数事故往往发生在小部分人身上。这些容易触发事故的人可以被称作“事故频发倾向者”。通常，可以利用某些特定的个性因素，如工作不满意、滥用药物、酗酒和抑郁等预测高危险工作情境中的事故率（朱宝荣 主编，2009）。因此，事故预防中，确定事故频发倾向者的个性特征具有重要意义。

年龄和性别也是影响事故发生率的重要因素。通常，青年人比较容易发生事故，其中 15～24 岁年龄段尤为明显。例如，酒后驾车交通事故的研究表明，与 20～24 岁年龄组相比，18～19 岁年龄组交通事故发生率高出 12 个百分点，15～17 岁年龄组交通事故发生率高出 14 个百分点（Kypri et al.，2006）。年龄较大的成年人相对于青年人发生事故的概率较低，原因很可能是随着年龄增大，人们变得较保守。但是，当事故的发生与操作者的生理能力或认知能力有关时，老年人的事故发生率便明显升高，这可能是判断能力和应急能力缺乏所致（李文权，2005）。通常，在那些体力要求较高的工作领域，作业绩效自 35 岁起就开始下降。就知觉和认知能力来说，50～60 岁老年人的有效视野减小，信息加工速度减慢，辨认模糊刺激的能力降低。因此，若某项工作（如驾驶作业）

需要信息加工资源参与，则老年人的事故发生率就会增加。性别也是影响事故发生的一个因素。一般来说，男性较女性更鲁莽和冲动，更喜欢冒险，容易发生事故。有研究发现，男性机动车驾驶员与女性机动车驾驶员发生交通死亡事故之比是 3∶1（Enache et al.，2009）。

操作者自身的能力（王辉明，2014；程峰，2008；Moran et al.，2020）和知识经验（曾卫新，黄强，2015；王萌 等，2012）也会影响异常行为发生的可能性。莫兰等（Moran et al.，2020）探究了年轻驾驶员风险感知水平与认知能力的关系，发现两者显著相关。王萌等（2012）在研究模拟航天器操作失误时发现，操作者自身的知识经验的缺乏以及认知经验与操作心理模型不符会增大异常行为的发生频率。国内有研究者曾对典型钢铁企业 40 年间的 1 465 起工伤事故进行统计分析，结果表明伤害事故频数与受害人员的工作年龄存在显著的递减指数相关关系（刘健超 等，2007）。大部分事故（接近 70%）一般发生在操作者从事某项工作的前三年。其中，高峰期为工作后 2～3 个月。研究者认为，这个时期是一个过渡阶段，即操作者一方面完成了训练，不再受到监管与指导，另一方面却还缺乏辨别危险情境和一旦知觉到危险采取适当行为的必要经验。同时，操作者正在逐步建立自己的工作节律，但仍然在以一种不完全的心理模式进行工作。研究者提出，缓解这一问题有以下三种途径：第一，通过重新设计系统或者提供保护装置降低系统危险性；第二，对操作者进行识别危险和选择规避行动策略的专项训练；第三，提供有关错误操作可引起严重后果方面的知识，以加强操作者的事故意识。

导致事故发生的人的因素很多，近 50 年来，研究者对人因失误的分类和成因进行了大量研究，我们将在本节的第四部分重点介绍这一研究领域的进展。

（二）机器的原因

机械设备是人机系统的主要组成部分，工作空间中的危险大多发生在操作者所使用的设备或工具上，设备的设计、防护与布置等方面的问题也是诱发事故的重要原因。

触电引起电休克甚至死亡是比较常见的事故。有研究者发现，建筑施工现场用电具有临时性、环境特殊性和人员复杂性等特点，触电伤亡事故的发生率远远高于民用“永久性”用电，在建筑施工企业中仅次于高处坠落的发生率，排在事故类别的第二位（刘建敏，2011）。不同机械设备或不同场合下使用的电源在电流、电压和频率等方面可能不相同，因此对人的危害性也是不同的。低至 0～10mA 的电流一般是比较安全的，因为在这种强度的电刺激下，个体能够自我脱离与电的身体接触。但是，如果电流强度达到所谓的“脱离”点，则个体往往会丧失自我脱离的能力，这是非常危险的。对 60Hz 的电流来说，男性的“脱离”电流大约为 9mA，女性大约为 6mA。持续接触超过“脱离”点强度的电流将导致呼吸肌瘫痪，而通常呼吸肌瘫痪超过 3 分钟将导致死亡。当电流强度达到 200mA 时，超过 1/4 秒的接触几乎都会致命。

机械危险往往潜伏在设备或工具的使用过程中。工厂中发生的大多数伤亡也源于机械危险。机器中往往包含诸如转动装置和重力锤等危险部件，虽然这些部件大多配备了各种安全措施，但机械危险导致的伤亡仍然时有发生，如皮肤、肌肉的撕裂或骨头的断裂，甚至死亡。装备防护装置是减少机械危险的最常用方法。普通的防护装置包括整体围栏、加锁围栏和可移动障碍物等。另外，在必要时也可采用一些智能型安全装置，如通过光传感器等装置监视操作者的情况，即只要操作者身体的某一部分落入机器操作危险区域，安全装置立即强迫终止机器工作。

高压与容器爆裂有直接关系，是事故中常见的问题之一。在许多工业情境中，液体或气体被压缩在特制容器内。当液体或气体扩张时，容器或一些有关的部件可能会爆裂，从而引起人员伤亡。引起容器爆裂的最典型因素主要有热、液（气）体装填过多或海拔发生变化。当压缩液（气）体释放时，液（气）体本身、容器的碎片甚至冲击波都能导致伤亡。但是，操作者往往没有意识到这类潜在的危险。国内有研究者分析发现，导致发电厂高压除氧器爆炸事故的一个重要原因，与压力调整门的设计和性能直接相关（王建，2014）。

（三）环境的原因

1. 物理环境

除照明、噪声、振动、稳定和湿度等物理环境条件外，火的危险和辐射危险是影响事故和安全的重要因素。

产生火的必要条件有三个，即燃料、氧化剂、点燃源。常见的燃料包括纸制品、布料、橡胶制品、金属、塑料、漆、溶剂、清洁液、杀虫剂以及其他活性化学品。这些东西在正常条件下是可燃的。大气中的氧是最常见的氧化剂，其他氧化剂还包括纯氧、氟和氯等，这些都是非常强的氧化剂，不能与燃料接触。点燃源的功能是提供一种能量，以便混合在一起的燃料和氧化剂分子能以足够的速度和力量相互碰撞，从而诱发出一连串反应。点燃源的能量形式主要是热，但有时也包括光。典型的点燃源包括明火、电弧、火花、静电以及热的表面（如烟头、摩擦致热的金属和过热电线）等。尤其是高层建筑物，由于结构复杂，一旦发生火灾，灭火和救援都十分困难，势必造成巨大的人员伤亡和经济损失。有调查发现，在成品油储运环节发生的582例事故中，火灾事故有179例，约占31%（引自王彦昌，谷风桦，2011）。因此，建立一种快速的火险评估机制就非常有必要。观测各种火险因子的变化，提醒安防人员按预案提前应对，将能有效降低火灾造成的损失（周瑾，2013）。

辐射危险是现代社会尤其需要重视的一个事故影响因素。民用领域和军用领域对核能的开发越来越广泛，需要对辐射危险更加了解。放射性材料是指包含不稳定原子的任何材料。一些放射物具有通过粒子向一个中性原子发射一个电子而电离该原子所需的能量。这类放射物包括宇宙射线（来自太阳或外层空间）、陆地放射物（来自岩石或土壤）和人体内的放射能等。但是这类放射物所具有的能量一般很低，不足以对人构成危害。与此相反，核电站和核燃料（或核废料）运输系统中的放射物具有较高的能量水平，因此是诱发辐射危害的主要来源。辐射产生的生物效应既可能源于短期的高强度暴露，也可能源于低强度的长期暴露。但是，当慢性暴露的强度提高时，人体将显露出诸如患癌症等长期损害。在中等暴露强度（100雷姆）下，人体会感到恶心，同时骨髓、脾脏和淋巴组织等器官会受到一些伤害。当暴露强度超过125雷姆时，损伤将变得比较严重。

当暴露强度达到 300 雷姆时，受害者的肠胃道和中枢神经系统将受到损害，如果没有得到任何医学治疗，50%的人将在 50 天内死亡。因此，高强度的辐射是极度危险的。对抗辐射的最好防护方法是使用适当的隔离盾牌，如利用塑料和玻璃来阻挡 β 粒子，或利用铅和钢来阻挡 γ 射线，等等。

1986 年苏联切尔诺贝利核电站发生的核泄漏，以及 2011 年日本福岛核电站事故，都给人类带来了致命的威胁。在我国，环保、公安和卫生部门作为辐射环境安全事故应急处置的职能部门，必须建立辐射事故应急响应程序，定期按照辐射事故应急预案的要求开展应急演练，一旦发生辐射事故，应当及时采取应急措施，启动应急响应程序。

此外，工作环境的噪声、温度、湿度、照明因素也会影响人的行为进而影响事故发生的可能性（武淑平，宋守信，2008；Aljaroudi et al.，2020）。工作场景中的人机交互界面是影响人因失误发生的另一重要环境因素。邓野等（2009）发现，列车速度仪表的呈现方式会影响列车员操作错误的出现频率。王洪德和高玮（2006）以人的认知可靠性模型为指导，发现机器控制器与工人动作之间的协调性是操作失误的重要预测因素。曾卫新和黄强（2015）分析了核电站大修期间人因失误的原因，发现设备运行程序设置不合理会导致异常操作，进而引发核电事故。另外，工作环境中任务属性也会影响人因失误发生的可能性。例如，王政等（2006）发现操作任务的难度会显著影响航天员的操作时间与可靠性。

2. 社会环境

人的行为总是在一定的社会背景中产生的，或者说，社会环境对操作者的行为有极其重要的影响，因此仅仅在机器和物理环境层次上控制危险是不够的。

管理、社会规范、道德、训练和激励是社会环境中对事故发生有重要作用的因素。这些因素会影响操作者采取安全方法进行工作的可能性。例如，管理部门可以通过实施激励程序鼓励操作者采取安全行为。与事故有关的信息和反馈也能降低不安全行为的发生率。训练能让操作者学习与危险有关的知识，如什么样的行为是安全的和恰当的、不安全的行为将产生什么样的后果等。这不仅能提高操作者识别危险的能力，而且能增强其安全意识。人类行为易受社会规范的约束，每个人的行为模式往往倾向于与其所处环境中其他操作者的行为模式一致，而不管这些模式是否安全。例如，若在一项装卸工作中没有任何人戴安全帽，则很难想象一个新来的操作者会戴上安全帽。社会环境的作用往往使许多设备、工具或物理环境方面的安全措施形同虚设，起不到安全保护的作用。

在上述因素中，组织和管理是影响人因失误发生可能性的重要因素。企业事故率高低与企业领导对安全管理的重视程度及管理体制是否健全密切相关。团队组织是影响人因失误发生可能性的重要环境因素，大量研究表明企业管理（孔恒 等，2020）、企业组织架构（石小岗 等，2014）、企业文化（石小岗 等，2014）、社会支持（史玉芳，董芮，2020）会影响员工异常行为的发生频率。组织管理制度可以影响工作人员的工作内容与工资待遇，管理者如果没有建立规范、科学的组织管理制度，就会造成员工的混乱、管理人员与施工人员之间的关系不协调与沟通困难，工作环境的混乱容易造成工作人员的心情恶劣，影响施工效率与施工质量，造成人因失误。也有部分学者认为，安全氛围主要通过其他中介因素间接对安全行为产生作用。徐（Seo，2005）通过问卷调查的方式，收集了来自102个不同的地点的722名美国粮食行业工人的数据资料，运用结构方程模型进行分析后证实安全氛围对安全行为同时存在直接和间接的影响。总的来说，组织和管理的不当因素包含以下几个方面（郭伏，钱省三 主编，2018）：

- 企业领导不重视安全生产工作，安全管理组织机构不健全，目标不明确，责任不清楚，检查工作不落实，专职人员责任心不强。
- 安全工作方针、政策不落实，规章制度不健全，安全工作计划不切实际。
- 安全管理信息交流不通畅，缺乏必要的交流制度和交流渠道。
- 缺乏必要的职业适应性检查和培训。
- 对临时作业、非正常作业、特殊及危险作业和夜班作业管理不善。
- 车间作业环境和作业秩序杂乱，设备及安全装置管理不善、使用不当。

三、事故理论和模型

关于事故发生的成因分析，理论和模型较多，本部分将从安全人机工程的角度，介绍几种典型的事故理论和模型。

（一）事故理论

1. 工业安全理论

工业安全理论（theory of industrial safety）是由美国著名工业安全专家海因里希（Herbert W. Heinrich）于1931年出版的《工业事故预防：一种科学方法》（*Industrial Accident Prevention：A Scientific Approach*）一书中提出的。该理论的主要内容包括如下几个方面。

（1）事故因果连锁论。事故因果连锁论也称海因里希多米诺骨牌理论。这一理论把工业伤害事故的发生、发展过程描述为具有一定因果关系的事件连锁发生的过程，其中，遗传及社会环境、人的缺点、人的不安全行为及物的不安全状态、事故和伤害是五个重要的因素。该理论确立了正确分析事故致因的事故链这一重要概念。根据事故链的概念，在分析事故时，应该从事故表面的现象出发，逐步分析，最终发现事故的原因。

（2）不安全原因。海因里希把造成人的不安全行为及物的不安全状态的主要原因归结为态度不正确、缺乏知识或操作不熟练、身体状态欠佳和工作环境不良等四个方面。针对这四个方面，他还提出了四种对策，即工程技术方面的改进、说服教育、人事调整和惩戒。这四种安全对策后来被归纳为3E原则，即engineering（工程技术）、education（教育）、enforcement（强制）。

（3）海因里希法则。海因里希经调查研究，提出了著名的海因里希法则，即如果发生一起重大事故，其背后必有29起轻度事故，还有300起潜在隐患，即严重伤害、轻微伤害和没有伤害的事故发生数量之比为 1∶29∶300。由于不安全行为而受到伤害的人，很可能在受到伤害前，已经经历了 300 次以上没有伤害的同样事故，在每次事故发生之前已经反复出现了无数次不安全行为和不安全状态。因此，应该尽早采取措施避免伤亡事故，而不是之后才追究原因。

（4）人的不安全行为。海因里希通过对 75 万起工业事故的调查发现，以人的不安全行为为主要原因的事故占 88%，以物的不安全状态为主要原因的事故占 10%，可以预防的事故占 98%，只有 2%的事故超出人的能力所达范围而无法预防。因此，人的不安全行为是大多数工业事故产生的原因，安全工作的重点是采取措施预防人的不安全行为的产生，减少人的失误。

另外，海因里希的工业安全理论还阐述了安全工作与企业其他生产管理机能之间的关系、安全工作的基本责任，以及安全与生产之间的关系等工业安全中最基本的问题。该理论被称为“工业安全公理”（axioms of industrial safety），得到世界上许多国家广大安全工作者的赞同。

2. 现代事故致因理论

现代事故致因理论主要是运用系统的观点和方法，结合工程学原理及有关专业知识来研究安全管理和安全工程，其目的是使工作条件安全化，使事故减少到可接受的水平。现代事故致因理论的研究内容主要有：危险的识别、分析与事故预测；消除、控制导致事故的危险；分析构成安全系统的各单元间关系和相互影响，协调各单元之间的关系，实现系统安全的最佳设计，使系统在规定的性能、时间和成本范围内达到最高的安全程度；等等。

现代事故致因理论认为，系统中存在的危险源是事故发生的原因。不同的危险源可能有不同的危险性。危险源的性质不同，导致事故发生的概率，以及造成人员伤亡、财产损失或环境污染的程度也不同。由于不能彻底消除所有的危险源，也就不存在绝对的安全。所谓的安全是未超过允许限度的危险。因此，系统安全的目标不是事故为零，而是最高的安全程度。

在系统安全研究中，不可靠被认为是不安全的原因。可靠性工程是系统安全工程的基础之一。在研究可靠性过程中，涉及物的因素时，使用故障（fault）这一术语；涉及人的因素时，使用人为差错（human error）这一术语。一般，一起事故的发生是许多人为差错和物的故障相互关联、共同作用的结果，即许多事故致因复杂作用的结果。因此，在预防事故时必须在弄清事故致因相互关系的基础上采取恰当的措施，而不是孤立地控制住各个因素。

现代事故致因理论注重整个系统寿命期间的事故预防，尤其强调在新系统的开发、设计阶段采取措施消除、控制危险源。对于正在运行的系统，如工业生产系统，管理方面的疏忽和失误是事故发生的主要原因。许多学者很早就注意到这个问题，于是创立了一种系统安全管理的理论和方法体系——管理疏忽与危险树（management oversight and risk tree，MORT）。MORT 理论把能量变化和意外释放的观点、人失误理论等引入其中，认为事故的发生往往是多重原因造成的，包含着一系列的变化——失误连锁，即变化引起失误，该失误又引起别的失误或者变化，依此类推。同时这个理论还包括了工业事故预防中的许多行之有效的管理方法，如事故判定、标准化作业、职业安全分析等技术。MORT 理论的基本思想和方法对现代工业安全管理产生了深刻的影响。

以上介绍的两种事故理论分别从不同时期和不同角度来分析事故发生的原因。工业安全理论是一种多因素理论，不仅研究了人的不安全行为和物的不安全状态，还考虑了管理等因素作为背景原因在事故中的重要作用。随着社会和科技的进步，事故致因理论也不断发展，现代事故致因理论强调系统分析的观点，对事故因素进行整体分析。

（二）事故模型

1. 事故发生顺序模型

事故发生顺序模型把事故过程划分为若干个阶段，包括感知危险、认识危险、防避决策、防避能力和安全行为等五个阶段。在每一个阶段，如果运用正确的能力与方式进行解决，则会减少事故发生的机会，并且过渡到下一个防避阶段。作业者按步骤做出相应反应的话，虽然不能肯定可完全避免事故的发生，但至少能大大降低事故发生的概率；而如不采取相应的措施，则事故发生的概率必将大大提高（张宏林 主编，2005）。

根据该模型，为了避免事故，在考虑工程心理学原理时，重点可放在以下三个方面：第一，准确、及时、充分传达与危险有关的信息，如显示器设计；第二，考虑有助于避免事故的要素，如控制装置、作业空间等；第三，培训作业人员，使其能面对可能出现的事故，采取适当的措施。

有研究表明，按照事故发生的行为顺序，不同阶段的失误所占的比例不同：第一阶段“对将要发生的事故没有感知”占 36%，第二阶段“已经感知，但低估了发生的可能性”占 25%，第三阶段“已经感知，但没能做出反应”占 17%，第四阶段“感知并做出反应，但无力防避”占 14%。由此可知，人的行为、心理因素对事故的最终发生与否有很大影响，而“无力防避”属于环境与设备方面的限制及设计不当，只占很小的比例（Ramsey，1985）。

2. 轨迹交叉模型

轨迹交叉模型综合了各种事故理论的积极方面，认为事故是很多相互关联的事件顺序发展的结果。这些事件分为人和物两个发展系列。人的因果系列轨迹和物（包括环境）的因果系列轨迹在一定情况下会交叉，于是事故就会发生。物（包括环境）的不安全状态和人的不安全行为是事故发生的表面的直接原因，两者并非完全独立，往往是互为因果。人的不安全行为会造成物的不安全状态（例如，人为了方便拆去了设备的保护装置），而物的不安全状态也会导致人的不安全行为（例如，警示信号失灵造成人进入危险区域）。其中人的原因又占主导地位，因为物的原因大多是由人的原因造成的（蔡启明等编著，2005）。

在事故发生的直接原因背后往往还有深层次的间接原因，即安全管理缺陷或失误。虽然安全管理缺陷是事故发生的间接原因，但它却是背景原因，而且是事故发生的重要原因。随着安全管理科学的发展，人们逐步认识到，安全管理是人类预防事故的三大对策之一。科学的管理要协调安全系统中的人、机器、环境因素，对操作者、生产技术和生产过程进行控制与协调。人、机器、环境与管理是构成事故系统的四个要素。

根据轨迹交叉理论，事故是人和物两大系列轨迹交叉的结果，因此防止事故发生的措施应致力于中断人和物两大系列轨迹之一或全部，中断越早越好，或采取措施使两者不能交叉。

四、人因失误模型

上述理论和模型对事故的分析侧重于整个安全系统，从人、机器和环境等多维度进行分析，但并未针对人因失误进行重点分析。事实上，几十年来，专注于人因失误的模型研究较为丰富，有必要单独介绍。根据现有人因失误模型的不同侧重点，本部分将现有的人因失误模型分为分类模型、认知过程分析模型和综合分析模型三类。

（一）分类模型

人因失误分类是研究人因失误的关键问题之一。人因失误的分类法较有代表性的包括：危险与可操作性（HAZOP）分析法、系统性人因失误减少与预测法（SHERPA）、人因失误率预测技术（THERP）、事故序列评价程序（ASEP）、成功似然指数法（SLIM）和预测性人因失误分析（PHEA）技术等。这些方法和技术主要从差错行为及具体的差错表现上对人因失误进行了分类，简单阐明了出错的原因，但完全没有系统分析异常行为的影响因素，也没有关注不同种类的影响因素对异常行为的作用机制，更没有涉及影响因素之间的交互作用。

下面介绍几种具有代表性的分类模型。

1. 诺曼分类法

诺曼（Norman，1981）将人机交互过程中人的行为分为七个阶段：（1）建立目标；（2）形成意向；（3）描述动作；（4）执行动作；（5）理解系统状态；（6）解释系统状态；（7）根据目标和意向评估系统状态。从理论上讲，认知或动作失误可能在任何一个阶段出现。该分类法偏重于研究失误行为产生的心理因素，并将言语失误按照影响其产生的心理因素分为三类：（1）错误，即意向形成失误；（2）失手，即图式结构被错误地激活；（3）失误，即对已处于激活状态的图式结构产生不适时的错误触发、混淆。

2. 拉斯穆森分类法（SRK 模型）

SRK 模型由拉斯穆森（Rasmussen，1976）提出，用于描述人的认知行为过程。该模型将人的行为分为三个水平的认知行为模式，即技能型（skill）、规则型（rule）和知识型（knowledge），如图 9－1 所示。技能型认知行为模式是指作业者几乎无须思考而采取的一种近似于本能反应的行为模式。规则型认知行为模式是指作业者需要选择一定的规则并按照规则要求执行任务的行为模式。知识型认知行为模式是指作业者需要依赖自身知识经验进行分析、决策和执行所采取的行为模式。人因失误受到作业者技术水平、经验以及对作业环境熟悉程度的影响，在每个认知行为水平上所产生的人因失误种类不同。拉斯穆森深入讨论了人因失误，并形成了基于 SRK 模型的失误分类学方法，还探讨了如何利用这些信息制定纠正失误的方案。

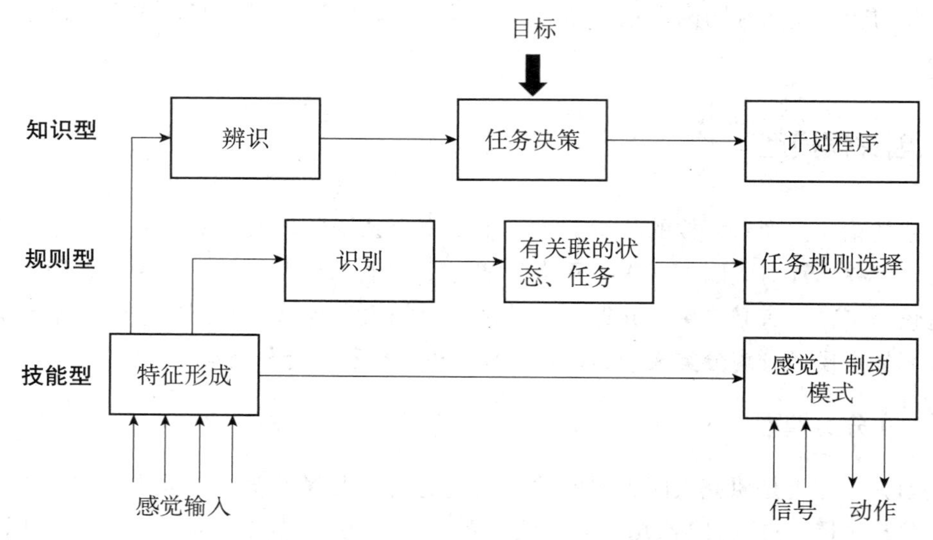

图 9-1　拉斯穆森认知分类和行为过程

来源：冯庆敏，2012。

3. 里森分类法

里森分类法是由曼彻斯特大学心理学教授里森（Reason，1990）提出的。里森认为，事故发生遵循“组织影响—不安全的监督—不安全行为的前提条件—不安全行为”的规律。在系统中的每个层面上都有代表显性失误和隐性失误的“洞”，显性失误是指生产前线个人具有直接负面影响的失误或违规行为，隐性失误通常产生于决策者、组织或管理层，是指远在事故前所采取的措施或所做的决定导致的结果。这些“洞”会使系统易受到操作危险因素的攻击，并最终导致生产过程的失效或崩溃。

里森将人的不安全行为分为两类：一类是无意向做出的不安全行为，包括疏忽和遗忘；一类是有意向做出的不安全行为，包括错误和违规。疏忽、遗忘、错误和违规的失误分类方法强调人的行为及其与意向的关系。疏忽和遗忘是在意向形成之后的决策执行阶段产生的失误。错误是在意向形成过程中产生的失误，即人对当前形势的判断或推理产生失误。违规可以定义为偏离安全操作程序、标准或规则，组织和个人因素都可能导致违规的出现。

里森认为存在八种基本出错类型：（1）感觉不真实；（2）注意失效；（3）记忆失误；（4）不准确的回忆；（5）错误感知；（6）判断错误；（7）推理出错；（8）无意识的行动。

4. 埃因霍温分类法

埃因霍温分类法最初由范·德·沙夫（van der Schaaf，1992）提出，并被应用于化工厂的人因失误分类，只需要在特定的时间或出现故障时进行人为干预。埃因霍温分类法经过改进和提炼后被应用于医疗领域。该分类法在四个层面进行人误分类：技术问题

(机器失效)、组织问题、人的行为失效、病人相关因素。

埃因霍温分类法第一个要考虑的是技术问题。消除技术问题可防止本质相似的事件再次发生，可能包括设计、结构、材料方面的问题。接下来考虑组织问题，包括培训、协议、管理优先级和安全文化等方面的问题。组织问题是导致事件发生的隐性因素，包括很多复杂因素。技术和组织失效通常被认为是系统失误。排除技术和组织问题后，需要考虑人的行为失效，根据拉斯穆森提出的 SRK 模型，人的行为可以分为基于知识的、基于规则的和基于技能的三个种类。最后是病人相关因素，定义为非医护工作人员或治疗影响可控制的与病人特性相关的失效，无法对此层面进行评价。

5. 斯温和古特曼分类法

早期人因失误分类研究认为人的心理过程是一种黑箱，因此只研究作用于系统的人的行为。斯温和古特曼（Swain & Guttmann，1983）依据 THERP 技术对任务操作过程中的人因失误分类进行了分析和研究，以可观察的人的行为作为指导，而不探究人的内在行为机理。他们将人因失误分为两大类，即遗漏型失误和执行型失误，并给出了它们的具体细化模式。遗漏型失误包括遗漏整个任务和遗漏任务中的一项步骤，执行型失误包括选择失误、序列失误、时间失误和质量失误四种类型。

6. 李乐山分类法

李乐山（2007）提出，应将疏忽和过分注意作为用户出错的主要研究内容。他认为，研究出错类型有助于预测用户的意图、发现用户的思维过程。他将用户出错分为：（1）双重捕获造成的失手；（2）中断引起的遗忘；（3）意向性减弱；（4）知觉混淆；（5）过分注意。

（二）认知过程分析模型

在基于认知过程分析的模型中，较有代表性的包括：刺激—组织—反应（SOR）模型、信息处理模型、阶梯模型、通用认知模型、人类认知可靠性（HCR）模型、简单认知模型（MSOC）、信息—决策—行动（IDA）模型、认知可靠性和失误分析方法（CREAM）和通用失误建模系统（GEMS）等。这些模型有相对规范的结构，对人因失误的感知、诊断、执行等不同过程进行了区别分析，较好地阐释了每个认知功能阶段/模块的作用。下面介绍其中两种具有代表性的模型。

1. SOR 模型

事故的发生与否，很大程度上取决于人的行为性质。传统心理学认为，人的认知行为包括感知、信息处理和动作三个要素，索里（Surry，1969）以此为基础构建了人因失误的 SOR 模型。其中，S（stimulation）为刺激输入，是指人体接收到外界的刺激，将其转化为信号后传递给大脑；O（organization）为思维组织，是指大脑收到信号后，通过思维功能对信号进行分析判断，做出决策，拟订行动计划，并将指令传递给手、脚等器官；R（response）为行为反应，是指手、脚等器官收到指令后，执行相应的动作（引自蒋英杰，2012）。

在 SOR 模型中，若前期的任何一个问题处理失败，就会导致危险，造成损失或伤害，也会发生后期的与危险显现相关的问题。另外即使前期问题处理失败，只要危险显现的问题处理得当，也不会造成损失或伤害（引自孔庆华 主编，2008）。

若对外部刺激能正确反应，一般发生人因失误的概率较小（吴友军，2009）。如果对刺激的认识出现偏差，就容易造成事故。例如，煤矿的新工人下井作业时，对井下环境的认识不足，或急于完成任务，就容易产生恐惧和烦躁等紧张情绪，从而增大不安全行为产生的概率。

2. CREAM 方法

CREAM 方法即认知可靠性和失误分析方法（cognitive reliability and error analysis method），由霍尔纳格尔（Hollnagel，1998）提出。CREAM 方法以认知心理学为基础建立了独特的认知模型和分析技术，强调情境对人的行为的影响，具有回顾和预测的双向分析能力。其中，认知模型采用情境控制模型（contextual control model，COCOM），将人的认知过程分为四个认知功能阶段——观察、解释、计划、执行，并给出了四个阶段具体的 13 种人因失误模式。CREAM 方法是基于失误模型多样化得到的处理认知失误的新方法，它通过引入复合状态信息处理模型的思想来改进操作者行为模型。CREAM 方法确认了认知功能模块之后，直接给出每个模块可能对应的人因失误模式。由于认知功能模块与人因失误模式之间缺少相互关联的具体原因，所以模型推定得出的结果完全取决于方法设计者的个人经验和知识水平，这导致识别的失误模式虽然全面但是缺乏说服力。

CREAM 方法将引起人因失误事件的基本原因称为“前因”，分为“与人有关的前因”“与技术有关的前因”“与组织有关的前因”三大类。这三方面原因的组合导致人因失误的发生。其中，与人有关的前因分为“A 观察”“B 解释”“C 计划”“D 与人的临时性功能相关”“E 与人的永久性功能相关”五类，与技术有关的前因分为“F 设备”“G 规程”“H 临时性的界面问题”“I 永久性的界面问题”四类，与组织有关的前因分为“J 通信联络”“K 组织”“L 培训”“M 周围环境”“N 工作条件”五类。

（三）综合分析模型

在综合分析模型中，较有代表性的包括：事件分类分析和推荐（ECAR）模型、人因失误分析和分类系统（HFACS）、“厄运之轮”（WoM）、屏障分析模型、层次分析法、布鲁尔-纳什（BN）模型、人误因素树、埃因霍温分类法、认知失误回顾和预测分析技术（TRACEr）、人误分析技术（ATHEANA）等。这一类模型不仅涵盖了认知层面的分析，同时也涵盖了情境、任务、特质、生理和心理状态等因素的影响。下面介绍其中两种具有代表性的模型。

1. “厄运之轮”

基于黑尔姆赖希（Helmreich，1990）的同心球模型，奥黑尔（O’Hare，2000）提出了一个“修正理论模型和相关分类框架”——“厄运之轮”（Wheel of Misfortune，WoM）：内部球体代表操作者行为（根据认知六步模型对行为进行分类，包括信息、诊断、目标设定、策略选择、规程选择、行动），中间球体代表背景局部情况（如果操作者的资源不少于任务的需求，则将成功执行任务），外部球体代表整体情况（组织的理念、政策和规程）。操作者的行为是否具有意识取决于控制行为是基于技能、规则还是知识（拉斯穆森模型）。例如，操作者如果在一个非常熟悉的任务中参与训练，则可以直接从信息跳到行动。背景局部情况根据伍兹和罗斯（Woods & Roth，1988）提出的“认知三角”进行分类，包括任务环境的内在需求（复杂性、动态性、紧密耦合性、不确定性和风险性）、操作者提供的资源（生理心理能力/技能）以及操作者对其操作任务环境的表征。

2. 认知失误回顾和预测分析技术

认知失误回顾和预测分析技术（technique for the retrospective and predictive analysis of cognitive errors，TRACEr）是由肖罗克和柯万（Shorrock & Kirwan，2002）提出的。TRACEr 中的分类主要有三种：失误发生的情境（任务失误分类、信息分类和行为形成因子分类）、失误的产生［外显失误模式（EEM）：选择、质量、时间、序列、通信；内因失误模式（IEM），包括 34 种，分为 14 种认知功能，属于 4 个认知域；心理失误机制（PEM）］和失误恢复（通过失误检测和恢复失误问卷分析）。

从上述方法和模型的进步中可以看到，人因失误越来越受到关注。人因失误对事故的发生有着关键的作用，有效预防人因失误的发生，将对安全作业进而保护人民的生命财产安全有着非凡的意义和价值。这意味着，透彻研究相关因素的作用机理以预防人因失误，是该领域的发展趋势所在。

第三节　事故预防

一、概述

事故预防与控制是工程心理学研究的重要目标之一。系统安全性分析的主要内容则是以安全科学理论为依据，以预防事故发生为目标，从人、机器、环境与管理四个方面综合制定确保人机系统安全的对策或措施。下面将简要介绍系统安全性分析的内容，并从人、机器、环境与管理等不同方面提出对策。

二、系统安全性分析

（一）概述

安全（safety）是指不存在事故隐患的状态。安全和事故是一对相对概念，当彻底消除了危险因素时，事故不会发生，就处于安全状态；当危险因素存在时，就处于不安全状态，事故就可能发生。

安全性分析（safety analysis）是从安全的角度对人-机-环系统中的危险因素进行分

析，通过发现可能导致系统故障或事故的各种因素及其相互关系来查明系统的危险源，以便采取措施消除或控制危险源。系统安全性分析是实现系统安全的重要手段，既需要安全性分析理论作为支撑，又需要将理论与实践经验相结合。

1. 安全性分析的对象

安全性分析通常包括对以下内容进行调查分析：

- 可能出现的、初始的、诱发的及直接引起事故的各种危险源及其相互关系。
- 与危险有关的设备设计、环境条件、操作者特性等因素。
- 利用适当的设备、材料、规程控制或消除某种特殊危险源的措施。
- 对可能出现的危险源的控制措施及实施这些措施的最好方法。
- 危险源不可能根除时，可能出现的后果。
- 在对危险因素失去控制时，应当采取的安全防护措施。

2. 安全性分析的目的

安全性分析的目的是查找、分析和预测工程、系统中存在的危险因素及其可能导致的事故的严重程度，提出合理可行的安全对策，指导危险源监控和事故预防，以达到最低的事故率、最少的损失和最优的安全投资效益。具体地说，安全性分析要达到的目的包括以下四个方面：

- 对系统的计划、设计、制造、运行、储运和维修等全过程进行安全控制。
- 对潜在的危险进行定性、定量分析和预测，建立使系统安全的最优方案，为决策提供依据。
- 为实现安全技术、安全管理的标准化和科学化创造条件。
- 促进实现本质安全化，做到即使发生误操作或设备故障，系统存在的危险因素也不会因此导致重大事故发生。

3. 安全性分析的原则

人机系统安全性分析要从整个系统出发，遵循局部利益与整体利益相结合、当前利益与长远利益相结合、内部条件与外部条件相结合、定性分析与定量分析相结合等原则，对系统安全性进行综合评价。

在评价过程中要注意以下三个原则：

- 评价方法的客观性。评价时应防止评价者主观因素的影响，为此应提供可靠的数据，数据取值范围不宜过大，否则将使评价者无所适从，同时应对评价结果进行检查。
- 评价方法的通用性。评价方法应适用于评价同一级的各种系统。
- 评价方法的综合性。评价方法应能反映评价对象各个方面的重要功能和因素，这样才能真实地反映评价对象的实际情况。

4. 安全性分析的意义

安全性分析是从技术带来的负效应出发，分析、论证和评估由此产生的损失和伤害的可能性、影响范围、严重程度以及应采取的对策措施等。在现代生产系统中，安全性分析作为工作管理的重要组成部分，无论是从降低经济损失、提高生产效率，还是从减少人身伤亡方面来说，都具有十分重要的意义。

安全性分析的意义可以概括为以下五个方面：

- 安全性分析是安全生产管理的一个重要组成部分。
- 有助于政府安全监督管理部门对生产经营单位的安全生产进行宏观管控。
- 有助于合理选择安全投资。
- 有助于提高生产经营单位的安全管理水平。
- 有助于生产经营单位提高经济效益。

（二）分析方法

一般来说，安全性分析可以分为定性分析和定量分析两大类。由于具体的安全性分析方法很多，在进行安全性分析时，应根据特定环境和条件，选择合适的方法，这样分析结果才会更精确、有效。

1. 定性分析

定性分析用于检查、分析和确定可能存在的危险、危险可能造成的事故和可能的影响，以及相应的防护措施。常用的定性分析方法有：检查表法、故障模式及影响分析、故障危险分析、区域安全性分析、接口分析、环境因素分析等。除了这些方法外，在对系统进行各类危险性分析时，根据需要还可以采用标示法、立体模型法等作为辅助分析方法。

2. 定量分析

定量分析用于检查、分析并确定具体危险或事故及其影响、事故可能发生的概率，比较系统采用安全措施或更改设计方案后事故发生概率的变化。定量分析要以定性分析为基础，主要用于比较和判断采用不同方案的系统所达到的安全性水平，作为做出有关安全性更改方案决策的基础。常用的定量分析方法有：故障树分析、故障模式和效应危险度分析、危险性和可操作性研究、概率估算等。

下面简要介绍一下故障树分析方法。

故障树分析（fault tree analysis，FTA）由美国贝尔实验室的沃尔森（H. A. Walson）于1961年首先提出，是一种从顶向底的分析方法，即从所发生的事故出发来分析其原因（引自 Lee et al.，1985）。故障树是一个渐近的过程，在对每个事件或条件进行分析后，逐步展开，越来越深入地分析导致或诱发顶事件（位于故障树顶端的事件，是所分析系统中不希望发生的事件）的时间或条件，直到最后找出根源事件（位于故障树底部的事件，是不能再往下分析的事件）。国内有研究者给出了制作故障树的简要步骤（吴青 主编，2009）：

第一，确定顶事件。不希望发生的、影响系统或分系统安全性的事件可能不止一个，因此在充分熟悉资料和了解系统的基础上，系统列出所有重大事件，必要时可应用故障模式和效应危险度分析，然后再根据分析的目的和故障判据，确定要分析的顶事件。

第二，分析与事件有直接关系的诸要素，并确定这些要素是独立发生、同时发生还是以不同组合方式发生，从而导致顶事件的出现。

第三，用图解方法表示这些信息。故障树的基本符号如表 9－1 所示，其中矩形、圆形和菱形符号可以表示大部分事件，另有屋形符号表示正常事件或上一级事件的诱发事件。事件间的关系用逻辑符号来表示。

第四，按顺序逐次找出处于最下方的根源事件，如零部件故障、人的差错、危险特性或不利环境条件等。

第五，采取改进措施，使根源事件的数量达到最少，使事件发生的可能性降至最低。

第六，如果要进行定量分析，并且故障树不大，便可列出布尔方程进行简化；如果故障树较大，进行定量分析必须采用计算机辅助分析，就应把已有的、所要求的可靠性及其他概率数据代入布尔方程，求出顶事件发生的概率。

故障树分析的结果一般以图形形式表示出来。故障树图由事件符号、转移符号和逻辑符号三类符号组成。

表 9－1　故障树分析的基本符号

名称		符号	符号的含义
事件符号	矩形		表示顶事件或中间事件，都是需要往下分析的事件。
	圆形		表示基本原因事件，即基本事件。
	菱形		有两种含义：一种表示省略事件，即没有必要详细分析或原因不明确的事件；另一种表示二次事件，如由原始灾害引起的二次灾害，即来自系统之外的原因事件。
	屋形		表示正常事件，是系统正常状态下发生的事件；也可表示诱发事件，如电动机运转等。
转移符号	转出符号		表示这个部分树由此转出。三角形内标出对应的数字，以表示向何处转移。
	转入符号		表示与相应转出符号连接的部分树转入的地方。三角形内标出从何处转入，转出与转入符号内的数字相对应。

续表

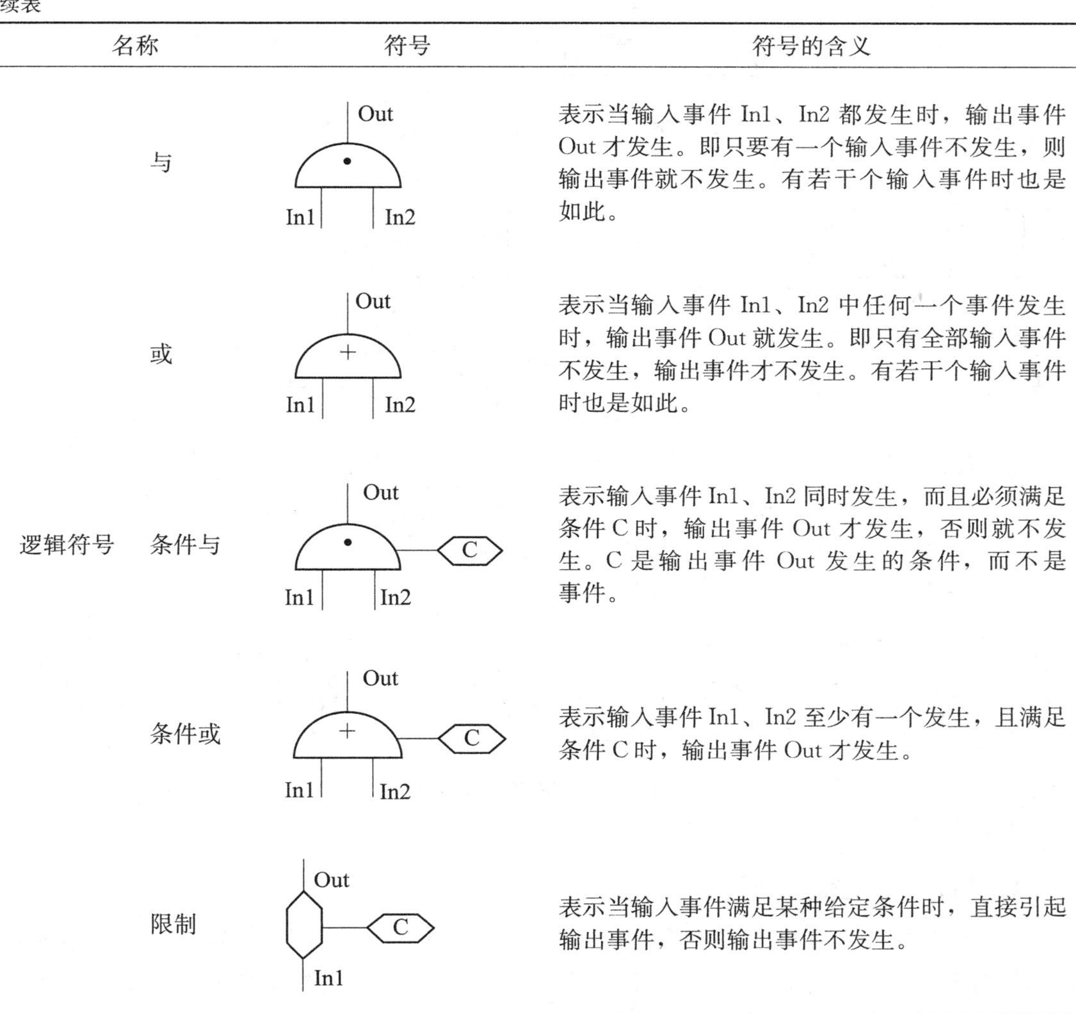

名称		符号	符号的含义
逻辑符号	与	Out In1　In2	表示当输入事件 In1、In2 都发生时，输出事件 Out 才发生。即只要有一个输入事件不发生，则输出事件就不发生。有若干个输入事件时也是如此。
	或	Out + In1　In2	表示当输入事件 In1、In2 中任何一个事件发生时，输出事件 Out 就发生。即只有全部输入事件不发生，输出事件才不发生。有若干个输入事件时也是如此。
	条件与	Out C In1　In2	表示输入事件 In1、In2 同时发生，而且必须满足条件 C 时，输出事件 Out 才发生，否则就不发生。C 是输出事件 Out 发生的条件，而不是事件。
	条件或	Out + C In1　In2	表示输入事件 In1、In2 至少有一个发生，且满足条件 C 时，输出事件 Out 才发生。
	限制	Out C In1	表示当输入事件满足某种给定条件时，直接引起输出事件，否则输出事件不发生。

来源：吴青 主编，2009。

故障树分析既可在产品和设备的设计阶段用于对潜在事故隐患的分析，也可用于对已发生事故的调查研究。图 9－2 是应用故障树分析的一个例子。砂轮伤害事故是由“防护装置不起作用”和“砂轮破碎飞出”两个事件引起的。这两个事件同时发生且“击中人体”才导致事故。进一步分析表明，“防护装置不起作用”是因为“安装不牢”或“无防护罩”，两者之中只要有一项做好了就能起到防护作用。至于为什么会出现“砂轮破碎飞出”，原因更为复杂。首先，砂轮不仅存在“质量缺陷”，而且有“安装缺陷”，同时作业者“操作不当”，这三个问题同时出现最终导致“砂轮破碎飞出”。其次，出现“质量缺陷”是因为砂轮“不平衡”或砂轮“有裂纹”，同时刚好又“未检查”，这样才使得存在质量问题的砂轮被安装使用。“安装缺陷”的产生不仅因为“紧固砂轮用力过大”，而且因为“上砂轮敲打过猛”。“操作不当”同时包括“吃刀量过大”和“防护罩紧固不牢”。通过这三层分析，事故发生的确切原因最终显露了出来。

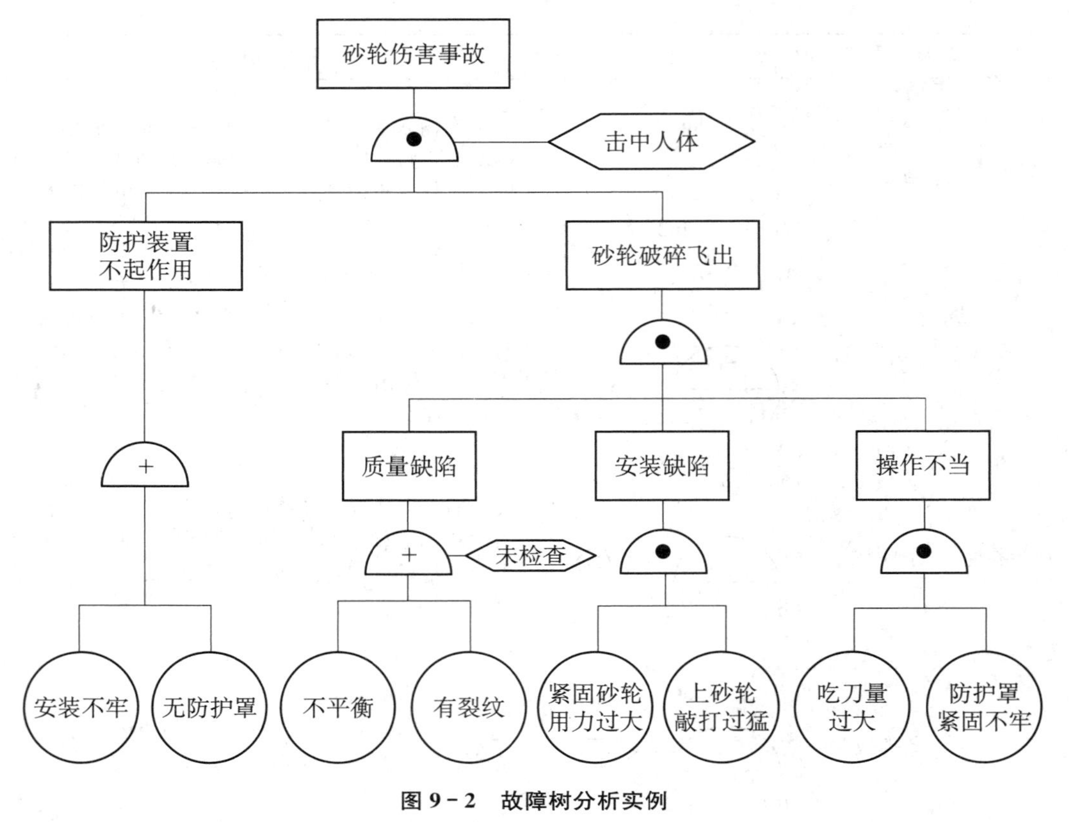

图 9-2 故障树分析实例

来源：朱祖祥，2001。

3. 分析方法的选择及比较

在具体的安全性分析中，有时只用一种方法达不到效果。例如，有的机械设备的故障率数据比较少、人为差错和环境因素难以分析，这时就需要把定量分析和定性分析的方法结合起来。在选择分析方法时，应考虑以下两条准则：

- 分析应当尽量广泛，尽可能有效识别和评价所有的危险。
- 对每种危险的分析，尽可能彻底和准确。

具体实施分析方法的时候，应该根据以上两条准则以及所要分析系统的特点，选择一种方法或几种分析方法的组合，以满足所规定的分析要求。

三、事故预防对策

（一）人因失误预防对策

生产活动中的人是指作业场所里除本人之外的其他人，包括操作同伴或上下级等。没有同心协力和互助，就难以执行操作命令。因此，人们的横向操作同伴的交流和纵向层级关系的稳定都是很重要的。

至于在确定人的对策方面，关键是要形成一种和睦且严肃的气氛；要使人认识到危险物所导致事故的严重性，从而在思想上能够重视，在行为上能够慎重，并能认真遵守安全操作规程；要提高操作者在危险作业时的大脑意识水平和危险预知能力；在进行危险作业时，要防止由于意外事件的插入而产生的差错；对于非常事件，应预先设定实际对策，并反复进行训练，以防止人在紧张状态下因思维能力下降产生误操作而引发人因失误型事故。

针对人因失误型事故的预防对策如下（王保国 等编著，2014）：

- 合理选拔和调配人员。
- 进行安全训练和教育。
- 制定作业标准和异常情况下的处理标准。
- 制定并贯彻实施安全生产规章制度。

（二）设备与环境失误预防对策

除了人为因素，环境和设备因素也不可忽略。提高技术装备安全水平，拥有良好的作业环境，都有助于预防事故的发生。

针对设备的预防对策如下：

- 根据人的特性来设计设备和系统。
- 对于重要的机械，可以使用连锁装置及故障安全装置。
- 设计设备时，贯彻“单纯最好”（simple is best）原则。对紧急操作设防，并采用“一触即发”（one touch shut down）的结构方式。
- 有合理的机械形式和装置。操作装置适当，作业条件合理，信息指令恰当，环境条件良好。
- 为了易于识别从而有效防止误操作，对紧急操纵部件涂装荧光或醒目色彩。
- 重视大量危险物的处理，尤其应设有防止伤人的保护装置。

针对环境的预防对策如下：

- 从人的因素出发改善作业环境。
- 根据人的特点创造适宜的作业条件。
- 开展文明生产，作业场所实行定置管理。
- 设置危险牌示和识别标志。
- 绿化净化车间、厂区环境。

（三）管理失误预防对策

管理方面的对策包括健全系统安全管理体制，强化人的安全意识，以进一步挖掘潜力，充分调动人的积极性；把提高人的自觉性、主动性与实施强制性措施结合起来，以便在人-机-环系统中实现安全、高效、合理的群体和个体行为。

管理方面的主要预防对策如下（郭伏，钱省三 主编，2018）：

- 认真改进设备的安全性及工艺设计的安全性。

- 制定操作标准和规程，并进行宣传教育。
- 制定机器维护保养的标准和规程，并进行宣传教育。
- 定期进行工业厂房内的环境测定和卫生评价。
- 定期组织有效果的安全检查。
- 进行班组长和安全骨干的培养。

（四）其他预防对策

1. 遗留风险的通知与警示

对于通过设计减少风险或采用安全防护措施都无法解决的一些遗留风险，应通过使用信息的方式通知和警告使用者，由他们在使用机器时采取相应的补救安全措施。使用信息是由文字、标志、信号、符号或图表等组成的通信环节，它们可以单独使用，也可以联合使用。其作用是向使用者传递如何正确使用机器，确保操作安全的信息。提供使用信息是设计不可缺少的一个组成部分，也是机器供应的重要组成部分。

设计遗留风险的通知与警示时，要注意以下两点：第一，要明确告诉使用者如何安全、正确使用机器，防止随意操作造成危险或损坏等；第二，使用信息要配置在机器上，如有关铭牌、标志、符号、图表、视觉和听觉信号装置、警告牌等。

2. 附加预防措施

附加预防措施是指除了一般通过设计减少风险、采用安全防护措施和提供各种使用信息外，对有些机器还需要另外采取的有关安全措施，如急停措施、当人们陷入危险时的躲避和等待救援措施、保证机器的可维修性措施、断开动力源与能量泄放措施、安全进入机器的措施、机器及其零部件的稳定性措施等。

这些附加预防措施也是设计者在设计时应当考虑的。附加预防措施不是每一台机器都必须具备的，而是要根据具体情况，考虑是否需要某一种或几种附加预防措施。如果确定需要某种附加预防措施，就必须按照要求进行设计。

四、安全防护装置设计

安全防护是通过采用安全防护装置对一些危险进行预防的安全技术措施。有的安全防护装置自身的结构功能可限制或防止机器的某些危险运动，或限制机器运动速度、压力等危险因素，以防止危险的产生或减少风险；有的安全防护装置是利用物体障碍方式防止人或人体部分进入危险区。

常用的安全防护装置有联锁装置、双手控制按钮、自动停机装置、机械抑制装置、使动装置、止动装置、限制装置和有限运动装置等。

安全防护装置种类很多，如熔断器、限压阀等也常被采用。究竟采用哪种装置或者哪些装置的组合，设计者应根据机械设备的具体情况做出决定。

（一）安全防护装置设计原则

安全防护装置设计主要有以下几个原则：

- 坚持以人为本的设计原则。设计安全防护装置时，首先要考虑人的因素，确保操作者的人身安全。
- 坚持装置的安全可靠原则。安全防护装置必须达到相应的安全要求，要保证在规定的寿命期内有足够的强度、刚度、稳定性、耐磨性、耐腐蚀性和抗疲劳性，即保证安全防护装置本身有足够高的安全可靠度。
- 坚持安全防护装置与机械装备的配套设计原则。这就是说在进行产品的结构设计时应把安全防护装置考虑进去。
- 坚持简单、经济、方便的原则。
- 坚持自组织的设计原则。安全防护装置应具有自动识别错误、自动排除故障、自动纠正错误，以及自锁、互锁、联锁等功能。

（二）常用安全防护装置设计

安全防护装置是提供保护的物理屏障，种类有固定式、活动式、可调式、联锁式等，常用的安全防护装置设计如下。

1. 联锁装置

联锁装置的特点主要体现在“联锁”二字上，它表示既有关系，又相互制约（互锁）的两种运动或两种操纵动作的协调，实现安全控制。它是用得最多、最理想的一种安全防护装置。联锁装置可以通过机械、电气或液压、气动的方法使设备的操纵机构相互联锁或操纵机构与电源开关直接联锁。例如，配电柜的门可以设计为有联锁装置，当打开柜门时电源自动切断，当关上柜门时，电源自动接通。

2. 双手控制按钮

双手控制按钮的特点是当双手同时接触按钮时才可进行操作，以确保操作者安全。这种装置迫使操作者用两只手来操纵机器。但是，它仅能为操作者而不能为其他有可能靠近危险区域的人提供保护。因此，还要设置能为所有的人提供保护的安全防护装置。当使用这类装置时，两个控制开关按钮之间应有适当的距离，而机器也应当在两个控制开关按钮都开启时才能运转，并且控制系统需要在机器每次停止运转后，重新启动。

3. 感应装置

感应装置采用智能红外线、超声波、光电信号等探测装置，进行准确的距离测试，为操作者进入危险区域提供警示信号，或停止可能导致危险的设备，从而避免意外事故的发生。

4. 自动停机装置

自动停机装置是指当人或其身体的某一部分超越安全限度时，使机器或其零部件停止运行或保证别的安全状态的装置。自动停机装置可以是机械驱动的，如触发线、可伸缩探头、压力传感器等；也可以是非机械驱动的，如光电装置、电容装置、超声装置等。

5. 机械抑制装置

机械抑制装置是在机器中设置的机械障碍物，如楔、支柱、撑杆、止转棒等。依靠这些障碍物的自身强度可防止某些危险运动，如防止锤头由于其正常保持系统失效而坠落等。

6. 其他安全防护装置

其他安全防护装置主要有：

- 使动装置。使动装置是需要与起动操纵器同时使用，且只有操纵该装置才能使机器工作的附加手动操作装置。
- 止动装置。止动装置是只有当手动操纵器动作时机器才起动并保持运转的装置。放开时，该手动操纵器能自动恢复到停止位置。
- 限制装置。限制装置是防止机器或机器要素超过空间或压力等设计限度的装置。
- 有限运动装置。有限运动装置是只允许机器零部件在有限的行程内动作的一种控制装置，这样可使风险减至最小。
- 警示装置。当作业者接近危险区时，通过某种检测手段，警示装置闪烁红灯或鸣笛，可提醒作业者保持安全距离。
- 应急制动开关。当主安全防护装置失灵，或者人体已经进入危险区，事故即将发生时，必须能随时切断电源。

（三）个体安全防护器具设计

个体安全防护器具可保护机体的局部或全部免受外来伤害。个体安全防护器具是避免事故的最后一道防线，因为个体安全防护措施不可能消除事故的根源，避免事故的发生。管理者、设计师和工程人员必须尽力从设备、环境和组织管理上避免事故。

任何个体安全防护器具都不能使作业者完全避免伤害，只是提供了紧急场合中减少伤害的一种缓冲。为着重保护易受伤害的身体部位，在不同的危险场所，需要不同的器具；对于同一种器具，根据具体作业要求与环境的不同，设计重点也有不同。下面介绍几种个体安全防护器具。

1. 防护衣

防护衣能提供全身性安全保护。在很多工业作业环境中（如盐、酸、油或放射性场所），操作者都必须穿着防护衣作业。对于特定的作业，防护衣的设计要考虑的主要因素有：第一，作业时的主要危险是什么；第二，是否需要耐火；第三，是长期还是短期穿着；第四，是否需要考虑温度的影响；第五，颜色是否重要；第六，用后是否需要清洗。

2. 头盔

在建筑、冶金、石油、交通等许多作业环境中，头盔提供了对头部的保护，其主要作用是缓冲冲击力。在具体的设计开始之前，应该考虑下列问题：第一，要设计的头盔需提供何种类型的保护；第二，若是冲击保护，是顶部、前额还是额后；第三，如何保证其吸收冲击的性能；第四，是否要求耐火；第五，是否应提供眼部保护；第六，如何保证佩戴的稳固性。

3. 保护镜

保护镜可以提供眼部保护。一种保护镜是阻挡碎片、危险物进入眼睛并造成肉体伤害；另一种是提供视力保护，如避免强光直射、放射线、毒气等。根据不同的场合，设计应当做相应的变化，才能提供有效的保护。

个体安全防护器具的种类还有很多。例如，安全靴的设计要考虑化学物场所与粗糙的表面作业，口罩的设计要考虑呼吸环境的类型（毒气、蒸汽、灰尘、烟雾等），手套的设计要考虑作业条件（冷热环境、化学物、带电作业等）。

穿戴个体安全防护器具时，要注意以下问题：第一，须确认穿戴的安全防护器具对工作场所的有害因素起防护作用的程度，检查外观有无缺陷或损坏、各部件的组装是否严密等。第二，要严格按照安全防护器具说明书的要求使用，不能超过极限使用，不能使用替代品。第三，穿戴安全防护器具要规范化、制度化。第四，使用完要进行清洁，安全防护器具要定期保养。第五，安全防护器具要存放在指定地点或容器内。

第四节　研究展望

事故分析及预防是工程心理学研究中一个非常重要的领域。现有的研究包括本章论述的事故原因分析、事故相关理论与模型和事故预防三个主要的方面。这些研究对事故研究的发展及现场事故的预防起到了非常重要的积极作用。我们认为未来的事故研究将有以下研究重点。

首先，关于事故成因。以前的研究主要集中在人、机器、环境三个方面，而以后的研究将更加注重以上几个因素的交互作用。因为事故发生的原因是复杂的，人、物和环境肯定是造成事故的重要因素，但是除了这些因素以外，人和物的交互（如人机界面设计的因素）、人和环境的交互（如情境因素）都可能是事故发生的原因。现有研究尝试对多种因素之间的交互作用路径进行初步的探索。但目前尚无研究对此进行直接、全面、系统的分析。

其次，关于事故理论。国内外目前都提出了不少事故理论，但是这些理论各有特点，并不全面。例如，第二次世界大战前的事故理论更多的是注重操作者的注意失误，典型的理论有事故频发倾向论、事故遭遇倾向论、心理动力论等；而在第二次世界大战后，事故理论比较强调实现生产条件、机械设备安全，典型的理论有工业安全理论、能量意外释放理论、“流行病学”事故理论等。因此，今后的事故理论的研究将更注重理论的全面性和系统性。

最后，关于事故预防。以往的研究注重系统安全性分析，以及事故预防对策等方面。虽然今后的研究也还将继续围绕这些方面展开，但是，随着大数据时代的来临，基于大数据方法和理论指导的事故研究将日益流行，新的方法、新的研究成果必然使得我们的事故预防工作有所起色。

事故，人因失误，事故因果连锁论，海因里希法则，安全性分析，SOR 模型，

CREAM 模型

本章要点

1. 事故具有因果性、随机性、潜伏性、可预防性等特征。

2. 事故发生的原因，可以概括为人、机器和环境三个方面，包括人、机器、环境和管理等因素，其中人因失误是最主要的原因。

3. 工业安全理论和现代事故致因理论这两种事故理论分别从不同时期和不同角度来分析事故发生的原因。

4. 事故模型主要有事故发生顺序模型、轨迹交叉模型。

5. 对于人因失误，现有三种分析模型，包括基于异常行为的分类模型、基于认知过程的分析模型、包含情境/状态/行为表现的综合分析模型。

6. 安全性分析是从安全的角度对人-机-环系统中的危险因素进行分析，通过发现可能导致系统故障或事故的各种因素及其相互关系来查明系统的危险源，以便采取措施消除或控制危险源。

7. 安全性分析可以分为定性分析和定量分析两大类。在进行安全性分析时，应根据特定环境和条件，选择合适的方法，这样分析结果才会更精确、有效。

8. 常用的安全防护装置有联锁装置、双手控制按钮、自动停机装置、机械抑制装置、使动装置、止动装置、限制装置和有限运动装置等。

9. 事故预防对策可从人、机器、环境与管理方面进行考虑。

拓展学习

许为，陈勇．(2014)．从驾驶舱设计和适航认证来减少由设计引发的飞行员人为差错的挑战和途径．*民用飞机设计与研究*(3)，5－11.

第十章

人-计算机交互

教学目标

掌握人-计算机交互的框架、设计原则和范式；熟悉传统人机界面以及新型人机界面的种类与特点；了解硬件交互的输入与输出设备；了解自动化系统中的人机交互及其“以人为中心设计”的理念。

学习重点

掌握人-计算机交互的框架的关键要素、十大设计原则和新型范式；熟悉人机界面的种类及特点，特别是新型人机界面；了解人与键盘和人与指点设备交互的发展和特点；了解人-自动化交互的主要工程心理学问题；掌握以人为中心的自动化设计的基本原理。

开脑思考

1. 在日常的人-计算机交互过程中，人们更喜欢令人感到舒适和便捷的交互。请站在用户的角度谈一谈什么样的人-计算机交互过程是你更喜欢的。你认为人-计算机交互的设计需要遵循哪些原则?

2. 你知道哪些新型人机界面? 它们给你的生活带来了什么样的改变?

3. 2021年3月，《沧州日报》报道了沧州市政府颁发首批无驾驶人测试通知书和自动驾驶示范运营通知书的新闻，使我们在生活中乘坐自动驾驶车成为可能。自动驾驶车是一种新颖的智能技术产品。除自动驾驶车，你可否举一种你在生活中使用的基于人工智能、大数据等技术的智能技术产品，并描述它特有的一些自主化特征?

人-计算机交互（human-computer interaction，HCI，也可简称为人机交互）是专门研究人和计算机交互的学科，是工程心理学在其发展过程中衍生出来的研究分支。从20世纪40年代出现计算机以来，计算机的软件界面已经从最早的命令式语言界面发展到现在的图形化操作界面，而硬件界面也由最早的键盘、显示器发展到现在各种各样的输入设备（如鼠标、追踪球、语音输入设备等）和输出设备（如大屏幕投影等）。人-计算机交互的研究始于20世纪70年代，主要的研究目的是优化计算机软件界面系统，使用户可以高效、方便、无误且健康地使用计算机系统。本章主要论述的是人-计算机交互及其相关研究。第一节是概述，主要介绍人-计算机交互的框架、设计原则、范式等。第二节讲的是菜单、填空式、对话式和直接操纵等传统人-计算机交互界面中人的因素研究。第三节讲的是新型人-计算机软件界面，包括协同工作界面、网络用户界面、自适应用户界面、多模态界面及实体用户界面等相关研究。第四节讲的是键盘、鼠标、追踪球等硬件设计中人的因素研究，这些研究尽管和本章人-计算机软件界面优化或设计的研究有所不同，但是对于开拓人-计算机交互研究有着非常重要的意义；本节最后将展望人-计算机交互这个领域的未来研究。最后，第五节将讨论人-自动化交互中的一些主要工程心理学问题，以及在设计中应该考虑的工程心理学关键问题。

第一节 概 述

广义的人机交互是指人机系统中，人与机器之间的信息交流和控制活动；狭义的人机交互是指在人-计算机系统的软件界面进行的各种交互活动。通常，计算机系统的各种信息通过显示器呈现并被人体感觉器官所感知，实现机器对人的信息传递。人在接收到来自视觉、听觉等感官的信息后，经过知觉、记忆、思维和决策等一系列认知过程对信息进行加工，做出反应选择并输出行为动作，完成人对机器的信息反馈。

一、人-计算机交互的框架

人-计算机交互涉及人机系统，即由相互作用的人和计算机构成的具有一定功能的系统。综合以往的研究（LaViola et al.，2017），我们可以将用户、输入界面、计算机、输出界面四个部分组成一个系统，由此可构成一个人机交互的框架（见图 10 - 1）。该框架为命令行界面、图形用户界面、自然用户界面等各种具体的交互界面设计提供了基础。

（一）用户

人-计算机交互系统中的用户泛指在一定环境下直接使用或者间接使用计算机的人。

人机交互过程中，人是最重要的，因此不仅要研究人的知觉、思维等心理因素，也要考虑人的视力、身高和体重等生理和体质因素。

除了人自身因素对人机交互的影响之外，用户背景也是很重要的影响因素。用户背景是指个体各方面的知识和经验，包括文化和社会因素。物理环境和社会环境也是用户背景很重要的方面。其中，物理环境包括光线、噪声、操作空间的大小和布局等因素。社会环境包括协同作业中与用户一起操作的其他用户的背景与习惯、人为环境造成的动力和压力，以及人际情境、人际距离等因素。

可见在人机系统中，人始终处于核心地位。不重视人的因素，不仅会影响作业效能，也会导致人因事故。

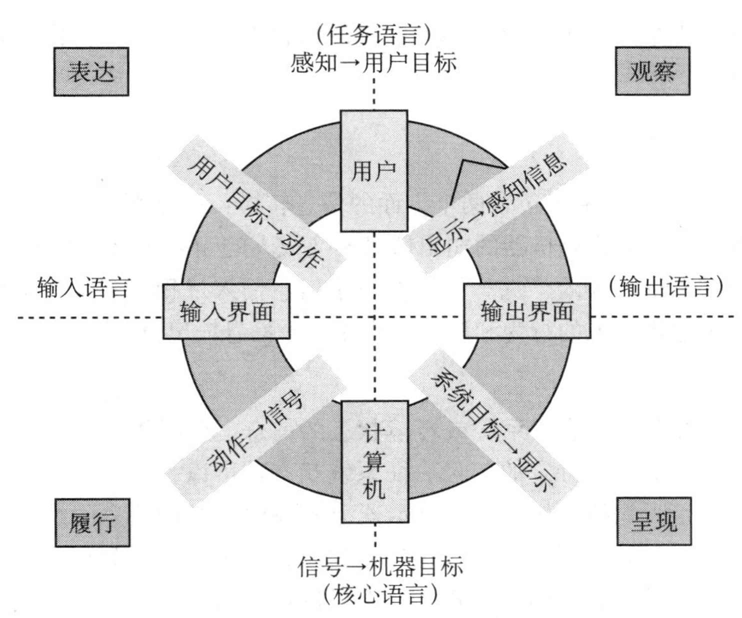

图 10－1　人机交互框架

来源：葛列众，许为 主编，2020。

（二）计算机

人-计算机交互系统中，"机"指的是人所使用、控制的基于计算技术的机器。这些机器可以准确、无限次地重复系统设计所期望的功能，但是缺乏智能化的机器学习和决策等能力。一般来说，人机交互的研究主要集中在基于非智能计算技术的系统（包括计算机以及其他计算技术产品）。进入智能时代，人机交互研究的重点逐步扩展到智能计算机以及计算技术产品。有关人与智能计算系统交互的内容我们会在第十三章中详细讨论。

人机交互作为计算机科学研究领域一个重要的组成部分，其发展历程已经有半个多世纪，并且取得了很大的进步。从计算机诞生之日起，人机交互技术的发展经历了四个阶段（董士海，2004）：

（1）基于键盘和字符显示器的交互阶段。这一阶段所使用的主要交互工具为键盘及字符显示器，交互的内容主要有字符、文本和命令，交互过程显得呆板和单调。这一阶段所采用的技术可称为第一代人机交互技术。

（2）基于鼠标和图形显示器的交互阶段。这一阶段所使用的主要交互工具为鼠标及图形显示器，交互的内容主要有字符、图形和图像。20 世纪 70 年代发明的鼠标，极大地改善了人机交互方式，在窗口系统大量使用的今天几乎是必不可少的输入设备。这一阶段所采用的技术可称为第二代人机交互技术。

（3）基于多媒体技术的交互阶段。20 世纪 80 年代末出现的多媒体技术，使用户能以声、像、图、文等多种媒体信息与计算机进行信息交流，从而方便了计算机的使用，扩大了计算机的应用范围。因此，多媒体技术可称为第三代人机交互技术。

（4）基于多模态技术的交互阶段。在第三代人机交互技术中，多媒体技术虽然提供了多媒体信息处理的可能性，但是就当前的发展现状而言，仍处于独立媒体的存取、编辑及媒体间的并合水平，尚未涉及多媒体信息的综合处理。因此，多模态技术可称为第四代人机交互技术。

（三）输入与输出[①]

人-计算机交互的基本模式包含两个方面的信息转换：一方面是人的输出信息转换成机器的输入信息，另一方面是机器的输出信息转换成人的输入信息（董士海，2004）。根据信息加工的相关理论，人的感觉和知觉相当于信息输入过程，记忆、思维以及问题解决相当于信息处理过程，人的行为和语言反应相当于信息输出过程。

1. 输入

人从显示器感知到的是表示系统或环境状态的信息，此时机器的输出信息被转换为人的输入信息。这种信息以特定的信号表征系统状态，可以是视觉的，如各种符号、标记或图像，也可以是听觉的，如声音。显示器上所呈现的各种信息的综合可称为“概念模型”（李乐山，2004），通过“概念模型”用户可以了解到系统如何工作以及它如何响应用户的输入过程。对“概念模型”和人脑中对机器运行的预期目标（或者说“目标模型”）的对比分析，决定了如何通过效应器做出调整或者控制。

2. 输出

信息输出是操作者依据信息加工的结果对系统进行反应的过程，是人对系统进行有效控制并使系统正常运转的必要环节。信息输出的方式有很多种，例如言语反应、动作反应、表情反应等。在人机系统中，交互界面涉及的反应主要是动作反应和言语反应。通过人的动作直接作用于计算机，人的输出信息就可以转换成机器的输入信息。人可以根据反馈信息对机器做出进一步的控制。

（四）交互

良好的人-计算机交互体验是建立在对人机交互过程的理解基础上的。为理解人机交互过程，首先要了解人们在日常生活工作中是怎样使用交互产品的。

诺曼（Norman，2013）指出，人们通过用户界面与计算机或其他产品交互时，往往面临着两个鸿沟：执行鸿沟（gulf of execution）和评估鸿沟（gulf of evaluation）（见图 10－2）。

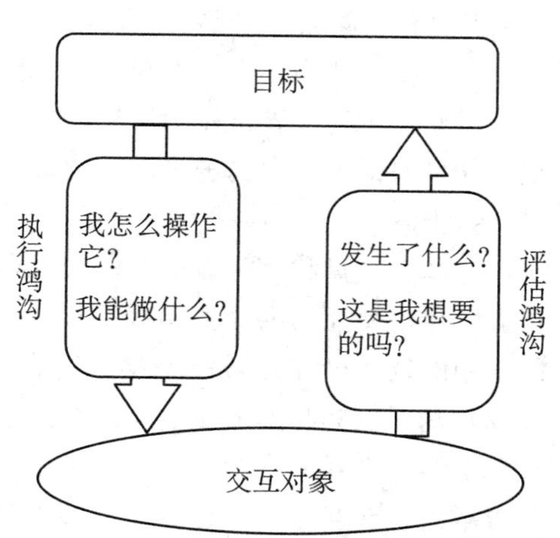

图 10－2　执行鸿沟与评估鸿沟

来源：Norman，2013。

在执行鸿沟中，人们需要尝试如何操作人机交互界面，其中的困难往往在于人机交互界

---

① 本小节所说的输入输出主体虽然是人或用户，但也强调人机交互基本模式中两方面信息的转换。在图 10－1 中，交互过程主要由用户触发，即用户首先建立目标，通过输入语言协调，接着计算机执行，输出语言，最后用户将输出内容与最初目标相比较而对交互过程进行评估。本章第四节对输入输出设备的介绍的重点在于机器提供输出平台，用户接收并转为输入信息，与这里的表述实际上是同源的。

面难以支持人们达成交互目标。例如，某个操作者在首次使用一个简易文字编辑程序时需要保存正在编辑的文件，他想通过他习以为常的热键操作（Ctrl+S）来完成。但是，这个程序只在菜单中设置了“文件存储”选项。这种人机交互界面的设计就给操作者带来了不必要的困惑。

在评估鸿沟中，人们需要判别人机交互界面处于何种状态，是不是他们所期望的状态，他们的操作行动是否导向了他们所期望的目标。设计师跨越这两个鸿沟的基本思路是借助一系列以用户为中心设计的方法和活动，其中包括遵循良好的设计原则和构建有效的概念模型。

如果将该人机交互框架应用于一件计算机产品，那么计算机使用其核心语言描述与计算机状态相关的计算属性，用户使用其任务语言描述与用户状态相关的心理属性，输入使用其输入语言，而输出则使用其输出语言。按照这一框架，交互循环将涵盖图 10－2提到的执行和评估两个阶段。

1. 执行

执行阶段由以下三个步骤构成。

（1）表达。用户制定目标后，目标需要经由输入语言予以表达（articulation）。在这一步，用户必须组织其任务语言和输入语言。任务语言基于心理属性，如果它和输入语言之间存在明确的映射，那么这一步可顺利进行。如果它和输入语言之间的映射有问题，则必须由用户来解决可能存在的不协调。

（2）履行。履行（performance）即将输入语言翻译成核心语言（机器将执行的操作）。在这一步，机器使用从输入语言获得的数据来执行操作。虽然用户不参与具体的翻译过程，但设计人员必须确保系统能获得执行操作所需的数据。

机器一般可通过缺省参数得到这些数据。当缺省参数不合适时，则需要用户人为改变参数设置。这种情况下，图形用户界面具有直观的优势，命令行界面具有灵活的优势（如果用户记得住命令形式的话）。相对而言，如果需要改变的参数较多，语音交互、手势交互等自然交互方式反倒显得不那么有竞争力。

（3）呈现。呈现（presentation）是指机器使用输出语言显示核心语言操作的结果。在这一步，机器必须以输出语言表达机器的状态。机器进行内部处理时，还有必要与用户沟通。通常使用状态栏或沙漏图标指示这些过程。这一步的完成意味着交互的执行阶段的结束。

2. 评估

评估阶段主要通过观察来完成。在这一步，用户必须解释机器输出并将其与原始目标进行对比，必须确定他已完成目标或是否需要进一步的交互才能完成现行目标。

用户可能没有制定精确、完整的目标，也可能事先并不知道如何实现目标。人机交互通常涉及交互式反馈循环，这些循环从关于任务的模糊概念发展到不同的完成状态，甚至会发展出替代方法和修改过的目标。

二、人-计算机交互的设计原则

遵守设计原则是开发优良人机交互产品的保证。在我们的日常生活中，交互产品的质量参差不齐，究其主要原因，在于设计产品过程中，是否遵循以用户为中心设计的理念，以及人机交互设计原则。设计原则有助于设计师决定人机交互界面的功能、信息架构、交互模式以及视觉效果等，帮助他们创建更具可用性的设计，也可用于执行—评估动作循环的每一个阶段以确定是否存在执行鸿沟或评估鸿沟。设计原则的具体应用方式取决于设计所涉及的用户任务和使用场景。每项设计决策都必须针对这些任务和场景进行综合考虑，并且依据交互的具体情况确定。

以下是根据以往研究结果总结出的一些基本的人机交互设计原则（Heim，2007；Wang & Huang，2015）。总的来说，这些设计原则从可理解性、可学习性、功能性或效用性（effectiveness/usefulness）等角度出发，总的目的是设计出具有可用性的方案，为目标用户提供最佳的体验。

（一）简单性原则

简单性原则基于一个基本假设，即简单有助于提高界面设计的可理解性。相对于一个复杂的东西，一个简单的东西会更易于理解、学习和记住，它们的功能和使用方法也更易于预测。

（二）可见性原则

可见性原则旨在保证在交互过程中，用户能够明了所有可能的功能和来自用户操作的反馈。可见性原则源于一个基本事实，即人们更善于识别而不是回忆。因此，让相关的事物“可见”，可以帮助人们在完成复杂的任务时无须记住涉及的所有细节。

（三）可记忆性原则

可记忆性原则指的是界面设计有助于用户记住人机界面元素（或称为界面对象）和功能。当下一次启动程序时，用户不必搜索菜单或查阅手册，即可找到所需要的界面元素和功能。具有高可记忆性的人机界面通常易于理解、学习和使用。可记忆性原则有助于提高界面的使用效率，也有助于提升用户的控制感和舒适感。

（四）可预测性原则

可预测性指的是用户的期望以及提前确定其行动结果的能力。高度可预测的事件通常被认为是必然发生的。因此，如果用户可以预测其行动的结果，就会获得一种安全感，从而能够提高操作效率。

（五）无意识原则

无意识原则是指通过界面要素的特定设计无意识地吸引用户的注意，进行无意识的认知加工，以降低用户的工作负荷。例如，界面中动态变化的图形设计可以无意识地吸引用户的注意。

（六）功用性原则

功用性（utility）原则与用户可以对机器执行的操作有关。如果一个设计的功能易于访问和使用，那么这个具有良好功用性的设计可能会很有用，并且可能被证明是完成特定任务的有效工具。微软的 Word 由于具有高功用性和易用性，已成为市面上最有用的应用程序之一。今天，各行各业的人都在使用它建立自己的文档，尽管它的某些更专业的功能（如交叉引用）仍存在比较陡峭的学习曲线，但这些工具在设计时考虑到了每个领域，以便专业人员可以在熟悉的情境中与程序的功能建立联系。

（七）安全性原则

安全性原则是指在人机交互设计过程中需保护用户各个方面的安全，设计需能够处理突发事件、保证安全、避免系统失效。高安全性设计比高风险性设计更有用。除日常生活外，在诸如航空航天、核电站、核潜艇等许多关键领域，安全性问题尤其重要。在计算机应用软件中，安全性原则可以通过结合适当的撤销功能和可靠的恢复机制来实现。

（八）灵活性原则

灵活性原则是指设计中使用灵活的工具并在不同的情况下执行所需的功能，满足各种需求。当然，灵活性原则是一把双刃剑，在为一些用户带来良好体验的同时，也有可能令另一些用户望而生畏，尤其是新手用户。

（九）稳定性原则

“稳定”从其字面来理解即“稳固安定”之意。因此，稳定性原则就是在人机交互设计中需要保证系统的稳定性以提供更优的人机交互体验。追求系统的健壮性（robustness）是保证稳定性的重要手段。技术的进步为系统的稳定性提供了重要保障。随着 5G 通信技术进入人们的日常生活，我们可以期待的是，与网络相关的交互系统的稳定性将得到极大的保障。

（十）反馈性原则

反馈性原则是指人机交互的每一步，都应当给予用户适当的反馈以保证整个系统的流畅运行。当处理一个动作时，界面给予用户反馈是人机交互设计的基础。如果用户没有得到适当的反馈，他们可能会认为有问题或者他们没有执行操作，因此他们会再次执行操作，这可能会导致最终结果的错误。

上面介绍的都是一些基本的设计原则，它们可以指导交互设计，尤其是当各种需求发生冲突需要进行折中决策的时候，这些原则就显得特别重要。除上述设计原则外，还存在一些具体的设计原则可帮助设计人员做出有关特定屏幕控件、菜单和布局的决策。限于篇幅，本章不深入讨论这些具体的设计原则。

三、人-计算机交互的范式

范式（paradigm）指的是某一共同体在完成工作时依照其共享的假设、概念、价值和实践所采用的一种通用方法。

（一）概念模型范式

一般来说，概念模型范式（conceptual model paradigm）是根据一组完整的设计思路对所提议的产品进行概念层面的描述。这些概念涉及产品应该执行的操作、功能和用户界面，保证用户可以理解该设计模型，并且能够有效地完成预期的任务。

人机交互中，用户活动主要包括给机器下指令、与机器对话、操纵界面元素与数字内容，以及根据产品的信息架构进行导航和空间探索与浏览等。相应地，基于交互类型的概念模型范式也分为以下四类。

1. 指令型概念模型

指令型概念模型是一种常用的概念模型。例如，在CAD系统、字处理软件、售卖机中，指令型交互都是必不可少的。指令型概念模型涉及在何处给产品或系统下指令，并且告诉产品或系统做什么才能完成任务。其优势主要有两点：一是支持快速有效的交互；二是适用于对多个对象执行重复性操作。

2. 对话型概念模型

对话型概念模型指的是用户以类似于对话的方式与产品或系统交互，其范围涵盖简单的语音识别菜单驱动系统到更为复杂的“自然语言”对话系统，如互联网搜索引擎、各种咨询系统和帮助系统等。近年来，随着语音识别技术的逐步落地，出现了许多语音对话型应用系统，如苹果手机中的Siri、亚马逊Alexa音箱、小米音箱等。对话型概念模型以与他人对话为基本模型，其最大的优势是允许用户，尤其是新用户以熟悉的方式与产品或系统交互，让他们感到舒适、放松。然而，由于技术的限制，当系统不知道如何解析用户所说的内容时，很可能会产生误解。

3. 操纵型概念模型

操纵型概念模型指的是用户通过操纵物理或虚拟对象与它们进行交互，如针对虚拟对象的选择、打开、关闭、缩放、抓取、握持、拖动、放置等动作。自施奈德曼（Shneiderman，1983）创造了“直接操纵”（direct manipulation）一词以来，它对图形用户界面开发形成了很大的影响。直接操纵的理念主张，要让在界面上设计出的数字对象可以像物理世界中的物理对象那样进行操作。为此，直接操纵界面需要遵循以下三条核心原则（Shneiderman，1983；Rogers et al.，2011）：

- 操作对象可持续地视觉化。
- 运用实际的操作取代复杂的文字输入。
- 操作动作可逆，并具有视觉反馈。

依据这三条原则，当用户对用户界面上的某个物体进行物理操作时，它必须持续可见，并且对用户执行的任何操作都立即可见。

4. 探索型概念模型

探索型概念模型指的是用户在现实空间探索、浏览，这里的现实空间包括物理现实空间、虚拟现实空间以及混合现实空间。探索型交互的最基本形式与人们使用传统媒体

（如报纸、杂志、图书等）浏览信息的方式类似。对于网站或其他多媒体材料，通常会对信息进行结构化处理，以允许用户灵活地搜索信息。

上述四种基于交互类型的概念模型中，哪种是最好的？这个问题没有固定的答案。实际中也经常使用混合概念模型，虽然基于混合概念模型的用户界面学习时间可能更长。

（二）界面隐喻范式

界面隐喻范式（interface metaphor paradigm）有助于用户通过将熟悉的知识与新知识结合在一起来提升产品使用的用户体验。选择合适的隐喻并结合新的概念和熟悉的概念需要在实用性和趣味性之间进行仔细的平衡，并且要基于对用户及其所处情境的良好理解。例如，设想需要开发一款面向大学生的教学软件，用一间教室以及站在黑板前的老师作为隐喻或许是合适的；但如果是开发一款面向小学生的教学软件，就需要更多地考虑小学生的特点以及什么可能吸引他们，此时选择一个可以唤起孩子们兴趣的隐喻（如游戏室而非教室），或许是一个更好的策略。

一个合适的界面隐喻可以分别从结构性、相关性、表达性、理解性和扩展性这五个方面考虑（Rogers et al.，2011）：

- 结构性：一个好的隐喻应该能提供结构，而且最好是用户熟悉的结构。
- 相关性：使用隐喻的困难之一是用户可能会认为他们能理解的比他们实际理解的要多，然后开始将隐喻的不适当元素应用于产品，从而导致混淆或错误的期望。
- 表达性：通常，一个好的隐喻会与特定的视听元素以及文字相关联。
- 理解性：用户对隐喻的理解至关重要。
- 扩展性：隐喻相对于今后产品的扩展性也是判断该隐喻合适与否的因素之一。

如何生成界面隐喻，并从众多的候选界面隐喻中选择一个适用的隐喻？图 10－3 提供了一个生成人机界面隐喻的基本框架。

图 10－3　生成人机界面隐喻的基本框架

来源：葛列众，许为 主编，2020。

首先，确定用户对产品功能的需求。确定功能需求以及了解人机之间的操作是生成界面隐喻的第一步。在这一步，设计团队往往会定义部分概念模型并反复对其进行尝试。

其次，确定用户任务和用户痛点。从本质上说，隐喻只是一个映射，而且只是产品与该隐喻所基于的真实事物之间的部分映射。了解用户可能会遇到的痛点可帮助选择合适的隐喻来解决这些用户痛点。

最后，生成人机界面隐喻。在用户的任务描述和用户熟悉的应用领域中寻找合适的隐喻。

将该范式应用于导航、教育创作工具及其人因等设计，能够有效地提高用户的使用效率，甚至使用户产生情感价值。但若想减少用户的使用错误，需构建更稳定的隐喻。

从以用户为中心设计理念出发，界面隐喻的确定还需要用户体验测评来反复论证。

（三）交互范式

交互范式（interaction paradigm）指人机交互的模型或模式，它包含交互的所有方面（物理的、虚拟的、感知的和认知的），定义了有关计算机系统使用的“5W＋1H”[who（谁），what（什么），where（何地），when（何时），why（为何），how（如何）]（Heim，2007）。

桌面范式产生于个人计算机占主导的20世纪80年代并延续至今。WIMP，即窗口（windows）、图标（icons）、菜单（menus）与指点设备（pointing devices），成为桌面交互系统的标配，被用于表征单个用户界面的核心功能。WIMP范式也成为桌面范式的代名词而广为流传和接受。

目前，除上述个人计算机时代的重要交互范式之外，新的交互范式不断涌现，如网络计算、大规模计算、移动计算、可穿戴计算、协同计算、透明计算、情境计算、实物交互、虚拟现实（VR）、增强现实（AR）等。显然，单纯依赖窗口、图标、菜单与指点设备这四大要素已经很难描述与提炼这些新的交互范式所蕴含的丰富的交互情境、交互任务与交互风格，人机交互进入所谓的后WIMP时代。

在前人提出的基于现实的交互（reality-based interaction，RBI）范式中，有人使用术语“真实世界”来表征物理而非数字世界的各个方面（Jacob et al.，2008）。李太然等（2018）基于RBI框架与WIMP范式四个元素的特征，提出了虚拟现实用户界面SOMM交互范式，包括情境空间（situation）、三维对象（objects）、菜单（menus）与多通道交互（multimodal interaction）。该范式在一定程度上降低了用户工作负荷，并可应用于工业机器人VR岗位实训。有研究者对化身隐喻（avatar metaphor）进行扩展，提出了基于化身交互隐喻的ASLI界面范式，其中A（avatar）是信息收集和呈现的载体，S（scenario）描述包括用户和avatar在内的外部环境的影响，L（language）描述交互的方式，I（instrument）描述用户与avatar进行交互的设备和工具。ASLI交互范式充分考虑了以用户为中心的自然语言人机交互的特点，并且满足移动式计算的需求，为基于bots的人机交互系统提供了交互界面设计的指导（王慧 等，2018）。

除此之外，还有从图形用户界面发展而来的面向普适计算交互场景的实体用户界面，突破图形用户界面限制而针对笔式交互场景的PIBG[physical object（物理对象），icon（图标），button（按钮），gesture（姿势）]范式，针对智能系统功能角色（role）、交互模态（modal）、交互命令（commands）、信息呈现方式（presentation style）的RMCP界面范式，以自然的交流方式（如自然语言和肢体动作）来与计算机交互的自然用户界面。这些交互界面范式都推动了人机交互的发展，虽然其有效性还有待探讨（范俊君等，2018）。

（四）协同过滤范式

协同过滤范式（collaborative filtering paradigm）是通过群体的行为来找到某种相似性（用户之间的相似性或者实体之间的相似性），通过该相似性来为用户做决策和推荐

(Jannach et al.，2010)。

协同过滤范式一是会基于记忆进行，二是会基于模型完成。基于记忆是指在用户的搜索过程中，与他兴趣爱好相似的其他用户之前评价过的项目，一旦匹配到与该用户兴趣爱好相似的其他用户，就可以使用不同的算法，结合该用户和其他用户的兴趣爱好，生成推荐结果。在基于记忆的协同过滤范式中，还可以分为基于用户的和基于实体的两种。我们可以将与该用户相似的其他用户喜欢过的网络实体推荐给该用户（而该用户未曾操作过），这就是基于用户的协同过滤。在推荐系统的建立中，通过计算出与实体最相似的相关列表，就可以为用户推荐与其喜欢的实体相似的实体，这就是基于实体的协同过滤。基于模型的协同过滤范式会使用先前的用户评级来建模，可以通过机器学习或数据挖掘来完成。

协同过滤只依赖用户的操作行为，而不依赖与具体用户和实体相关的信息就可以完成决策和推荐过程。往往用户信息和实体信息都是比较复杂的半结构化或者非结构化信息，处理起来很不方便，协同过滤范式提高了整体效率，具有极大的优势。

（五）增强认知范式

增强认知范式是在虚拟环境中用户和计算机交互通过生理指标测量用户的认知状态和交互适应优化人类绩效的一种范式（Stanney et al.，2009）。其基本思想是通过增强认知系统推断任务的情境，评估操作者的认知状态，从而优化输入输出信息需求和认知资源配置。

增强认知系统有三个主要组成部分，包括认知状态传感器、适应策略和控制系统。认知状态传感器用于获取生理和非生理行为参数，这些参数可以与特定的认知状态可靠地联系在一起。当一个人或一个团队参与任何交互系统时，这些参数可以被实时测量。一旦发现一种认知状态，那么适应策略就可以用来放大用户的表现，比如通过对信息进行排序来缓解用户信息处理过载的情况。此外还需要一个控制系统，它利用适当的方法和应用理论（如数学、统计、控制）来确保自适应人机界面的系统控制和稳定。

人机交互范式的研究领域在不断扩大，很多已不再拘泥于计算机本身，而是推广到了与生活更加相关的场景中。近年来关于智慧家庭、智慧城市的研究不断涌现，在这个背景下，有人提出了认知城市范式（cognition cities paradigm；Vaca-Cardenas et al.，2020）。认知城市的特点是利用传感器和情感识别技术获取信息，并对其进行生产、使用和分析；其中的技术包括手势识别、增强现实、虚拟现实、混合现实、自然语言和语音识别。关于人机交互的研究是飞速发展的，信息更新换代的速度极快，此后的范式势必会越来越丰富，为人机交互的应用提供更多的可能性。

第二节　传统人-计算机软件界面

人-计算机交互的研究始于菜单、填空式、对话式和直接操纵等早期传统人-计算机界面的研究。

一、菜单界面

菜单界面（menu interface）是通过向用户提供多个备选对象，来完成特定任务的人机交互界面。目前 Windows 系统的主流信息架构就是通过菜单构建的，其特点是易学、易用、无须记忆，并有良好的纠错功能，但效率不高，变通性较差，适合那些操作动机不强，操作能力较低，且在工作中也不常用计算机的用户操作使用。

随着信息复杂性以及图形用户界面的发展，原有的菜单已经无法完全适应用户的操作需求，因此出现了各种针对传统菜单的改进设计形式，其中主要包括跳跃式菜单、鱼眼菜单。

跳跃式菜单（jumping menu）是指当用户点击第一层菜单时，鼠标自动跳到打开的第二层菜单的第一个菜单项上。跳跃式菜单的主要优点是用户只需在垂直方向上移动鼠标进行选择，减少了用户平移点击鼠标的操作，提高了点击效率（Ahlstrm et al.，2006）。

鱼眼菜单（fisheye menu）最早是由贝德森（Bederson，2000）提出的。该菜单可以动态地变换菜单条目的尺寸，将鼠标所在区域放大。这样便可以在一个屏幕上显示并操作整个菜单，而无须传统的按钮、滚动条或分级浏览结构。鱼眼菜单既着眼于整体，又聚焦于具体，使整体和局部达到了比较完美的统一，适用于要浏览的条目比较多时。张丽霞等（2011a）对鱼眼菜单进行了可用性测试，结果表明鱼眼菜单的布局方式更便于用户发现目标菜单项，但其本身也有不足，即在选择目标菜单项时较为困难。基于实验结果，他们对原有鱼眼菜单进行了改进，设计了黏滞式鱼眼菜单。随后又有研究者对鱼眼菜单做了许多不同的改进（葛列众 等，2015）。

二、填空式界面

填空式界面（fill in forms interface）指通过操作用户在格式化的信息域内按要求填入适当内容来完成人机交互任务的界面形式，其优点是可以充分利用屏幕空间输入各种类别不同的信息内容，但容易出错。填空式界面中用户的操作绩效受到填空式界面组织和设置、信息域的设计、提示和说明、引导和纠错等多种因素的影响。

通常，在填空式界面的组织和设置上应根据用户操作任务的不同，按照信息域的语义关联、用户的操作顺序或者各信息域的重要程度将各种信息域分组呈现，而且应尽可能地把在内容上相互关联的信息域呈现在同一个显示画面上。

填空式界面的信息域是指需要用户填写相关内容的空间。信息域中字符的数量往往有一定的限制，应该采用设置括号、短划线等方法让用户了解信息域中可以输入的字符数。有时可以直接通过反馈的方式告诉用户还可以输入的字符数。

往填空式界面输入内容时提示和说明要简短明确。对于计算机新手，或者信息输入有特殊的规定时，就有必要采用提示和说明。提示和说明的位置可以在信息域的右边，也可以在显示屏的底部。

填空的引导一般来说是通过光标自动在不同信息域间移动来实现的。当同一显示屏上有多个信息域时，通过填空引导的优化设计，用户就能够方便地逐次完成每个信息域的信息输入操作。

三、对话式界面

对话式界面（dialogue interface）是具有菜单界面和填空式界面两种界面特点的一种界面。菜单界面是由一组可供用户挑选的菜单项组成的人机界面类型，而填空式界面由一些格式化的空格组成，要求用户在空格内填入适当的内容，具有与传统表格类似的结构和布局，操作步骤简明（朱祖祥 等，2000）。

对话式界面的优点是简单明了，易学易记，用户每次的输入操作都非常明确。但其缺点是效率较低，灵活性较差，用户需要按照事先指定的顺序和内容完成交互。针对这个问题，目前已经有大量的自适应系统应用于对话式界面设计，可根据用户对前面问题的回答自动调整后面需要回答的问题，以提高界面交互效率。在向导式对话框设计中还需要注意提供给用户在不同页面间灵活进行切换的选择，对于较长的问答，需要有较为明确的导航信息提示用户当前操作所处的阶段。

提高对话式界面设计操作绩效的方法有：在对话式界面设计中，应注意使用简明的语言来表述问题，防止用户产生误解；使用标题或小标题，帮助用户理解问题；通过完整的提示和简要的说明提供问题的背景，使用色彩、线段等视觉线索把问题和用户输入分开等。

四、直接操纵界面

直接操纵界面（direct manipulation interface）最初是由美国人机交互研究专家施奈德曼（Shneiderman，1983）提出的。用户在使用该界面时可以直观地对目标（object）进行直接操作，而不是通过中介代码（计算机命令语句或菜单项）间接地进行操作（葛列众，王义强，1995）。直接操纵界面能为用户提供操作背景和即时操作的视觉反馈。但直接操纵界面不像对话式界面那样有一定的提示和说明可供用户参照，操作效率在某些情况下较低。通常，对于学习积极性低、不常使用计算机、键盘操作技能较差并对使用其他计算机系统有一定经验的用户来说，直接操纵界面较为适用（朱祖祥 等，2000）。

有研究者认为，“参与”和“距离”是解释直接操纵界面效应的两个最主要因素（Hutchins et al.，2009）。其中，“参与”涉及用户在操作计算机完成特定任务时自我参与的感受。具有高参与度的界面会让用户感觉到是他自己，而不是计算机在完成一项确定的任务。“距离”因素包括两种不同的类型：一是语义距离（semantic distance），即用户的期望与界面上的语义对象和操作之间的差异程度。二是关联距离（articulatory distance），包括：（1）直接操作形式与物理操作形式之间的差异；（2）直接操作形式与系统输出之间的差异。

另外，直接操纵界面的优越性也受到操作任务、用户经验等其他因素的影响。有研究者通过实验表明，对于简单的单个数据输入，填表式输入技术要优于直接操作式输入（Gould et al.，1988，1989）。但是，对于输入任务复杂，输入中容易出现拼写错误或要求在众多的可输入中选择特定的输入项时，采用直接操作式输入显然有着明显的优越性。另有研究发现，在开始操作时，直接操纵界面的作业绩效要优于菜单界面，表现为操作反应时较短，但随着操作次数的增加，两者反应时的差异逐渐消失（Benbasat & Todd，1993）。

第三节　新型人-计算机软件界面

随着技术的进步和研究的深入，出现了许多新型人-计算机软件界面。这些界面主要有协同工作界面、网络用户界面、自适应用户界面、多模态界面、实体用户界面等。

一、协同工作界面

计算机支持的协同工作（computer supported cooperative work，CSCW）这一概念最早是在 1984 年由艾琳·格里夫（Irene Grief）和保罗·卡什曼（Paul Cashman）提出的，基本含义是指在以计算机技术为前提支持的环境中，地域条件之间存在一定差异性的群体或个人，通过协同工作的方式，共同完成一项具体的任务。

CSCW 是一个跨学科研究的领域，主要包括探讨不同群体用户之间的工作方式、研究支持协同工作的相关技术、设计和开发用户应用实践的协同系统等不同的研究课题。协同工作的主要目标是通过设计，支持跨组织和个人的协同系统，构建用户工作的协同环境和群体间的协同模式，帮助用户解决因空间或时间的分割所产生的需求，提高群体的工作品质和效能，从而增强用户、项目、团队组织的市场竞争力，提升社会的工作效率和质量。

可以从时间和空间维度把 CSCW 分为以下四种不同的工作方式（朱祖祥 主编，2003）：

- 面对面同步对话：在同一地点同一时间进行同一任务的合作方式，如共同决策、室内会议等。
- 同步分布式对话：在不同地点同一时间进行同一任务的合作方式，如电视会议、联合设计等。微软开发的 NetMeeting 就是一种同步分布式对话系统。
- 异步对话：在同一地点不同时间进行同一任务的合作方式，如确定项目进度、协调工作等。
- 异步分布式对话：在不同地点不同时间进行同一任务的合作方式，如电子邮件、电子公告牌（BBS）等。

CSCW 以网络为基础，多个用户无论身处何时何地都可以共享信息，彼此合作完成同一任务，从而促进了生产效率和协作创新能力的提高。但是，由于CSCW的工作方式和传统的单用户计算机的工作方式完全不同，就目前的发展水平来看，CSCW的人因工程问题主要有以下两个方面：一是多用户交互的界面设计问题；二是多用户交互沟通的设计问题。

针对以上两个问题，研究者们试图从人际协同、人与人交互以及协同虚拟现实等角度来解决。

（一）人际协同

CSCW中的人际协同（interpersonal coordination）是一个非常棘手的问题。有研究表明，CSCW中群体信息的共享受到协同感知、共享认知、信任和沟通网络畅通性等众多因素的影响（邵艳丽，黄奇，2014）。协同感知（collaborative awareness）是指在一个好的多用户交互界面中，每个用户既能实时感知群组中的最新信息，同时自身的活动不受其他用户活动的干扰。在单用户人机界面中，只有一个用户控制应用，该用户屏幕上的任何变化都与其动作有关，因此他能解释屏幕上所发生的任何变化。而在多用户交互界面中，用户通常并不知道何时何种情况下别的用户会产生一个新的动作，因此，对他人动作的推测和预期以及基于自身对他人动作的观察和模拟就显得非常重要（宋晓蕾 等，2019）。

在CSCW系统中，体态语言往往也会缺失或产生误解。例如，在日常会话中，通过直接的眼神接触，可以得到对方对会话内容感兴趣、混淆不清或不感兴趣等重要线索。在CSCW系统中，当把摄像机放在监视器上方时，用户双方通过屏幕实际知觉到的对方的眼神往往是“向下看”的，这很容易导致误解，以为对方对自己说话的内容不感兴趣，或鄙视自己等。另外，系统或网络响应速度过慢也容易造成人与人之间沟通的困难。就目前的计算机技术发展来看，社会行为的复杂性使得CSCW界面在很多时候并不能较好地满足人际交往需求（Ackerman，2000）。因此，开展现实的人际协同研究，明确不同情境因素对人际协同的影响，设计一个能反映人与人之间良好交互的CSCW系统环境是提高CSCW效率的一个很重要的方面（宋晓蕾 等，2020）。

（二）人与人交互界面

CSCW的出现要求原来仅支持单用户的人机界面发展为支持群体工作的界面，即人与人交互界面。与人机界面的主要差别在于，人与人交互界面要提供一个供多个用户使用计算机的综合的操作环境。同时，人与人交互界面也提出了新要求：

（1）WYSIWIS：What You See Is What I See（你见即我见）。这是目前在支持人与人实时交互的界面中普遍采用的一种方法，指的是界面上共享窗口（或屏幕）内的内容出现在所有组内用户的某一个窗口（或屏幕）上。

（2）并发控制：界面上的应用程序不再由单个用户操纵，而是供多个用户使用，出现了远程操纵，因此需要对应用程序的使用权进行控制。

（3）支持多媒体：人与人交互往往借助语音、文字、图像等媒介完成，因此高效的人与人交互界面首先应是一个多媒体的界面，且涉及多媒体通信和多媒体信息的管理。

因此，在人与人交互界面中，在不影响实时响应的前提下，应研究如何自然地将一个用户的动作通知其他用户。这包含三个层次的内容：一是看到其他用户的操作动作及操作结果；二是听见其他用户的声音；三是看到其他用户的嘴、眼及头等器官的动作和面部表情。

利用CSCW，可以实现如同现实中人与人自然交流那样的交互，其中共享空间和群体信息感知的实现是关键。不同的系统对共享空间的支持程度是不同的，这取决于系统所提供的用户间信息的交互方式。最常用的交互模式是“你见即我见”（WYSIWIS）。戚慧云（2007）借助协同工具WBTool的界面设计，发现可以通过“状态同步”和“动作同步”实现用户界面的表现及共享；与此同时，WBTool提供的感知技术，即动态组合光标技术和颜色标准技术，能为协作者提供比较完美的WYSIWIS效果，可以解决CSCW系统设计中的群体信息感知问题。

（三）协同虚拟现实系统

虚拟现实系统（virtual reality system，VRS）是由虚拟世界（环境）和与之交互的操作者（人）组成。与VRS相比，协同虚拟现实系统（collaborative virtual reality system，CVRS）突出多用户间的“协同”，强调多用户间的“相互感知”，在情景创设、协同工作、高交互性和实时性等方面，具有明显优势。CVRS的协同虚拟环境是多用户域的三维体现。人们互动的空间是物理空间的模拟，在这些空间中，人们可以感受到其他人在哪里以及在做什么。但实际中，在这样的空间建立相互意识或进行定位还存在一定的困难（Park et al.，2000；Yang & Olson，2002）。

在CVRS中，CSCW技术、虚拟现实技术、人工智能技术、多媒体技术和计算机网络技术等被结合在一起，用户在一组互联的虚拟空间中以替身的方式相互协作，实现协同工作。与CSCW结合后，CVRS提供共享的极具真实感的虚拟空间，使人们能够更加自然、协调地与他人进行交互和协同，能打破时空限制，安全可靠，丰富了计算机作为交互和通信工具的职能和作用，已成为一种新型数字智慧环境。

许爱军（2016）开发了一个“协同搬凳”虚拟现实测试用例。实例中的协同虚拟环境相对简单，包含一条长凳和两个用户替身。在校园网络环境中，两个学生分别在不同客户端登录系统，系统默认分配用户替身模型后，两个学生先后走向待搬动的长凳，到达适当位置时，用户替身的右手自动与长凳吸附，并随着替身一起向前移动。用户替身在运动过程中，其位移信息在不断发生变化。利用接近传感器（proximity sensor）节点可跟踪用户的移动和转动操作，获得用户的位置和方向值。然后这些信息通过协同通信环境被输出给另一个用户，并改变这个用户端的替身状态信息。“协同搬凳”实例测试表明，基于VRML（虚拟现实建模语言）的协同虚拟现实系统能满足低带宽、实时性要求，文中提出的定时采集和发送数据的方法，满足了多用户协同虚拟现实的需要。

目前，CSCW主要被应用于军事、智能制造、远程教育、医疗交通、科研和办公自动化以及管理信息系统等各个领域。

（四）CSCW的应用

CSCW的一个早期应用是对面对面（face-to-face）会议的支持，后来逐步发展到支持地理上分散的会议。群体决策支持系统（group decision supporting system，GDSS）起源于许多商学院，它通过一系列聚焦决策的大型会议关注利益相关者意图。这些会议在专门的房间里举行，个人电脑被嵌入桌子，并与中央服务网络相连，总网络显示在中央存储库上。可通过个人电脑输入想法，还能够通过总网络看到其他人的想法并进行回应。这些系统旨在从参与者那里收集更多的想法，因为一个人不需要等待另一个人停止发言来获得表述机会。此后，CSCW被应用到了更多的场景中。例如，客户端通过读取操作车辆对应相机的视景并反馈到用户的显示设备上，能够实现第一人称视角的模拟驾驶仿真训练。当多个客户端同时连接时，就实现了不同地域的用户在同一虚拟环境中实时互动式的模拟培训。

1. 团队协作工具

团队协作工具是指能够为团队工作中的任务管理、文件共享、工作进程管理、团队沟通等方面提供支持的工具（王昭，2019）。团队协作工具的核心在于利用信息化平台，促使各种信息的共享、整合，减少交流障碍。总的来说，团队协作工具未来的设计方向如下：（1）融合性设计，多视角解决用户问题；（2）打破单一设置，开发个性化模块；（3）摒除累加式设计，宏观化规划工具。

2. 笔式协同交互

笔式交互是人机交互中一种非常重要和应用广泛的方式，它通过类似于传统的纸笔隐喻来满足人们最大的习惯，同时通过勾画、书写手势等交互方式使用户可以最快地实现高效交互。例如，苹果公司近年发售的Apple Pencil就是一个典型的笔式交互产品。对于平板电脑来说，笔试触控相对于指尖触控来说更精准。Apple Pencil有着不可想象的高精度，最高可以精确到一个像素的书写效果。

3. 眼动追踪

眼动追踪（eye tracking）数据可以表征用户的交互意图，且基于眼动追踪的交互具有“所见即所得”的特点，所以在文本、语音、手势等形式的交互语义无法准确表达的情况下，通过眼动追踪交互可以在一定程度上降低语义歧义性，提高多人协同交互质量与效率。例如，有人提出了面向多用户协同交互的眼动追踪技术，探索了眼动追踪数据的可视化形式在协同交互环境下对用户视觉注意行为的影响。实验结果表明，代码错误的平均搜索时间比没有眼动追踪数据可视化共享时减少了20.1%，协同工作效率也得到了显著提高（程时伟 等，2019）。

4. 多点触控

作为一种自然用户界面技术，多点触控（multi-touch）已成为人机交互领域的研究热点。其中，多点触控桌通常配备大尺寸可直接触控的屏幕，支持多用户同时使用，在展览、娱乐、协同工作等领域得到广泛应用。

基于地图的多人协同工作是CSCW的研究领域之一。随着电子地图的普及，越来越多的人开始在日常生活中使用电子地图。有学者设计了基于地图的本地集中式协同工作系统，该系统基于大尺寸屏幕，实现了用于地图操作的相关手势，并以危机管理决策为场景进行了应用。该方法支持共享数据的显示及并发地图浏览，但缺乏对小组决策的必要支持（MacEachren et al.，2006）。有学者在多点触控桌环境中给每位用户提供独立的镜头窗口以实现多用户对地图的协同浏览和注释，但该方法不能提供状态互感知、数据共享等协同工作需要的功能（Forlines & Shen，2005）。

二、网络用户界面

随着信息技术的发展，以网络为中心的网络用户界面日益普及。网络用户界面是建立在互联网基础上的超文本链接，又称为Web界面。网络用户界面作为一种平台，是以人和机器、人和物体之间的交流沟通为基础的。

在研究网络用户界面的可用性时，我们还需要考虑情境问题。国际标准化组织（ISO，1998）将使用情境定义为“由用户、任务和设备（硬件、软件和材料）以及所使用产品的物理和社会环境组成”。就网络而言，用户、任务和环境问题不断演变，给人机交互研究者和实践者带来了新的挑战。

（一）网络用户界面设计原则

1. 用户原则

在人机界面设计前需要确定用户类型，找出用户需求，以符合用户的习惯，达到方便使用的第一原则。

2. 系统界面直观简洁原则

统一、直观、易用、功能突出，尽量减少用户记忆负担。采用有助于使用的设计方案。

3. 提示和帮助原则

当用户使用产品时，随时让用户知道产品现在所处的状态，提供反馈。界面要始终和用户保持沟通，要对用户的操作指令做出反应。

4. 情感化设计原则

国内的大环境是对网络界面的实用性进行研究，尽量简化操作达到方便的单一目的，而对情感化设计考虑较少。刘夏季（2015）提出，网络用户界面的情感化设计要考虑感官刺激、理性和效率感、人格化、幽默化、符号和象征等因素。

（二）网络用户界面中的交互元素

1. 交互主体

网络用户界面交互设计要考虑的第一元素就是交互主体，即使用网络产品或服务的人。

2. 交互逻辑

交互逻辑建立在用户以往逻辑经验基础之上，与用户习惯有着密切联系。交互逻辑在交互过程中扮演调度员的角色，影响网页中各个元素的相互关系和顺序。

3. 交互方法

交互方法涉及在同一个具有交互功能的界面中，一个或若干个交互对象用何种方式来接收用户指令。网络用户界面中多样的交互手段催生了多样的交互方法，而这些交互方法通过网络用户界面中的各个元素和功能来实现，使整个网页显得更加丰富、生动、有趣。

（三）网络用户界面的迷路问题

迷路（disorientation）问题的出现与网络用户界面的超文本浏览方式密不可分。超文本设计符合人类联想思维的特征，使读者能自由选择阅读顺序、灵活组织信息和快速检索所需资料。但与此同时也存在一些局限性，其中迷路是最重要的问题之一。

所谓迷路，是指用户在游览信息网络时，不知道自己身在何处，如何到达目的地，或者在游览时因多次跳转而偏离学习或搜索主题。在检索和阅读超文本信息时，用户经常要在多层交互联系的各个线性文本之间频繁跳转，在跳转过程中，用户还可能被无关文档所吸引而耗费一定时间，甚至偏离主题，从而导致工作效率降低（Xu et al.，1996，1999；张智君，2001）。根据一项研究结果，大部分人花费在网络中的三分之一到一半的时间都是无效的，主要原因就是迷路问题（Lazar et al.，2003）。

提供导航辅助是目前解决迷路问题的最重要途径。网络导航主要涉及网络中的路线规划、路线跟随、网络空间定向、网络空间学习。路线规划，即当人们在空间中行进时（无论是真实的还是虚拟的），首先要考虑自己的整体策略。路线跟随，指的是一旦有了高层次网络执行的计划，人们就需要逐点执行决策，因而需要在信息空间中以虚拟的形式进行本地移动。网络空间定向，指的是为了实现最佳的导航绩效和一致性，人们需要了解他们当前的位置与周围环境的关系［如他们的最终目的地、他们的起点、其他关键的“地标”（如主页）］。网络空间学习，指的是通过反复接触任何大规模的环境（无论是真实的还是虚拟的）深化知识空间内的对象（如特定的页面），以及了解各个对象之间的关系（如页面如何互相关注、网站的整体结构）。

基于以上网络导航涉及的问题，目前解决网络用户界面迷路问题的常用技术有结构导航和概念导航两种。

结构导航主要通过将超文本信息系统中的节点及节点之间的关系以局部或全局视图的方式显示出来，使用户对节点内容、节点之间的关系、超文本系统的整体轮廓、当前所处的位置以及所经历的游览路线有清楚的认识，并可相应地选择跳转方向和目标节点。

结构导航一般采用主节点、历史记录、书签、指针回溯、地图、Focus+Context 等方法。主节点技术简单来说就是给用户一个快速返回初始点的途径或按钮。历史记录技术可以跟踪用户在信息网络中的游览过程，逐一记录用户访问的节点。通过对历史记录中的节点进行选择，用户可以返回访问过的任意位置。书签技术通过对节点定义书签，以备用户以后可以直接访问该节点。指针回溯技术包括依次回溯（一次只能回溯一步）和跳跃回溯（可以任意回溯）两种类型。当用户在进行由浅入深的游览时，节点间会形成一条导游线路。用户处于导游线路上的任何一点时，都可以使用回溯指针转换到已经阅读过的内容。Focus+Context 信息可视化技术是指能够使用户在浏览大量信息的过程中既看到感兴趣的细节，同时又了解到当前细节与整个背景信息之间的关系，从而缓解用户对信息的记忆负荷，增强交互的控制感。

概念导航是一种以用户为中心的导航技术。其主要原理是通过对用户浏览过的文档、在每个文档上停留的时间、跳转的关键词等进行分析和追踪，来判断用户感兴趣的概念，形成一个代表游览意图的概念空间，并围绕该概念安排提示和引导。常用的概念导航技术包括文档分析方法、分层结构化方法和基于查询的搜索方法等。

（四）基于网络的增强现实界面

近些年，增强现实（augmented reality，AR）技术的应用快速发展。增强现实指的是“用虚拟物体补充现实世界”（Azuma et al.，2001）。其中，移动增强现实系统是基于专用硬件和便携式计算机、军用级 GPS 接收器开发的，以获取准确的位置信息，并且经常需要用户佩戴头戴式显示器以提供身临其境的体验（Höllerer et al.，1999；Thomas et al.，2000）。但是，正如施马尔施蒂格和瓦格纳（Schmalstieg & Wagner，2008）的研究结果，利用小型移动设备（如手机）需要采用不同的方法来设计虚拟环境。

帕帕扬纳基斯等（Papagiannakis et al.，2008）强调了智能手机的技术进步以及无线广域网和 3G 网络的可用性对移动增强现实系统发展的影响。不再需要重达数千克的专用硬件，因为强大的智能手机可以替代它。目前我国 5G 网络已逐步普及，这对增强现实是一个强有力的技术支持。

增强现实系统需要准确的位置和传感器信息，才能将现实世界的视图与生成的其他信息相结合。如今，在手机上的实现依赖于 GPS 位置信息以及陀螺仪感官信息来创建增强视图。然而，智能手机中可用的传感器不准确且不一致，这在很大程度上影响了整体增强现实体验（Wagner & Schmalstieg，2009）。增强现实技术应用的推广还面临着其他一些挑战，包括社会认可度、宽带无线网络的速度，以及移动设备有限的图形功能和内存等。

三、自适应用户界面

（一）概述

随着以用户为中心设计理念的普及，人机交互逐步向拟人化、智能化、自然化、实体化等方向迈进，人适应机器的思想慢慢成为过去式，当下的设计更提倡人机组队与共融的人机交互关系。在此背景下，自适应用户界面应运而生。自适应用户界面在用户界面的构思上，突破了传统图形用户界面的设计框架，采用了基于新型人机交互技术的用户界面设计新思路，从而提高了人机交互的自然性、精确性和有效性。

通常，涉及人机交互的适应性用户界面有两种形式：一种是可适应用户界面，另一种是自适应用户界面。可适应用户界面用户选择和使用的自由度大，无形中增大了软件设计的难度，占用了过多的计算机内存，同时也增加了操作者本身的工作负荷。

与可适应用户界面不同，自适应用户界面是一种可以根据用户的行为，自动地改变自身的界面呈现内容、方式和系统行为，例如改变布局、功能、结构等元素，以适应特定用户特定操作要求的用户界面（葛列众，王义强，1996；Hussain et al.，2018；van Velsen et al.，2008）。

根据自适应用户界面的基本功能，自适应用户界面由输入（afferential component）、推论（inferential component）和输出（efferential component）三大部分组成（van Velsen et al.，2008；Oppermann，1994；Norcio & Stanley，1989）。其中，输入部分的主要功能是记录用户的操作行为和系统反应数据。根据输入部分的数据，推论部分基于相关的理论或原则对用户的操作行为进行分析和推断，从而决定自适应系统输出部分的操作行为，这是自适应用户界面的核心。输出部分的主要功能是根据推论部分做出的决定，自动改变界面信息呈现的方式和内容，以适应用户的操作要求。

自适应用户界面具有基于智能操作的拟人化和个性化特点。拟人化意味着计算机系统能够通过记录、评价用户的操作行为，使自己的输出呈现方式和内容适应用户的期望和任务要求，从而打破计算机和用户之间的交互障碍。自适应用户界面这种智能型操作特点决定了其拟人化的交互行为方式。个性化即自适应用户界面的设计是针对特定用户的个性化需求。例如，对于那些图形信息处理能力较强的操作者，自适应用户界面可以在人机对话中更多地使用图形界面，而对于那些文字信息处理能力较强的操作者则考虑更多地使用文字界面。自适应用户界面基于智能型操作的拟人化和个性化特点，在界面设计的构思上，突破了原有的人-计算机界面的设计框架，提出了人-计算机界面设计的一种新思路，即以智能型操作为基础，进行拟人化和个性化界面设计。

如今，为了满足用户的各种需求，各种软件、程序提供的功能越来越丰富。然而，过多的选项会给新手用户造成困扰，而对于不同群体的熟练用户，他们经常使用的功能不多，而且大多也不尽相同。很多学者认为，采用自适应用户界面可以解决这种问题（Horiguchi et al.，2007；Hussain et al.，2018；Lee & Kim，2009）。良好的自适应用户界面可以预测用户的行为，降低用户界面的复杂度，减少操作步骤，减轻人机交互过程中的认知负荷，提高用户的操作效率和满意度，从而更好地适应不同的用户或用户不断变化的需求（Kolekar et al.，2018；Li et al.，2018）。

（二）自适应用户界面内容

自适应用户界面主要包括自适应方式、自适应算法、自适应属性等三方面。自适应方式决定了自适应项目在界面中的排列、组织方式，自适应算法决定了系统采用怎样的方式去适应用户的操作特点，而自适应属性是自适应用户界面所体现出来的特性（郑燕等，2015）。以下对自适应方式和自适应属性进行简要介绍。

1. 自适应方式

自适应方式指的是自适应用户界面输出部分根据推论部分做出自动改变系统本身的

某些输出特点以适应用户操作的途径。这些改变主要有信息呈现方式（布局、组织、突显等）和信息内容。改变的项目被称为自适应项目。

（1）信息呈现方式。关于信息呈现方式，早期的自适应用户界面研究大都集中在空间自适应方式上，近几年才开始关注在时间维度上的自适应方式。

空间自适应方式主要是通过改动、复制等方式组织、调整自适应项目的空间属性来实现自适应的目的。其中，改动方式是通过改变、调整界面原设计视觉要素的布局、结构和属性等来实现界面的自适应。格林伯格和威腾（Greenberg & Witten，1985）根据用户的使用情况构建了一种通信录架构。他们根据频率对联系人进行分层，成功提高了操作绩效。国内研究者也提出按照使用频率布局会带来更好的绩效（葛列众 等，2015；郑璐，2011；李帛钊，2017）。

另外，把不具有视觉形象的大量数据映射为人们易感知的视觉形象的信息可视化技术，也便于人们理解和掌握这些信息。焦点背景技术即属于信息可视化技术范畴。该技术为操作者提供背景信息，通过显示特定细节信息，呈现对操作者理解全局上下文有用的局部信息（潘运娴 等，2018a）。教学领域（葛列众，周川艳，2012）和遥操作界面的研究（潘运娴 等，2018b）都表明焦点背景技术可有效提高学习和操作绩效。

改变自适应项目在界面中的结构可以实现界面的自适应要求（Sears & Shneiderman，1994）。改变自适应或非自适应项目的尺寸、背景颜色、字体等空间属性来突显自适应项目，也可以达到自适应的目的（Cockburn et al.，2007；Kane et al.，2008）。

在此基础上，一些应用软件还采用了隐藏的方式来缩减非自适应项目的尺寸。例如，微软 Office 2000 版本的折叠菜单（smart menu）就根据某种算法隐藏界面的某些项目，当用户点击菜单时，只有部分菜单项显示出来，当点击菜单下方的箭头时，可查看全部菜单项。这种方法可以减少界面显示的功能项，缩短用户对特定项目的搜索时间。陈肖雅（2014）发现，当用户使用触摸屏的软键盘时，相比固定键位大小来说，他们对自适应软键盘的满意度更高；而且当用户处于应激情境时，使用自适应键盘的绩效也更高。

复制是空间自适应方式的第二个主要途径。它在界面的原设计视觉要素的布局、结构和属性等不变的条件下，通过复制新建自适应项目至特定区域来实现界面的自适应。这样，界面就被分成了静态的原区域和动态的自适应区域。加若斯等（Gajos et al.，2006）比较了微软 Word 的工具栏中复制和移动方式的优劣，结果显示用户更喜欢前者，原因是这种方式使自适应项目在原来的菜单中也可以使用，从而更好地保持了界面的空间稳定性。

时间自适应方式指通过改变自适应或非自适应项目的时间属性，从而实现界面的自适应。首先呈现自适应项目，经过一个短暂的延时后，再以“淡入”的方式逐渐呈现界面上的非自适应项目。这样，用户的注意力会首先集中于最先突显的自适应项目，如果自适应项目不是用户所要选择的项目，用户可以在随后出现的项目中进行选择，由于延时很短，不会损失很多时间。李和允（Lee & Yoon，2004）首先提出了这种方法，芬勒特和沃布罗克（Findlater & Wobbrock，2012）随后进行了系统的实证研究，结果发现该方式在保持界面稳定性的同时，有效地提高了用户的视觉搜索绩效。

（2）信息内容。除了改变自适应界面显示方式之外，改变自适应界面呈现的信息内容是另外一种重要的自适应途径。例如，马哈穆德和沙伊克（Mahmood & Shaikh，2013）发现，针对ATM机的功能需求度改变显示界面，可节省操作时间。此外，在导航方面，有研究者设计了根据用户的方向感呈现不同内容的导航界面，发现方向感良好的用户在使用该类界面时绩效更高，而方向感较差的用户则更适合使用原始界面（Ohm et al.，2016）。

2. 自适应属性

自适应属性则是自适应用户界面在适应用户操作的过程中体现出来的特性。例如，为了适应用户的操作，自适应用户界面会改变自身的某些输出特性。这种界面变化的频率即为界面的稳定性。这种稳定性会给用户的操作行为带来一定的影响。

自适应用户界面主要有准确性、稳定性和预测性三种属性。准确性是指自适应用户界面预测用户相对于当前操作的下一个要进行的操作的准确程度。自适应算法预测的准确率越高，自适应项目的利用率就越高，用户所达到的绩效也越高（Gajos et al.，2005，2006；李鹏 等，2009）。

稳定性是指自适应用户界面根据自适应算法变化的频率。变化的频率越低，则界面越稳定。一般来说，变化频繁的界面难以使用户建立稳定的心理模型。例如，巴等（Bae et al.，2014）提议应该采用一个能动态适应转换的可升级用户界面（scalable user interface，SUI）框架来支持多屏服务系统，使得用户的体验一致（Gajos et al.，2008）。科克伯恩等（Cockburn et al.，2007）也用数学模型预测出过多的变化会导致用户操作绩效下降。

预测性是指自适应算法能够使用户理解和预测其行为的容易程度。这个特性有更多的主观成分。一般来说，界面越稳定，其预测性也越强。但是，这并非绝对。例如，有研究者证明，基于最近使用情况的算法稳定性不高但实现了较强的预测性（Gajos et al.，2005）。此外，当前Web自适应界面技术的新思路是将获取用户个性信息作为Web使用挖掘的任务，即从界面内的功能对象和界面区域入手，利用自适应公式设计的算法进行动态布局，从而预测用户行为（Cramer，2013）。

总的来说，对于自适应属性，研究者们都试图分离这些属性并孤立地研究每个属性的特点和规律；但是在实际应用中，这三个属性是密不可分的，因此需要从整体的角度研究这三个属性的特点和规律。

（三）自适应用户界面模型

自适应用户界面模型有两类，即基于用户特点的模型与基于任务建构的模型。但基于用户特点的模型尚未达成统一结论，而基于任务建构的模型针对性较强，应用性较弱。最近亦有学者认同此看法。虽然关于自适应用户界面模型的研究仍存在这些不足，但仍有一些比较经典的模型可供参考。

1. 基于情境的自适应用户界面模型

在过往研究中，多位学者都指出，情境是自适应用户界面的影响因素之一。个性化的设计需要考虑不同情境因素的影响。

基于情境意识的移动设备自适应用户界面模型（CMAUI）由五个模块组成，即感知模块、情境模块、自适应模块、表征模块以及评价模块（程时伟 等，2010）。

感知模块用来获取原始数据，可根据获取方式将其分为本地感知与协同感知。情境模块主要负责人机对话的隐式输入与输出，需要对对象特征进行描述。自适应模块由控制器和规则库构成，在情境模型驱动或评价模型给出反馈后，控制器会选择相应的策略并执行；规则库则负责保存自适应规则，并根据评价模型的反馈做出相应调整。表征模块对用户界面的构成组件及其转换、可视化表征等进行描述分析。评价模块保证了用户对这种界面设计的接受程度，可以通过相关函数实现。

2. 基于眼动的自适应用户界面模型

人对外界信息的感知，有 80%是通过视觉进行的。因此，在需要捕捉用户选取与习惯的自适应用户界面中，眼动技术的应用是不可少的一环。

季天奇（2018）提出的模型包括界面评价指标、历史交互信息、由用户兴趣模型与自适应模块组成的自适应界面框架、眼动模型、交互模型与界面模型。其中，眼动模型可以为用户兴趣模块的建立提供依据。此外，还有学者在多通道人机交互中，提出用视线的移动代替鼠标光标的移动，并用眨眼取代点击鼠标。例如，在喻纯和史元春（2012）的研究中，基于自适应光标的图形用户界面让被试获取目标的时间缩短了 27.7%。因此，通过建立眼动模型获取用户意图、了解用户行为具有重要意义。

综上，自适应用户界面是一种能够在一定程度上提高用户绩效的界面，但其效果到底如何，目前尚且存在争议。除此之外，将其与情境意识和眼动技术相结合也是十分有必要的。算法作为自适应用户界面实现中的重要一环，有必要不断对其进行优化。因此，未来可从这些方面入手，深入探讨自适应用户界面。

（四）自适应用户界面的应用与问题

1. 自适应用户界面的应用

自适应用户界面的应用主要包括传统 PC 平台和手机平台，近年来随着技术的进步，也有将自适应用户界面应用于智能家居领域。从具体产品来说，软件菜单、手机通信录、手机 App 等都可应用自适应用户界面设计。

早期对菜单界面的研究发现，自适应菜单的操作绩效显著优于固定菜单（Greenberg & Witten，1985）。对手机通信录的研究也得到了类似的结果，用户对自适应界面的主观满意度和操作绩效均较高（何秀琴，2012）。输入法也是自适应的一大应用领域，即根据用户的相关信息或者对用户的输入进行容错处理，从而达到自适应。有研究结果表明，使用自适应系统的输入法能够较大程度地提到音字转换的汉字准确率和每行转换的准确率（乔刚，2013）。飞机机载平视显示器（HUD）是一种新兴显示技术，它可在一定程度上指导飞行员驾驶。HUD 界面的信息显示与人类认知不符，将对飞行员有不利影响，而符合工程心理学原理的设计则能帮助其获取信息。因此，也有研究者将自适应技术应用于 HUD，以此选出最佳的颜色匹配方案（胡裕，2018）。此外，车载人机界面领域也在开展这方面的相关研究（如叶双贵，李镜玄，2020）。

有学者认为只有在调整界面所依赖的规律性知识能通过分析用户得到，且此规律会随时间变化时，自适应用户界面才适用。另外，自适应用户界面的应用存在一些弊端，比如用户难以理解界面做出的适应性改变，这会导致自我效能感降低，用户体验降低。

2. 自适应用户界面的问题

有不少的研究已经证明，使用自适应方式可以提高用户的操作绩效和满意度，但仍存在两大问题：一是增加用户的理解成本，二是增加用户的认知负荷。

有学者认为，由于自适应用户界面针对用户的操作做出的界面改变是由计算机算法决定的，这可能会破坏用户原有的心理模型，从而增加理解成本。解决措施如下：

首先，可以采用一些对用户原有心理模型破坏程度较低的自适应用户界面的设计。其次，设计自适应用户界面时应该提高自适应系统的准确性、稳定性和预测性。这可以使用户建立相对稳定的界面心理模型。最后，在设计自适应用户界面时可以同时考虑使用自定义界面和混合主导（mixed-initiative）界面（Gajos et al.，2006）。在一些比较自适应和自定义界面的实证研究中，自定义方式显示出明显的优势（Findlater et al.，2009；Bae et al.，2014）。邦特等（Bunt et al.，2007）采用混合方式设计出混合主导定制辅助（MICA）系统，并进行了实证研究，结果达到了很高的操作绩效和用户满意度。

自适应用户界面的第二个问题是，使用自适应用户界面可能会导致用户的认知负荷增大，从而对用户对界面全部功能的认知（feature awareness）产生负面影响，给用户使用非自适应项带来困难（Findlater & McGrenere，2010）。为此，在设计自适应用户界面时，除了要提高系统的准确性、预测性等，还要注意鼓励用户对非自适应功能的探索，促进用户对界面功能的全面了解（康卫勇 等，2008）。在对自适应用户界面进行评估时，除了测量操作绩效和用户满意度，还应该关注对功能认知的测量。

自适应用户界面作为一种很有潜力的智能型界面设计形式有着广泛的应用前景。就研究而言，当前主要集中在加强自适应用户界面基础研究和自适应用户界面评估研究两个方面。准确性、稳定性和预测性是自适应用户界面特有的三种属性，目前研究者对这些属性如何影响自适应用户界面操作的特点和规律还没有形成系统完整的认识，因此需要加强对这些属性的实证研究。

最后，随着进入智能时代，智能自适应界面（intelligent adaptive interface，IAI）应运而生。根据操作场景上下文、用户状态、系统状态、任务以及目标等信息，智能体（intelligent agent）借助人工智能、大数据等技术可以为人类操作者提供动态化的符合当前最佳人机匹配和安全的信息来指导他们的作业，比如在未来智能飞机驾驶舱、智能空中交通管理系统、自动驾驶车等领域。

四、多模态界面

（一）概述

多模态系统（multimodal systems）以与多媒体系统输出相协调的方式处理两种或多种用户输入模式，例如语音、触摸、手势、凝视以及头部和身体运动。这种新的界面类别旨在识别自然出现的人类语言和行为形式，其中包含至少一种基于识别的技术（如语音、视觉技术）。

近年来，多模态界面的应用范围迅速扩大。在其他领域，目前包括用于移动和车载的基于多模态地图的系统、多模态浏览器、用于模拟和培训的虚拟现实系统的多模态接口、用于安全目的的多模态个人识别/验证系统，以及多模态医疗、教育、机器人、军事和基于网络的交易系统，此外还有手持式设备和手机上个人信息的多模态访问和管理系统。

随着多模态界面逐渐朝支持更高级地识别用户在环境中的自然活动的方向发展，它将从基本的双模态系统扩展到包含三种或更多输入模式、质量不同的模式和更复杂的多模态交互模型的系统。这一趋势已经在生物测定学研究中开始出现，研究者将多种行为输入模式（如语音、手写）的识别与生理输入模式（如视网膜扫描、指纹）相结合，以在具有挑战性的野外条件下实现可靠的人员识别和验证（Jain & Ross，2002）。

（二）多模态界面的应用

多模态界面的研究旨在提供沉浸式解决方案，并提高整体人机交互的绩效。一个发展方向是将用户和模拟环境之间的听觉、视觉和触觉交互结合起来。在科技不断发展的过程中，该界面不仅被运用于人机交互，更是在人-机器人的交互中得到广泛应用。

为了增加沉浸感和提高绩效，我们可以改变人与机器人的虚拟互动方式。使用虚拟现实设备可以提高性能，因为它提供了更丰富的视觉信息，特别是深度立体的视觉信息。同时，当使用多模态界面时，同步很重要。如果不同模态的信号不同步，整体空间和时间沉浸感就会降低，从而抵消使用多模态的优势。

多模态界面的有效性因场景而异（Triantafyllidis et al.，2020）。对于操作场景，应优先考虑视觉、体感和听觉刺激。有人开发了基于罗马尼亚语连续语音识别的多模态界面的 Web 应用程序（Domokos et al.，2013），一旦在每个 Web 页面上都有导航菜单，就可以轻松地将其发送到服务器端，以构建任务语法并执行语音识别来解码用户的选择。在此过程之后，客户端浏览器就可以被重定向到所需的 Web 页面。

目前，物灵科技开发了 Luka Hero、Luka Baby 等基于多模态界面的产品。阿里巴巴也已开发出 AliOS 智能车载交互系统：AliOS 对外宣布了人脸识别技术，它通过车内摄像头对驾驶员进行面部识别，从而提供个人歌单、常用路径、座椅及后视镜角度自适应等个性化服务。

（三）多模态界面的未来设计方向

迄今为止，大多数多模态系统基本上以双模态为主，并且与几种人类感官（如触觉、嗅觉、味觉）相关的界面识别技术并未在多模态系统中得到广泛应用。在未来，还需要通过进一步的理论研究工作来支撑不同类型的多模态交互模式。

新型多模态界面在协同工作界面中的应用已兴起，曾经的桌面界面包括多点触控输入和虚拟键盘，但是现在发展为更灵活、更具表现力的多模态触摸和书写功能。有了这些发展，现在就可以在协同工作界面上使用高分辨率笔输入，以便在显示的文档或照片上直接进行标记、绘图或书写。这能够促进协同工作界面在教育和其他领域的应用。

总之，多模态界面刚刚开始模拟人类的感知和交流模式。它能够识别过去所看到、听到或以其他方式经历过的行为、语言和人，能够真实地反映和承认人类用户的存在，以新的方式赋予用户权力，并为用户创造一个“声音”。

五、实体用户界面

（一）概述

实体用户界面（tangible user interfaces）从图形用户界面发展而来，旨在利用触觉交互技能，进行具体的物理操作。实体用户界面的关键思想是赋予数字信息物理形式。人与数字信息之间的接口一般需要两个关键组件：输入和输出，或者说控制和呈现。人机界面控件使用户能够操纵信息，但人机界面呈现的信息需要人用感官去感知。通过给予数字信息有形（物理）的表示，实体用户界面使信息可以通过触觉反馈直接获取和操作。

实体用户界面的属性有三个：（1）实物与基础数字信息和计算模型的耦合（核心属性）；（2）以物理呈现来体现交互控制的机制；（3）融合实体和非实体媒介的感知。

（二）实体用户界面应用的结构化方法

1. 结构组装

结构组装是结构化方法之一，其灵感来自乐高积木，主要是模块化物理元素的组装和连接。这部分通常涉及实体系统之间的机械互连和动力学关联。

2. 建立标记和约束

建立标记和约束是另一种结构化方法。标记是离散的，且空间上是可重构的、有形的，实际上就是代表数字信息或操作行为。约束则限制可以放置标记的区域，被映射到数字操作或属性上，这些操作或属性被应用于在其范围内的标记上。

3. 使用交互式界面

使用交互式界面是实体用户界面比较流行的结构化方法。有水平和垂直两种交互式界面，其中水平交互式界面通常称为桌面实体用户界面或实体工作台。协同设计、模拟和性能已经被许多研究者探索，其中的关键是实体空间或位置的配置。

4. 使用连续/弹性实体用户界面

早期实体用户界面的一个局限是不能在交互过程中改变实体表现的形式。用户使用预先设定好的固定形式，改变二者交互的空间关系，而不是实体本身的形式。而后一些实体用户界面利用连续的有形材料来进行交互，比如沙子和黏土。图 10－4 为使用中的照明黏土，景观的数字增强黏土模型为 GIS（地理信息系统）模拟提供了输入/输出的媒介。

5. 实体远程呈现

该方法涉及触觉输入到触觉输出，其基本机制是分散的对象能够通过手势交互进行同步的触觉感知，如运动或振动。这些可以让远程参与者传达分散的物理对象的触觉操

图 10－4　使用中的照明黏土

来源：Ishii et al.，2004。

作。远程用户就好像一个隐形人在操纵一个共享的物体。

6. 使用具有动态记忆的实体

动态手势和动作的使用是另一个有前景的应用类型，如利用驱动技术，利用实体用户界面的输入/输出一致性，开发基于建构主义学习概念的教育玩具。物理空间中的手势可用于阐明自然界中对称的数学关系，动态运动可用于教孩子们理解编程、微分几何，以及故事中的各种概念。

7. 考虑环境媒体

20 世纪 90 年代，人机交互研究主要集中于应用方案的前端设计活动，而忽略了用户计算环境的其他部分（Buxton，1995），而后人们开始探索提高人与数字信息交互质量的方法。人们下意识地通过感官接收周围环境的信息，但没有明确地关注这些信息。这类信息就属于环境媒体中的信息，但如果我们注意到某件不寻常的事情，它就会引起我们的注意，则我们就可以选择是否优先处理这类信息。

环境媒体所代表的一类界面，其设计目的是使用户的注意焦点在背景和中心点之间能够平缓地过渡。环境媒体在实体用户界面设计中并不是最主要考虑的问题，因为在许多情况下环境与用户间没有直接的交互，用户通常是直接与交互对象进行交互。尽管如此，环境媒体还是可以作为背景信息显示，补充用户在交互界面中操纵的实体媒体。

（三）实体用户界面应用实例

1. 驱动工作台

桌面实体界面有一个共同的弱点，即虽然输入是通过对物体的物理操作进行的，但输出只能通过物体或周围的声音或图形投影来显示。驱动工作台是一种利用磁力在二维空间移动桌子上的物体的装置（见图 10－5）。它旨在与现有的桌面有形接口一起使用，为计算机输出提供额外的反馈循环，并帮助解决由于计算机无法在桌面上移动对象而产生的不一致问题。因此，物体感觉像是数字信息的松散耦合的手柄，而不是信息本身的物理表现。此外，当计算机数据和实体之间的联系中断时，用户有时必须填补不一致之处。在计算机系统不能移动实体的情况下，它也不能物理地撤销用户输入（例如，恢复实体界面的物理状态）、纠正实体界面中的物理不一致或物理地指导用户操纵实体界面。为了解决这个问题，驱动工作台被设计成可提供硬件和软件的基础设施，允许实体在计算控制下在二维的交互表面上移动（Pangaro et al.，2002）。

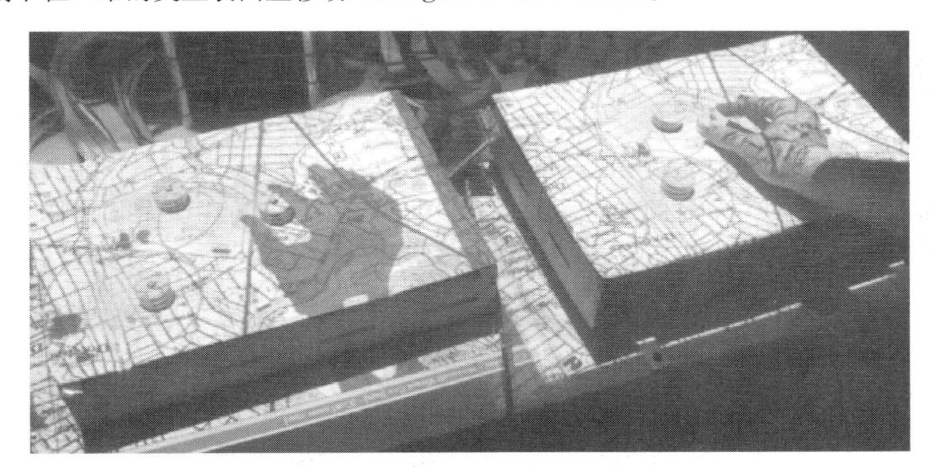

图 10－5　用于分布式协作的驱动工作台

2. HERMITS

HERMITS（Nakagaki et al.，2020）是一个用于机械外壳扩展的自驱型交互式模块化系统（见图 10－6、图 10－7）。HERMITS 定义了机械外壳的多种原始设计，以扩展和重新配置自驱动机器人的交互性，包括形状、运动、光线等。引入的机械外壳设计，可以由单个机器人对接，也可以由多个机器人跟随群用户界面的概念进行集体重构和驱动。HERMITS 展示了其在数字和物理空间应用中的可重构性，包括扩展的机器人功能、有形的移动模拟、可重构的自适应桌面和交互式的故事讲述。

图 10－6　HERMITS 的组成部分

注：a. 操纵杆外壳；b. 旋钮外壳；c. 升降机外壳；d. 旋转累积组件外壳；e. 交通信号灯外壳；f. 汽车外壳；g. 风扇外壳；h. 机械爪外壳；i. 旋转箭头外壳；j. 垂直运动外壳；k. 2 自由度旋转外壳；l. 疯帽子外壳；m. 成年爱丽丝外壳；n. 兔子外壳；o. 自航机器人。

来源：Nakagaki et al.，2020。

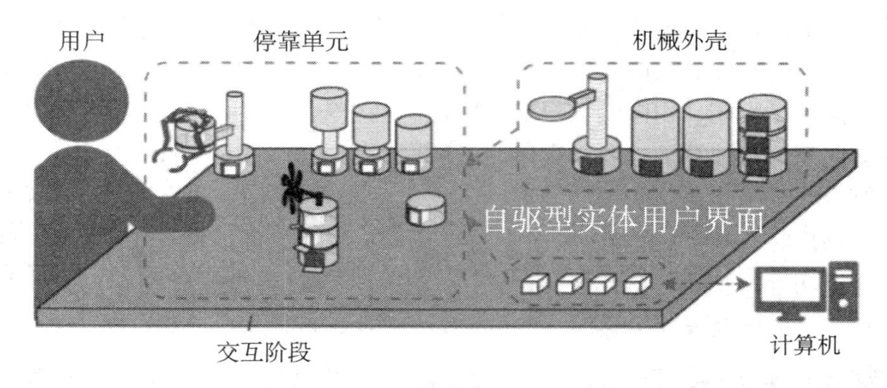

图 10-7　HERMITS 的整体交互系统

来源：Nakagaki et al.，2020。

实体用户界面依旧在不断发展，也有更多形式和用途的界面陆续被创造出来。人机交互领域的发展和变化一直以来都非常迅猛，因此只有了解实体用户界面面临的机遇和挑战才能促进它的发展和应用。

第四节　人-计算机硬件交互

人-计算机硬件交互涉及的主要设备可以分为计算机输入设备（如键盘等）和计算机输出设备（如显示器等）。与输出设备相关的人机界面研究请参见第四章和第五章。本节只对输入设备中的键盘和指点设备的人机工效研究进行介绍。

一、键盘

键盘是最常见的计算机输入设备。键盘在文本输入、操作准确性和快捷性等方面具有其他输入设备所不具有的优势。

尽管现在键盘被接入计算机后显示的是“人体学输入设备”，但是实际上这种说法对于键盘来讲是完全不正确的，因为目前我们所用的键盘可以说与“人体学”完全相反。

1. 人与键盘的交互

1860 年，打字机之父克里斯托夫·拉森·肖尔斯在设计打字机的时候，将键位按照英文字母的排序即 ABCDE 方式进行排列，打字机的字锤和按键之间的排列较为紧密。只要录入的速度稍快，就会导致打字机出现问题。

肖尔斯为了解决这一问题，通过对英文词组排列方式进行研究，将 26 个英文字母打乱后重新排列在键盘上，减少了打字机卡死的情况。这种乱序的、专为打字机设计的布局，就是现今我们所用的 QWERTY 键盘。1971 年，国际标准化组织将 QWERTY 键盘定为国际标准键盘。

从键盘的发展过程中，我们可以发现，在其设计中并没有任何人体工程学的理念。QWERTY键盘的出现是为了解决技术问题，但却让人使用起来更加不适。使用该布局的键盘，左手要负担57%的工作；两小指及左无名指的力量最小，但是却要被频繁地使用；排列在中间的字母，其使用率仅为30%。一个熟练的打字员使用QWERTY键盘8小时，手指的移动距离是25.7千米。

考虑到QWERTY键盘的人机界面问题，出现了很多改进版键盘设计。其中，比较典型的有Dvorak键盘、K键盘、槽式键盘和弦键盘等（葛列众，周川艳，2012）。在这之后，还有一种Malt键盘，其布局改变了原本交错的字键行列，使得拇指得到更多的使用。但是Malt键盘需要用户额外付费，成本较高，因此无法得到普及。

2. 键盘的人体工程学改良

虽然人体工程学领域在快速发展，但是键盘布局并没有再出现更有价值的设计。QWERTY这一输入核心并没有被动摇。因此，人们开始寻求在现有的键盘布局基础上将人体工程学应用到键盘周边，以带来更好的用户体验。楚杰等（2007）基于人手的生理特点和键盘的人机功能特点，完成了现代健康型人机工程学键盘的新设计。他们设计的新键盘改进了旧键盘的布局，设置了一体化支撑手枕；按键采用“x构架”技术，可实现按键“静音”效果，减低噪声；制作材料考虑“抗菌性能”新型材料；键盘与电脑采用无线接口技术。同年，张学成等（2007）结合人体生理学、心理学等因素，提出了笔记本电脑的后移键盘位置、“A”形分离式键盘以及键盘布局等性化的改进与设计。这些研究提出的键盘人机界面设计无疑是这个研究领域中新的尝试。

另外，伴随着智能手机普及率越来越高，也出现了不少关于手机键盘设计的人机界面研究。何灿群等（2007）进行了基于拇指操作的中文手机键盘布局的工效学研究，结果发现，当两个连续输入的字母处于同一个按键时，其操作绩效最高，其次为相邻按键。同时，水平、垂直方向上的相邻按键的操作绩效优于斜向排布的相邻按键。与传统的手机键盘布局相比，基于拇指操作特征和汉语拼音字母频次特征的手机键盘布局的操作绩效更高。改进后的按键布局比传统的按键布局具有明显的优势和实用价值。任丽月等（2012）通过对拇指操作触屏手机的人机工程学实验，提出以拇指在界面上操作的灵活区域以及拇指所做出的各种手势的灵活程度，来指导触屏手机的界面设计，从而提高App的易用性和用户的体验。关于手机键盘设计，国内也有人研究了手机手型尺寸分布及其对触屏手机操作绩效的影响（李宏汀 等，2014）。此外，国内还有研究者关注计算器和电话机数字键盘的界面布局问题，探讨了数字键盘布局与出错率的关系（沈浩 等，2005）。

键盘设计中的人因问题对键盘的输入效率以及操作者的舒适度来说非常重要。早期的工作主要集中在提高键盘的输入速度和准确性方面，而近年来的研究则越来越关注键盘使用者的生理和心理负荷问题。另外，除传统的计算机键盘界面研究外，近年来人们也开始关注手机键盘界面研究。

针对键盘的改进设计，人们更多的是关注长期使用计算机过程中人体所感受到的肌肉疲劳感和器质性损伤。比如，针对以F键和J键为基准键位的键盘会导致肩颈酸痛的问题，有人提出使用分离式键盘，使基准键位距离由45mm扩大到100～180mm的范围内，以有效地减少这种情况的出现。同时，键盘与水平面的夹角为18°，可以最大限度地带来舒适的体验，并有效减少肌张力。除此之外，还可以对键盘的键帽进行改进，如改变键帽大小、键帽表面弧度、键程长短和为键盘增加手枕等都能够带来更好的体验。

纵观键盘的发展历史，键盘的设计存在很大的问题，并且问题是显而易见的。然而由于用户的习惯，目前对键盘布局进行改变十分困难。对此，我们更多的是从键盘的其他方面入手进行改善。然而这种改善始终有其局限性，远不如改变键盘布局这一较为根本的方法彻底。

二、指点设备

指点设备分为直接指点设备和间接指点设备。前者常见的主要有触摸屏等，而后者主要有鼠标和追踪球。

（一）触摸屏

触摸屏也称为触控面板、轻触式屏幕，是用户可以直接使用手指来指示或定位显示屏特定对象或区域的指点设备。目前，各种便携式移动设备（如手机、数码相机）等产品中也大量应用了触摸屏技术。触摸屏的优点主要是直观形象，用户在触摸屏上所指即所得，操作简便易学。但触摸屏同样存在不足，比如：用户手指相对较大，不适合用来指示较小的对象；操作时间较长时，长时间抬手容易引起疲劳；此外，触摸屏也不适合在屏幕上作图。

触摸屏技术结合各种不同的反馈方式可以有效提高人机交互的准确性和效率。比如，有研究者设计出一种便于盲人用户操作的触摸屏输入技术，盲人用户的手指接触到触摸屏后，会自动出现一个八个方向的字母菜单，手指触到相应字母后相应字母会给出声音反馈，从而引导盲人用户顺利地进行输入操作。研究者通过实验证明，该触控输入方式在蒙住眼睛的情况下最快可以达到12wpm（每分钟单词数）的速度（Yfantidis & Evreinov，2006）。

近年来，国内也出现了不少关于触摸屏软键盘的人机界面研究。毕纪灵等（2015）设计了加粗加黑和颜色提示两种基于汉语全拼输入的提示性软键盘，并通过实证研究验证了这两种提示性软键盘对汉字输入绩效的影响。结果表明，两种提示性软键盘均优于非提示性软键盘，在打字速度、使用方便程度、受喜爱程度和总体评价上均有明显优势，加粗加黑提示性软键盘还显著提升了输入正确率。该结果为基于汉字输入的提示性软键盘的研发和使用提供了科学依据和数据支持，也将为相关键盘投入市场做出贡献。

随着触摸屏手机、触摸屏电脑、触摸屏相机、触摸屏电子广告牌等触摸屏发明创新的广泛应用与发展，触摸屏与人们的生活越来越近，而时下最火爆的触摸方式当属多点触控。这是一种新兴的人机交互技术，苹果公司首先将该技术应用在iPhone上。在该技术中，同一个应用界面上没有鼠标、键盘，而是通过人的手指和其他外物直接与系统进行交互。例如，如果要旋转屏幕中的虚拟对象，只需要将两根手指放在该对象的任何位置，并在一根手指周围移动另一根手指，就像旋转桌子上的一张纸一样，人们在电子地图中经常使用这样的功能。多点触控技术改变了人和信息之间的交互方式，实现了多点、多用户同一时间直接与虚拟环境的交互，增强了用户体验。还有一种广泛应用的技术——体感技术。体感技术也可称为动作识别技术，还可称作手势识别技术。这一概念在游戏领域早有涉及，全球三大游戏厂商均推出过相应的体感控制器：微软和索尼分别推出了体感辅助设备 Kinect 和 PS Move，任天堂则推出了以体感进行控制的游戏机 Wii。

（二）鼠标

鼠标是一种简单而快速的定位和指向设备，也是最为常用的计算机输入设备。

1. 鼠标的发展简史

世界上第一个鼠标是 1964 年由斯坦福研究院的道格拉斯·恩格尔巴特发明的，他因此被称为现代鼠标的鼻祖。他用两个互相垂直的滚轮来收集两个坐标上的运动数据，就像现在我们使用鼠标一样。然而在那个年代并没有个人计算机，主流的计算机操作者都是那些水平高超的计算机科学家。在后来的二十余年中，恩格尔巴特的这项发明基本上被束之高阁。

鼠标虽是我们最频繁操作的设备之一，但它却一直未能获得应有的重视。在苹果电脑出现之后，鼠标的价值终于被发现。1983 年，苹果公司在推出的 Lisa 机型中首次使用了鼠标，紧接着，微软在 Windows 3.1 中也对鼠标提供支持，而到了 Windows 95 时代，鼠标已经成为个人计算机不可缺少的操作设备。在此之后，鼠标迅速普及。

与主流的个人计算机部件相比，鼠标技术只经历了寥寥几次大变革，其中真正算得上成功的其实只有光机鼠标和光学鼠标，它们也是当前鼠标技术的主流形态。

2. 鼠标的人体工程学改良

在使用早期鼠标的过程中，人们拿握鼠标的时候，鼠标与手掌并不贴合，手腕几乎是处于悬空状态。较长时间使用鼠标很容易导致不适，因此有人对鼠标的外形进行了改良。首先是鼠标的形状发生了变化，同时采用更加细腻光滑的材料，给用户带来了更好的触摸体验。

然而许多用户使用鼠标的姿势并不正确，他们在使用鼠标时将手掌向下放在鼠标顶部，通过拇指和无名指带动手掌进行移动，长期容易引发“鼠标手”的问题。因此在经过研究后，更加符合人体结构的鼠标被设计出来。

垂直鼠标于 2007 年初上市，其特点是手掌支撑面是明显的坡面，与桌面平面形成 45°以上的角度。倾斜的设计使用户的掌心与手臂也随着“倾斜握鼠”的姿势得到了调节。此外，在手掌、手臂的支撑力方面，手部可以在桌面上自然立起，使用者必须使手掌处在自然直立的位置。这种手部姿势可避免手臂的翻转，从而缓解对手腕和腕隧道的压力，对预防“鼠标手”这类电脑病有较好的效果。

除此之外，还有人提出用“笔”来代替鼠标的设计。鼠标笔便是这一概念下的产品。鼠标笔外形和笔相似，兼有鼠标和电子笔的作用，具有鼠标的左右键、滚轮、翻页等功能，同时能够在不需要手写板的情况下书写、作图。

鼠标笔在使用的时候与握笔姿势相同。通过对比发现，使用传统鼠标的时候通常用腕骨作为支撑，支撑平台大小约为 $4mm^2$。而笔的支撑面相对较大，为小鱼际肌肉下方 $15mm^2$，同时该支撑面由肌肉组织组成，对血管和骨头的保护较好。同时，由于握笔的时候运动较为自由，可以将前臂完全放置在桌面上。

其实垂直鼠标与鼠标笔的设计思路可以说是十分相似的，都是通过使手掌垂直，更加自然地置于桌面上，并且增大手掌在使用时的支撑面，减轻手的压力。

3. 人与鼠标的交互

鼠标有两种最基本的操作：一是通过在平面上移动鼠标来控制显示屏上的光标位置。二是通过控制鼠标上的按键动作（如单击或双击）来实现特定的操作。鼠标的优点是快速、简便，操作效率较高。不足之处是需要键盘以外的独立的操作空间，使用鼠标，一只手必须离开键盘，较难完成作图或其他要求更为精细的任务。

对鼠标的研究较多地集中在如何提高作业绩效上。刘骅（2014）设计了一种具有自适应显控比功能的新型鼠标。他的实验结果表明，不同的鼠标控制显示增益会对操作绩效产生不同的影响，鼠标控制显示增益大小与操作绩效有着倒“U 形”关系。在不同的确定鼠标控制显示增益的方式中，考虑任务难度因素的自适应增益方式的操作绩效明显高于自定义和固定增益方式。在复杂任务中，完全匹配任务的自适应控制显示增益的操作绩效明显较好。

目前，在针对鼠标的人机工效研究中出现了许多点击增强技术，旨在提高点击操作绩效。例如，金昕沁等（2015）选取点击增强技术中典型的气泡光标，在验证了气泡光标在操作绩效上的优越性之后，从用户操作习惯和特点出发，设计了基于频次和时间算法的两种全新的自适应气泡光标，并通过实验研究探讨了自适应气泡光标的操作特点和不同用户认知风格对自适应气泡光标点击操作绩效的影响。

也有研究者关心鼠标的人机界面设计。例如，周雯（2006）以学龄儿童为研究范围，根据他们的生理及心理特点，经过调查、分析、对比等方法，搜集和提炼数据，分析和借鉴优秀设计，希望能为未来该类产品的设计提供理论和数据支持。杨甜甜（2017）针对现有鼠标存在的不足，根据用户的需求设计了智能保健鼠标，其功能包括脉搏信息、心率值和疲劳程度的采集和处理，并能实时监测用户的健康状况，同时还具备按摩保健功能。希望未来有更多针对不同人群和不同需求的鼠标出现。

针对键盘和鼠标的工效学设计在目前已经得到了充分的发掘。然而，尽管我们提出了更加良好的人体工程学设备，但其普及度相对来讲并不高。一方面是出现的时间较晚，很多仍没有大范围得到生产和推广，人们对其了解甚少；另一方面，人们长期的使用习惯对推广新产品在某种程度上造成了阻碍。因此我们在进行新的设计的时候，要注意新产品应当延续已有产品的使用方法以使用户快速上手，同时，也要注意过高的价格会成为推广新产品的严重阻碍。

(三)追踪球

追踪球是一种用手指转动位于固定空窝内的小球来控制显示屏上光标的一种指点设备，有时被认为是倒置了的鼠标。追踪球的操作容易使用户的手指疲劳，不适合较长时间的作业，比较适用于追踪作业。

依据滚球的位置，有食指操纵追踪球和拇指操纵追踪球。张彤等（2004）的研究结果表明，按照绩效指数，鼠标的操作绩效最好，食指操纵追踪球略优于拇指操纵追踪球。同时，研究者也指出，追踪球不必像鼠标操作那样有时涉及手臂甚至肩部运动，后者将产生高肌肉负荷，易引起肌肉骨骼不适。后来，张彤等（2006）研究了鼠标、食指操纵追踪球和拇指操纵追踪球三种指点设置的操作可控性和稳定性。他们的实验结果表明，目标路线和目标速度都会影响这三种指点设置的操作。鼠标的操作绩效优于两种追踪球，但其主观疲劳度也高于两种追踪球，追踪球间的差异较小。

除以上提到的计算机输入设备外，目前被广泛应用的计算机输入设备还包括操纵杆、触摸板（用于笔记本电脑）、小红点（TrackPoint）等。另外，随着多媒体和虚拟技术的发展，也出现了各种新型输入方式，比如各种三维交互输入方式，如三维鼠标、数据手套等。

动态手势识别作为一种新兴的人机交互方式，是一个重要的研究方向。传统的动态手势识别手段主要是利用智能传感设备（如鼠标和笔）、可穿戴设备（如数据手套）以及单个或多个摄像头进行数据采集。数据手套和手指跟踪器等外部设备定位手的位置和角度，对人的舒适性和自然度有较大影响，并且这种方式的成本较高。基于视觉的手势识别易受到光照和复杂背景的影响，从而导致识别率较低。随着深度传感器的出现，基于深度信息的手势识别通过提取手势的深度数据，有效地消除了光照和复杂背景等干扰，使手势识别技术迈上了一个新的台阶。约基奇等（Jojic et al.，2000）最早提出基于视差的指向手势的检测和估计，通过使用 coded lighting 技术来获取 3D 数据用于静态手势识别。基于深度信息的动态手势识别，刘和藤村（Liu & Fujimura，2004）较早提出了一种通过使用主动感测硬件获取实时深度图像数据的序列来识别手势的方法。近几年动态手势识别的研究在特征提取上有所创新，并对识别算法进行了优化，使得手势识别率大大提高。

我国在动态手势识别研究方面亦有创新。清华大学（陈皓，路海明，2014；程光，2014；沙亮，2010）深入地研究了手势识别技术在计算机视觉领域的应用，在人体肤色模型、动态手势连续操作等方面进行创新，实现了指语识别等大型系统。此外，其他交互方式也有所发展。上海交通大学基于人机交互思想研发了一种字符输入系统，该系统可根据使用者视线情况进行反馈，用使用者盯着某个字符超过 2 秒的时间间隔来确定预期的字符（崔耀，2013）。通过视线注视实现的应用还有很多，例如图书翻页、电视台切换等。赵（Zhao，2010）基于相机和相机平台研发了一种人机交互系统，该系统主要通过移动二维交互场景与用户进行交互。

对指点设备感兴趣的读者可以进一步参考相关书籍（如罗仕鉴 等编著，2002；Scott & Neil，2009；周陟 编著，2010）。此外，与指点设备相关的点击增强技术研究可参见本书第六章第三节的相关内容。

三、研究展望

人-计算机交互是从工程心理学等学科中衍生出来的一门学科，其中涉及的问题有许多，特别是技术的进步、互联网的出现和后信息时代的到来，使得人-计算机交互研究问题日益增多，研究问题所属的领域也越来越广。例如，第六章讲到的新型控制交互，包括眼控、脑控等都可以被归到人-计算机交互这门学科中。

我们认为今后的人-计算机交互的研究将从以下几方面展开。

（一）优化传统人机交互

人-计算机交互传统领域的研究将会持续，各种界面的改进和优化仍将成为该学科中一个重要的研究领域，特别是将各种研究成果推广到许多电子产品中，如智能手机、智能手表、智能可穿戴设备等。

人机交互现在已经取得了不少研究成果，不少产品已经问世。侧重多媒体技术的有：基于触摸式显示屏实现的“桌面”计算机，基于能够随意折叠的柔性显示屏制造的电子书，从电影院搬进客厅指日可待的3D显示器，使用红、绿、蓝光激光二极管的视网膜成像显示器。侧重多通道技术的有：“汉王笔”手写汉字识别系统，广泛应用于Office 365中文版等办公软件的IBM ViaVoice连续中文语音识别系统，输入设备为摄像机图像采集卡的手势识别技术，以iPhone为代表产品的支持更复杂人机交互的多触点式触摸屏技术，iPhone中基于传感器捕捉用户意图的隐式输入技术。

（二）追求人性化界面

追求人性化界面将成为未来人-计算机交互的一个非常重要的目的。这种拟人化的交互主要通过自然交互界面设计来实现。本书提到的语音交互、眼控、脑控和可穿戴设备界面研究其实最终的目的都是实现个性化的发展。这种个性化界面的实现将最终把人和作为物的计算机的交互变成一种以人的自然交互为基础的人和类似人的计算机的交互。而且，我们认为这种个性化界面需要通过智能技术和智能化界面设计来实现。之所以称为智能化，是因为系统本身具有了记忆和判断的功能，能够对操作者的操作特点进行合理的分析和判断，从而合理地改变系统界面的初始设置，并提供动态化的界面信息，达到最佳的人机匹配。前面我们说到的自适应用户界面其实已经初步具备这些功能。

（三）自然人机交互

进入智能时代，人机关系也随之发生变化，从人机交互到人机组队式合作。这种人机组队式合作带来了类似人-人团队中双向的合作关系。例如，驾车的时候可以设定自动驾驶模式，驾驶员和机器之间不仅要交流，还需具备一种人机互信的关系。以前是人给出一个命令，机器做出回答，现在两者之间实际是合作伙伴的关系，人更多扮演的是监控者的角色。人机交互已经到了人机自然交互的阶段，即用人的自然能力进行交互。这方面的内容我们将在第十三章（人-人工智能交互）详细论述。

自然交互作为一种人机交互系统，可以利用人的自然感知、注意、认知和情感能力。自然交互设计的要点包括以下几个方面：（1）由于自然能力可能因人而异，也可能因群体而异，自然交互应该基于场景、环境、文化和用户的自然能力达到自适应；（2）自然交互应该能够处理歧义和模糊的问题，这是人类交互的自然特征；（3）随着时间的推移，自然用户界面应该能够学习和改进。为了实现人机自然交互，技术上也需要有所进步，包括通过视觉理解手势、自然语言处理和理解、更自然的语言表达、用户意图识别和预测、多感知通道的多模态交互、情感计算、机器自我学习、模糊信息处理等。

总的来说，人机交互技术是计算机用户界面设计的重要内容之一。从键盘到鼠标，再到语音和触摸，再到多点触控，人机交互模式随着使用人群的扩大和向非专业人群的不断渗透，越来越回归一种“自然”的方式。

第五节 人-自动化交互

基于计算技术的数字自动化系统包括人-计算机软件交互和人-计算机硬件交互的内容，因此人-自动化交互是人-计算机交互研究和应用的一个典型实例。在本节我们将论述人-自动化交互研究和应用，帮助读者加深对人-计算机交互的理解。

自动化系统已经被广泛地应用于人们的工作和生活，从简单的室内恒温器，到复杂的工业自动化生产线、飞机驾驶舱自动化飞行系统以及航天在轨设备等。自动化系统通常依赖固定的逻辑规则和算法来执行定义好的任务，并产生预期的操作结果。它的操作需要人类操作者启动、设置控制模式以及编制任务计划等，许多自动化系统还可以设置为不同的自动化水平。在一些特殊操作环境中（如无法预料的操作场景、非正常或应急状态），自动化系统需要人工干预来接管系统的运行。自动化通常不会完全取代人类操作者，但是它将人类工作的性质从直接操作转变为更具监控性质的操作。

自动化技术在提高人机系统可靠性和效率、降低人工成本、提升经济效益、降低操作者体力负荷等方面带来了许多益处，在许多作业场景中表现出了它的优势。例如，在一些危险场景中（深海、空间站等）可采用机器人或远程操作，生产线上一些单调枯燥的重复性操作可由自动化生产线或机器人替代。

帕拉休拉曼等（Parasuraman et al.，2000）从人类信息加工的角度提出了自动化的四阶段理论：（1）信息获取、选择和过滤。在该阶段，自动化主要替代人类注意选择方面的信息加工。例如，软件中突显听错的字，告警系统过滤掉不必要的信息。（2）信息整合。该阶段的自动化替代或者支持人类信息加工中的知觉和工作记忆。例如，视觉信息显示器通过有效的方法将不同的信息归类整合。（3）行动选择。自动化提供诊断和决策选择的信息，典型的例子是医疗自动诊断系统。（4）控制和行动执行。自动化替代人类执行和控制行动的功能，典型的例子是自动化的工业生产线和汽车上的自动雨刮器。

谢里丹（Sheridan，2002）将自动化划分为八个水平（见表 10－1）。这八个自动化水平分别对应上述四阶段理论中的第三阶段、第四阶段。自动化水平实际上代表了人与自动化系统之间控制权的分配。

表 10－1　自动化水平与自动化机器的作用

自动化水平	自动化机器的作用
1（全手动）	自动化机器不提供任何辅助；操作完全由人类操作者控制。
2	自动化机器给人类操作者建议多种选择，并强调它认为最佳的选择。
3	自动化机器选择一种替代方法来执行操作，然后向操作者建议。
4	自动化机器执行操作者所批准的操作。
5	自动化机器在执行操作之前为操作者提供否决该操作的机会。
6	自动化机器执行操作后再通知操作者。
7	自动化机器执行操作，并且仅仅在操作者需要时才通知操作者。
8（全自动）	自动化机器选择方法和执行操作，并且忽略操作者（即操作者既没有否决权，也没有获取信息）。

来源：修改自 Sheridan，2002。

在人类信息加工的不同阶段或者在不同水平上实现自动化，需要付出相应的工程代价，同时对人机系统的绩效有不同程度的影响。工程心理学的任务就是在特定的操作场景中找到这些变量之间的最佳匹配。

一、自动化系统的人-计算机交互

在过去的几十年中，工程心理学界针对复杂领域（航空、航天、核电等）中的人-自动化交互开展了广泛的研究，包括评估自动化技术和操作对操作者的情境意识、自动化模式识别、心理模型、警戒水平、信任、工作负荷、工作绩效等的影响，并且已达成基本一致的共识（Sarter & Woods，1995；Endsley，2017；许为，2003a）。

自动化操作中的人类监控作业虽然减少了操作者的体力负荷，但实际上会提高他们的认知负荷（Grubb et al.，1994），往往会导致操作者警戒水平降低（Hancock，2013）、过度信任和依赖自动化（Parasuraman & Riley，1997）。研究发现许多自动化系统存在脆弱性，它们在设计所规定的操作下运行良好，但是遇到意外事件需要人工干预时可能导致操作者的“自动化惊奇”（automation surprise）反应和自动化模式混淆（mode confusion）等问题（Sarter & Woods，1995），使操作者无法理解自动化系统正在做什么及为什么要这样做。

系统的自动化水平也影响操作者的工作绩效、工作负荷以及情境意识（Kaber，2018）。恩兹利和基里斯（Endsley & Kiris，1995）的研究证明，全自动化所导致的情境意识损失可以通过使用中等程度的自动化设计来弥补。奥纳施等（Onnasch et al.，2014）针对 18 项自动化研究的元分析发现，自动化水平的提高有利于操作者工作绩效的提升和工作负荷的下降，但是操作者的情境意识和手动技能也会随之下降。班布里奇（Bainbridge，1983）在总结以往研究的基础上提出了一个经典的“自动化的讽刺”（ironies of automation）现象：自动化程度越高，操作者的介入越少，操作者对系统的关注度就越低；在应急状态下，操作者就越不容易通过人工干预来操控系统。

自动化的这种脆弱性给操作者的工作绩效和系统安全带来了挑战。例如，在民用航空领域，由于这些原因，飞机驾驶舱的自动化飞行系统导致了多起重大飞行事故（Endsley，2015；Xu，2007）。

二、以人为中心的自动化设计

针对以上自动化问题，工程心理学提出了许多解决方案，如提倡“以人为中心的自动化”设计理念、开发有效的自动化人机交互设计、加强对操作者的培训、改进自动化操作程序等（Billings，1996）。在历史上，许多自动化系统的研发最初是按照“以技术为中心”的理念实施，然后因为工程心理学的干预而逐渐转向“以人为中心”的设计方向。一个典型的例子就是现代大型民用飞机驾驶舱的自动化飞行系统。针对这些问题，比林斯（Billings，1996）提出了“以人为中心的自动化”的工程心理学设计理念来指导自动化系统的开发。“以人为中心的自动化”设计理念主要包括以下五个基本原则。

（一）有效的人机功能分配

有效的人机功能分配需要充分考虑人与自动化系统各自的特征，以及各自在人机系统操作中的作用。比如，一些重复、简单、枯燥的作业可以由自动化系统来完成，而一些策略性、需要一定认知加工水平的作业则由人类操作者来完成。要明确定义人和机器的角色，保证角色与任务的目的、责任、控制权、场景等因素相匹配。例如，自动化水平较高的系统必须考虑人的最终控制权。为了保障这种控制权，系统必须赋予操作者获取有效信息以及掌控自动化系统的权力。

（二）保持人类操作者在环状态

恩兹利和基里斯（Endley & Kiris，1995）的研究表明，全自动化状态（最高的自动化水平）反而会降低操作者的情境意识水平以及应急状态下人工接管系统的能力。自动化设计应该选择合适的自动化水平，而不一定追求最高的自动化水平，从而保证操作者能够维持一定程度的参与感以及合适的情境意识水平，但是又不至于导致较高的工作负荷，从而保证操作者的在环状态（in-the-loop）。因此，为了达到最佳的人机系统绩效，自动化水平与操作者的情境意识水平以及工作负荷之间存在一个最佳的权衡关系。

（三）有效的人-自动化交互界面

从人机界面显示器设计的角度来说，需要为操作者提供有效的信息反馈，提升他们的情境意识水平。有效的信息能够帮助操作者快速和准确地感知和理解当前的自动化系统状态，并且能够预测系统的运行状态。其中，在应急状态下，有效的多模态、余度化的信息显示更加能够保证操作者快速有效地接管对系统的控制。对于复杂自动化系统的设计，要提供透明化的人机界面，避免系统输出的“黑匣子”效应，从而保证操作者能够理解系统正在做什么以及为什么这么做。设计系统时，要尽量避免采用过多的自动化模式，系统自动化模式及水平之间的转换都要透明。

（四）灵活与自适应的自动化

研究表明对自动化程度的需求存在个体差异，并且同一操作者在不同操作场景下对自动化系统也有不同的需求。因此，自动化设计需要提供灵活、多水平的自动化系统。例如，为驾驶员提供不同自动化水平的汽车自动巡航功能或者完全手动车速控制，在同一自动化水平上驾驶员可以采用巡航功能来调节车速。同时，也要考虑自适应的自动化设计。例如，随着操作者工作负荷的增加、操纵能力的下降（通过传感器来测试操作者的生理心理状态），系统应能够自动提升自动化水平。

（五）有效的自动化培训

自动化培训内容包括自动化操作管理、自动化故障恢复、应急状态下手动接管等。对于复杂领域的自动化系统来说，操作者需要具备一定的在意外操作场景中解决问题的能力。培训要有助于操作者对自动化系统领域的知识形成全面的了解，充分理解自动化系统的操作能力及局限性。通过培训帮助操作者建立起一个完整的心理模型。另外，要避免操作者过分依赖自动化系统，他们需要维持一定的手动操作技能，以便在应急状态下能够快速有效地手动接管对系统的控制。

概念术语

执行鸿沟，评估鸿沟，概念模型范式，界面隐喻范式，交互范式，菜单界面，填空式界面，对话式界面，直接操纵界面，计算机支持的协同工作，网络用户界面，自适应用户界面，多模态界面，实体用户界面，键盘，鼠标，追踪球，人类自动化信息加工的四阶段理论，“以人为中心的自动化”设计理念的五个基本原则

本章要点

1. 广义的人机交互是指人机系统中，人与机器之间的信息交流和控制活动；狭义的人机交互是指在人-计算机系统的软件界面进行的各种交互活动。

2. 用户、输入界面、计算机、输出界面四个部分组成一个系统，由此可构成一个人机交互的框架。

3. 在人与计算机交互时，往往面临着执行鸿沟和评估鸿沟。执行鸿沟一般由交互界面难以支持人的目标导致，评估鸿沟中人需要判别交互界面是否处于期望状态。交互循环图涵盖这两个阶段。帮助用户跨越这两类鸿沟，是交互设计师的主要任务。

4. 人机交互的设计原则能够帮助设计师创建更具可用性的产品，也可用于确定是否存在执行或评估鸿沟。这些设计原则包括：（1）简单性原则；（2）可见性原则；（3）可记忆性原则；（4）可预测性原则；（5）无意识原则；（6）功用性原则；（7）安全性原则；（8）灵活性原则；（9）稳定性原则；（9）反馈性原则。

5. 概念模型范式是根据一组完整的设计思路对所提议的产品进行概念层面的描述。

这些概念涉及产品应该执行的操作、功能和用户界面，保证用户可以理解该设计模型，并且能够有效地完成预期的任务。

6. 界面隐喻范式有助于用户通过将熟悉的知识与新知识结合在一起来提升产品使用的用户体验。选择合适的隐喻并结合新的概念和熟悉的概念需要在实用性和趣味性之间进行仔细的平衡，并且要基于对用户及其所处情境的良好理解。

7. 菜单界面是通过向用户提供多个备选对象，来完成特定任务的人机交互界面。菜单界面主要包括跳跃式菜单、鱼眼菜单等。

8. 对话式界面是具有菜单界面和填空式界面两种界面特点的一种界面。菜单界面是由一组可供用户挑选的菜单项组成的人机界面类型。填空式界面由一些格式化的空格组成，要求用户在空格内填入适当的内容，通常由系统使用类自然语言的指导性提问，提示用户进行回答，用户的回答一般通过在几个备选项中进行选择来完成。

9. 直接操纵界面最初是由美国人机交互研究专家施奈德曼提出的。用户在使用该界面时可以直观地对目标进行直接操作。直接操纵界面的操作易学易记，直接明了，能为用户提供操作背景和即时操作的视觉反馈。

10. 在人与计算机交互中，菜单界面通过向用户提供多个备选对象，来完成特定任务，跳跃式菜单与鱼眼菜单都是能够提高使用效率的菜单界面。填空式界面应保证输入内容等的简单明确。对话式界面身兼菜单界面与填空式界面的特点，完整的提示、简单的说明和小标题的妥善使用能提高用户绩效。直接操纵界面使得用户只管对目标进行操作，在复杂输入任务中具有一定优势。

11. 计算机支持的协同工作（CSCW）是指在以计算机技术为前提支持的环境中，地域条件之间存在一定差异性的群体或个人，通过协同工作的方式，共同完成一项具体的任务。可以从时间和空间维度把 CSCW 分为面对面同步对话、同步分布式对话、异步对话、异步分布式对话。

12. CSCW 的应用包括团队协作工具、笔式协同交互、眼动追踪和多点触控等。

13. 网络用户界面指互联网呈现在用户面前的可视化形态，犹如一个人的脸或整体造型。于设计领域而言，以互动媒介的形式存在的网络用户界面就能达到人与物体进行交互的目的。

14. 自适应用户界面是一种可以根据用户的行为，自动地改变自身的界面呈现内容、方式和系统行为，例如改变布局、功能、结构等元素，以适应特定用户特定操作要求的用户界面。

15. 多模态界面是由两种或多种用户输入模式构成的界面，例如语音、触摸、手势、凝视以及头部和身体运动。这种新的界面类别旨在识别自然出现的人类语言和行为形式。

16. 实体用户界面从图形用户界面发展而来，旨在利用触觉交互技能，进行具体的物理操作。通过给予数字信息有形（物理）的表示，实体用户界面使信息可以通过触觉反馈直接获取和操作。其属性有三个：（1）实物与基础数字信息和计算模型的耦合（核心属性）；（2）以物理呈现来体现交互控制的机制；（3）融合实体和非实体媒介的感知。

17. 键盘是最常见的计算机输入设备。键盘在文本输入、操作准确性和快捷性等方面具有其他输入设备所不具有的优势。

18. 触摸屏也称为触控面板、轻触式屏幕，是用户可以直接使用手指来指示或定位显示屏特定对象或区域的指点设备。目前，各种便携式移动设备（如手机、数码相机）等产品中也大量应用了触摸屏技术。触摸屏的优点主要是直观形象，用户在触摸屏上所指即所得，操作简便易学。

19. 鼠标是一种简单而快速的定位和指向设备，也是最为常用的计算机输入设备。

20. 追踪球是一种用手指转动位于固定空窝内的小球来控制显示屏上光标的一种指点设备，有时被认为是倒置了的鼠标。追踪球的操作容易使用户的手指疲劳，不适合较长时间的作业，比较适用于追踪作业。

21. 帕拉休拉曼等提出了人类自动化信息加工的四阶段理论，包括（1）信息获取、选择和过滤；（2）信息整合；（3）行动选择；（4）控制和行动执行。

22. “以人为中心的自动化”设计理念包括五个基本原则：（1）有效的人机功能分配；（2）保持人类操作者在环状态；（3）有效的人-自动化交互界面；（4）灵活与自适应的自动化；（5）有效的自动化培训。

复习思考

1. 什么是人-计算机交互？
2. 人-计算机交互的框架包括哪些部分？
3. 人-计算机交互的设计原则有哪些？
4. 什么是范式？
5. 人-计算机交互的范式有哪些？
6. 新型人-计算机软件界面有哪些类别？
7. 什么是计算机支持的协同工作（CSCW）？
8. CSCW 有哪些应用？
9. 网络用户界面的设计原则有哪些？
10. 网络用户界面中的交互元素包括哪些？
11. 什么是网络用户界面的迷路问题？
12. 阐述自适应用户界面的概念及内容。
13. 阐述未来人机交互的研究方向。
14. “以人为中心的自动化”设计理念有哪些原则？

拓展学习

葛列众，许为（主编）.（2020）. *用户体验：理论与实践*. 中国人民大学出版社.

陶薇薇，张晓颖（主编）.（2016）. *人机交互界面设计*. 重庆大学出版社.

Billings，C. E. （1996）. *Aviation automation : The search for a human-centered approach*. CRC Press.

Lee，J.，Wickens，C. D.，Liu，Y.，& Boyle，L. （2017）. *Designing for people :*

An introduction to human factors engineering (3th ed.). CreateSpace.

Norman, K. L., & Kirakowski, J. (Eds.) (2018). *The Wiley handbook of human computer interaction set*. Wiley.

Wickens, C. D., Hollands, J. G., Banbury, S., & Parasuraman, R. (2012). *Engineering psychology and human performance* (4th ed.). Psychology Press.

第十一章 用户体验

教学目标

了解用户体验的基本概念，掌握用户体验基本理论、模型及相关研究与设计；把握用户体验度量的特点与方法；理解创新设计的本质和用户体验驱动式创新设计的“三因素”概念模型，掌握用户体验驱动式创新设计的工作框架以及主要方法。

学习重点

了解用户体验的定义与原理，掌握用户体验的研究方法及以用户为中心的设计；了解用户体验度量基本概念与方法，掌握度量维度的分类以及度量整合；从用户体验的角度来理解创新设计的本质；了解用户体验驱动式创新设计的概念模型、工作框架以及主要方法和原理。

开脑思考

1. 什么是用户体验和可用性？当你在报刊上看到有些文章提到我们已经进入用户体验的时代时，你是怎么理解的？

2. 用户体验的基本理论有哪些？其基本内容是什么？有人说一件产品只要有用就可以了，是否容易使用不重要，你是怎么认为的？

3. 假定你拥有一个电子购物网站，你发现营业状态不太好，而且经常有顾客打电话来抱怨你的网站非常难用，他们经常没法完成购物全流程，你有什么工作思路来改进这种状况？

4. 请描述一种用户体验驱动式创新设计方法，并且根据你所知道的应用实例或者构思一个初步的创新设计思路来说明该创新设计方法。

用户体验研究是在工程心理学的发展中衍生出来的一个新的、专门的研究领域，近年来一直受到心理学、计算机科学和设计类学科等诸多领域研究者的关注。

本章首先介绍可用性、用户体验的基本概念和理论，然后介绍用户体验度量及其研究，最后是用户体验驱动式创新设计。

第一节 概 述

一、用户体验概念

用户体验概念是在可用性概念的基础上发展起来的。

国际标准化组织和相关的权威机构曾对可用性下过如下定义：

- ISO 9241-11：某一特定用户在特定的任务场景下使用某一产品能够有效地、高效地、满意地达成特定目标的程度（ISO，1998）。
- ISO/IEC 9126-1：在特定使用情景下，软件产品能够被用户理解、学习、使用，能够吸引用户的产品属性（ISO，2001）。
- IEEE Std. 610-12：系统及其组件易于用户学习、输入及识别信息的属性（ISO，1990）。

根据这些定义，产品可用性可以简单地概括为产品的有效、易学、高效、好记、少错和令人满意的程度。随着技术的进步、生活水平的提高、需求的丰富，产品可用性研究不断发展，逐步向用户体验方向扩展。

随着用户体验实践的发展，其定义也在不断完善。国际标准化组织人-系统交互技术委员会下属的 ISO 9241 系列标准起草委员会（ISO TC 159/SC 4/WG 6）在 ISO 9241-210 和 ISO 9241-220 两部标准中对用户体验的最新定义为：用户使用和（或者）预期使用一个系统、产品或服务而引起的感知（perceptions）和反应（responses）（ISO，2019a，2019b）。这两部标准对用户体验的定义附有以下注释：

- 注释 1（ISO 9241-210）：用户的感知和反应包括用户在使用前、使用中和使用后的情绪、信念、喜好、感知、舒适、行为以及成就（ISO，2019a）。
- 注释 2（ISO 9241-210）：用户体验是一个系统、产品或服务的品牌形象、演示、功能、绩效、人机交互行为以及用户支持功能的综合结果。用户体验还取决于用户的内心和身体状态（internal and physical state），而这些状态受以往的经验、态度、技能、能力、个性以及使用场景的影响（ISO，2019a）。
- 注释 3（ISO 9241-220）：用户体验也是一种专业能力或流程，涉及用户体验专家、用户体验设计、用户体验方法、用户体验评估、用户体验研究、用户体验部门等（ISO，2019b）。

也有研究者从不同的角度对用户体验进行了定义。例如，谢卓夫（Shedroff，2006）把用户体验定义为用户、客户或受众与一个产品、服务或事件交互一段时间后所形成的物理属性上的和认知层面上的感受。赫克特（Hekkert，2006）将用户体验定义为用户与产品交互的结果，包括感官的满意程度（美感体验）、价值的归属感（价值体验）、情绪/情感感受（情感体验）。

由此可见，用户体验从以下几个方面对产品可用性涉及的范围或者对可用性的理解进行了拓展：

- 用户体验来自有形或无形产品。用户体验不仅来自用户使用和（或者）预期使用的一个有形产品，而且也来自一个系统或服务（无形产品）。
- 用户体验跨越全时间域。用户体验不仅来自当前的使用，而且包括用户以往的体验（经验、态度、技能、能力、个性以及使用场景等）以及与预期使用相关的感知和反应。
- 用户体验是一个过程。用户体验不仅来自对一个系统、产品或服务的使用和交互行为，而且贯穿于其品牌形象、演示、绩效以及用户支持功能等全生命周期。
- 用户体验是多层次的。用户体验还涵盖了美感、价值和情感等不同的层面，而不是单一的满意体验。
- 用户体验是可测的。用户体验是一种结果，这种结果是通过用户对系统、产品或服务的使用和（或）预期使用产生的，具体表现为感知与反应等心理或生理活动。另外，ISO 9241-220 中对“以人为中心质量”（human-centered quality）的定义包括了满足用户体验要求的程度（ISO，2019b），这意味着用户体验也是系统、产品与服务的一种质量属性。
- 用户体验是一种专业能力，拥有专业的流程。人们通过学习和实践可以获取这种专业能力，并且可按照其专业流程来开展用户体验研究、设计、评估等活动。

可见，用户体验是在产品可用性概念基础上，从更高层面，以用户为中心，对产品功能、操作及相关服务、公司品牌提出的要求。可以说，产品可用性是用户体验的核心内容，用户体验是产品可用性的拓展或者延伸。

从产品可用性到用户体验的进步，反映了产品生产和用户之间的关联日益密切。在未来社会发展中，不考虑用户特点的产品将必然被逐步淘汰。另外，这种进步也反映了以往产品可用性度量的单一化在实际应用中的缺点使得相关的度量日益向整体或者系统方面发展的必然性。在以往的产品可用性研究中，对产品可用性的度量往往只考虑产品的某个单一维度，例如仅仅考虑产品使用的效率或者产品使用的满意度，而不考虑产品对用户的整体或者多维度的影响。

可以说产品可用性是用户体验的核心内容。在下面的表述中，如果没有特别的说明，在提到可用性的时候，其实也包含着用户体验内容。

二、用户体验理论

用户体验理论在实际研究的基础上，从理论高度对用户体验进行了说明或者解释。下面是一些典型的用户体验理论（相关综述见刘静，孙向红，2011）。

（一）可用性理论

早期不少的研究表明，可用性对用户体验有着明显的促进作用（Nielsen，1993；Norman，1990）。国内也有不少的研究很好地说明了这一点。例如，有研究表明，移动增值服务的可用性研究对提高移动用户的用户体验有着重要的意义（江彩华，2007）。但是，最近的研究表明影响用户体验的因素有许多，可用性并不是唯一的决定因素。例如，就满意度而言，如果有明确的操作任务，可用性较高，产品体验的满意度也较高，但是在以娱乐为目的的情况下，产品的可用性和满意度却呈低相关的关系（Hassenzahl，2004）。这表明，用户体验是一个更为宽泛的概念，具体的对产品的使用效率可以提高用户的满意感，而追求享受或者娱乐本身同样可以提高用户体验。

（二）美感理论

美感也是决定用户体验的一个重要因素。在一项典型研究中，以一组取款机输入键盘的界面为研究对象，得到每个版本的主观美感评价（how much they look beautiful）、主观可用性评价（how much they look to be easy to use）和客观可用性。研究结果表明，美感与主观可用性评价正相关，而主观可用性评价却与客观可用性弱相关（Kurosu & Kashimura，1995）。不少后续研究都支持了这个观点（谢丹，2009）。但是也有研究对美感的作用得出相反的结论，例如对 MP3 界面的研究表明，美感和主观可用性评价间仅存在着弱相关关系，正向的美观感受不见得带来可用性高的评价（Hassenzahl，2004）。这些看似矛盾的结果表明，应更全面地分析用户体验的形成过程和决定因素。

（三）结构理论

结构理论分析用户体验的各个影响因素及其作用，强调用户体验的结构成分。典型的结构理论有实效/享乐价值结构理论（Hassenzahl，2003）和双层结构理论（Jetter & Gerken，2006）。

哈森扎尔（Hassenzahl，2003）将用户体验分为实效价值（pragmatic value）和享乐价值（hedonic value）两个部分。其中，实效价值指的是有效地、高效地使用产品，即体现了传统的产品可用性概念。享乐价值指的是用户能表达个性价值，类似于愉悦的概念。

耶特尔和格肯（Jetter & Gerken，2006）的双层结构理论把用户体验分成用户-产品和企业-产品两个层面。用户-产品体验指的是产品如何满足个体的价值需要，包括用户获得的实效和享乐价值。企业-产品体验则指的是企业商业目标和价值如何被用户感知（如品牌力量、市场形象等）。

（四）过程理论

该理论重视分析用户体验的动态形成过程，通过建立理论模型，进而探讨用户体验的影响因素。下面是四种典型的过程理论：

- 福利齐和福特（Forlizzi & Ford，2000）认为，用户的情感、价值和先前体验形成了产品使用前的心理预期，这一预期在当前的任务场景和社会文化背景下，又通过对产品特性的感知形成了完整的对产品的用户体验。
- 阿希佩恩和塔蒂（Arhippainen & Tähti，2003）认为，用户、产品、使用场景、社会背景和文化背景这五个因素共同交互作用决定了对产品的用户体验。

- 哈森扎尔和崔克廷斯基（Hassenzahl & Tractinsky，2006）则提出，用户体验的形成过程是用户、场景和系统作用的结果。
- 罗托（Roto，2006）认为，整体用户体验是由若干单独使用体验以及和使用无关的用户既有的对系统的态度和情感共同作用而形成的，而且当前的用户体验又会改变用户的心理预期和态度因素，进而影响将来的用户体验。

（五）企业用户体验成熟理论

企业用户体验成熟理论和上述理论有所不同，这种理论专门论述企业对用户体验的关注和执行的成熟度。

泰恩（Tyne，2009）最早提出了企业用户体验成熟度的组织模型。他认为，可以把企业的用户体验流程的成熟分为五个阶段。第零阶段，对用户体验没有认识，是初始阶段（initial），没预算，仅仅是临时性尝试。第一阶段，专业学科阶段，有专门的预算、团队和流程。第二阶段，可管理的阶段，有了系统化的流程。第三阶段，集成的以用户为中心的设计阶段，有了可预测的流程，重视用户数据，用户体验由产品扩展到所有的服务。第四阶段，用户驱动的阶段，持续地改善用户体验工作流程。

特姆金和盖勒（Temkin & Geller，2008）指出，可以将用户体验流程的成熟分为以下五个阶段：第一阶段，感兴趣的阶段（interested）；第二阶段，给予投资的阶段（invested）；第三阶段，遵从的阶段（committed）；第四阶段，约定的阶段（engaged），强化用户体验是企业战略的核心关键点；第五阶段，根植的阶段（embedded），确定用户体验必须根深蒂固地扎根于企业的机体中。

布蒂格莱里（Buttiglieri，2011）认为，企业的用户体验流程的成熟可以划分为以下六个阶段：第零阶段，未被认可的阶段（unrecognized）；第一阶段，临时性阶段（ad hoc）；第二阶段，精心考虑的阶段（considered）；第三阶段，可管理的阶段（managed）；第四阶段，集成的用户体验阶段（integrated UX）；第五阶段，用户体验驱动阶段或制度化阶段（UX driven/institutionalized）。

上述三种企业用户体验成熟理论代表了全球用户体验研究领域在企业用户体验成熟度方面的最新成果。基于这些理论，陶嵘和黄峰（2012）对国内 20 余家大型企业进行了研究。他们认为，中国企业的用户体验流程的成熟大致分为懵懂探索、模仿尝试、斟酌损益、管理可控、集成内化、体验驱动等六个阶段。

综合以往的研究，有研究者提出了一个通用的企业用户体验成熟度概念模型（葛列众，许为 主编，2020）。该模型包括影响企业用户体验成熟度的五个要素：管理层参与，资源投入，教育培训，以用户为中心设计流程，用户体验标准（见表 11－1）。

表 11－1　企业用户体验流程成熟五阶段概念模型

	管理层参与	资源投入	教育培训	以用户为中心设计流程	用户体验标准
阶段五：用户体验驱动	●	●	●	●	●

续表

	管理层参与	资源投入	教育培训	以用户为中心设计流程	用户体验标准
阶段四：整合	◴	◴	◴	◴	◴
阶段三：系统化	◑	◑	◑	◑	◑
阶段二：有限管理	◔	◔	◔	◔	◔
阶段一：探索	○	○	○	○	○

来源：葛列众，许为 主编，2020。

表 11－1 所示的企业用户体验成熟度模型有两方面的应用。首先，通过对模型中每个要素在各阶段定义一些具体的要求（类似于检查表），该模型可作为评价组织（整个组织或者分组织）用户体验成熟度的一个工具，帮助组织确定当前在各要素上的成熟水平，并且找出差距。其次，该模型可作为一个用户体验实践的指导框架，帮助企业制定在某一段时间内所要达到的成熟水平，并根据各要素的具体要求和存在的差距，制定出达到预期成熟水平的组织用户体验实践路线图。

综上所述，我们可知目前已经有多种用户体验理论，这些理论各有特点。

首先，可用性理论和美感理论都是单因素理论。前者强调产品的实际使用体验，而后者则重视产品的美感体验。虽然单因素理论或多或少忽视了影响产品用户体验的其他一些因素，但是，在单因素理论的基础上，对用户体验进行度量明显变得更便捷、有效。

其次，结构理论和过程理论都是多因素理论。结构理论强调影响用户体验的各个因素及其相互关系，过程理论则重视用户体验形成的动态过程中各个影响因素之间的交互作用。理论上讲，在分析用户体验的影响因素时，多因素理论比单因素理论更为系统、全面。但在多因素理论指导下，如果要对用户体验进行度量，不仅成本和代价更高，而且在实际的操作中会存在一定的困难。

最后，企业用户体验成熟理论对各企业开展用户体验工作具有一定的借鉴作用。

三、用户体验研究

用户体验是和产品相关的人的因素，包括认知、情感和操作三个层面。如图 11－1 所示，在本小节，我们将用户体验按照认知、情感和操作分为三个方面，并结合主观、生理和绩效三种度量提出用户体验研究基本类型的“三三”模型。其他关于各种度量的具体测量，将在第二节专门论述。

图 11-1 中，纵向来看自上而下是认知、情感和操作三个用户体验内容维度，而横向来看从左往右是主观、生理和绩效三种用户体验度量维度。由此，就有了用户体验的九种不同基本研究类型。

研究类型 1：认知的主观研究。典型代表是主观的态度问卷研究。用户研究中经常用到态度问卷。例如，网站的可用性研究就会用到态度问卷（陈晓媚 等，2013）。

研究类型 2：认知的生理研究。人的不同的认知状态可以由人的不同的生理度量反映出来，这是此类研究的基本假设。例如，有 ERP 实验表明，在对美和丑、对称和不对称的判断中，被试的 300～400ms 早期负成分、440～880ms 晚期正成分、600～1 100ms 持续性负成分也是不一样的（Jacobsen & Höfel，2003）。

研究类型 3：认知的绩效研究。人对操作的态度、期望或者认识都可以通过最后的操作绩效反映出来。心理学上，耶克斯-多德森定律（Yerkes & Dodson，1908）描述的由心理唤醒水平（arousal）和操作绩效（performance）构成的倒 U 形操作曲线就是典型的例子。

	主观度量	生理度量	绩效度量
认知	1	2	3
情感	4	5	6
操作	7	8	9

图 11-1　用户体验研究基本类型的“三三”模型示意图

研究类型 4：情感的主观研究。典型代表是主观的情感偏好问卷研究。在用户研究，特别是产品外观、类型等偏好测量中经常用到这类问卷。例如，基于人物角色法的网络商店商品陈列的研究就会用到情感偏好问卷（阙盈盈，2014）。

研究类型 5：情感的生理研究。情感因素在用户体验研究中越来越受到重视（李云，2014；夏慧超，2015），但情感的测量一直是心理学研究中一个比较令人困惑的领域，也是许多研究者一直在探索的问题。例如，有研究者尝试通过研究瞳孔尺寸与可用性评价中用户基本满意度的关系，建立瞳孔尺寸-基本满意度模型，并希望应用该模型来获得可用性评价实验中的用户满意度变化情况，从而指导产品设计（高晓宇，2014）。应该看到，采用生理度量来测量情感的状态是个很复杂的问题，采用多种生理度量对正性或者负性情感进行测量也许是一种比较实用的途径（易欣等，2015）。

研究类型 6：情感的绩效研究。正性或者负性情感对人的绩效的促进或者阻碍作用已被不少的研究所证明（Chanel et al.，2008）。情感化设计优秀的产品也更容易受到用户青睐，例如在情感化设计中对记忆符号的分析和优化（周杨，张宇红，2014）。因此，在用户体验设计中强调情绪的唤醒有着重要的意义。

研究类型 7：操作的主观研究。典型的就是操作的态度测量。例如，关于电脑控制式微波炉中傻瓜操作界面的研究（胡信奎 等，2012）和关于即时聊天窗口操作绩效影响因素的研究都用到了操作的主观度量（王琦君 等，2013）。

研究类型 8：操作的生理研究。用特定的生理度量来标定特定操作的特点是一个很好的研究途径。例如，有研究者在故障分析中用眼动作为度量来鉴别所谓专家和新手之间的差异。实验结果表明，当系统出现故障时，专家的眼动注视点更多地集中在系统可能发生故障的位置上（Graesser et al.，2005）。

研究类型 9：操作的绩效研究。用户的绩效通常用反应时、正确率来表征。对于良好的用户体验，产品操作往往是高效的。在用户体验研究中，操作的绩效度量是使用较多的一种度量。例如，胡信奎等（2012）以及王琦君等（2013）的研究除了使用主观评价度量外，都采用了绩效度量。

我们对“三三”模型中的九种研究类型逐一做了说明，但是有以下两个问题需要注意。

首先，以上九种研究类型涉及的都是单一度量，而在现实的操作中，经常涉及多个度量。从理论上讲，九种研究类型都可以相互组合，进行多度量的研究。例如，有人把绩效评估和眼动技术结合起来研究手机软件界面的可用性（吴珏，2015）。但度量的选择不宜过多，需要根据研究假设和资源，合理地组合各种度量以进行可操作的用户体验研究。至于为什么要采用多个度量来进行研究，原因无非有以下两个：一是希望各种度量能够相互验证以提高研究的内部效度；二是希望从各个方面对某个产品做多角度的评价。

其次，除了以上九种研究类型外，还有其他类型的研究，如焦点小组研究、可用性问题分析研究、用户性格分析研究等。但是，这些往往是针对性比较强的专门类型的研究。例如，焦点小组研究主要用于了解不同用户对产品设计或者使用的意见和看法，可用性问题分析研究主要用于了解产品使用过程中存在的可用性问题，而用户性格分析研究则主要使用专门的心理学个性测量量表对用户个性特征进行研究。

综上所述，“三三”模型仅仅描述了用户体验研究的基本类型，除了这九种基本类型外，用户体验研究还有诸如焦点小组等专门的研究类型（李宏汀 等，2013）。此外，这九种基本研究类型可以相互组合，形成多度量的复合研究类型。例如，研究类型 1（认知的主观研究）和研究类型 9（操作的绩效研究）就可以组合成复合的研究类型：主观和绩效研究。

“三三”模型提出了用户体验研究的三个内容维度：认知、情感和操作。即用户体验研究的基本内容就是用户的认知、情感和操作三个层面。“三三”模型还提出了用户体验研究的三个度量维度：主观、生理和绩效。即用户体验研究的基本测量、评价维度就是主观、生理和绩效三个方面。在上述基础上，认知、情感和操作三个内容维度与主观、生理和绩效三个测量维度可以组合成认知的主观研究等用户体验研究的九种基本类型。

“三三”模型确定了用户体验研究的基本内容、维度和类型，有着重要的理论和实践意义。

四、以用户为中心设计

以用户为中心设计（user-centered design，UCD）是在设计过程中以用户体验为设计决策的中心，强调用户优先的设计模式。UCD 的出现大大推动了产品设计中可用性研究的发展。

（一）UCD 的思想

有关 UCD 的思想，ISO 9241－210 是这样描述的：在产品设计中，邀请用户对即将或已经发布的设计原型及产品进行评估，并通过对评估数据的分析改进设计从而达到可用性目标（ISO，2019a）。

伽略特（2011）认为，UCD 就是指创建吸引人的、具有高效用户体验的方法，其设计思想非常简单，就是在开发产品的每一个步骤中，都要把用户列入考虑范围。

UCD 的思想打破了长期以来产品设计过程中忽略用户的局面，提倡以用户为中心来进行设计，时刻牢记用户需求至上。因此，与其说 UCD 是一种设计方法，还不如说它是一种产品设计思路。它提倡通过有效的方法和手段保证对用户的使用感受有正确的预估和认识用户的真实期望与目的，在产品的整个设计过程中真正做到以用户为中心，从而提高产品的可用性。

UCD 具有非常重要的意义，从大的方面来讲，主要包括两个方面：其一，对于产品而言，可以降低产品的开发成本；其二，对于用户而言，可以提高用户体验的价值。

（二）UCD 的原则

UCD 是整个设计和评估思想的核心。

UCD 的要求就是让用户能够参与到开发设计中去。

实现用户参与开发通常有两种途径：其一是让用户间接参与设计，其二是让用户直接参与设计。让用户间接参与设计，指的是专业人员负责开发产品，让用户参与到产品的测试和评估中去，这也是目前可用性研究中经常用到的形式。让用户直接参与设计，也就是用户与专业人员一起来完成产品的设计。让用户成为合作的设计师直接参与设计，专业人员就可以随时了解用户的想法，让用户跟着开发设计进程走，从而体现更多的用户价值。

如果说 UCD 指的是应该以用户及其目标为产品开发的驱动力，那么良好的设计应该支持用户，而不是限制用户。这是一种设计思想，而不是纯粹的技术。UCD 有以下原则。

1. 用户第一而非技术

UCD 的第一个原则就是用户第一而非技术。设计人员应该考虑为了更好地满足用户应该选用什么技术，而不是这项新技术很酷，所以应用到这里。

2. 给用户最习惯的环境

UCD 的第二个原则是尽可能给用户一个最习惯的环境。最习惯的环境指的就是用户使用产品频次最高的环境，或者用户模拟使用产品的真实环境。

3. 考虑各种用户的特征

UCD 的第三个原则是不同用户会有自己的特征，所以设计的时候必须考虑这些特征，从而降低用户犯错的可能性。也许有的用户记性不好，有的用户老喜欢走神，还有的用户可能连“Yes”或“No”都分不清。因此，进行产品设计时有必要考虑用户之间的这种差异性。

4. 充分尊重用户的意见

UCD 的第四个原则是尽可能多地向用户咨询，同时一定要充分尊重用户的意见。不管用户以何种形式、何种程度参与设计，都应该充分尊重用户的意见。

总的来说，UCD 关注产品设计过程中用户参与的程度，关注在特定使用环境下，用户使用产品时所达到的效率、用户主观满意度、产品的易学程度、产品对用户的吸引力，以及用户在体验产品前后的整体心理感受等。

（三）UCD 的流程

任何一件产品从前期原型设计到原型改进再到发布，都要经历一个复杂的过程。如果不考虑产品的特殊性，典型的 UCD 流程如图 11 - 2 所示。

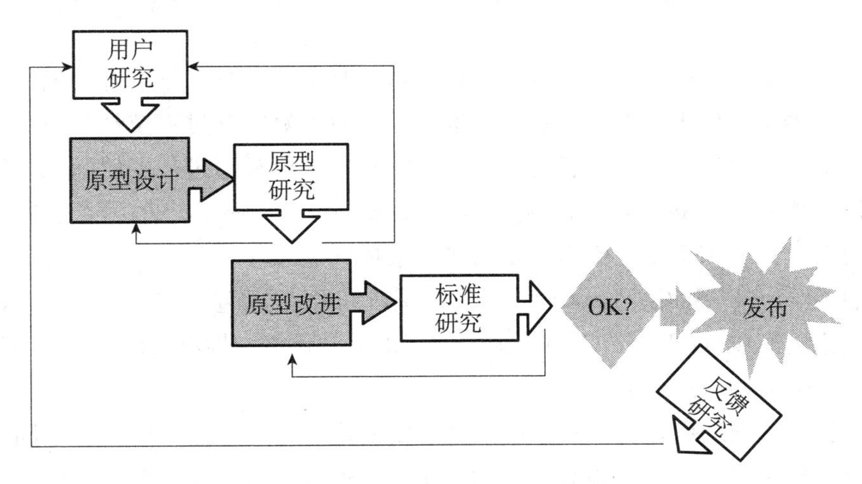

图 11 - 2　UCD 的流程

由上图可见，UCD 的流程按照产品开发的时间顺序可以分为以下四个阶段：(1) 用户研究阶段，主要是指用户模型研究，旨在为原型设计提供依据；(2) 原型研究阶段，主要是指针对产品的原型进行测试，旨在为原型改进提供依据；(3) 标准研究阶段，主要是指针对产品的标准进行测试，“OK”即符合标准的产品准予发布；(4) 反馈研究阶段，主要是指针对产品的使用进行测试，旨在为反馈改进提供依据。

第二节 用户体验度量和方法[①]

用户体验度量主要是指我们在进行用户体验研究和设计时如何就其中的各种相关要素进行数量上或者程度上的标定，以利于进行研究和设计。

一、度量维度

不同学者对可用性度量提出了各种不同的分类。例如，韩等（Han et al.，2001）认为，可用性度量主要包括客观绩效和主观印象两个方面。霍恩拜克（Hornbæk，2006）则从高效性、有效性和满意度三个方面总结了相关的可用性度量。根据“三三”模型，可以把可用性和用户体验度量分成主观评价、行为与生理和绩效等三种基本度量。

（一）主观评价度量

主观评价度量是指用户对自己和产品的交互过程及结果做出的评价（ISO/IEC 25010；ISO，2011），比如对交互流程的满意度评价等。此外，独立于交互过程的界面评价以及交互过程中的情绪评价等也属于主观评价度量（Hornbæk，2006；Tullis & Albert，2008）。表11－2是在已有文献的基础上总结出的常用主观评价度量。

主观评价度量主要通过问卷填写和访谈获得。其中，满意度能最直接地反映用户的主观评价，是测试中使用最多的主观评价度量。它包括对交互过程及结果的满意度，以及对独立于交互过程的界面的满意度。满意度的测量主要分通过任务后满意度评价和测试后满意度评价两种（Tullis & Albert，2008；Sauro & Lewis，2010）。已有大量的标准化问卷可对用户的满意度进行测量，比如情景后问卷（ASQ；Lewis，1991）、测试后系统可用性问卷（PSSUQ；Lewis，1992）、系统可用性问卷（SUS；Brooke，1996）、用户界面满意度问卷（QUIS；Chin et al.，1988）、软件可用性测量问卷（SUMI；Kirakowski & Corbett，1993）等。

此外，比较用户的偏好也是测量用户满意度的途径之一。与问卷得分不同的是，用户偏好是一个对不同产品进行相对评价的度量，可通过对偶比较、偏好排序、打分等方法获得，比如可以使用对偶比较的方法对用户网页颜色偏好进行研究（葛列众 等，2005）。

---

① 本节部分内容修改自作者团队已发表的一篇综述（葛列众 等，2014）。

表 11-2　可用性测量中常用的主观评价度量

类别	描述
交互满意度	用户及专家对任务交互过程及结果的满意度评价
界面满意度	用户及专家对独立于交互过程的界面的评价
心理努力	用户对完成任务过程中的心理认知努力及负荷的评价
态度与情绪	用户对交互过程中产生的态度和情绪的评价
用户知觉	用户对交互过程及结果的主观判断

主观评价度量简明，实施起来便捷，在实际测量中运用广泛。但是因为中间倾向误差、晕轮效应和社会称许性的影响，主观评价度量往往有一定的偏差。因此，在具体的实施中，主观评价度量需要和其他度量结合起来使用，彼此验证可实现更好的测量效果。

（二）行为与生理度量

随着技术的进步，除了传统的绩效、主观评价度量外，能获取用户的视线追踪、动作、体态、面部表情、肌电、皮肤电、心率、脑电等非言语行为或生理数据的方法被越来越多地应用于研究和具体的产品测试。使用这些数据，可以了解用户在和产品交互的过程中一些过程性的行为生理变化。结合其他度量，可以对用户体验进行进一步的评估。例如，较高的操作绩效度量、良好的主观满意度评价和正性面部表情度量可以更充分地说明产品具有良好的用户体验。

使用各种技术及方法会获得不同的度量。例如，视线追踪涉及的可用性度量包括注视点、扫描路径、感兴趣区等（胡凤培 等，2005b）。

根据行为与生理度量的作用，可以区分以下两类不同的行为与生理度量：

（1）第一类度量可以对客观绩效度量所反映的内在原因做进一步分析。传统的绩效度量虽然能够作为产品可用性或者用户体验是否良好的重要参考，但经常无法解释具体界面和流程的内在原因。因此，需要通过各种技术支持获得相应的行为与生理度量，以便更加深入地解释客观绩效度量所揭示的客观现象，比如可以用眼动扫描轨迹度量补充说明操作反应时等绩效度量（李宏汀，2007）。

（2）第二类度量可以对主观评价度量进行客观化的补充。由于主观评价度量存在着中间倾向误差、晕轮效应和社会称许性等问题，研究者们尝试使用客观的方法来获取用户对产品的使用体验及评价。因此，使用行为与生理度量便成为他们对主观评价度量进行客观化测量的首选方法，比如可以用皮肤电来补充鉴别某种特定的情绪状态（蔡菁，2010）。

尽管可以通过行为与生理度量对客观绩效度量背后的原因做进一步的分析，并为主观评价度量提供客观化的补充，但实用性较低、使用成本较高导致许多研究，特别是实践领域的研究，很少使用该类度量。此外，行为与生理数据作为可用性度量本身还存在许多需要改进的问题，比如测量各项度量的仪器是否会影响被试对任务的反应及评价。而且，有不少行为和生理度量还停留在和客观绩效或主观评价度量相关的层次上，因此不能据此做出因果性解释（Tullis & Albert，2008；Sperry & Fernandez，2008）。

（三）绩效度量

绩效度量是指用户与产品直接交互过程中可以反映用户操作成效的客观结果，如用户完成特定任务所需的时间、出错次数等。

许多学者在总结以往研究和实践常用的绩效度量的基础上，对绩效度量做了各种不同的分类。例如，扫罗和刘易斯（Sauro & Lewis，2009）对97项可用性研究的分析发现，常用的绩效度量包括任务时间、完成率、出错。塔利斯和阿尔伯特（Tullis & Albert，2008）提出，绩效度量应该包括任务成功、任务时间、出错、效率以及易学性等五种基本类型，其中效率是指用户需要付出的心理努力，易学性则反映了前四项在时间维度上的变化。表11-3是在已有文献的基础上对常见绩效度量类型的总结。

表11-3　可用性测量中常见的绩效度量类型

类别	描述
时间	用户完成任务，或处于特定交互阶段的时间
完成率	用户成功完成任务的数量或者百分比
出错	用户在完成任务过程中的出错情况
使用频率	用户在交互过程中使用特定功能、界面的频率及寻求帮助的频率
操作路径	用户为完成交互任务所实施的操作步骤
学习	用户对界面的学习，包括其他指标随学习的改变及用户的记忆

由于绩效度量可以最直接地反映用户能否与产品进行良好的交互，而且高层管理人员和项目利益相关者往往更加关注绩效度量，所以绩效度量是各类可用性测量中最重要和最常用的度量。

目前，在可用性测量中使用绩效度量也存在以下三个方面的问题。首先，早期研究中绩效度量的重要性被过分夸大，导致主观方面的一些可用性度量被长期忽视。其次，尽管绩效度量被广泛使用，但霍恩拜克和劳（Hornbæk & Law，2007）通过元分析发现很大一部分研究并未明确使用绩效数据，混淆绩效与用户知觉之间的差异（例如完成任务的客观时间与主观时间估计之间的差异），较少关注绩效在时间积累上体现出来的易学性与可记忆性等。最后，在具体的数据处理上也存在许多问题。以任务时间为例，由于个别用户所用的时间特别长，任务时间呈正偏态分布，这导致常用均值作为统计量可能存在一定的问题（Sauro & Lewis，2010）。

二、度量整合

不同的度量存在各自的特点和不足，适用的场合也不尽相同。因此，在具体实施中，首先要选择合适的度量，然后根据一定的规则对所选择的度量进行整合，形成一个完整的评价体系，从而全面而有针对性地评估产品的可用性和用户体验。

在实施可用性评估过程中，需要从保证测量的效度、效率以及成本等方面出发，选择适当的度量。需要注意以下两个方面的问题：首先是要保证选择的度量可有效地反映产品的可用性；其次是根据产品、使用环境、研究目的等因素，权衡成本和可行性，选择合适并实用的度量。

在可用性度量的选择上，不同维度的度量是否需要在同一测试中进行评估是以往研究中学者们争论的一个重点。尼尔森和利维（Nielsen & Levy，1994）通过对50多项可用性研究进行分析，发现75%的研究显示客观绩效与主观态度两者之间的相关性显著。因此，他们认为用户更偏好于可使他们绩效更高的产品。很多研究者据此推论认为，可用性测量中只需获得客观绩效与主观态度其中一个方面的度量，就可以比较准确地反映产品的整体可用性水平。然而，弗罗克亚尔等（Frøkjær et al.，2000）的研究却发现了与此相反的结果：复杂任务条件下高效性与有效性的相关性较低甚至可以忽略。由此，他们认为很多研究仅仅采用某些单方面的度量来代表产品整体的可用性水平存在着风险。他们还认为可用性测量中应当把高效性、有效性及满意度作为独立的维度来考虑，同时为不同维度设立相应的度量。而后霍恩拜克和劳（Hornbæk & Law，2007）通过元分析的方法也验证了可用性不同维度之间低相关的结论。扫罗和刘易斯（Sauro & Lewis，2009）则进一步指出当处于单个任务水平时，各可用性度量呈现出较强的相关性，而当处于产品整体测试水平时，这种相关性将大大减弱。

因此为了保证测量的全面性，在对产品整体的可用性水平进行评价时，应该根据ISO 9241-11定义的可用性维度（ISO，2018），尽可能多地对表11-2及表11-3中不同类型的客观绩效及主观态度度量进行测量；而在对较少的任务或界面的可用性水平进行评价时，则至少要在每个维度上各选择一个度量进行测量。

第三节　用户体验驱动式创新设计

前面的内容从理论的角度论述了用户体验的概念、理论、设计理念以及度量，本节将从创新设计的角度论述用户体验的实践。智能时代的用户体验实践已经进入了一个新的阶段，呈现出“整体用户体验＋创新设计”的阶段特征。创新设计是当前社会经济发展的动力和趋势之一，用户体验与创新设计密不可分，用户体验实践可以有效支持创新设计，这也是进一步提升用户体验实践影响力的新机遇。

基于这样的社会大背景，本节首先论述用户体验实践跨阶段的发展以及趋势，阐述创新设计与用户体验的关系；然后提出用户体验驱动式创新设计的概念模型以及工作框架；最后，从应用的角度论述五大类用户体验驱动式创新设计方法以及相应的工作思路。

一、用户体验实践跨阶段的发展以及趋势

回顾用户体验实践的发展历史，根据技术平台、应用领域、用户需求、人机界面、工作重点等评估维度，许为（2019a）将用户体验实践划分为三个发展阶段（见表11-4）。用户体验实践在第一阶段和第二阶段相对比较简单，对方法论的要求相对较低，社会和用户对用户体验的需求以及来自多学科用户体验从业人员的积极参

与，这些因素都促进了用户体验实践的快速普及。在这两个阶段，用户体验实践的重点从可用性扩展到用户体验，但是总体来讲，工作侧重于单个解决方案（如 App、网站）的用户体验。

表 11-4 用户体验实践的三个发展阶段

评估维度	发展阶段		
	第一阶段 个人电脑/互联网时代 （1980 年后期至 2000 年中期）	第二阶段 移动互联网时代 （2000 年中期至 2015 年）	第三阶段 智能时代 （2015 年至今）
设计理念	以用户为中心	以用户为中心	以用户为中心
技术平台	个人电脑，互联网	＋移动互联网，智能手机，平板电脑等	＋人工智能，大数据，云计算，5G 网络，区块链等
应用领域	互联网网站，电商零售，个人电脑应用	＋移动互联网，消费/商业互联网，B2C 解决方案，App 等	＋垂直行业的“智能＋”解决方案（智能医疗、智能家居、智能交通、智能制造等），B2B 解决方案，智能物联网/工业互联网，智能系统（智能机器人、自动驾驶车等）等
用户需求	产品功能性，可用性	＋用户体验，个人隐私，信息安全等	＋智能化，个性化，情感，伦理道德，决策自主权，技能成长等
人机界面	图形用户界面，显式化	＋触摸屏用户界面等	＋自然化（语音、体感交互等），多模态，智能化，隐式化，虚拟化
工作重点	可用性	用户体验（单个解决方案）	整体用户体验＋创新设计

来源：许为，2019a。

进入智能时代，技术平台、用户需求、应用领域、人机界面等方面都呈现出一系列新特征，同时也对用户体验实践提出了新的挑战。这些新特征和新挑战对用户体验理论、方法、流程及人才素质等方面都提出了新要求。因此，第三阶段标志着用户体验实践已经迈过入门门槛低、多学科磨合的最初普及阶段，开始进入实践的深水区。

在第三阶段，用户体验实践面临的新挑战和新要求主要表现在以下几个方面（许为，2017）。

（1）全产品生命周期的用户体验。以往的用户体验实践侧重于产品（包括系统或服务）投放市场之前开发流程内的活动（如用户界面原型化、可用性测试）。目前用户体验实践开始更多地关注整个产品生命周期的用户体验，即产品投放市场后，用户在各种交互点上的体验：整体用户体验（whole user experience）（董建明 等编著，2016；许为，2005）。这些交互点包括品牌市场导入、用户订购、安装和使用、内容更新、系统升级、用户支持以及退出市场等全产品生命周期的各个环节，任一交互点的“断裂”都会直接影响整体用户体验。全产品生命周期的整体用户体验理念促使用户体验实践必须将所有这些交互点上的体验融入产品设计的整体策略中。

（2）生态化的用户体验。不同于以往的用户体验实践通常关注单一产品的用户界面设计，我们如今处在一个普适计算的时代，一系列以用户为中心的用户体验生态系统正在形成。这些生态系统借助互联网、物联网、大数据、移动技术、云计算和人机交互等技术，正在逐步为用户提供一系列跨平台（如安卓、苹果系统）、跨设备（例如桌面或平板电脑、手机、可穿戴设备）、跨服务（如在线购物、旅游）和跨内容（如社交媒体、娱乐）等无缝交互的“体验生态圈”。

（3）多层次的用户需求。智能时代的用户需求更加丰富和多层次化。这些新需求包括情感、安全、个人隐私、个性化、伦理道德、技能成长、自主决策权等。在用户群体方面，智能技术正在向残疾人、老年人、医疗康复等特殊群体推广。应用场景也正在向更广阔的领域推广（如医疗、康复、娱乐、家居服务、B2B、“智能＋”）。

（4）新的设计思维。在用户体验实践的初期，开发环境通常采用传统的开发流程（如瀑布式流程），用户体验专业人员拥有相对充足的时间开展用户研究、用户界面原型化和可用性测试等活动。随着技术更新的加速和市场竞争的加剧，产品迭代速度也随之加快，尤其是在互联网产品领域，一些新的快速开发流程（如敏捷开发）也应运而生。快速发展的技术、不断提高的用户期望和日益加剧的市场竞争等因素导致产品迭代速度加快、设计空间受限、设计的趋同性和同质化。这些都对设计团队的设计思维提出了新要求，也对用户体验工作流程与项目开发流程的整合性和灵活性提出了新要求。

（5）智能新技术和新型人机交互技术。一方面，智能新技术带来了新型人机交互技术和方式，例如语音，脑机界面，虚拟现实/虚实混合，情感交互计算，依据用户状态、上下文等信息的隐式交互，基于人机组队式合作的新型人机关系。另一方面，以往基于非智能计算系统的用户体验方法以及设计标准无法有效地应用于智能系统的开发。因此，新型人机交互技术对用户体验设计和方法也提出了新要求。

（6）强化的跨学科团队合作。在以往的用户体验实践中，用户体验专业人员主要与前端开发工程师开展针对用户界面设计的合作。目前复杂的数字解决方案的用户体验设计不仅取决于用户界面的优化设计，而且受业务流程整合、系统和数据集成化、系统智能化等因素的直接影响。这些都给用户体验专业人员与其他学科专业人员（如系统架构设计师、流程再造工程师、人工智能工程师、数据工程师）之间的协同合作提出了新要求。

综上所述，我们认为用户体验实践进入了一个新的阶段，该阶段呈现出“整体用户体验＋创新设计”的特征（见表 11-4）：

- 整体用户体验。用户体验实践的工作重点和目的是为目标用户提供优化的整体用户体验。这种整体用户体验是对全产品生命周期的用户体验、用户体验生态化、多层次用户需求以及用户体验多维度量等方面的全面评估。

- 创新设计。整体用户体验的实践需要创新设计的支持。这种创新设计是用户体验驱动式创新设计，是建立在强化的跨学科团队合作、智能新技术和人机交互技术、新的设计思维和灵活的开发流程、用户体验方法创新的基础上的。

二、创新设计与用户体验的关系

（一）创新与发明的区别

发明是一项利用自然规律解决生产、科研、实践中各种问题的新技术解决方案，比如一种全新的酿酒方法，或者一项新技术。然而，光有技术的发明是不够的，只有将发明的技术转化为符合消费者需求、被社会和消费者接受的产品，发明才有可能被认为是创新。为了能将发明转化为创新，一个人或组织需要将各种知识、能力、技术和资源等组合起来。

在历史上，有许多重要的发明人都没能从他们自己的重大发明中获得回报。例如，1885 年德国人卡尔·本茨（奔驰汽车之父）研制出世界上第一辆马车式三轮汽车，并且获得世界第一项汽车发明专利。虽然本茨发明了汽车，但是因为没有创新的制造技术来降低成本，所以无法大规模推广。美国福特汽车公司的创始人亨利·福特通过汽车生产流程化，大大降低了成本，同时对早期的汽车——T 型车噪声大等问题进行了改进，实现了大规模生产，成功进入市场，从而使汽车家用化。这是将发明的技术在普通的用户群体中普及，从而真正实现了创新。所以，创新必须为用户和社会所接受，满足用户和社会的需求，从而产生社会价值。

（二）创新与用户体验

埃文斯等（Evans et al.，2004）研究了美国两个世纪以来著名的 53 位创新者的创新过程（包括电话、互联网搜索引擎等）。结果表明，大多数的创新都经历了在实验室里开展对原始技术的研发，然后进行商业推广，最后形成用户可用和易用的产品的漫长过程。他们把这些创新者称为“大众化的推行者”，认为没有创新的技术，发明只不过是一种消遣。可见，创新本质上就是一种持续地将用户体验（用户需求、使用场景等）与技术不断进行调整从而达到最佳匹配的过程，它使技术有用、易学、易用，进而为人创造一种具有崭新体验的生活和工作方式。这种“实用性”创新过程本质上就是基于技术发明的用户体验驱动式创新，这正是“以用户为中心设计”所倡导的设计理念。

需要指出的是，以用户为中心设计的理念并非强调完全由用户来引领创新设计，而是将用户置于创新设计的中心位置，由用户体验专业人员主导，通过提炼和洞察用户需求，从用户行为等数据中发现或预测新的体验模式，从而驱动创新设计（Kitson，2011）。

从用户体验的角度来理解，发明仅专注于技术和设备，停留在技术的层面，而创新则是针对系统、产品或服务用户体验的一种持续不断的改善。用户体验（即满足用户的需求、提供有用的使用场景、完成一件有价值的事情等）驱动式创新应该是一种高效的创新，一款成功的创新产品如果能够为用户和社会所接受，它必然能给用户带来崭新的有价值的体验。

三、用户体验驱动式创新设计的概念模型

罗仕鉴（2020）按照时代的发展来分析创新范式和模型，包括农耕时代、工业时代、知识网络时代以及数据智能时代。在知识网络时代，有代表性的创新方式包括开放式创新（Chesbrough，2003）、群体创新（Wang et al.，2015）、众包（Howe，2006）、全面创新（许庆瑞，2007）、整合式创新（陈劲 等，2018）等。罗仕鉴认为，进入数据智能时代，群智创新应运而生。群智创新是在互联网平台上，运用大数据、区块链、人工智能等技术，跨越学科屏障，集大众智慧完成复杂任务的创新过程。这些创新方式各有利弊，一个共同点是没有强调用户体验在创新设计中的作用。在过去很长一段时间内，人们强调技术对创新设计的驱动作用，误把发明作为创新，忽视用户体验对创新的作用，导致比较高的失败率（Debruyne，2014；李四达 编著，2017）。

许为（2019a）提出了一个用户体验驱动式创新设计的“三因素”概念模型（见图 11－3）。该模型认为创新设计需要综合考虑三大因素：用户、技术和环境。“用户”因素包括产品的用户群体、用户需求、使用场景等；“技术”因素包括技术发明、各种生产资源等（如材料、制造、工艺、流程）；“环境”因素主要包括创新组织的业务和财务、外部经济等因素，从社会技术系统理论来讲，还应该包括社会、文化、组织、管理、政策规范等宏观内容。

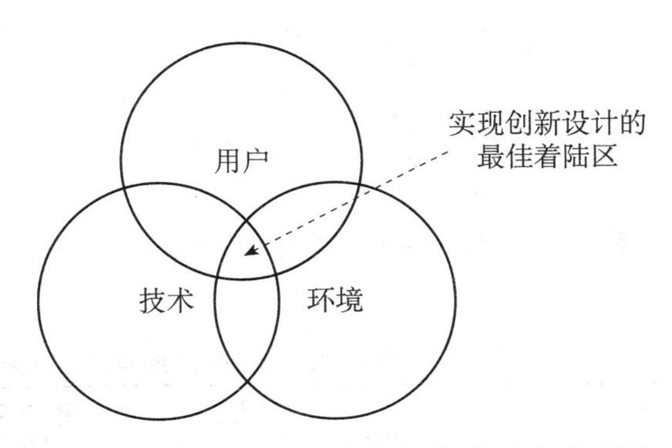

图 11－3 用户体验驱动式创新设计的“三因素”概念模型

来源：许为，2019a。

如图 11－3 所示，该模型强调一个成功的创新设计需要充分考虑这三大因素之间的权衡。例如，一个创新项目如果仅仅考虑技术和环境而忽略用户因素，则不可能被用户和市场所接受；如果仅仅考虑用户和环境而忽略技术因素，则可能无法实现；如果仅仅考虑用户和技术而忽略环境因素，则可能无法给创新组织带来业务价值和经济效益。以上三种情况最后都可能导致创新设计的失败。因此，在权衡考虑用户、技术、环境这三大因素之后所形成的重叠区域就是创新设计解决方案的空间，即实现创新设计的最佳着

陆区。

许多创新设计模型过分强调技术的驱动作用，没有充分地考虑用户体验。“三因素”概念模型强调了用户体验在创新设计中的重要作用，认为创新设计本质上是一种由用户体验驱动的过程；创新设计就是从用户需求出发，通过提炼和洞察用户需求、用户行为、使用场景等数据，权衡技术和环境因素，发现或预测创新的用户体验，从而达到用户体验驱动式创新的目的。

四、用户体验驱动式创新设计的工作框架

基于“三因素”概念模型，许为（2019a）根据工程心理学、人因工程等学科的原理和方法，综合评估了以往用户体验实践在创新设计中存在的问题、创新设计的成功实例以及新技术的可行性，系统地提出了用户体验驱动式创新设计的工作框架（见图 11-4），并且概括出了五大类共 11 种用户体验驱动式创新设计方法（见表 11-5）。

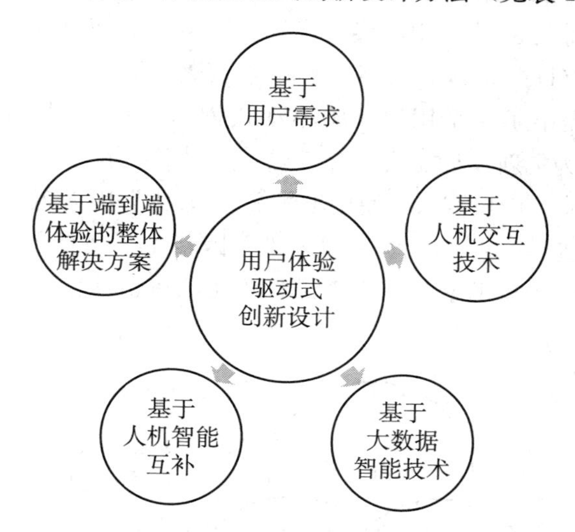

图 11-4　用户体验驱动式创新设计的工作框架

来源：许为，2019a。

表 11-5　用户体验驱动式创新设计的分类和具体方法

方法分类	具体方法	方法描述和主要实现途径
基于用户需求	基于用户痛点	采用传统用户研究方法或者人工智能、大数据等技术手段，分析洞察同类产品所共有的用户痛点，找到独特的体验解决方案
	基于潜在的用户需求和使用场景	采用传统用户研究方法或者人工智能、大数据等技术手段，挖掘或预测潜在的（尚未发现或实现的）、有价值的用户需求和使用场景
	基于差异化体验	采用传统用户研究方法或者人工智能、大数据等技术手段，挖掘有效使用场景中的关键体验，即同类产品不具备的用户体验

续表

方法分类	具体方法	方法描述和主要实现途径
基于人机交互技术	基于新型人机交互技术	利用人机交互新技术，开发易学、易用、有价值的新体验
	基于现有人机交互技术	利用现有人机交互技术，挖掘符合用户需求的使用场景和最佳落地体验（例如，采用现有的多个单通道人机交互技术，利用人的感觉互补性，通过多模态人机交互手段来解决用户痛点）
基于大数据智能技术	基于实时在线用户行为数据	利用人工智能、大数据等技术，利用用户实时在线行为等数据，挖掘用户特征模式进行建模和分类，推出符合用户个性化需求的功能、服务和内容
	基于实时在线上下文场景	利用人工智能、大数据等技术，通过对用户行为、上下文场景等在线数据的建模来预测用户需求和使用场景
基于人机智能互补	基于动态化人机功能分配	随着智能系统学习等能力的提高，动态地调整人机功能和任务分配，达到最佳的人机匹配和系统效率
	基于人机混合增强智能	将人类智能引入智能系统中，形成“人在回路”（或者“脑在回路”）、以人为中心、人机智能互补的更强大的人机混合增强智能
	基于人机组队式合作	在感知、认知、执行等层面上实现人机之间信息、目标、任务、执行、决策等的双向共享，形成有效的人机合作伙伴关系，提升人机系统的整体智能和绩效
基于端到端体验的整体解决方案	在社会技术系统大环境中，采用“以人为中心设计＋整体用户体验＋优化所有用户交互接触点”的方法，为用户提供基于端到端体验（end to end experience）的整体解决方案（如创新的服务设计、商业模式）	

来源：许为，2019a。

总的来说，图 11－4 所示的用户体验驱动式创新设计的工作框架和表 11－5 所列的方法呈现出以下几个特征：

- 驱动性。这 11 种创新设计方法都体现了用户与系统、产品或服务在不同范围和层面上的交互接触，而用户体验正是产生于这些交互接触。因此，这些方法都充分体现了用户体验驱动式创新设计的思路。
- 先进性。这 11 种创新设计方法充分利用新技术（如人工智能、大数据、人机交互等），通过实时用户分析、动态建模等方法，超越了传统的工程心理学和以人为中心的设计方法。例如，基于大数据智能技术的方法，基于人机智能互补的方法。
- 多样性。用户体验驱动式创新设计不一定需要新的技术发明，采用现有的技术，基于工程心理学、以人为中心设计等方法，人们同样可以完成创新设计。例如，基于用户需求的创新设计方法，基于现有人机界面技术的创新设计方法，基于端到端用户体验的整体解决方案。
- 操作性。这些创新设计方法具有一定的可操作性。我们在下一小节采用一些应用实例来说明这些方法的工作思路。同时，随着创新设计实践的进一步深入，用户体验专业人员要与其他学科专业人员密切合作，进一步细化和完善这些创新设计方法。

五、用户体验驱动式创新设计方法

本小节将论述表 11－5 所列的五大类共 11 种用户体验驱动式创新设计方法。为便于读者理解，对每一种方法都采用比较通俗的应用实例来说明其原理和初步工作思路。需要指出的是，这些首次系统提出的用户体验驱动式创新设计方法还需要今后用户体验实践的进一步检验和充实，从而促使这些方法在用户体验实践和创新设计中发挥作用。

（一）基于用户需求

1. 基于用户痛点

产品使用中所暴露出来的用户痛点就是该产品严重影响用户体验的地方，这些痛点有可能导致用户放弃采用该产品或者严重影响用户完成特定的任务。用户痛点就是该产品需要改进的地方，反映了用户的需求，但并不是解决了用户痛点就是创新设计。创新设计需要洞察挖掘同类产品所共有的用户痛点，提出针对该类产品的独特的体验解决方案，这样的创新方案才能从同类产品的市场竞争中脱颖而出。用户痛点的挖掘可以通过传统的用户研究方法或者 AI、大数据等技术对用户行为等数据的建模和分析来实现（Wei，2017）。

20 年前，美国亚马逊公司在成长的初期，经历了互联网经济兴起到最后泡沫破裂的整个过程。面对众多的同质性电商网站的竞争，亚马逊能够幸存的一个主要原因就是针对许多电商网站所共有的用户痛点提供了一系列创新的互联网在线购物体验方案（Brunner et al.，2008）。例如，当时的顾客对同质化的网上购物都感觉缺少对实体商品的体验，并且对产品质量有所担忧。亚马逊采取了多项措施，从与顾客建立体验的情感层面联系出发，专门开设一个商品讨论区，允许顾客给购买的产品打分并进行评论，促进顾客之间的互动，营造出一种购物社区的体验来减少顾客在网购中对产品质量的担忧；根据顾客的购买行为，网站主动推出产品个性化购买建议，并提供“一键下单”功能等。这些措施再加上优化的业务模式以及物流系统，大大提升了用户体验和公司竞争力，最终，亚马逊能够从众多的电商中脱颖而出。

2. 基于差异化体验

用户需求具有差异性，这种差异性也依赖于产品的使用场景。一款产品如果能够针对用户的使用场景提供所需的独特的差异化关键体验，并且是其他同类产品所不具备的体验，也就是找到体现产品竞争优势的关键体验着陆点，那么这样的创新产品就有可能吸引用户。

推特公司的成功就是一个很好的基于差异化体验的创新实例（Saffer，2013）。2000 年博客开始在全球流行，由于习惯于阅读传统媒体，人们喜欢大篇幅的博客内容，但是真正完整阅读博客内容的人实际上相对较少，尤其在许多使用场景中人们没有时间阅读大篇幅的在线内容。2006 年，每次最多只允许发 140 个字符的微博客推特上线。推特这种独特的字数限制功能在刚上市的时候让许多人费解，但是，事实证明推特依靠一种功能简单的通信方式彻底革新了人们对交流的体验，这种简单快速的交流方式表现出其特有的传播价值和用户体验，并且也成功地将推特推向市场。例如，2012 年，飓风“桑迪”袭击美国东海岸，造成大面积停电。在这种使用场景中，包括灾民、媒体、官方在内的推特用户共发了超过 2 000 多万条推文，及时有效地将灾情最新情况告知公众、朋友和媒体。

3. 基于潜在的用户需求和使用场景

这种创新设计就是通过有效的用户体验方法来挖掘或预测潜在的（尚未发现或实现的）、有价值的用户需求和使用场景，为用户提供崭新的体验。挖掘或预测潜在的、有价值的用户需求和使用场景并非易事，因为在用户研究中用户通常无法清楚地描述或定义他们所要但目前市场上还没有的产品。有一个经典例子，说在 19 世纪的时候如果你问用户“你要一个什么样的快速交通工具”，用户会回答“跑得快的马车”。人们不会说要汽车，因为没人能想象出汽车这样的产品。所以，创新要基于潜在的用户需求，并且超越用户的期望来定义崭新的体验。这类创新设计需要一些特殊的用户研究方法，比如民族志现场研究（Pelto，2013）。这些用户研究方法需要研究者有较强的观察和分析能力，这样才能够挖掘出潜在的、有价值的用户需求和使用场景，然后将这种潜在需求转化为具有崭新体验的产品。

2007 年，苹果公司推出的 iPhone 就是一款超越当时用户期望的产品。iPhone 既不完全是手机，也不完全是电脑、电视、照相机或音乐播放器，它是所有这些产品的结合。这种集成的用户体验正是建立在一个个使用场景中潜在的用户需求，比如随身照相机、随身音乐播放器、随身视频播放器、带服务功能的各类 App 等。同时，苹果公司首次将多点触摸屏技术应用在手机的人机交互上。另外，拥有乔布斯这样一位具有敏锐洞察力和创新力的领导者，拥有以用户为中心设计的组织文化，这些众多因素共同促成了 iPhone 的成功。

（二）基于人机交互技术

1. 基于新型人机交互技术

在历史上，有些创新设计是由新型人机交互技术及其所带来的易学、易用、崭新用户体验共同驱动的。例如，在个人计算机时代初期，基于鼠标技术的图形用户界面替代了传统的基于键盘的 DOS 指令界面，大大提升了用户界面的可用性，这种创新极大地促进了个人计算机的普及。同样，人工智能技术促进了语音交互技术的发展，提高了人机交互效率，带来了创新的用户体验。另外，基于认知神经科学和脑电成像等测量技术，研究者通过有效的技术测量（如 EEG、ERP 等）和数据分析手段（信号特征提取及模式分类算法等），能够深入人脑内部的神经层面了解在人机交互操作环境中人的信息加工的神经机制，使得我们有可能实现一种新型自然人机交互方式：脑机接口（BCI）。脑机接口的应用使得我们有可能利用人脑活动（如诱发或自发 EEG）来操控机器（如计算机设备、机械操纵装置）。这种用“脑”来控制人机交互的技术可以为残疾人提供辅助工具，有助于特殊工作环境下的操作者对机器进行控制。

2. 基于现有人机交互技术

创新设计并非一定需要突破性新技术，提升现有技术再加上符合用户需求的使用场景、最佳落地体验等，也可以为用户提供一种创新体验。移动互联网用户体验的创新就是一个例子。作为一项技术，触控技术本身在苹果公司开发 iPhone 之前就已经存在，但苹果公司将该项技术提升为多点触控的人机交互方法，再加上赋予手机一系列新整合的使用场景和新功能等，从而带来了一种创新的移动体验平台，即智能手机（文哲 编著，2017）。

利用现有的多种单通道（模态）人机交互技术（视觉、听觉、触觉等）来实现最佳多模态组合的人机交互技术也有可能产生创新设计。多模态人机交互通过自然、并行、协作方式来整合来自多个通道的输入，捕捉用户的交互意图，有可能提高人机交互的自然性、精确性和有效性。这些单通道人机交互技术都是现成的，但是如果在一定的使用场景中将多个模态结合起来，利用感觉通道之间的互补性，就有可能产生创新设计和体验去解决实际应用中的用户痛点。

例如，在虚拟环境中戴 VR 眼镜玩游戏很容易产生头晕等症状，这是一种典型的虚拟现实综合征。许多研究正在进一步了解虚拟和虚实混合环境中人的空间知觉能力和局限性，为工程技术设计提供指导。我们有可能通过提供基于眼动追踪的视线交互和体感交互相结合的多模态人机交互设计，减少头部过度移动等问题，从而使得人在虚拟环境中能够更自然地追踪视觉目标，改善虚拟现实综合征，提高人机交互的有效性和用户的沉浸感体验。如果这种解决方案能够实现，那么这种基于现有单通道人机交互技术的多模态组合式设计就是一种创新设计。

（三）基于大数据智能技术

1. 基于实时在线用户行为数据

现有的用户体验方法通常通过用户研究初步获得用户需求，然后由用户体验专业人员完成多个用户界面设计原型和可用性测试，希望通过这些活动来确定一个能够满足不同用户需求的个性化设计方案。但是，这种设计方案通常是一个服从多数用户的“折中”设计方案，因为很难确定一个完美的设计来满足不同用户的个性化需求。另一种方法是依据用户需求和特征将用户分成不同类型的角色，当用户实际使用产品时，系统首先收集用户的一些基本特征信息，然后与各种预定的用户角色匹配，从而提供相应的个性化功能、内容和服务。这是一种静态的个性化设计，无法快速有效地获取用户在操作场景中的动态化需求和准确的个性化需求。

大数据智能技术使得我们有可能根据用户的实时在线行为数据，快速有效地通过建模和分类来挖掘用户行为的特征模式（如人物画像），从而找到个性化的用户需求。例如，通过基于大数据智能技术的实时人物画像建模向用户推荐商品（吕超，朱郑州，2018；Sun et al.，2018），基于用户日志库特征提供个性化的在线图书馆服务内容（何胜 等，2017），基于用户行为大数据对用户行为进行分类（Wei，2017）。根据这些特征信息，智能系统可以向用户实时提供符合他们个性化需求的用户界面、内容、功能和服务等。

2. 基于实时在线上下文场景

目前获取产品最佳落地体验和使用场景等信息通常是采用用户研究的方法（问卷、现场调查等），但是这些方法不易预测潜在的用户需求和使用场景。应用大数据等技术可以通过对用户行为、上下文场景等在线数据进行建模来预测用户需求和使用场景。例如，对一款移动应用来说，如果用户使用在线购买电影票的功能，该系统可根据用户数据来推测用户需求和使用场景：除了买电影票之外，还包括是否需要进行影评、是否需要购买爆米花等，从而自动地为用户提供与当前的上下文场景相匹配的功能。再比如，智能化网络搜索引擎根据收集到的用户点击的链接历史数据，可以为用户提供与用户点击历史数据相匹配的搜索结果。当一个用户搜索“Amazon”，系统“感知”到该用户计划去巴西旅游，目的地是亚马孙热带雨林时，系统向该用户推荐与亚马孙热带雨林旅行相关的结果；而当另一个用户搜索“Amazon”，系统“感知”到该用户网上购物行为以及上下文使用场景信息时，则向该用户推荐亚马逊电子商务网站。

（四）基于人机智能互补

随着人工智能技术的发展，人们开始意识到，机器有其优势（如准确性、记忆、速度、逻辑），但是任何程度的机器智能都无法完全模仿或者替代人类智能的某些维度（如直觉、意识、抽象思维、创造力等），孤立地开发人工智能技术的道路遇到了挑战（Zheng et al.，2017）。因此，通过在智能系统中引入人的角色和作用，实现人类智能与机器智能之间的优势互补，可以形成更为强大的人机混合增强智能（Hassani et al.，2020）。人机智能互补设计策略也为创新设计提供了思路。

1. 基于动态化人机功能分配

作为工程心理学在系统开发中的一项重要活动，人机功能分配是根据人与机器各自的优势合理地分配各自从事的具体功能和任务，从而达到最佳的人机匹配和系统效率。在非智能系统中，人机功能分配在产品的生命周期里是相对固定的，这是因为系统的能力是固定的。智能系统具备一定的学习等能力，智能机器的能力和功能可以随着机器的学习而提升，带来了人机之间功能、任务、流程、角色分配的动态性。随着智能机器能力的提升，机器应该逐步接管更多的重复性、低效率人工任务，这样人就有更多的机会去从事决策和创造性任务（Xu et al.，2019）。

动态化人机功能分配为智能系统的自适应人机交互设计提供了一种新的工作思路。依据人类操作者的行为状态、外界突发事件、操作场景上下文感知和推理等信息，智能系统不仅能主动地调整人机界面的显示格式和内容，而且能动态地调整系统功能和工作模式（如智能系统的自动化、自主化水平），实现实时动态的人机功能分配（如人机之间系统操控权的接管与交付），从而提高人机系统的整体效率和安全性。基于这种设计思路的产品有可能提供独特的、有用的用户体验，达到创新设计的目的。

2. 基于人机混合增强智能

目前，针对人机混合增强智能的研究基本可以分为两类。第一类是在系统层面上开发“人在回路”（human-in-the-loop）的混合增强智能（胡源达 等，2020）。这种开发思路将人的作用直接引入智能系统，形成以人为中心、融于人机关系的混合智能。当系统输出置信度低时，人主动介入调整参数给出合理正确的问题求解，构成提升系统智能水平的反馈回路（Zheng et al.，2017）。人对智能系统的输入有许多方法，如在线评估（Dellermann et al.，2019），人类直接参与算法的训练、调整和测试（Hassani et al.，2020；Dudley & Kristensson，2018；Correia et al.，2019）。

第二类是在生物学层面上开发脑机融合背景下的“脑在回路”混合增强智能（吴朝辉 等，2014；吴朝辉，2019）。“脑在回路”混合增强智能以人机系统为载体，以生物智能和机器智能深度融合为目标，通过神经连接通道，可以在感知、认知或行为层面上形成对人类某个功能体的增强、替代和补偿。人机混合智能系统利用了人机智能之间的优势互补，同时人类和机器智能体都可以通过学习共同进化，并在系统级别上获得出色的成果（Dellermann et al.，2019）。研究表明，“脑在回路”混合增强智能能够处理高度非结构化的信息，比从单个智能系统获得的结果更准确和更可信（Zheng et al.，2017；Wang et al.，2017）。医学诊断领域的研究表明，结合使用人类专家诊断知识和基于人工智能技术的智能系统的绩效（如诊断准确性和速度）要优于单独使用这两种方法时的绩效（Topol，2019；Patel et al.，2019）。基于人机混合增强智能的创新设计思路是明确的，这方面的工作目前还处于起步阶段，有待于包括工程心理学在内的跨学科的进一步研究。

作为一个相对简单的实例，智能聊天机器人（智能音箱）从原理上讲可以被认为是一个人机混合增强智能系统。李（Lee，2018）的研究发现，根据comScore的数据，谷歌应用商店平均每天上线1 000多款App，但是2016年美国所有智能手机用户中，近一半的用户每月下载App数为零。2017年的数据表明，用户平均每天使用9款App，一个月内不超过30次，并且用户的App平均使用数只是他们下载总量的三分之一。这些数据表明，不同于多年前移动App刚投入市场时，目前用户需求已经发生变化。与此同时，智能聊天机器人应运而生。聊天机器人可以简化人们的生活，减少不时下载App的需要，当人们有问题时，聊天机器人可提供快速有效的信息。

从工作原理上讲，智能聊天机器人的设计利用了机器系统在感知（如语音输入）、记忆（超大容量的在线知识库、跨平台的智能化大数据搜索等）、学习（理解人类用户输入的上下文场景、用户个性化需求识别、再学习能力等）、推理和决策（用户个性化识别、用户意图等）、执行（推荐针对用户的个性化信息、语音输出等）等方面的智能优势。同时，人类用户贡献和共享的跨平台在线内容为聊天机器人的搜索和学习提供了实时更新的庞大知识库，这种人类知识在线更新方法在一定意义上体现了“人在回路”的设计思路。聊天机器人这种人机智能优势互补的智能系统大大提升了用户获取知识的效率，提供了一种具有新体验的创新设计。

3. 基于人机组队式合作

第十二章将论述的智能系统可以被开发成具有某些自主化特征和能力（认知、学习、自适应、独立执行等），在一定程度上实现类似于人-人团队中的人机组队式合作。这种人机组队式合作是建立在人机智能互补基础上的一种更深层次的人类智能与机器智能的整合。从创新设计的思路出发，人机组队式合作可以考虑从感知、认知、执行等层面上为智能系统寻找创新的解决方案。随着智能技术的进一步发展，未来智能系统中的人机组队式合作关系将使得人与机器之间可以实现信息、目标、任务、执行、决策等的双向共享，这种合作关系为创新设计提供了更大的空间。

从长远来看，人机混合增强智能可能会向人机混合团队合作的范式转变，使得有可能利用人类智能和机器智能，在感知、认知、执行和控制等层面上，通过技术整合手段来达到人机之间的深度智能互补，提升人机系统的整体智能，从而实现智能化人机合作的创新设计。这方面的工作需要工程心理学与其他相关学科的跨学科合作研究。有关智能系统人机组队式合作的详细讨论请参见第十三章（人-人工智能交互）。

在感知层面，有效的人机组队式合作需要有效的人的模型来支持智能系统监控人类操作者的状态（认知、生理、行为、情绪、能力等）；另外，智能系统要提供透明化的人机界面，帮助操作者了解当前系统和操作环境状态，从而使得人机双方都建立适当的心理模型。在认知层面，人机互信直接影响人机组队式合作的团队绩效，因此创新设计要考虑如何量化不同操作场景中人机之间动态化功能交换所需的信任（de Visser et al.，2018)。在执行层面，决策控制权的转移取决于人机互信、情境意识共享、合作程度等因素，因此人机组队式合作应该允许在任务、功能、系统等层面上实现决策控制权在人机之间的有效共享。

作为一个潜在的应用实例，在自动驾驶车应用领域，可以考虑将自动驾驶车视为一个“在轮子上的智能系统”，借助人机组队式合作的设计思路，研究人机共驾所需的情境意识共享、人机互信、人机控制共享范式等问题，研究在什么条件下人机之间如何完成有效的切换，通过有效的人机交互设计，为应急状态下快速有效的人机控制权转移提供创新的解决方案。

（五）基于端到端体验的整体解决方案

基于端到端体验（end to end experience）的整体解决方案是从社会技术系统大环境出发的一种创新设计理念。它采用“以人为中心设计＋整体用户体验＋优化所有用户交互接触点”的工作思路，为用户提供一种无缝衔接的整体用户体验。

有些用户体验解决方案往往局限于端到端体验中的某个局部体验，导致无法提供优化的整体用户体验。例如，病人找医生、挂号、看病、检查、住院、开刀到最后康复就是一个端到端体验过程，如果能够系统地解决整个体验流程中关键用户接触点上的用户痛点，就是一个基于端到端体验的整体解决方案。病人使用 App 来挂号仅仅是整个体验流程中的一个接触点，很明显，仅仅优化这一个接触点上的用户体验并不能给病人带来优化的整体用户体验。如果采纳以病人为中心设计的理念对病人的整个体验流程进行优化，包括病人的主要接触点，同时对医院一些不合适的规章制度进行改革，优化整个流程，那么尽管没有采用新发明的技术，但是如果解决方案能够明显地提升病人的用户体验和医院的服务效率，这种基于端对端体验的整体解决方案本身就是一种创新设计。

2009 年在旧金山成立的优步公司通过一种乘车共享的商业模式再造和服务设计，从乘客和司机两种用户利益的角度出发，使用经济杠杆来平衡乘客与司机的用户体验，各取所需，乘客获得舒适的用车服务，而司机则获得他们期望的经济收入（李四达 编著，2017）。在服务设计中，优步通过对乘车服务的全程多环节分析，发现了用户痛点和解决方案的机会点，在各个服务的接触点上解决了这些用户痛点，从而极大地提升了用户在约车、等车、乘车方向、付款等交互接触点上的体验。另外，优步还通过智能手机和App来配对乘客和司机，达到按需乘车和共享服务的目的，实现线上线下的融合设计。

由此可见，创新设计的范围广泛，不仅包括对有形产品的创新，而且包括对无形产品的创新。用户体验产生于与有形产品（人机界面等）的交互，也产生于与无形产品（业务流程、服务模式等）的交互。所以，用户体验驱动式创新设计也包括流程设计创新、服务设计创新、商业新业态或新模式创新等，既针对有形产品也包括无形产品。

显而易见，基于端到端体验的整体解决方案不仅注重局部的点方案（如人机界面、产品设计视觉、包装设计），而且贯穿于体验、服务、流程等各种交互接触点。如果把设计的目标和范围放在一个社会生态大环境中来看，一种基于端到端体验的创新设计还应该考虑物理、社会、经济、文化等各种因素，这需要转变思维方法和观念。这种基于端到端体验流程的设计思维，可应用于零售、通信、银行、交通、能源、科技、政府公共服务以及医疗卫生等广泛领域。

目前正在兴起的服务设计从本质上来说就是提供一种基于端到端体验的整体解决方案。在许多行业，企业在产品和技术等方面都很难拥有远超同行业竞争对手的优势，所以，如果能在流程、服务等方面优化整个体验流程，通过流程和商业模式再造也有可能产生基于端到端体验的创新设计。

概念术语

用户体验，产品可用性，“三三”模型，以用户为中心设计（UCD），UCD的思想，用户体验度量，度量维度，主观评价度量，行为与生理度量，绩效度量，度量整合，整体用户体验，创新设计，创新与发明，创新与用户体验，用户体验驱动式创新设计的“三因素”概念模型，用户体验驱动式创新设计的工作框架，基于用户需求的创新设计，基于人机交互技术的创新设计，基于大数据智能技术的创新设计，基于人机智能互补的创新设计，基于端到端体验的整体解决方案

本章要点

1. 用户体验是指用户使用和（或者）预期使用一个系统、产品或服务而引起的感知和反应。

2. 用户体验从来自有形或无形产品、跨越全时间域、一个过程、多层次的、可测的、一种专业能力等六个方面对产品可用性涉及的范围或理解进行拓展。

3. 典型的用户体验理论有可用性理论、美感理论、结构理论、过程理论、企业用户体验成熟理论。

4. 用户体验研究可分为认知的主观研究、认知的生理研究、认知的绩效研究、情感

的主观研究、情感的生理研究、情感的绩效研究、操作的主观研究、操作的生理研究和操作的绩效研究等九种。

5. 以用户为中心的设计（UCD）是在设计过程中以用户体验为设计决策的中心，强调用户优先的设计模式。

6. UCD的原则包括：用户第一而非技术，给用户最习惯的环境，考虑各种用户的特征，充分尊重用户的意见。

7. UCD的流程分为用户研究、原型研究、标准研究和反馈研究等四个阶段。

8. 可用性和用户体验度量可分为主观评价度量、行为与生理度量和绩效度量。

9. 智能时代用户体验面临的挑战与要求包括全产品生命周期的用户体验、生态化的用户体验、多层次的用户需求、新的设计思维、智能新技术和新型人机交互技术以及强化的跨学科团队合作等六个方面。

10. 创新设计的成果必须为用户和社会所接受，满足用户和社会的需求，从而产生社会价值。

11. 创新本质上是一种持续地将用户体验（用户需求、使用场景等）和技术不断进行调整从而达到最佳匹配的过程，它使技术有用、易用、易学，进而为人类创造一种具有崭新体验的生活和工作方式。

12. 用户体验驱动式创新设计的概念模型强调了一个成功的创新设计需要充分考虑用户、技术和环境三大因素之间的权衡。在权衡考虑这三大因素之后所形成的重叠区域就是创新设计解决方案的空间，即创新设计的最佳着陆区。

13. 用户体验驱动式创新设计的特征包括驱动性、先进性、多样性和操作性。

14. 用户体验驱动式创新设计的主要方法包括基于用户需求、基于人机交互技术、基于大数据智能技术、基于人机智能互补、基于端到端体验的整体解决方案等五类。

复习思考

1. 什么是可用性？
2. 什么是用户体验？它从哪六个方面对产品可用性涉及的范围或理解进行了拓展？
3. 用户体验理论有哪些？其基本内容是什么？
4. UCD所提倡的理念是什么？
5. 创新与发明的区别是什么？
6. 从用户体验的角度看，创新的本质是什么？
7. 简单描述用户体验驱动式创新设计的“三因素”概念模型。
8. 用户体验驱动式创新设计包括哪五类方法？
9. 请举出创新设计成功的实例来说明其中的两种创新设计方法。

拓展学习

董建明，傅利民，饶培伦，Stephanidis，C.，Salventy，G.（编著）（2016）. *人机交互：*

以用户为中心的设计和评估(5 版). 清华大学出版社.
葛列众，许为（主编）.（2020）. *用户体验：理论与实践*. 中国人民大学出版社.
罗仕鉴.（2020）. 群智创新：人工智能 2.0 时代的新兴创新范式. *包装工程*, *41*(6), 50-56.
许为.（2003）. 以用户为中心设计：人机工效学的机遇和挑战. *人类工效学*, *9*(4), 8-11.
许为.（2005）. 人-计算机交互作用研究和应用新思路的探讨. *人类工效学*, *11*(4), 37-40.
许为.（2017）. 再论以用户为中心的设计：新挑战和新机遇. *人类工效学*, *23*(1), 82-86.

第十二章
神经人因学

教学目标

了解神经人因学的基本概念、关注的核心问题、指导原则；了解神经人因学在认知系统方面的研究概况，掌握几项相关的实际应用；了解神经人因学在情感系统方面的研究概况，掌握几项相关的实际应用；了解几项常见的神经人因学技术及其应用。

学习重点

掌握神经人因学的基本概念、核心问题和指导原则；了解神经人因学在认知系统方面的研究，掌握空间知觉、导航与定位，警戒、注意、心理负荷与记忆，操作与疲劳等领域的神经人因学研究现状；了解神经人因学在情绪加工中的应用，掌握情绪状态的识别与监控、态度及偏好的测量等领域神经人因学研究现状；了解神经人因学相关的技术开发与应用，掌握智能导师系统、情感交互系统和障碍者辅助系统。

开脑思考

1. 虽然神经人因学的发展历史不长，研究领域还在不断扩展，但神经人因学独有的优势和贡献已经展现出来，比如脑机接口技术在智能家居中的应用。你使用过可以用大脑控制的电视机遥控器吗？在我们的生活和工作中，还有哪些技术和设备运用了神经人因学的知识和技术？

2. 想象我们正在驾驶汽车，面对陌生复杂的道路，你可能感到困惑，但你的朋友却是一位识路的高手。神经人因学研究发现，科学家可以通过个体在导航过程中的不同脑激活，来区分出你到底是一位好的导航者还是差的导航者。这一发现对哪些领域的人员选拔具有重要的意义？你还能想到神经人因学在其他重要的认知任务（如注意、记忆等）中的应用吗？

3. 生活中，情绪时刻伴随着我们。当你选购或试用自己心仪的产品时，你的情绪体验会因产品的设计优秀与否发生微妙的变化。科学家现在可以通过多种技术对产品使用过程中所诱发的用户情感状态进行识别和监测。那么，这些方法和技术能帮助到哪些领域的工作者？

神经人因学（neuroergonomics，也称神经工效学）是研究工作中脑与行为间关系的科学（Parasuraman，2003），是工程心理学与神经科学交叉形成的新的学科。与传统的神经科学以及近年来兴起的认知神经科学不同，神经人因学不仅仅考察人的基本认知过程的神经生理机制，而是更加致力于探索与现实紧密相关的认知功能。神经人因学关注的核心问题是人们在自然的工作、居家、交通等日常情境下的心理行为特性、规律及其神经生理机制。

神经人因学作为一门新兴的交叉学科，其发展的历史并不长，研究领域还在不断扩展，但神经人因学独有的优势和贡献已经展现出来。它从新的角度增强了研究者对大脑功能的认识，对提高人机系统的绩效、增强人们工作时的安全性以及改善人们的生活等都有重要的作用。基于神经人因学技术和理念，工程心理学家可以采用更多的先进方法研究工作环境和设计产品，使其更安全、更可用、更高效和更受人们喜爱。

神经人因学的指导原则是，研究大脑如何完成日常生活中的复杂任务，而不仅仅是实验室中简单的人工任务。因此，神经人因学具有研究和实践的双重意义，有望从多个方面为工程心理学的理论发展和实践应用做出贡献。首先，与传统的主要基于行为指标（如行为绩效、主观评定）的研究相比，神经人因学为工作中的人的绩效的测量提供了更客观、更敏感的指标（如心理生理学指标和脑成像指标），这些指标具有许多独特的优势；其次，对工作中的人的神经生理机制的考察，有助于研究者从更深层次的角度出发，优化工作环境的设置、人员的培训以及产品的设计；最后，神经人因学的成果不仅对完善工程心理学的相关理论具有重要意义，而且能够直接用于工作环境的设计与改进，指导技术的革新。

本章将重点介绍神经人因学在认知系统方面的研究概况及实际应用，以及与情绪相关的神经人因学研究，并简要阐述神经人因学所带来的技术发展，以帮助读者更好地理解神经人因学的研究理念及实际应用价值。

第一节　认知系统中的神经人因学

研究“自然环境下的认知”是近年来工程心理学的重大转变（Parasuraman & Hancock，2004）。相应地，神经人因学也通过多种现代的神经生理技术，对自然环境中人的认知功能进行考察。

神经人因学关注人的多种与现实紧密相关的认知功能的神经生理基础，这包括知觉、注意、记忆、决策与计划、学习等，涵盖了人们生活与工作的方方面面，从人们居家或工作时使用的操作系统及界面，到休闲娱乐（如游戏设计）与消费，再到交通（如汽车驾驶）与通信。对上述认知活动的大脑功能进行深入的探索，极大地推动了工程心理学的发展。正如里佐和帕拉休拉曼（Rizzo & Parasuraman，2006）所说："对视觉、听觉和触觉加工的神经生理机制进行研究，可以有效促进工程心理学领域的信息呈现方式的改进及任务设计的优化，包括改进和优化警示信号、开发神经假肢、运用生理信号监测操作者的疲劳状态从而减少错误的发生，直至制作仿真机器人等。"这一表述生动阐述了神经人因学为工程心理学所带来的巨大的上升空间。

目前，神经人因学在认知系统方面的研究主要集中在以下三个方面。

（1）对操作者或用户的空间知觉进行研究，重点探索空间导航与定位的神经生理机制，具体包括：

- 将空间知觉的神经生理机制研究拓展到空间导航领域，考察空间导航过程所包含的各个子过程（如导航路线的计划、导航策略的选择）的神经基础，为电子地图和导航系统的开发与制作提供建议。
- 通过个体在导航过程中所表现出的不同的神经激活，区分好的导航者和差的导航者，为与空间导航相关的人员选拔与训练提供科学的依据。

（2）对操作者或用户的警戒水平、注意功能、心理负荷与记忆绩效进行测量，具体包括：

- 对操作者或用户在系统操作过程中所承受的脑力负荷及注意警戒水平进行监控，保证系统或产品的设计能够满足人体的负荷需求，从而为作息制度的确定以及人员的安排提供科学的建议。
- 将对注意机制的探索扩展到更多的领域，利用眼动技术探查消费者或用户的注意点，用于网页设计和改进。
- 利用多种神经生理技术，对操作者或用户的心理负荷进行神经人因学考察，并尝试通过神经生理信号对不同的心理负荷水平进行准确的判别和区分，为心理负荷的监测提供新的方法。
- 关注工作记忆、短时记忆以及长时记忆的神经机制，并通过对识记绩效等指标的记录，优化人机界面的设计、广告的测评等。

（3）对操作者或用户的操作过程进行监测，并关注与之相伴的疲劳状态，具体包括：

- 对操作过程中的脑功能变化情况予以考察，监测失误或错误的发生。
- 通过记录不同人群在操作过程中的生理指标（如眼动），评判操作熟练度或专业水平（如专家和新手）。
- 对操作者或用户的疲劳状态进行监控，用神经生理指标对不同水平的疲劳进行标识，并尝试寻找关键的指标来预测不同个体抗疲劳的潜力。

一、空间知觉、导航与定位

客观事物直接作用于感官时，在大脑中所产生的对事物的整体认识，即为知觉（彭聃龄 主编，2004）。空间知觉是知觉的重要组成部分，反映了个体对物体的空间关系的认知能力，在人与环境的互动中有着重要的作用。与空间知觉能力相对应的空间导航（spatial navigation）是近年来神经人因学关心的重要主题。正如马奎尔（Eleanor A. Maguire）所述，“人类是一个无时无刻不在移动着的物种”，我们每天都会试图找到某个地点并准确到达，这包括家、学校、邻里朋友的居所、工作地点、消费及娱乐场所等。

空间导航是一项复杂的认知活动，包含诸多的子过程，例如导航目的地的确认、路线的计划及最终路线的选择、导航过程中对路线的监控、导航策略的运用等，对应着复杂的神经网络。已有研究利用PET、fMRI等脑成像技术发现，当要求被试在虚拟现实环境中执行导航任务时，他们大脑中的海马体、海马旁回、尾状核、顶叶和扣带回，以及前额叶的部分区域，会出现显著的激活（Hartley et al.，2003；Spiers & Maguire，2006；Spiers & Barry，2015）。以斯皮尔斯和马奎尔（Spiers & Maguire，2006）的研究为例，他们采用fMRI技术考察了逼真的场景下，有驾照的出租车司机在导航过程中的大脑活动。在这项研究中，研究者使用商业游戏 *The Getaway* 对被试进行测试。这款游戏涉及一张全面的伦敦地图，该地图包含近110km的道路、50km^{2}的城市规模、单行路、红绿灯、拥挤的交通以及繁忙的人流。被试在游戏过程中需要将顾客搭载到指定的地点。他们的实验结果表明，海马体、额叶和扣带回等区域在复杂的导航过程（包括路线选取、路况监控等）中起到了重要作用。

还有研究者从更为直接的神经元活动探测的角度，对空间导航的神经机制进行了研究。埃克斯特罗姆等（Ekstrom et al.，2003）在顽固性癫痫病人的颞叶内侧和额叶植入颅内电极，记录了317个神经元在被试巡航虚拟小镇时的活动。他们发现，对所处的特定空间地点起反应的神经元主要集中在海马区域，对标志性画面的观看起反应的神经元主要集中在海马旁回，而额叶和颞叶的神经元则对被试的导航目标敏感，能够对地点、目标和视角三者的综合信息起反应。

斯皮尔斯和巴里（Spiers & Barry，2015）对近年来的多项研究进行了总结。他们发现，海马体及与其相连的内侧颞叶区域，在导航的诸多子活动中（包括在环境中进行自我定位、计算空间位置与目标之间的关系等）均起重要作用；海马旁回则负责特殊视角的再认；海马-内嗅（hippocampla-entorhinal）区域负责非自我中心表征的加工，顶叶后部负责自我中心表征的加工，而扣带皮层则在两者的切换中起作用；前额皮层协助进行路径计划、决策和导航策略的切换；小脑则在包含自我动作监控的导航过程中被激活。

事实上，除了对空间导航中的子过程的脑区活动模式进行精确的考察，空间导航的神经机制研究还可以用于区分好的导航者和差的导航者。哈特利等（Hartley et al.，2003）发现，好的导航者在导航时的脑活动不同于差的导航者。在这项研究中，研究者采用fMRI技术，让被试在虚拟小镇中进行导航，或者遵循一条通过学习容易掌握的路线，或者自由探索。他们发现，相比于差的导航者，好的导航者（即正确路线选择者）在寻找路线时会激活海马体的前部，沿着学习后掌握的路线行进时会激活尾状核的前部。

上述研究表明，研究者已经开始利用多种脑相关技术探索空间导航的神经机制。这些最新的研究成果在工程心理学领域，为地图的设计、空间导航系统的改进，以及个体导航能力的评估等均提供了新的思路和手段。未来的研究可以在以下几个方面进行扩展：（1）空间导航是生态性很高的认知任务，目前的空间导航研究更多的是使用静态图片、虚拟小镇、想象导航或者旅行影片来进行，未来的研究可尝试在脑扫描的过程中给予被试动态交互式的导航任务，并伴随着持续的行为测量。（2）目前的研究较多地关注不同水平的导航者在空间导航过程中的脑机制，而较少关注短期和长期训练的作用，未来的研究应该考察与空间导航学习和训练相关的脑的可塑性变化。（3）此外，未来的研究应关注虚拟现实技术的应用，虚拟现实技术因其良好的沉浸感和较高的参与度，能够让被试更加真切地进入空间导航的场景中，因而有必要更好地将虚拟现实技术与脑相关技术结合起来。

二、警戒、注意、心理负荷与记忆

警戒（vigilance）是工程心理学研究的重点领域，它与人的持续性注意功能密切相关。警戒作业通常表现为操作者持续完成某项工作时对特定信号的监测绩效。警戒作业在许多复杂的人机系统及特殊工作中有着重要的作用，如军事上的雷达探测、刑侦中的录像筛查、地铁站的行李安全检查、手术室的体征全程监控等。

近年来，研究者已经可以利用先进的无创性脑成像手段对警戒的神经生理机制进行考察。如波斯等（Paus et al.，1997）利用PET技术，考察了60分钟的听觉警戒任务中被试大脑活动的变化。他们的结果表明，部分右侧皮层区域（包括眶额、腹外侧额叶、背外侧额叶、顶叶、颞叶）和部分皮层下区域（如丘脑、壳核等）的脑血流（cerebral blood flow，CBF）随着任务的进行而出现减弱的趋势；同时部分区域（包括双侧梭状回）的脑血流则出现增强的趋势。还有一些脑区之间的血流出现共变的趋势。研究者认为，这些结果表明，警戒作业有其相应的神经机制。肖等（Shaw et al.，2009）采用经颅多普勒超声（TCD）技术发现，听觉及视觉任务中的警戒水平和脑血流速率（cerebral blood flow velocity，CBFV）之间存在耦合关系，而且这种耦合关系在右半球强于左半球。该结果意味着，脑血流速率可以作为警戒作业中资源损耗的代谢指数，用于警戒水平的监控。这些研究成果可以为作息制度的制定以及警戒相关工作的安排提供科学的依据。

除了警戒作业外，对注意机制的探索还可以直接用于产品的设计和改进。目前最常见的案例就是通过眼动技术探查消费者或用户的注意点，进行网页的设计和制作。例如，普尔等（Poole et al.，2004）利用眼动追踪技术考察了网页电子书签（bookmark）的信息结构对其突显性和可识别性的影响。实验中给被试呈现一系列网站，要求被试通过电子书签快速找到先前浏览过的网页。电子书签的两种信息结构为：自上而下［网站名称（Nifty News）—栏目名称（Middle East）—网页或文章题目（Senior Official Surrenders)] 和自下而上（网页或文章题目—栏目名称—网站名称）。这两种信息结构均可包含一级、二级或三级标题。眼动实验结果表明，自下而上式书签更具突显性，表现为被试对自下而上结构中的引领信息的注视频率较低、时间较短；自上而下式书签的搜索绩效受到了标题级数的影响，即二级标题的绩效最优。杨海波等（2013）以首次注视时间、对感兴趣区（广告图片、广告语）的注视时间密度和空间密度为眼动指标，对幽默平面广告的适用性进行了考察。眼动实验的结果表明，蓝色商品的幽默广告在图片区的注视时间密度和空间密度均优于事实性广告，在广告语区的进入时间点迟于事实性广告（即对图片关注更久）。这表明，具有功能性和低风险的蓝色商品平面广告更适合采用幽默诉求的方式。

上述研究表明，警戒及注意的神经生理机制研究，不仅为深入探索这些认知过程的内在加工机制提供了更为丰富的证据，而且有利于与之相关的应用研究的拓展（如网页制作等）。未来的研究可尝试结合多种神经生理手段，对实际工作中的注意水平进行实时的监测，开发出合理的人机系统以满足个体的脑负荷要求；同时可以尝试开发针对不同系统操作的注意力训练程序，用于人员的训练和技能的提高。

心理负荷指的是“包含在个体有限的心理能力中的、实际投入任务的部分心理资源”（O'Donnel & Eggemeier，1986）。近年来，随着神经人因学的兴起，心理负荷的 EEG、ERP、fMRI、fNIRS 和 TCD 研究相继出现（贾会宾 等，2013）。心理负荷研究可以有效推进人机系统（如飞行驾驶舱、汽车仪表盘）的设计和改进。以汽车为例，现代汽车仪表盘的设计已经充分考虑了驾驶员的认知负荷，可以有效平衡来自引擎、其他汽车系统的信息和司机对路况的关注（Borghini et al.，2014）。

研究表明，脑信号还可以对不同的心理负荷水平进行区分。例如，赫夫等（Herff et al.，2014）利用 fNIRS 技术考察了与心理负荷相关的前额叶（PFC）的活动。实验中使用了 *n*-back 任务，结果发现，通过单个试次测量得到的 PFC 区域的 fNIRS 信号，对三种任务（1-back，2-back，3-back）所诱发的心理负荷（相比于放松状态）的区分率分别为 81%、80%和 72%。这意味着，fNIRS 信号可以为脑机接口及用户心理负荷的监控提供新的途径和可能。

事实上，上述作业过程也离不开记忆的参与。工作记忆、短时记忆以及长时记忆研究均已贯穿于神经人因学研究的发展，为界面的设计、广告的测评等提供了重要的科学依据。例如，罗西特等（Rossiter et al.，2001）采用稳态检测地形图技术（steady-state probe topography，SSPT）对被试的左、右侧额叶的活动进行记录，尝试确定该指标是否可用于推断新的电视广告中的哪些帧能够在一周后被消费者成功识别。他们的实验结果表明：（1）呈现时间超过 1.5 秒的场景能被更好地识别；（2）将呈现时间控制后，能够诱发左侧额叶快速活动的场景能被更好地识别。该结果提示，电视广告中的视觉信息如能诱发左脑的快速电反应则有利于消费者的记忆，有助于该信息从短时记忆向长时记忆转换。

综上所述，注意、记忆以及心理负荷等都与人的工作绩效的提高、安全的保证等息息相关，各个方面的研究也已经开展起来，并取得了丰富的研究成果。但值得注意的是，在更加生态化的工作环境中，个体的多种认知过程往往是相对独立又相互影响、彼此依赖的，因而未来的研究应该尝试同时关注注意、记忆及心理负荷在特定作业中的神经生理机制，对相关脑区之间的相互作用进行考察。

三、操作与疲劳

操作是人在作业时所伴随的状态。有研究者对一种典型的动作学习——隔空取物（telerobotic）所伴随的脑功能的变化情况进行了考察（Krebs et al.，1998）。这项实验被看作早期将神经科学与操作学习相结合的代表性研究之一（Parasuraman，2003）。

在操作过程中，有效监测错误的发生是保证安全作业的重要条件之一。研究者采用多种方法探讨如何分辨、描述和解释人们在复杂的人机系统中的错误。分析与错误相关的脑活动将有助于研究者对上述问题的思考。已有的研究表明，当个体出现错误时，特定的大脑机制会被启用。目前最常使用的指标为错误后负波（error-related negativity，ERN）。ERN 通常在错误反应产生后 100～150ms 达到峰值，而在正确反应之后较小或不出现。研究者发现，ERN 的波幅与感知到的正确率以及被试对自己出错的感知有关（Scheffers & Coles，2000）。未来有望以 ERN 为指标，用于确认、预测甚至是防止实际操作中错误的发生。

操作过程中所伴随的神经生理指标还可以用于区分不同的群体（如专家和新手）。例如，格雷泽等（Graesser et al.，2005）在一项研究中首先让大学生被试阅读五种常用仪器（圆筒锁、电子钟、车用温度计、烤面包机和洗碗机）的说明文档，随后给他们设置仪器故障的场景（以圆筒锁为例，故障表现为“钥匙可插入并转动但螺栓不动”），让他们就故障的可能原因进行 3 分钟的提问，同时记录他们的眼动轨迹。学生的问题被划分为好问题和坏问题：好问题即能解释仪器故障的问题（例如，凹轮能否转动），坏问题即无法解释仪器故障的问题（例如，是否使用了正确的钥匙）。对仪器有深度理解的被试，提的问题不一定多，但是好问题的比例高，他们对故障处的注视次数及其占总注视次数的比例，以及对故障处的总注视时间均更多或更高。研究者认为，这表明对故障的注视是判断深度理解的可靠而快速的指标。

操作过程中疲劳状态的出现，也可以通过神经生理的手段进行监测。利姆等（Lim et al.，2010）利用动脉自旋标记（ASL）灌注的 fMRI 技术，考察了随着警戒作业任务的持续进行（20 分钟），被试绩效下降所伴随的疲劳状态的神经机制。结果表明，警戒作业激活了右侧化的额叶-顶叶注意网络（但不包括基底节和感觉运动皮层）。随着任务由前半段进入后半段，额叶-顶叶注意网络的激活开始减弱，任务绩效的降低与脑血流的减弱相关。该结果表明，一段时间的重脑力工作会在额叶-顶叶注意网络引发持续的认知疲劳，从而引发警戒作业的绩效降低。此外，该研究还发现，丘脑和右侧额中回的静息脑血流可用于在任务开始前预测被试随后的绩效下降。

综上所述，操作过程的神经生理研究为操作过程的监控、操作中失误（或错误）的监测提供了新的指标，也为具有不同操作水平和潜力的人员筛选提供了新的思路。未来的研究应该结合多种技术方法，更加实时地对操作过程进行测量，并予以反馈，提升该领域的应用价值。

第二节　情绪加工与神经人因学

情绪是人的心理动力机制的重要组成部分，脱离了情感因素的“纯认知”研究无法对人的行为进行完整的考察和模拟。随着情感神经科学（affective neuroscience）的兴起，研究者通过先进的神经生理技术对情绪加工的认知神经机制进行了深入的探索。情感神经科学的相关技术、方法与人因学的结合，促进了神经人因学在情绪相关领域的应用，使神经人因学可以更加深入、全面地关注有感情的“人”（而不是理性的机器人），有力地推动了神经人因学的发展。

目前神经人因学中的情绪相关研究，主要集中在以下两个方面：

（1）对操作者或用户的情绪状态进行识别和监控，具体包括：

- 对产品使用过程中所诱发的操作者或用户的情绪体验进行识别和监控，持续追踪操作者或用户在产品使用过程中的情绪状态、舒适度等随时间的变化过程。
- 观察操作者或用户在产品使用过程中，不同的感觉通道（包括视觉、味觉、嗅觉、肌肉运动知觉、听觉和触觉等）的信息是如何影响情绪产生的，即发现交互过程中各感觉通道的信息与情绪唤起的关系。

（2）对操作者或用户的态度及偏好进行测量，以探查操作者或用户做出最终决策的内在原因，具体包括：

- 对在产品观赏、使用等过程中所诱发的操作者或用户的喜好程度进行判别。
- 分析决定操作者或用户态度、偏好及决策的关键因素，确定在决策交互过程中，操作者或用户感受到的产品的优点和缺点。

一、情绪状态的识别与监控

情绪状态的识别与监控是工程心理学研究的重要内容。传统的研究主要通过主观评价的方式（如访谈或问卷）进行，近年来神经生理技术的兴起为该领域的发展带来了新的契机。很多神经生理技术被引入该领域，这些技术测量的指标有其独特的优势，包括更客观、更敏感、可以持续不间断地记录，从而避免被试在主观报告中的“模糊感”和“无法说清”的困境。

目前该领域的研究主要体现在以下几个方面。

1. 用户体验评价

用户体验是以用户与产品的交互为基础而形成的用户对该产品的完整感受，包括感官的满意程度（美感体验）、价值的归属感（价值体验）和情绪/情感感受（情感体验）（详见本书第十一章内容）。良好的用户体验是成功的人机交互设计的基本要求。近年来，神经生理技术被引入这一研究领域，使得研究者可以更加深入地了解用户在人机交互过程中的情感体验及其内在机制。

有研究表明，被试在观看不同的视频或浏览不同的网页时，会表现出不同的自主神经生理反应，这类指标能有效测量用户的积极和消极情感体验。例如，郭伏等（2013）使用眼动技术对电子商务网站的用户体验进行评估，发现被试在浏览网站过程中感到愉悦时，瞳孔直径会增大，对网站的趋近趋势也更强。塔奇等（Tuch et al.，2011）也发现，随着网页界面的视觉复杂度变高，被试的主观愉悦度降低、唤醒度升高，该过程伴随着心率的显著减慢以及指脉振幅（finger pulse amplitude，FPA）的显著增大。而当被试观看低质量（5 帧/秒）的视频（Wilson & Sasse，2000）或浏览违背设计原则的网页（Ward & Marsden，2003）时，其皮肤电导水平升高、心率加快、脉搏血容（blood volume pulse，BVP）显著降低，即出现了压力反应的特征，这意味着被试的负性情绪体验被唤起。这些研究表明，自主神经反应可以作为一种情绪度量被纳入用户体验的评价体系中，成为用户体验的客观指标之一。

除自主神经反应外，EEG 的 α 波和 β 波也能敏感反映情绪状态及强度。李等（Li et al.，2009）记录了被试访问远程学习网站时的 EEG 数据，结果发现，被试阅读简单而有趣的内容（相比于枯燥的内容）时，α 波的振幅、振幅偏差及能量值均下降了。柴等（Chai et al.，2014）发现，被试使用手机 App 时，其积极情绪的变化与 α 波的能量值负相关，其消极情绪的变化与 β 波的能量值负相关。

上述研究证明了神经生理指标在用户体验评价中的适用性，但该领域的研究还处于探索阶段，很多研究还未取得统一的结论。随着研究的扩展和深入，该领域的研究成果必将为建立基于神经生理学的更加完善的用户体验评价体系做出重要贡献。

2. 产品设计与神经美学

好的产品设计最终会被人们选择、接纳，进而被投入市场产生价值。但产品的最终选择和决策是一个复杂的过程，不仅涉及理性的思考，还涉及相应的情感功能。审美体验具有令人愉悦的价值，优秀的产品通常会产生审美吸引力，进而影响到消费者对产品的感知和购买。近年来，越来越多的研究者开始关注审美过程的神经生物学基础，神经美学（neuroaesthetics）宣告诞生（黄子岚，张卫东，2012）。

人在欣赏作品或产品时，会产生审美感知（aesthetic perception）。研究者发现，审美感知会诱发特定脑区的活动。塞拉-孔德等（Cela-Conde et al.，2004）在一项脑磁图（MEG）研究中给被试呈现不同风格的艺术品（抽象派、古典派、印象派、后印象派）和自然拍摄的照片（风景、手工艺品、城市风光等），要求被试做审美判断（即判断每张照片是漂亮的还是不漂亮的）。结果表明，感知漂亮的事物在 400～1 000ms 时诱发了左侧背外侧前额叶（dorsolateral prefrontal，DLPFC）的活动。使用相同的刺激，穆纳尔等（Munar et al.，2012）的结果表明，被评估为“漂亮”的刺激（相比于“不漂亮”的刺激）在四个频率波段（θ，α，β，γ）的振荡功率（oscillatory power）均更大。研究者认为，这表明在审美活动中，对美的事物的感知会引起更强的神经震荡活动的同步性。

审美感知会进一步诱发审美体验，此时与情绪加工相关的脑区就会被激活。例如，卡普奇克等（Cupchik et al.，2009）给被试呈现 32 幅具象派画作，分为社会性（肖像和裸体雕塑）和非社会性（静物和风景）内容。在“实用”条件下，被试被要求运用日常的信息标准来观看画作，采用客观、公正的方式来获取画作的内容和视觉叙事；在“审美”条件下，被试被要求采用主观、参与的方式来体验画作传达的情绪和诱发的情感，关注画作的颜色、明暗、构成和形状。fMRI 结果表明，“审美”条件（相比于基线）激活了双侧脑岛，说明被试在观看画作时体验到了情绪的唤起。还有研究者区分了审美过程的主、客观过程。例如，迪·迪奥等（Di Dio et al.，2007）以古典主义和文艺复兴时期的雕塑作品为材料，给被试呈现作品的原始比例照片或比例改变的照片，要求被试观看照片，或对照片做“审美”判断及“比例”判断。他们的实验结果表明，观看原始比例的照片（相比于比例改变的照片）激活了右侧脑岛、外侧枕回、楔前叶和前额叶等区域；被判断为“美”的照片（相比于被判断为“丑”的照片）特异性地激活了右侧杏仁核。研究者认为，脑岛的激活反映了人们对美的客观感知，而杏仁核的激活反映了人们对美的主观感知，由个体在审美过程中的情感体验所驱动。

总的来看，现在有关神经美学的研究还较少，主要集中在对审美活动的研究上。尚没有研究直接对比不同设计引起的大脑活动的差异，这可以作为未来研究的一个方向。未来也可以尝试将神经活动作为预测产品成功与否的测量指标，即如果一款产品的设计可以让个体产生愉悦体验，诱发积极的情绪反应，激活相关的脑区，则该产品取得成功的可能性就更大。因此，产品设计可以融入神经美学的研究成果，为产品的感知、理解和体验提供新的思路。

3. 游戏沉浸感与心流体验

世界上有数以百万计的人玩游戏，不仅青少年喜欢玩游戏，很多成年人也很喜欢玩游戏。游戏的沉浸感（immersion）和心流（flow）体验对游戏享乐至关重要，是实现完美的游戏体验的关键，与玩家的留存率以及游戏公司的盈利有着直接的关联。沉浸感是指玩家在游戏过程中所达到的一种状态，反映了他们在游戏中的卷入程度。当人们在游戏过程中有沉浸感时，其注意力完全投入该游戏的场景，忘却了日常的烦恼和周围的事物，意识集中在一个非常狭窄的范围内，甚至迷失自我（Jennett et al.，2008）。当玩家体验到沉浸感的时候，他们往往产生强烈的正、负性情绪的交替体验。心流体验也是玩家达到的一种状态，在该状态下个体完全融入当前的游戏而忽视了其他所有的事情。“心流”被看作最佳的极致体验过程（Jennett et al.，2008）。在该过程中，玩家仍旧有正、负性情绪的波动，但以正性情绪为主。此时玩家通常会在节点的设置处（如故事结束或通过关卡）感受到一次正性情绪的爆发。沉浸感被认为是心流体验产生的前兆。

研究者发现，一款好的游戏不是被动地满足玩家的需求，而是用好玩、刺激的游戏场景、情节和难度设计来引导玩家的欲求，让玩家获得沉浸感，真正投入游戏场景，进而形成心流体验。目前研究者最为关心的两个问题是：如何对沉浸感和心流体验进行定量化的客观测量，以及如何有效诱导沉浸感和心流体验的产生。

沉浸感和心流体验的经典测量是采用定性的主观报告（如问卷或访谈），但这种测量方法比较主观，而且无法做到实时测量。神经生理技术的发展为沉浸感和心流体验的定量、实时测量提供了可能。例如，詹尼特等（Jennett et al.，2008）采用眼动追踪技术对玩家的沉浸状态进行了测量。他们要求被试完成沉浸式任务（复杂图形，探索虚拟空间）和非沉浸式任务（简单图形，点击盒子），结果表明，在非沉浸式任务中，注视次数随着任务时间的延长而增加；但在沉浸式任务中，被试的注视次数随着任务时间的延长而减少，表明被试深深地投入任务，注视时间更长、眨眼次数更少。

此外，神经生理技术也为更好地监测玩家的情绪状态，从而诱发沉浸感和心流体验提供了可能。要使玩家获得沉浸感和心流体验，游戏必须权衡难度与个人的技能水平之间的关系：如果难度过大，玩家对游戏缺乏掌控力，就会产生焦虑及挫折感；反之，如果难度过低，玩家对游戏的掌控感过强，就会感到无聊而失去兴趣。这种对权衡尺度的把握可以通过监测玩家的情绪来实现。例如，蒂吉斯等（Tijs et al.，2009）使用吃豆人游戏考察了被试在不同游戏速度条件下的情绪反应。研究者让被试在三种游戏速度（快、慢、标准）条件下玩吃豆人游戏，然后评定被试的主观情绪体验，同时记录其脉搏血容、呼吸频率、皮肤电导水平等自主反应以及面部肌电信号（EMG）。他们的实验结果表明，脉搏血容与游戏中的情绪唤醒显著相关，被试体验到的唤醒程度越高，脉搏血容水平越高；肌电信号则与游戏中的情绪效价相关，被试感到越愉悦，颧肌活动越强烈。此外，研究者还发现，被试在慢速条件下的皮肤电导水平显著低于其他两种速度条件，与之相对应的是绝大多数被试在此条件下报告了厌倦的负性情绪体验。此外，还有研究发现，心率和皮肤电反应均与被试正性情绪的主观评分负相关，即较低的心率和皮肤电活动标志着被试处于更积极的游戏状态（Drachen et al.，2010）。值得一提的是，自主神经反应的测量能够连续进行，这就使得该方法在娱乐等情境中具有独特的优势，可以在不干扰用户的交互过程的情况下，对用户体验进行有效的监测。这种监测使得未来的游戏设计可以根据玩家的情绪体验来自动调整难度，从而使玩家更容易产生沉浸感和心流体验。

事实上，除游戏外，其他多种活动也可以诱发沉浸感和心流体验，如聆听演唱会、运动、绘画、网络导航、网络使用、虚拟现实等，这意味着，从神经人因学的角度对沉浸感和心流体验进行考察，可以将相关成果应用于多个领域。

二、态度及偏好的测量

研究者不仅关注操作者或用户的情绪状态，而且关注对用户的态度及偏好的测量，以探查用户做出最终决策的内在原因。已有的研究表明，消费者对产品或品牌的态度，在很大程度上决定了其最终的购买行为及品牌忠诚度。这会进一步影响产品的销量、品牌的确立以及企业的发展。而情绪正是消费者态度的主要成分。当体验到愉悦、满足等正性情绪时，个体趋近消费的趋势往往会更强；而当体验到厌恶、不满等负性情绪时，个体回避消费的趋势往往会更强。有研究者指出，多达80%的新产品在市场上遭遇了销售失败，这表明，传统的依赖主观报告的消费者测试在预测产品的市场接受度方面是非常糟糕的，因此有必要采用一些更加客观的、无意识的测试方法（如神经生理测试）来获取消费者对产品的真实反应（Wijk et al.，2012）。

那么，是否能够通过对神经生理指标的探测来判断消费者的态度呢？已有的研究表明，消费者的偏好（喜欢还是不喜欢）可以通过这些指标加以评判。例如，瓦拉等（Walla et al.，2011）首先让被试对各种品牌（为德语国家的常用品牌）进行主观喜好度的评定，用以区分喜欢和不喜欢的品牌；然后在下一阶段的实验中，向被试呈现这些品牌名称，并记录他们的自主神经反应。结果发现，当看到喜欢的品牌名称时，被试的平均眨眼幅度和皮肤电反应均显著增强，心率也表现出加快趋势。

采用脑电技术得到的额叶 α 波的不对称性（frontal alpha asymmetry，FAA）也是常用指标之一。FAA 是基础研究领域常用的情绪趋近度指标，它可以很好地应用于市场调研，用以测量消费者对产品的偏好程度。当产品诱发了左侧额叶活动的增强时，通常认为该产品引发了用户的愉悦和喜好感。

fMRI 研究进一步发现，某些脑区在品牌偏好中起到了关键性作用。例如，保卢斯和弗兰克（Paulus & Frank，2003）发现，当要求被试做喜好判断时（“你喜欢哪种饮料?”)，相比于视觉辨别判断（“饮料是瓶装的、罐装的还是盒装的?”)，腹内侧前额叶（vmPFC）得到了显著激活。相应地，当 vmPFC 出现损伤时，个体的品牌偏好就会出现异常（Koenigs & Tranel，2008）。上述研究表明，vmPFC 与品牌偏好密切相关。舍费尔和罗特（Schaefer & Rotte，2007）给被试呈现多个汽车品牌的标志，包括蓝旗亚（Lancia）、雷诺（Renault）、标致（Peugeot）、雪铁龙（Citroen）、大众（Volkswagen）、宝马（BMW）等，要求被试想象正在使用和驾驶该品牌的汽车，同时进行 fMRI 扫描；随后要求被试评价每个品牌的吸引力、是不是奢华型或运动型汽车、是不是理性的选择，并回答对该品牌的熟悉度如何。结果表明，右腹侧壳核随着奢华/运动属性的升高而激活增强，随着理性属性的升高而激活减弱；最喜欢的品牌（相比于无吸引力的品牌）诱发了背外侧前额叶（dlPFC）的激活减弱。壳核是奖赏相关脑区，而 dlPFC 是认知控制脑区，上述结果意味着，当看到自己最喜欢的品牌时，人们会产生类似获得奖励的反应，与此同时，以策略为基础的推理和决策过程的作用就会降低。

事实上，不仅偏好可以测量，偏好的发展过程及最终购买决策的做出过程在一定程度上也可以监测。例如，维吉克等（Wijk et al.，2012）让被试看、闻或尝喜欢和不喜欢的食物，结果发现，被试在喜欢的食物面前出现了指温的显著升高。而且被试在对食物进行评定的过程中，其自主反应表现出逐步变化的过程，直至最终驱动被试做出决定。该过程有利于对产品偏好和消费决策的时间发展进程进行相关的分析；而与此相反的是，主观评价指标的作用非常有限，在食物的不同呈现阶段始终保持不变。

上述研究表明，基于神经生理反应的情绪的客观测量，能够而且应该被应用到消费者的产品体验评估中。但这方面的研究刚起步，相关研究还比较少，已有的研究仅考察了“喜欢”和“不喜欢”两种情绪状态，尚未涉及其他情绪状态（如犹豫）。而且，上述神经生理指标的变化是否与最终的购买行为具有必然的联系，还有待深入考察。

第三节　神经人因学与技术的应用

随着神经人因学研究的兴起，相关研究结果也被用于技术的开发和应用。这些技术遍布生活和工作，下面介绍一些应用于教育、娱乐和健康等领域的代表性成果（相关综述见易欣 等，2015）。

一、智能导师系统

研究者期望最终能够开发出基于情感测量的智能导师系统，以帮助学生调节他们的情绪状态，使心流体验、沉浸感和好奇心等正性情绪能够保持，而负性情绪（如挫折和厌倦）能迅速消除（D'Mello et al.，2011）。

目前的研究已经能够在一定程度上实现该设想。例如，申等（Shen et al.，2009）探索了能否使用基于生理测量的情感数据来促进学习。研究者首先从效价和唤醒度两个维度界定学习中可能出现的四种情绪状态："投入"（engagement，正性高唤醒情绪）、"困惑"（confusion，负性高唤醒情绪）、"厌倦"（boredom，负性低唤醒情绪）和"抱有希望"（hopefulness，正性低唤醒情绪）。随后记录被试在相应的情绪状态下的皮肤电、心率、脉搏血容和脑电信号，并通过支持向量机（SVM）算法对生理数据进行识别，最终基于生理信号对上述四种情绪实现了86.3%的识别准确率。在此基础上，研究者进一步让被试使用两种学习内容推荐系统：一种系统基于对被试的情绪识别进行内容推荐，另一种系统则基于传统的学习目标进行内容推荐，记录推荐内容是否符合被试的预期，以被试对非预期内容进行手动调节的次数作为考察指标。结果发现，被试在使用基于情绪识别的内容推荐系统时，仅对推荐内容进行了11次手动调节；而在使用非基于情绪识别的系统时，则进行了高达21次的手动调节。该研究表明，基于生理指标的情绪识别确实能够为学习者选择合适的学习内容，更易得到学习者的认可和接受。

二、情感交互系统

情感交互系统在音乐和游戏等娱乐领域有着广泛的应用。例如，金和安德烈（Kim &André，2008）通过音乐诱发被试的高、低唤醒度的正、负性情绪，同时记录被试的肌电信号以及心电、皮肤电和呼吸活动的变化。随后，研究者通过"特征提取"和"线性判别分析"的拓展算法，使用这些生理指标对被试的高、低唤醒度的情绪进行识别，识别率达到了89%；对正、负效价的情绪识别率略低，为77%。该研究将有利于提高系统的自适应能力，开发出基于用户情绪的个性化音乐推荐系统。

在游戏方面，一些研究者和游戏从业人员同样期望开发出能够自动改变游戏难度以适应用户情绪状态的自适应系统，使用户不因游戏难度过低而感到厌烦或因难度过高而感到沮丧，最终实现并维持最佳的游戏状态。例如，可以利用前面介绍的蒂吉斯等（Tijs et al.，2009）的研究成果对游戏难度进行实时调节，如检测发现"厌倦"体验出现时（因游戏过于容易），就自动提升游戏难度。

三、障碍者辅助系统

在心理障碍和健康领域，研究者致力于建立基于生理信号的情感识别方法，用来辅助心理障碍（如自闭症）的诊断和干预。例如，刘等（Liu et al.，2008）通过设置不同难度的认知任务和游戏，诱发6名自闭症儿童的三种情绪状态：喜欢、焦虑和投入。然后以临床医生、父母和患者自身的报告作为主观指标，以皮肤电、肌电和外周温度等生理数据作为客观指标，通过支持向量机算法建立情感模型。结果发现，生理指标对上述三种情绪的识别准确率能够达到82.9%。皮卡德和沙伊雷尔（Picard & Scheirer，2001）设计出了可穿戴的皮肤电传感器，使研究者能够在实验室之外的现实环境中（如学校和家庭），监测自闭症患者的情绪反应。更令人振奋的是，研究者尝试利用相关成果开发游戏程序来训练自闭症患者的情绪识别和交流能力，也取得了初步成效（如 Bekele et al.，2013；Bian et al.，2013；Fernandes et al.，2011）。除自闭症外，很多其他的精神障碍或智力障碍群体，也存在着情绪表达和交流技能方面的缺陷，他们难以通过语言主观报告其情感体验、幸福感、生活质量等（Vos et al.，2010），这意味着，针对这些障碍患者，开发基于自主神经反应的计算机辅助系统，用于情绪监测（无须言语报告）和干预训练，将具有更加重要的现实意义。

上述研究表明，个体在多种情境下的情感状态可以在一定程度上经由自主神经系统数据进行有效的判别，判别正确率也已经达到了较高的水平。这说明，开发基于生理指标的计算机辅助系统是可实现的。该类系统的开发和逐步完善，将对教育、娱乐和健康领域的发展起到巨大的促进作用。

第四节　研究展望

综上所述，随着神经人因学的诞生，神经科学与工程心理学的结合更加紧密。通过汲取两者的优势，神经人因学表现出自己独特的价值。神经人因学通过更为客观而敏感的神经生理指标，对工作中的人的神经生理机制进行更为深入的考察，为工作环境的设置、人员的培训以及产品的设计等提供了新的思路和方向，为推动工程心理学的发展做出了显著的贡献。然而，作为一门新兴的交叉学科，神经人因学的发展历史并不长，未来的研究还需要在多个方面进行深化。

首先，从研究内容来看，未来的研究应该关注多种心理活动（如注意、记忆、心理负荷、情感）在特定作业中的神经生理机制，并对相应的脑区连接及神经环路进行探讨。这是因为，在现实的工作环境中，个体的活动往往包含多种认知过程，而且它们往往是相互影响的。此外，目前的研究更多的是关注具体的工作任务（如空间导航、警戒作业），未来的研究应该更加关注短期和长期训练的作用，关注训练中所发生的脑的可塑性变化，用于开发符合个体生理规律的人机系统，并尝试开发针对不同人群的筛选和训练程序，用于人员的选拔和技能的提高。

其次，从技术方法来看，未来的研究需要充分利用多种生理及脑功能测量手段，综合采用多种技术，对人在自然环境下的行为和生理状态进行考察。例如，近年来兴起的虚拟现实技术，若能充分融入当前的研究，将成为推动神经人因学发展的有力工具。再如，对于诸如空间导航这类生态性很高的认知任务，未来的研究可以尝试在脑成像扫描的过程中融入动态互动环节，并持续测量行为或生理指标。

最后，未来的研究除了继续关注基础领域外，还需要更加注重将研究成果转化为实际可操作的应用技术，开发更多的适合人的方法与技术，提升神经人因学研究的应用价值。脑机接口（BCI）就是一个目前热门的应用领域。在本书第六章（控制交互界面），我们论述了脑机接口在医疗辅助技术应用、智能交互技术应用方面的研究。进入智能时代，相信不久的将来会有一些基于脑机接口技术、智能技术、神经人因学方法的成熟产品投入实际应用。

概念术语

神经人因学，错误后负波，神经美学，沉浸感，心流，额叶 α 波的不对称性，智能导师系统，情感交互系统，障碍者辅助系统

本章要点

1. 神经人因学是研究工作中脑与行为间关系的科学，是工程心理学与神经科学交叉形成的新的学科。神经人因学关注的核心问题是人们在自然的工作、居家、交通等日常情境下的心理行为特性、规律及其神经生理机制。神经人因学的指导原则是，研究大脑如何完成日常生活中的复杂任务，而不仅仅是实验室中简单的人工任务。

2. 神经人因学关注人的多种与认知功能有关的神经生理基础，包括知觉、注意、记忆、决策与计划、学习等。

3. 研究者利用多种脑相关技术探索空间导航的神经机制，这些最新成果为地图的设计、空间导航系统的改进，以及个体导航能力的评估等提供了新的思路和手段。

4. 警戒、注意、心理负荷、记忆等的神经生理研究，为军事上的雷达探测、刑侦中的录像筛查、地铁站的行李安全检查、手术室的体征全程监控、网页制作、人员的心理状态监测等带来了新的运作方式。

5. 操作过程的神经生理研究为操作过程的监控、操作中失误（或错误）的监测提供了新的指标，也为具有不同操作水平和潜力的人员筛选提供了新的思路。

6. 目前神经人因学中的情绪相关研究，主要包括对操作者或用户的情绪状态进行识别和监控、对操作者或用户的态度及偏好进行测量，以探查操作者或用户做出最终决策的内在原因。

7. 自主神经反应、EEG 的 α 波和 β 波等都为用户体验的评价提供了新的客观指标。

8. 神经美学关注审美过程的神经生物学基础，审美感知和审美体验等都会诱发特定脑区的活动。

9. 游戏的沉浸感和心流体验对游戏享乐至关重要，是实现完美的游戏体验的关键。神经生理技术的发展，为沉浸感和心流体验的定量、实时测量提供了可能。

10. 一些神经生理指标可用于探测消费者的态度和偏好，这包括自主神经反应（如平均眨眼幅度、皮肤电）、额叶 α 波的不对称性、特定脑区的活动（如腹内侧前额叶）等。

11. 基于情感测量的智能导师系统，希望能帮助学生调节他们的情绪状态，使心流体验、沉浸感和好奇心等正性情绪能够保持，而负性情绪（如挫折和厌倦）能迅速消除。

12. 情感交互系统在音乐和游戏等娱乐领域有着广泛的应用，如基于用户情绪的个性化音乐推荐系统等。

13. 障碍者辅助系统致力于针对障碍患者，开发基于神经生理信号的计算机辅助系统，用于辅助心理障碍（如自闭症）的情绪监测（无须言语报告）、诊断和干预。

复习思考

1. 什么是神经人因学？
2. 神经人因学的核心问题和指导原则是什么？
3. 神经人因学在认知系统方面有哪些研究和应用？
4. 神经人因学中的情绪相关研究有哪些？
5. 神经人因学的技术应用有哪些？
6. 神经人因学的未来发展趋势有哪些？

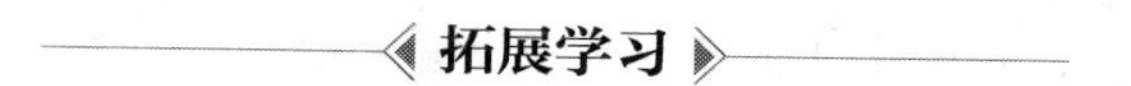

拓展学习

帕拉休拉曼，里佐（编著）.（2012）. *神经人因学：工作中的脑*（张侃主译）. 东南大学出版社.

Dehais，F.，Karwowski，W.，& Ayaz，H.（2020）. Brain at work and in everyday life as the next frontier：Grand field challenges for neuroergonomics. *Front Neuroergonomics*，*1*，583733.

Fairclough，S. H.，& Lotte，F.（2020）. Grand challenges in neurotechnology and system neuroergonomics. *Frontiers in Neuroergonomics*，*1*，602504.

第十三章

人-人工智能交互

教学目标

了解智能技术的时代特征以及智能自主化技术带来的一系列变化；理解提出人-人工智能（AI）交互（HAII）的意义，了解 HAII 的定义和目的、研究和应用、方法，掌握以人为中心 AI 的理念；了解 HAII 领域工程心理学研究和应用的重点，理解智能系统带来的工程心理学新问题；了解在 HAII 实践中，工程心理学方法方面的考虑、面临的一些挑战及相应的对策。

学习重点

掌握自动化向智能自主化技术的过渡、智能自主化技术带来的一系列变化、人-计算机交互与人-人工智能交互的特征比较；了解 HAII 的定义和目的、研究和应用以及学科理念，理解提出 HAII 的原因；了解 HAII 领域工程心理学研究和应用的重点，掌握智能系统人机交互设计的工程心理学基本原则，以及智能人机交互的新问题；了解在 HAII 实践中遇到的挑战与问题，以及解决问题的工程心理学对策。

开脑思考

1. 你使用 Windows 系统之前使用过 DOS 操作系统，或见过满是仪表按键的飞机驾驶舱吗？人们通常需要花大量的时间来学习如何操作这些系统，而现在的系统设计越来越简洁易学，符合人的习惯，比如智能手机等。根据你的经验，你认为什么是“以人为中心 AI”？

2. 你可否举一款在日常生活中所遇到的智能产品来说明“以人为中心 AI”理念的重要性？

3. 选择一款你在日常工作或生活中用到的智能产品（如智能音箱、手机上的某个智能 App），从工程心理学的角度将该产品与传统的非智能产品做一个比较分析。你能否找出两者之间的几个不同点？

我们已经进入智能时代，人工智能、大数据等技术对人类的工作和生活各方面都产生了深刻的影响，也出现了许多新问题需要通过工程心理学的研究和应用来解决。本章第一节首先分析智能技术的时代特征、自动化向智能自主化技术的过渡、智能自主化技术带来的一系列变化和智能时代人-人工智能交互的工程心理学特征；第二节介绍人-人工智能交互的定义和目的、研究和应用、方法；第三节叙述人-人工智能交互领域工程心理学研究和应用的重点；第四节分析人-人工智能交互实践可能面临的挑战以及相应的工程心理学对策。

第一节　智能技术的时代特征

一、人工智能的三个发展阶段

回顾历史，作为智能技术核心的人工智能（artificial intelligence，AI）主要经历了三个发展阶段，见表 13－1。

前两次 AI 浪潮主要集中于科学探索和学术主导，局限于“以机器为中心”的研究。2006 年，深度学习等技术的发展推动了第三次 AI 浪潮，AI 实现了从“不能用、不好用”到“可以用”的技术突破。从阶段特征来看，除了技术提升之外，第三次 AI 浪潮也呈现出一种趋势：在智能系统的开发中，人们开始认识到不适当地开发智能系统会给人类和社会带来负面影响；人们开始注重从人的需求出发，重视有效的 AI 应用场景，围绕面向用户、人机交互的应用解决方案；人们也开始从人类伦理道德的角度来考虑智能系统的开发，从而为人类提供有用的、可用的、安全的智能系统。在 AI 界，也有学者开始将人与机器视为一个系统的有机组成部分，考虑将人的作用引入智能系统。同时，人机混合智能、人机协同、混合增强智能等概念和研究方案也正在成为 AI 界的热点之一（Zheng et al.，2017；吴朝晖，2019）。

表 13－1　AI 的三次浪潮和发展的阶段特征

	第一次浪潮（20 世纪 50—70 年代）	第二次浪潮（20 世纪 80—90 年代）	第三次浪潮（2006 年至今）
主要技术和方法	早期“符号主义和联结主义”等学派，产生式系统，知识推理，专家系统	统计模型在语音识别、机器翻译方面的研究，神经网络的初步应用，专家系统	深度学习技术在语音识别、数据挖掘、自然语言处理、模式识别等方面的突破，大数据，计算力等
用户需求	无法满足	无法满足	开始提供有用的、解决实际问题的 AI 应用方案
工作重点	技术探索	技术提升	技术提升，前端应用，人机交互技术，开始注重 AI 应用落地场景、伦理化设计等

续表

	第一次浪潮（20世纪50—70年代）	第二次浪潮（20世纪80—90年代）	第三次浪潮（2006年至今）
主要特征	学术主导	学术主导	技术提升＋应用＋以人为中心
研发理念	以机器为中心	以机器为中心	以人为中心（正在逐步产生影响）

来源：Xu，2019。

因此，不同于前两次AI浪潮中“以技术为中心”的理念，第三次AI浪潮不仅在开发AI系统时开始考虑“人的因素”所提出的新挑战，而且在开发AI系统时更广泛地采用“以人为中心”的理念。因此，第三次AI浪潮的阶段特征可以概括为“技术提升＋应用＋以人为中心”。

这种阶段特征意味着智能系统的研发不仅仅是一个技术方案，更是一个跨学科合作的系统工程方案。工程心理学等学科在其中发挥着重要的作用。

二、自动化向智能自主化技术的过渡

计算机时代的自动化（automation）技术已经被广泛地应用于人们的工作和生活，从简单的室内恒温器，到复杂的工业自动化生产线、飞机驾驶舱自动化飞行系统等。自动化技术在提高人机系统可靠性和效率、降低人工成本、提升经济效益、降低操作者体力负荷等方面带来了许多益处。自动化通常不会完全取代人类操作者，但是它将人类工作的性质从直接操作转变为更具监控性质的操作。

在过去的几十年中，工程心理学界针对复杂领域（航空、航天、核电等）中的自动化技术开展了广泛的研究。自动化系统虽然降低了操作者的体力负荷，但会提高他们的认知负荷（Grubb et al.，1994），导致操作者警戒水平降低（Hancock，2013）、过度信任（自满）、过度依赖自动化（Parasuraman & Riley，1997）等问题。

智能技术系统表现出独特的自主化（autonomy）特征。不同于自动化，智能系统借助一定的算法、机器学习和大数据训练等手段，具备了某些类似于人类的认知、独立执行、自适应等能力的自主化特征。在一些特定的操作场景中，目前的一些智能系统可以在没有人工干预的情况下自主地完成以往自动化技术所不能完成的任务，从而能在更广泛的操作条件下提供更多的高水平“自动化”系统功能（van den Broek et al.，2017；Kaber，2018）。例如，基于大数据（资深专家的诊断经验、以往大量的诊断资料等）和机器学习技术的智能医疗诊断系统拥有一定的学习、模式识别、推理等能力，可以节省大量人工，高效地提供相当于资深专家水平的诊断服务。

表13－2比较了自动化技术与自主化技术之间的工程心理学特征。由表13－2可知，自主化与自动化之间的区别并不体现在自动化水平的递进上，有没有基于智能技术的认知、自我执行、自适应等能力是两者的本质区别。自主化技术的这些工程心理学特征是考虑智能技术工程心理学解决方案的出发点。需要指出的是，根据目前智能技术的发展

水平，表13-2所列出的类似于人的认知、自我执行、自适应等能力并没有完全实现。从长远来看，随着智能技术的发展，今后的智能系统将在更大操作场景范围内表现出这种自主化特征。

表13-2 自动化和自主化之间的工程心理学特征比较

工程心理学特征	自动化	自主化（针对特定场景和任务）
实例	电梯、自动生产线等	智能决策系统、自动驾驶车、智能机器人等
类似于人的感应能力	有	有（更先进的感应技术）
类似于人的认知能力（知觉整合、模式识别、学习、决策等）	没有	有一部分（高级系统可能会自设目标、调整策略等）
类似于人的自我执行操作的能力	没有	有
类似于人的对不可预测环境的自适应能力	没有	有一部分
系统操作结果	具有确定性	具有不确定性
对人工干预的需求	需要（人必须是最终决策者）	需要（人必须是最终决策者）

来源：Xu，2021。

三、智能自主化技术带来的新型人机关系

工程心理学的发展一直都受到技术的影响，特定技术时期的人机关系特征决定了该时期工程心理学研究和应用的重点。如本书第一章所述，工程心理学研究和应用的重点从基于“人适应机器”的人机关系演变为基于“机器适应人”的人机关系。进入计算机时代，人机关系演变为人与非智能计算技术产品或系统之间的交互，即人-计算机交互。

智能技术赋予机器在人机系统操作中新的角色。在非智能时代（如计算机时代），人类操作者作为执行者或监控员，其操作基于计算技术的机器（如自动化系统），而机器充当辅助工具。在智能时代，基于智能技术的机器可以被开发成一个具有一定认知、自我执行、自适应等能力的自主化智能体（intelligent agent），并且在一定程度上具备类似于人类的行为能力。在人机操作环境中，拥有自主化特征的智能体与人类操作者有可能成为合作队友，扮演“辅助工具＋人机合作队友”的双重新角色。由此可见，智能时代的人机关系正演变为一种团队合作的队友关系，形成一种“人机组队式”（human-machine teaming）合作（Chen & Barnes，2014；Brill et al.，2018；Brandt et al.，2018；Shively et al.，2017）。这种新型人机关系成为智能时代工程心理学研究和应用的重点。

图13-1概括了人机关系跨时代的演变。因为目前的智能技术方兴未艾，智能系统也离不开计算机技术的支持，所以人机交互和人机组队式合作在智能时代的人机关系中并存。

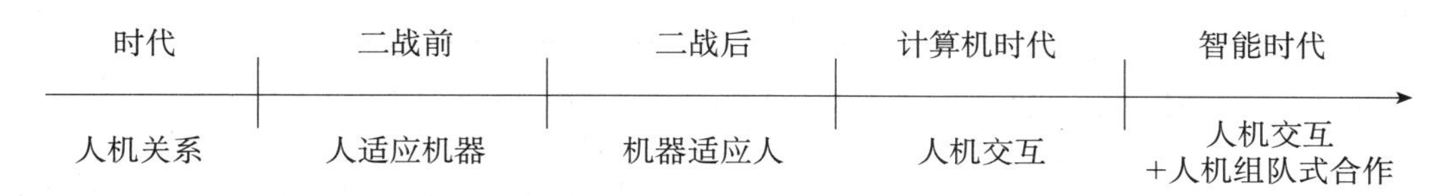

图 13-1　人机关系跨时代的演变

来源：许为，葛列众，2020。

四、人-计算机交互与人-人工智能交互的特征比较

表 13-3 比较分析了计算机时代人-计算机交互与智能时代人-人工智能交互的工程心理学特征。其中，人-人工智能交互所表现出来的这些特征基于智能系统具有较高的智能自主化程度。可见，计算机时代的人-计算机交互与智能时代的人-人工智能交互之间存在显著的差异。

表 13-3　人-计算机交互与人-人工智能交互的特征比较

特征	计算机时代的人-计算机交互	智能时代的人-人工智能交互
实例	办公软件、App 等	智能音箱、智能决策系统、自动驾驶车、智能机器人等
机器智能	无	根据机器智能水平，可以开发具有类似于人的能力（如认知、自我执行、自适应）的自主化智能体
机器角色	辅助工具	＋团队合作队友（基于机器智能水平）
机器输出	具有确定性	具有不确定性
人类操作者的角色	监控员、执行者	＋与人工智能合作队友（人是最终决策者）
人机关系	人机交互	人-人工智能交互：人机交互＋人机组队式合作
用户界面	图形用户界面、触摸屏交互、显式交互等	＋语音交互、人脸识别、手势交互、体态交互、脑机界面、隐式交互等
交互特征	人-计算机交互（直接、主要是在物理层面）	＋人-人工智能交互（社会、情感、虚拟或混合现实等层面）、多个智能系统之间的交互
人机交互的行为特征	由人启动的基于显式人机界面的交互	＋基于人的认知、行为、表情、场景上下文等信息，智能体可以主动启动的基于隐式人机界面的交互
系统启动能力	只有人能主动地启动任务、行动，机器被动接受	人机双方均可主动地启动任务、行动
人机交互的方向性	只有人针对机器的单向信任、情境意识、决策等	人机双向的信任、情境意识、意图，共享的决策控制权（人应拥有最终控制权）

续表

特征	计算机时代的人-计算机交互	智能时代的人-人工智能交互
人机之间的智能互补性	无	机器智能与人类生物智能之间的互补（通过机器模式识别、推理等能力与人的信息加工能力取长补短）
系统输出的解释性	一般可解释（如果输出是用户友好的）	AI的“黑匣子”效应，系统输出可造成用户难以解释和理解
预测能力	仅人类操作者拥有	人机双方借助行为、情境意识等模型，预测对方的行为、环境、系统等状态
自适应能力	仅人类操作者拥有	人机双向可适应对方的行为及操作场景
目标设置能力	仅人类操作者拥有	人机双向均可设置或调整目标
替换能力	机器主要替换人的体力任务（借助自动化技术）	机器可以替换人的认知、体力任务（人机双向可主动或被动地接管、委派任务等）
人机合作	有限	基于合作队友关系，方向性，互补性，预测、自适应、启动能力等，更有效的人机合作
用户需求	交互的可用性需求，以及心理、安全、生理需求等	＋情感、个人隐私、伦理道德、技能保持与成长、决策自主权等

人-计算机交互是在计算机时代形成的跨学科领域，研究和应用的对象是人与非智能计算系统（包括应用产品、系统、服务等）之间的交互。当人们与这些非智能计算系统交互时，基于非智能计算技术的机器本质上是一种支持人类操作的辅助工具，它通过“刺激—反应”式的“交互”来完成对人类操作的支持（Farooq & Grudin，2016）。机器依赖由人事先设计的逻辑规则和算法来响应操作者的指令，通过单向、非共享（即只有人针对机器的单向信任、情境意识等），以及非智能互补（即只有人类的生物智能）等方式来实现人机交互。尽管也存在一定程度上的人机合作，但是作为辅助工具的机器是被动的，只有人可以启动这种有限的合作。

在特定的操作和任务环境中，智能系统中的智能体具备某些自主化特征和能力（认知、学习、自适应、自我执行等），使得智能体与人类操作者之间可以实现一定程度的类似于人-人团队队友之间的“合作式交互”。随着今后智能系统的智能自主化技术的提高，人-人工智能交互将会表现出双向主动的、共享的、互补的、可替换的、自适应的、目标驱动的以及可预测的等工程心理学特征。

由此可见，智能时代人-人工智能交互的工程心理学特征、研究和应用的核心问题等已经大大超出了以往的人-计算机交互领域。

五、智能自主化技术带来的影响

目前，我们正逐步进入一个逐渐充满智能技术的世界，智能系统给人类和社会带来了许多益处，但是也暴露出一些安全隐患。

AI事故数据库（AI Incidents Database）收集了1 000多起与AI有关的事故，这些事故包括自动驾驶车撞死行人、交易算法错误导致市场“闪崩”、面部识别系统导致无辜者被捕等。例如，一些利用不完整或被扭曲的数据训练而成的基于机器学习的智能系统可能会产生偏差性“想法”，即其输出可能会轻易地放大偏见和不公平等。它们遵循的“世界观”有可能促使某些用户群体陷入不利的形势，影响社会的公平性，产生和放大社会偏见。当普遍基于AI技术的企业、医疗、教育、金融、政府服务等智能决策系统投入使用时，这些具有偏见性“世界观”的系统所产生的决策将直接影响人们日常的工作和生活。

第二节　人-人工智能交互概述

针对智能技术可能带来的潜在安全隐患和负面影响，人-人工智能交互（human-AI interaction，HAII）的研究和应用已陆续展开。研究者采用不同的名称来交流和分享研究成果，如人-智能体交互（human-intelligent agent interaction；Salehi et al.，2018）、人-自主化交互（human-autonomy interaction；Cummings & Clare，2015）、人-机器人交互（human-robot interaction；Sheridan，2016）。也有个别研究者开始使用人-人工智能交互的名称（Amershi et al.，2019；Yang et al.，2020）。这些研究尽管各有侧重点，但是从原理上来讲都是从跨学科的角度来考察人与基于AI核心技术的“机器”（智能体、智能代理、智能机器或者自主化系统等）之间的交互。所以，它们本质上都是在研究HAII。

一、HAII的基本概念

目前国内外还没有一个正式的、系统化的有关HAII的工作框架。图13-2体现了HAII的跨学科性质，一些主要的研究问题也体现了HAII研究在“人的需求”和“环境”两大方面需要考虑的众多因素。

（一）HAII的定义及目的

作为一个多学科的交叉领域，HAII采用“以人为中心”的理念，利用计算机、AI、人机交互、工程心理学、人因工程、认知神经科学等学科的方法，致力于合作研发AI技术，优化人与智能系统之间的交互，有效地解决AI技术所带来的独特挑战和问题，从而为人类提供有用、可用、可信赖、安全、令人满意、以人为中心的智能系统。

（二）HAII研究和应用

HAII研究考察各种因素对人与AI交互的影响，这些因素包括技术（智能系统的架构、模型、算法、功能、人机交互等）、人的因素（心理、生理等）、环境（物理、组织、社会、伦理、法律、政策、安全等）等方面，并且将研究成果应用于智能系统的研发，从而充分发挥AI技术的优势，避免AI技术可能对人类造成的负面影响。

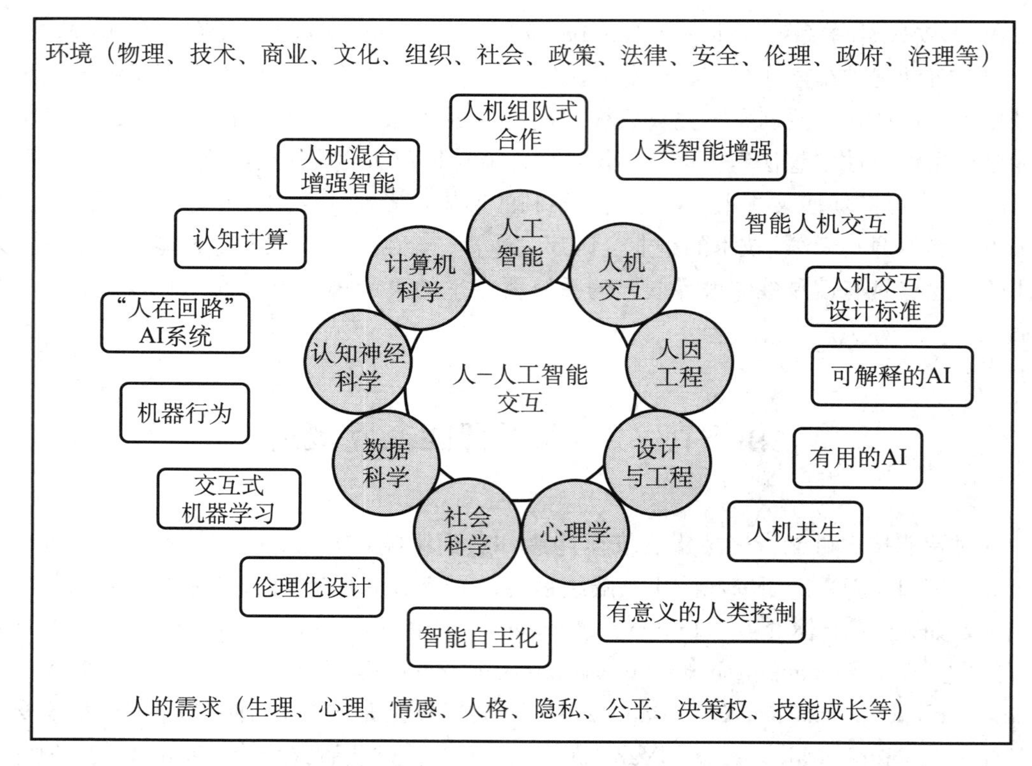

图 13-2　HAII 领域示意图

（三）、HAII 方法

基于"以人为中心 AI"的理念，通过以人为中心的研究、建模、算法、设计、工程、测试等跨学科的方法和跨学科合作的流程来开发智能系统。

二、以人为中心 AI

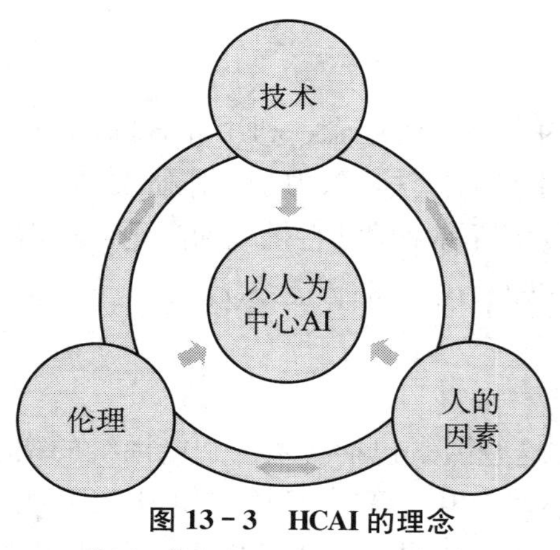

图 13-3　HCAI 的理念

来源：修改自 Xu，2019；许为，2019b。

针对智能系统可能带来的伦理道德方面的负面影响，斯坦福大学等在 2019 年成立了"以人为中心 AI"研究机构，强调通过技术提升与伦理化设计的手段，开发出合乎人类伦理道德和惠及人类的智能系统（Li，2018）。

许为系统地提出了一个"以人为中心 AI"（human-centered AI，HCAI）的系统框架（见图 13-3）（Xu，2019；许为，2019b）。该框架包括三个方面的工作：技术、人因（人的因素）和伦理。

（1）"技术"方面：将人类功能和角色集成到智能系统中，并利用人与机器智能之间的优势互补，获得更强大的人机混合增强智能。人机混合增强智能强调三个部分的有机结合。(a) 机器智能：充分利用先进有效的算法、模型、计算技术等尽可能实现反映人类智能深度特征的机器智能；(b) 人类智能：利用智能增强技术，借助智能技术、心理学、脑神经技术、生物科技等多学科的方法共同推动人类智能增强；(c) 人机混合增强智能：作为 AI 技术发展的一个策略，从人机系统的角度出发，将人的作用和有效的决策控制融入人机系统中，通过机器智能和人类智能的有机融合与优势互补，开发出更强大的“以人为中心”的新型智能形态。

(2)“人的因素”方面：强调在智能系统研发中从人的需求（生理、心理、能力、体验等）出发，落实有效的应用场景，通过以人为中心的研究、建模、设计、工程、测试等跨学科的方法和跨学科合作的流程来开发出满足人类和社会需求的智能系统。强调 AI 技术的目的是提升人的能力，而不是取代人。

(3)“伦理”方面：从人类的价值出发，在社会技术系统的宏观视野内，结合工程、技术、行为科学等多学科方法，通过系统设计、工程实施、研发流程、组织文化、法规治理、开发人员培训等方面的工作，研发出“伦理化设计的 AI”，从而保证 AI 的公平公正、人的隐私权、社会伦理道德、人的决策权、人类技能成长的权益等。

该 HCAI 理念突出了以下几个特征：

(1) 人的中心作用：强调在研发中保持人在系统中的中心地位，人是智能系统的最终决策者。“技术”方面所提倡的基于“人机混合增强智能”的 AI 开发策略旨在将人的作用引入智能系统；“伦理”方面的工作要求智能系统符合人类的伦理道德；而“人因”方面的工作强调智能系统的研发要围绕人的因素开展，提供满足人类需求的、可信任的、可控的、有用和可用的、可解释的智能系统。

(2) 人机智能的互补：强调人类智能和机器智能之间的互补。AI 技术的发展面临瓶颈效应，例如在人类的直觉、意识、抽象思维等方面难以达到人类的智能水平，AI 界一些学者已经认识到任何智能程度的机器都无法完全取代人类（Zheng et al.，2017；Shneiderman，2020a）。因此，机器智能的不足之处可以通过人类智能增强来弥补。从 AI 技术发展路径的策略考虑，HCAI 强调通过人机智能互补走向更高效的、体现以人为中心理念的基于“人机混合增强智能”的新型智能。

(3) 系统化的设计思维：从技术的角度，将人与机器作为一个系统来考虑，在人机系统的框架内寻求实现机器智能与人类智能的互补；从人因的角度，强调人-机-环的系统观点，有效的智能系统应该是人的因素（生理、心理等）、AI 技术、环境（物理、文化、组织、社会等）三者之间的最佳匹配；从伦理的角度，系统地考虑伦理、道德、法律、公平等因素。

因此，该 HCAI 理念强调智能系统的开发是一个系统工程，需要社会技术系统的宏观视野和跨学科的合作。

第三节 人-人工智能交互研究和应用

HAII 领域有许多问题需要工程心理学的支持。本节主要从工程心理学研究和应用的角度，论述 HAII 领域研究和应用需要解决的重点问题，从而指明工程心理学的作用和今后需要做的主要工作。需要指出的是，这些研究和应用问题的解决都需要跨学科的合作，任何一门单一的学科都无法有效地解决这些问题，这正是推动 HAII 领域成为一个跨学科合作平台的主要原因之一。

一、智能系统的机器行为

智能系统的机器行为是 AI 技术的新特性，也是 HAII 研究的基本问题之一。2019 年，来自麻省理工学院、斯坦福大学、哈佛大学等高校的 23 位学者在《自然》期刊上联合发文建议开展针对智能系统机器行为的研究（Rahwan et al.，2019）。不同于传统的软件，智能系统的行为结果和输出具有非确定性，需要从算法、数据、训练以及测试等方面来研究影响机器行为构建、发展以及 HAII 的因素，避免算法偏差以及极端的输出，有助于解决极端系统行为、公平性、问责制和透明性等问题（Dudley & Kristensson，2018；Buolamwini & Gebru，2018），获取 AI 技术的最大利益，避免伤害人类，维持社会公正公平、伦理道德。这对 HCAI 理念所推崇的“伦理化设计”极其重要。拉万等（Rahwan et al.，2019）认为，机器行为具有特殊的行为模式和生态形式，开展这方面的研究必须整合跨学科的知识。但是，目前从事机器行为研究的人员主要来自计算机科学、AI 等专业，他们没有受过行为科学方面的专门训练。总的来说，该领域的研究目前尚处于起步阶段，拥有行为科学特征的工程心理学必将有利于开展这方面的跨学科研究。

工程心理学专业人员需要与 AI、数据等领域的专业人员协同合作，将“以用户为中心设计”所倡导的迭代式设计和测评等方法应用于模型算法训练。已有研究尝试采用以人为中心的理念开展机器行为的研究。其中，“以人为中心的机器学习”就是从 HCAI 理念的角度评价机器学习的概念、算法、设计和评估研究（Fiebrink & Gillies，2018；Lau et al.，2018）。例如，在监督式、半监督式机器学习训练（如创建训练数据、测试模型或训练算法）中，数据集的选择及它所代表的特征会影响算法、机器行为，工程心理学专业人员可以帮助优化特定人工标记数据集的准确性，以及图像和文本分类算法的训练（Acuna et al.，2018；Kim & Pardo，2018）。工程心理学专业人员可以帮助 AI 专业人员收集用户期望的信息和算法所需的训练数据，定义用户的预期结果并且将这些结果转化为有效的输入数据，测试极端的边缘情况。这些早期原型迭代式设计和测试活动，有助于减小机器学习的算法偏差，完善智能系统的设计（Bolukbasi et al.，2016）。

类似于生物行为的演化，智能系统的机器行为也有一个演化的过程。例如，在产品投入市场后，智能系统的算法、用户反馈数据、训练数据都会影响机器行为的演化。复杂智能系统（如自动驾驶车）的自我学习、系统软件更新等原因会影响智能系统的机器行为和系统输出，这些都是工程心理学专业人员需要考虑的问题。另外，如何根据用户的反馈意见，通过重新训练来改进设计也是 HAII 专业人员需要考虑的方面。

智能系统的机器行为也给系统测试方法带来了新问题。非智能化的软件系统按照所采用的算法和逻辑，其系统输出相对而言是固定和可预测的，这是现有成熟的软件工程测试方法的基础。智能系统的输出随系统的学习和机器行为演变呈现出动态和不确定的输出结果，工程心理学专业人员需要与计算机科学专业人员协作，借助工程心理学和行为科学等方法来找到有效的解决方案。由于机器动态行为的存在，如何有效地测试人机系统的整体绩效也是一个有待研究的课题。

最后，智能系统的机器行为也受社会环境的影响。工程心理学专业人员需要在真实的社交互动环境中研究机器行为（Krafft et al.，2017；Wang et al.，2016）。例如，实验室研究表明，与简单智能机器人的交互可以增强人的协调性，并且机器人可以像人-人合作一样直接与人合作（Shirado & Christakis，2017；Crandall et al.，2018）。但是这些机器行为的研究缺乏在真实社会环境中的测试，今后的研究工作需要在真实的社会环境中验证智能系统与人类的社会互动行为，比如辅助智能机器人与残疾人和老年人的交互行为、智能机器人与人类长期交互过程中机器行为的演化规律等。

二、人机组队式合作

作为一个新的研究领域，人机组队式合作方面的研究需要借助其他学科的理论框架。例如，根据成熟的心理学人-人团队理论（Madhavan & Wiegmann，2007），研究者制定了有关人机组队式合作研究的一些基本原则：双向的沟通、人机互信、共享的目标和情境意识等（Shively et al.，2017）。

从工程心理学的角度出发，HAII 领域针对人机组队式合作的一个研究重点是如何理解心理结构（mental construct）与人机组队式合作之间的关系、人机之间控制权的交接与转移等问题。心理结构包括情境意识、人机互信、心理模型，它们直接影响人机组队式合作的团队绩效。这些研究结果将直接为技术解决方案提供工程心理学依据。

（一）情境意识

情境意识（situation awareness）是在人机操作环境中人类操作者采用实时更新的一种心理结构来表征对人机系统和环境状态的感知、理解和预测，从而支持人类操作者瞬间的决策和人机绩效。在智能系统人机组队式合作中，人与机器都需要感知、理解和预测对方的状态，所以这种情境意识是双向的。以往的工程心理学研究主要关注：（1）人-非智能计算系统交互操作中人类操作者个体针对系统和环境状态的单向式情境意识。（2）基于人-人团队理论的人-人团队式情境意识。这些结果不一定适用于人机组队式合作中的人机双向式情境意识。另外，团队式情境意识还包括共享式和分布式（Stanton，2016）。基钦和巴伯（Kitchin & Baber，2016）的初步研究表明，分布式境境意识在团队合作中的绩效高于共享式情境意识，这是因为分布式情境意识注重人、智能系统中智能体各自所需的操作情境和信息。因此，有必要进一步开展这方面的研究。

另外，目前还缺少针对人机组队式合作、操作性强的情境意识模型和测试方法（Stanton et al.，2017；石玉生 等，2017）。在应用中，智能系统中的智能体通过传感器和情境计算模型得到针对人类操作者的行为评估以及操作环境的情境意识，但是智能体的情境意识可能与人类操作者的情境意识不同，因此需要建立人类操作者与智能体之间的情境意识模型的有效双向沟通（Madni & Madni，2018）。例如，高级自动驾驶车中的驾驶员与智能自主驾驶系统之间需要分享各自的情境意识信息，从而促进有效的人机共驾和应急状态下对车辆操作的接管交付（Endsley，2017）。工程心理学应该丰富人机组队式合作的情境意识理论，为情境计算模型提供系统的认知架构和情境意识的评价系统。

（二）人机互信

在智能系统人机组队式合作中，人机之间的相互信任（人机互信）直接影响人机组队式合作的团队绩效。例如，在某种型号的自动驾驶车自动驾驶模式操作中，如果驾驶员双手离开方向盘，智能自主驾驶系统可认为当前的驾驶员操作能力和状态是不可信任的，从而启动某种告警方式将驾驶员“拉回”信任状态（可以认为是对人机互信的一种修复）。

工程心理学需要开展对人机互信的测量、建模、评估、修复等方面的研究。另外，目前的机器智能体还缺乏类似于人类的“思考”能力（价值观等），无法解释其推理决策过程（许为，2019b；Mercado et al.，2016），这对人机组队式合作中人机互信的测量、评估和应用也带来了困难。在以往针对人-自动化交互和人-人信任模型的研究中，信任修复等问题并没有得到充分的研究。德·维瑟等（de Visser et al.，2018）认为，人机组队式合作中如果发生了错误，积极开展信任修复应该是人机组队式合作设计的基本要求。工程心理学需要进一步开展信任测量、建模、修复、违规以及校正等方面的研究（Kistan et al.，2018；Baker et al.，2018），并且也要研究在不同操作场景中如何量化人机之间开展动态化功能交换所需的信任，为在应急状态下设计有效的人机操控权交付与接管提供工程心理学依据。

（三）心理模型

相对于情境意识来说，心理模型是通过长时间的人机交互所建立起来的一种相对稳定的心理结构。随着智能技术的发展，可以赋予智能系统（如智能机器人）一些特殊的能力；智能系统通过与服务对象的交互和学习，有可能构建具备理解人意图的“心理模型”（Prada & Paiva，2014；Chen & Barnes，2014），有助于成为人类的合作同伴来促进人机组队式合作。人和智能系统之间共享的心理模型是目前研究的内容之一。舒茨等（Scheutz et al.，2017）基于人-人团队合作的研究，初步提出了建立人机合作中共享心理模型的一个认知计算框架。考尔等（Kaur et al.，2019）则提出了在复杂领域（如医疗保健、自动驾驶）中人机之间建立共享心理模型的一些基本方法。拉马拉吉等（Ramaraj et al.，2019）通过实验研究了影响用户构建机器人心理模型的因素，结果证实了智能系统用户界面的设计透明度可以有效地提高构建这种心理模型的准确性。另外，工程心理学需要开展针对人机组队式合作中心理模型与社会、情感交互等问题的研究。

（四）人机控制权共享

有效的人机组队式合作应该允许在任务、功能、系统等层面上实现决策控制权在人与智能体之间的共享。决策控制权的转移取决于双向情境意识、人机互信和心理模型等因素。例如，在自动驾驶车领域，HAII方面的工作需要研究人机控制权的共享范式、人机共驾所需的情境意识共享、人机互信、风险评估等，保证在应急状态下车辆控制权在人机之间实现快速有效的切换，并且确保人类拥有最终控制权（包括远程控制等手段）。穆斯利姆和伊托（Muslim & Itoh，2019）遵循 HCAI 的理念提出了由自适应控制来共享自动驾驶车控制权的方法，并提出了人机控制权切换的一些策略，目的是保证人类操作者拥有对系统的最终控制权。目前，如何在自动控制 3 级以上（含 3 级）自动驾驶车上实现应急状态下人机控制权的快速有效切换是 HAII 专业人员面临的一个重要课题，需要一种创新设计的思维。例如，是否可以借助人机组队式合作的设计思路，在应急状态下实现快速有效的人机控制权转移。另外，还要探索在什么条件下（如量化的人机互信条件）以及人机之间如何才能完成有效的控制权切换。例如，在空管员与未来智能交通管制系统的研发中，可否依据人机互信度来执行有效的控制权切换（Kistan et al.，2018）。这些问题的研究都需要工程心理学的参与。

三、人机混合增强智能

在前面有关 HCAI 理念的论述中，我们提到 AI 界开始认识到任何智能程度的机器都无法完全取代人类智能，孤立地走 AI 技术发展的路线会遇到瓶颈，今后 AI 技术发展路径的策略之一应该是开发人机混合增强智能，利用人类智能与 AI 的有机融合与优势互补，从而产生更强大的智能形态（Hassani et al.，2020；Rui，2017；Topol，2019）。这种策略不但可以解决 AI 技术发展面临的瓶颈，而且也强调将人与机器作为一个人机系统整体，引入人的功能，保证人对系统的最终决策控制权。

目前，人机协同的混合增强智能是一个重要的研究方向，着重研究“人在回路”的混合增强智能、人机智能共生的行为增强、脑机协同、人机群组协同等关键理论和技术（王党 等，2018）。人机混合增强智能可以应用于产业风险管理、医疗诊断、肢体运动有障碍或者失能的人士康复、在线智能学习、自动驾驶人机共驾、刑事司法 AI 应用等（Dellermann et al.，2019，2021）。人机混合增强智能的研究采用脑机协作、人机协同计算、人机共驾等新一代 AI 的诸多关键技术，实现复杂问题和场景下的协作决策，从而获得优于它们各自可以单独实现的结果（郑悦 等，2017；於志文，郭斌，2017）。例如，基于群体智能、机器学习等技术开发的人机混合增强智能系统，其系统绩效比单独的人类专家具有更高的诊断准确性，性能要优于单独使用这两种方法（Dellermann et al.，2019）。

HAII 将在人机混合增强智能研究和应用中发挥重要作用。目前，“人在回路”智能是正在研究中的人机混合增强智能基本类型之一。这类人机混合增强智能是在系统层面上实现“人在回路”的设计思想（Zanzotto，2019）。例如，在“人在回路”范式中，人始终是智能系统的一部分，当系统输出置信度较低时，人类操作者可以主动介入，通过调整系统参数给出合理正确的反馈，从而构成提升系统整体智能水平的反馈回路（Zheng et al.，2017）。将人类智能引入智能系统的回路可以在模糊和不确定问题中实现人的高级认知机制与机器智能之间的优势互补和紧密耦合，同时避免 AI 技术带来的失控风险（Pan，2016）。这种人机混合增强智能的开发思路符合 HCAI 理念，能够将人的作用直接引入智能系统，形成以人为中心的人机混合智能。

针对人机混合智能系统的智能化控制，目前的基本方案之一是采用“人在回路”控制和“人机协同”控制的方法（赵云波，2020）。智能系统处于应急状态时，人机控制权的高效切换是一个重要问题。例如，智能自主化武器系统发射后的决策追踪、自主驾驶车的人机共驾等智能自主系统的失控风险已经成为一个广受关注的“伦理化设计”以及“人因设计”问题。HCAI 理念要求人类拥有系统最终的决策控制权，因此 HAII 领域需要从工程心理学、人机交互等角度开展这方面的工作。系统架构设计层面上的“人在回路”控制与系统功能层面上的“人机协同”控制并非两种互相排斥的控制形式，但是，以往的许多研究仅仅从人或者机器单一的角度来考虑智能化控制（赵云波，2020），HAII 研究需要利用跨学科的优势，从人机系统整体、人机组队式合作、伦理化设计、人因设计等角度寻找最佳的解决方案。

最后，从长远来看，工程心理学专业人员需要与 AI 专业人员合作，从认知神经科学、计算机科学、系统控制、心理学等角度进一步开展人机融合、脑机融合等研究，在更高的认知层次上为智能的叠加（如学习、记忆）建立更有效的模型和算法。利克利德（Licklider，1960）提出了人机共生（human-machine symbiosis）的概念，指出人脑可以与计算机紧密结合，形成协作关系。展望未来，人机混合增强智能系统将形成有效的人机合作伙伴关系，向人机混合团队合作的范式转变，最终在系统和生物学（如人脑神经）层面上实现真正的人机共生（或称为人机融合）（Gerber et al.，2020；Sandini et al.，2018；Sun，2020）。这种人机共生将确保人类的中心作用无缝集成在智能系统中，成为系统决策者，最终将有助于构建以人为中心的、符号伦理化设计的智能系统。这些工作都需要工程心理学与其他学科的通力合作。

四、可解释的 AI

机器学习是 AI 的核心技术，它的学习过程是不透明的，导致智能系统的决策过程和输出不直观。用户会对智能系统输出结果和决策产生疑问：你为什么这么做？你什么时候成功或者失败？我什么时候可以信任你？这被称为 AI 的“黑匣子”效应。AI 的“黑匣子”效应有可能发生在金融股票、医疗诊断、安全检测、贷款审批、法律判决、大学录取、智能家居监控等领域的智能系统中，会直接影响智能系统的决策效率和用户对智能系统的信任度（Bathaee，2018；PwC，2019）。

AI 专业人员希望通过开发可解释的 AI（eXplainable AI，XAI）来避免“黑匣子”效应。可解释的 AI 已成为 AI 领域近几年的一个研究热点（Gunning，2017）。这些研究主要从三个方面展开：（1）开发一系列新的或改进的机器学习技术来获取可解释的算法模型；（2）借助先进的人机交互技术、设计策略和原则，开发有效的基于可解释的 AI 的用户界面模型；（3）评估现有心理学解释理论来协助开发可解释的 AI。这些研究的主要目的是通过构建一系列开发工具包、新的机器学习算法模型和人机界面软件模块等途径，为可解释的 AI 提供解决方案。但是，现有可解释的 AI 的研究主要由计算机科学、AI 专业人员主导，他们主要专注于开发新算法技术，没有充分考虑用户的需求，构建的新算法有可能更加复杂，可能会导致智能系统的输出更加难以解释（Zhu et al.，2018）。

人们已经开始意识到工程心理学、人因工程、人机交互等学科在可解释的 AI 研发中的作用。研究者进一步认为，如果可解释的 AI 采用合适的人因工程、认知工程等学科的方法和模型，更多地关注人而不仅仅是技术，可解释的 AI 的研发则更有可能取得成功。这些考虑与 HCAI 的理念不谋而合。

工程心理学专业人员可以从跨学科的角度为可解释的 AI 提供解决方案。针对智能系统的人机界面，可解释的 AI 解决方案可以考虑采用新型人机交互、用户界面可视化、自然语言理解、解释性对话、自然交互式对话技术和设计，以及与用户心理模型匹配的用户界面模型等。考虑到以往大多数可解释的 AI 的研究是基于静态、单向信息传达式的解释，未来的 HAII 工作要研究允许用户通过与智能系统的探索式、自然式、交互式解释来达到可理解的解释界面（Abdul et al.，2018）。

另外，心理学家已经开展了许多针对解释概念、表征、机制、测量、建模等方面的研究，如诱导性推理、因果推理、自我解释、对比解释、反事实推理、机制性解释等（Lombrozo，2012；Hoffman et al.，2017）。尽管许多假设已在实验室中得到初步验证，但是还需要在应用场景中进一步验证它们的有效性（Mueller et al.，2019）。工程心理学专业人员可以利用本学科的特点起到中间桥梁的作用，加快心理学等模型理论的应用转换，与 AI 专业人员合作构建基于心理学解释理论的用户界面模型或者计算模型。

最后，现有许多研究缺乏采用用户参与的实证测评来验证可解释的 AI 研究方案的有效性，或者在开展的测评中没有采纳严谨的行为科学实验方法，导致研究结果缺乏外部效度（Mueller et al.，2019）。工程心理学专业人员可以发挥自身学科的优势，在测评方法、指标、实验设计等方面提供支持。另外，针对一些研究仅仅测评智能系统或人类操作者单方面的绩效，工程心理学专业人员可以为今后可解释的 AI 开展对人机系统整体绩效的测评。

五、智能人机交互

以往针对非智能计算系统人机交互设计的原则并不一定适用于智能系统，因此需要总结制定适合智能系统人机交互设计的原则。

（一）智能系统人机交互设计的工程心理学基本原则

人机交互设计需要遵循以下一些新的基本原则（葛列众，许为 主编，2020）。

1. 有用的 AI 和场景化 AI 的设计

智能系统的设计一定要有明确的目的，并且要建立在有意义的场景化基础上。要从用户需求出发，采用有效的以用户为中心设计方法来挖掘应用落地场景，提供满足用户需求的应用落地场景以及所需的功能，从而提供最佳的使用价值和用户体验。

2. 可用的、自然的和有效的人机交互设计

在挖掘出满足用户需求的落地应用场景前提下，智能系统设计要充分利用先进的人

机交互技术，提供自然的、有效的人机对话，从而为用户提供可用的（易学易用）和具有最佳用户体验的智能系统。比如，依托语言识别、面部识别、手势输入、视线追踪等新技术，为智能系统提供自然的用户界面；利用多模态的人机交互，捕捉用户意图、行为和上下文场景，进一步提高人机交互的自然性、精确性和有效性。

3. 有效的和可观察的系统反馈设计

智能系统设计应该能够给用户提供有效的反馈信息来帮助用户了解系统目前正在做什么、它为什么这样做，以及它接下来会做什么，从而为实现有效和安全的人机交互操作以及良好的用户体验提供支持。例如，就目前自动驾驶车的智能技术水平而言，在许多交通路况场景和突发事件中，仍然需要人类驾驶员的人为干预。因此，自动驾驶车的车载人机界面应该能够清楚地提供当前交通路况和自动驾驶车智能系统运转状况的信息，从而在应急状态下能够提供有效的自动模式转换告警信息，帮助驾驶员快速有效地夺回车辆的控制权。

4. 可解释和可理解的设计

智能系统设计要避免 AI 的“黑匣子”效应，为提供用户可解释、可理解的设计。例如，基于 AI 技术（如神经网络的深度机器学习）的智能决策系统（如医疗诊断、安全检测）输出的辅助决策结果，应该为用户解释为什么是这样的结果，同时人机界面设计要为各类目标用户提供满足他们各自需求（如领域知识水平）的可解释和可理解的系统输出，从而提高用户对智能系统的信任度和决策效率。

5. 提升人的能力而不是控制或者取代人的设计

智能系统的功能只能是取代人的部分任务，提升人的能力而不是控制或者取代人。智能系统应该是人的能力的延伸，为人的决策提供更透明的数据和建议，保证人在系统中是最终的决策者。例如，在智能监控决策系统设计中，要明确定义系统控制的等级优先权，允许智能系统根据不同的模式自动做出一些低等级的决策，而对于高等级的决策和潜在的冲突场景，智能系统可以依据操作场景智能地向人类操作者提供一些建议，但是必须由人类操作者通过输入命令或者某种控制手段来执行人类做出的最终决策。

6. 伦理化的设计

从伦理、道德、法律等角度出发，设计要体现伦理化设计的原则，遵循相关的法律和准则、行业规范，保证智能系统是负责任的、保护个人隐私的、安全的、包容的、公平和公正的。例如，要防止一些利用不完整或被扭曲的数据训练而成的智能系统，避免轻易地放大偏见和不公平等，影响社会的公平性。

7. 个性化的设计

借助 AI、大数据等技术，设计要为智能系统用户提供更加个性化的体验。例如，通过对实时在线用户行为、使用场景、上下文场景等信息的感知、分析和建模，系统可以根据不同的模式特征从使用行为、场景、个人兴趣等方面对用户的个性化需求进行分类，从而提供相对应的个性化功能、内容和服务。

8. 人机智能互补和协同合作的设计

借助智能系统中人机组队式合作的新型人机关系，设计要体现人机之间的智能互补和协同合作，实现人机系统的整体优势。同时，通过技术手段来优化人机合作，同步协调彼此的情境意识、任务、知识的获取和管理、目标、决策权的分配等，达到高效的协同式人机系统合作。

（二）智能人机交互的新问题

智能时代涌现出丰富的用户需求和应用场景（许为，2017），人与智能系统的交互需要更加有效的人机交互范式。在实现多模态、虚拟现实、普适计算等技术方面，硬件技术已经不是障碍，但是用户的人机交互能力并没有得到相应的提高。如何设计有效的视、听、触、手势等模态的人机交互范式是今后 HAII 领域的重要研究内容之一（范俊君 等，2018），需要工程心理学的支持。

现有的人机交互范式主要采用计算机时代的 WIMP 范式。WIMP 范式存在感知通道有限、交互带宽不足、输入/输出带宽不平衡、交互方式不自然等问题，智能人机交互的范式需要在多通道融合、交互自然性、交互情境感知、人的意图理解等方面取得更大的突破（范俊君 等，2018；范向民 等，2019）。已有研究提出了后 WIMP 和非 WIMP 范式，如针对笔式交互场景的 PIBG 范式、面向普适计算交互场景的实体用户界面范式、基于现实的 RBI 范式等（范俊君 等，2018）。不过，这些范式的有效性还有待工程心理学的验证。智能人机交互范式的研究涉及多个领域，现有的研究主要是在计算技术领域开展，工程心理学专业人员应该为定义和验证智能人机交互范式提供学科支持。

现有的人机交互设计标准是针对非智能计算系统开发的，目前还缺乏系统化的针对智能系统的人机交互设计标准。HAII 领域的重要任务之一是通过工程心理学、人机交互等实验和应用提出一系列指导智能系统人机交互设计的标准。国际标准化组织人-系统交互技术委员会（ISO TC 159/SC 4/WG 6）起草了有关智能人机交互的人因工程技术标准文件（ISO/TR 9241-810；ISO，2020）。该标准文件将为国际标准化组织确定今后的智能人机交互设计标准提供指导。目前已有一些针对智能人机交互的设计指南发布，如微软的 18 条设计准则和指南（Amershi et al.，2019）、谷歌的“AI+People”设计指南（Google PAIR，2019）。这方面的工作也需要工程心理学的支持。

智能技术催生了一系列基于人机交互技术的新型人机界面，这些新型人机界面包括自然用户界面（如语音、视线、手势、触觉等交互）、脑机界面、可穿戴设备、隐式交互界面、多模态交互界面等。从智能系统的用户体验来说，还需要工程心理学专业人员积极参与人机交互设计等方面的工作。例如，布丢和劳伯海默（Budiu & Laubheimer，2018）对美国市场上三个顶级品牌的语音智能助手的用户体验进行了测试，结果表明所测试的语音智能助手在所有六类复杂问题任务上都失败了，只在一些简单的查询任务上获得成功；近几年自动驾驶车领域也出现了多起致命事故（NHTSA，2017）。这些实例说明了工程心理学在智能人机交互设计方面的重要性。

展望未来的工程心理学研究工作，一些阻碍智能人机交互开发的理论问题也需要得到解决，如智能人机交互的理论模型、人机合作的认知模型等。卡德等（Card et al.，1983）提出了著名的 GOMS［goals（目标），operators（操作者），methods（方法），selections（选择）］模型，用于对人机交互的定量和定性预测。但是，GOMS 等简单的人机交互模型已经不能适应目前智能时代复杂的人机交互场景和任务。刘烨等（2018）提出了一个初步的面向智能系统的人机合作认知模型。该模型尽管存在一些局限性，但是从概念上考虑了机器智能、人机交互复杂性等因素，部分融合了人机交互多模态并行、分布式认知等概念。HAII 领域的工作需要构建智能时代符合新型人机组队式合作的认知和计算模型，支持新型交互技术、社会交互和情感交互的认知建模等（范俊君 等，2018；葛列众，许为 主编，2020）。如同计算机时代对人机交互等领域的贡献，工程心理学需要为智能人机交互技术、人机界面设计等方面的工作提供支持，进一步提高智能人机交互的自然性、精确性和有效性。

第四节 人-人工智能交互实践的挑战和工程心理学对策

作为一个新的研究领域，HAII 实践必然面对挑战。例如，一些 AI 专业人员认为过去无法解决的人机交互问题目前已经被 AI 技术解决（如语音和手势输入），因此不必注重人机交互、工程心理学、用户体验等方面的问题；而人机交互、工程心理学等专业人员往往在定义产品需求后才加入 AI 项目，这种滞后效应限制了这些专业人员对智能系统设计的影响力（Yang，2018；Yang et al.，2020）。同时，工程心理学等专业人员与 AI 专业人员之间缺乏共享的工作流程和语言也给跨学科的合作带来了困难（Girardin & Lathia，2017）。另外，现有的基于“以人为中心设计”理念的一些方法也无法为智能系统的研发提供有效的支持。例如，针对智能系统所特有的一些特征，如何有效地开展智能系统功能的人机交互原型化、机器动态行为的测试等工作。

一、工程心理学方法的考虑

HAII 领域的研究和应用必然对方法论提出新的要求。从工程心理学角度来看，现有的工程心理学方法大多是针对传统非智能计算系统的研究和应用。从表 13-3 以及以上论述可知，智能系统与非智能系统之间在人类操作者和机器的角色、人机关系、操作环境等许多特征方面有很大的差别。例如，智能系统所面临的操作环境可能是复杂、瞬间变化、不可预测的场景，研发需要考虑系统的自适应性和人机组队式合作中需要共享的情境意识；智能系统的能力是发展的，需要考虑人机系统中人与机器之间功能和任务分配的动态优化，以及如何借助人机组队促进人机控制权的动态共享；实时在线的用户行为数据环境有助于智能系统获取上下文操作场景数据；人类操作者受智能技术多方面的影响，研发智能系统不仅要深入人的认知神经层面，也要在广度上拓宽到社会技术系统的宏观环境。

因此，针对智能系统的这些特征、需求以及优势，在智能系统研发流程的各个阶段，我们需要评估现有工程心理学方法对智能系统设计的有效性，需要提升现有的一些方法或者推广一些新方法，这样才能充分发挥工程心理学在智能系统开发中的作用。为此，许为（2019a）概括总结了一些具有代表性的工程心理学新方法或提升的方法（见表 13-4）。

表 13-4 工程心理学新方法或提升的方法与传统方法的比较

新方法或提升的方法	新方法或提升的方法的工程心理学特征	传统方法的局限性	智能系统的研发阶段	新方法或提升的方法在智能系统研发中的潜在贡献
认知工作分析	对全工作领域影响人类决策作业（包括未知任务）的各种制约因素进行需求分析和建模，尤其是对新的工作领域	认知任务分析建立在工作领域已知任务的基础上	需求分析，定性建模	分析工作领域设计无法预料的场景、任务、制约，有助于智能系统（如智能机器人）自适应地执行和决策
动态化人机功能分配	动态化的人机功能、任务分析及分配（随着智能机器学习能力的提高），强调人机组队式合作	静态的、不变的人机功能、任务的分析及分配（如费茨模型）	系统和用户需求分析	利用智能机器的学习能力，动态智能化地替代更多的人工作业，提高人机系统的整体绩效
智能化原型设计	采用 WoZ 设计原型来模拟、测试机器的智能功能和人机交互的设计思路	注重非智能系统的原型设计，呈现智能功能比较困难	低保真原型设计，人因测试	开发初期，原型设计和测试智能化人机交互，验证智能系统的设计思路
生态界面设计	将工作领域内各层次之间的功能关系、领域制约因素、属性特征按照“目的-手段”的关系属性结构化地表征在用户界面中	图形用户界面设计注重用户的具体作业、用户界面的物理元素和特征	界面设计	有助于用户在全工作领域的问题空间中有效地搜寻所需的决策信息；有助于有效地将复杂领域信息、大数据视觉化
AI 先行的设计	优先考虑机器的智能功能（智能搜索、用户行为和上下文场景驱动的功能等）	注重用户与界面物理元素之间的交互设计，不注重机器和系统功能	界面设计，系统分析和设计	减少智能系统中的人工作业，降低工作负荷，提高人机系统的整体绩效
基于大数据的设计	应用 AI 和大数据技术对实时用户行为、上下文场景等数据建模，获取人物画像，预测用户使用场景、个性化需求等	不易预测用户需求，无法获取实时用户行为、上下文场景等信息	需求分析，系统设计	提供智能化、个性化、与用户行为或者上下文场景匹配的系统功能和内容
面向情境意识的设计	强调动态环境中，用户采用实时更新的心理结构来表征对系统和环境状态的感知、理解和预测，支持用户瞬间的决策	注重用户经过长期学习形成的稳定的心理模型在设计中的作用	需求分析，界面设计，人机情境意识模型，人因测试	建立人、智能体双向的情境意识模型，促进人机合作，尤其是应急状态下人机决策控制权的共享

续表

新方法或提升的方法	新方法或提升的方法的工程心理学特征	传统方法的局限性	智能系统的研发阶段	新方法或提升的方法在智能系统研发中的潜在贡献
认知计算建模	在系统开发初期，开展低成本、量化的人因测试，降低开发风险和成本	开发后期才开展对设计方案的人因测试	系统建模，人因测试	将人的绩效预测模型作为智能系统的输入，提供自适应、智能化的预警系统；早期模拟和验证智能系统的人机交互
人机组队式合作设计	强调人机之间的组队式合作伙伴关系，人与智能体之间共享信息、目标、任务、执行、决策等	人机交互通过单向、非共享、非智能互补等方式开展，机器是工具	系统分析，人机功能分配，系统设计	利用人与智能体之间功能互补、替换、自适应性等特征，优化智能系统人机合作和绩效
以人为中心 AI	与 AI 专业人员合作，为用户提供透明的、可解释的智能系统；优化机器学习、数据训练、目标和算法模型	智能系统界面不透明、不可解释；低效的机器学习和训练，会导致算法偏差	界面设计，系统分析和测试	避免 AI 的“黑匣子”效应，提高用户对智能系统的信任度和决策效率；优化机器学习的结果，避免极端的算法偏差
神经人因学	在人的认知神经层面，了解操作环境中人的信息加工的神经机制和脑电成像测量的变化	注重人在操作环境中的外显行为绩效和主观感知	界面设计，人因测试	提供新型脑机接口；提供敏感的脑电成像测量；利用脑电成像测量指标，支持自适应智能系统设计
社会技术系统（宏观工效学）	在宏观环境中研究 AI 技术对人的影响（隐私、情感、伦理道德、决策自主权、技能成长等）	注重物理环境、组织因素，缺乏对整个社会技术系统大环境的考虑	需求分析，系统设计，人因测试	提出满足整个社会技术系统大环境需求的智能化整体解决方案

来源：修改自许为，2019a。

从表 13－4 可知，传统方法在智能系统研发中表现出一定的局限性，新方法或者提升的方法可以克服这些局限性，而且它们在智能系统研发中的潜在贡献范围涉及各种智能系统。从系统开发流程的角度看，这些方法对智能系统研发的贡献是全方位的，可以应用于开发流程的不同阶段。当然，这些方法在智能系统研发中的应用需要工程心理学专业人员与其他学科专业人员在合作实践中进一步优化。

二、工程心理学的对策

为有效地应对 HAII 实践可能遇到的新挑战，针对今后的 HAII 领域的工作，工程心理学应该考虑以下策略。

首先，基于 HCAI 理念，将以人为中心设计的方法和流程整合到智能系统的研发过程中，优化现有的开发流程和方法，支持 HAII 领域的跨学科合作（Girardin & Lathia，

2017）。在过去的三十多年中，工程心理学、人因工程、计算机科学等学科共同推动了目前人机交互、用户体验领域的繁荣，这充分表明了“共享理念”模型的作用（Howell，2001）。在AI时代的早期，工程心理学专业人员同样需要与计算机科学、AI等专业人员共享HCAI理念。HCAI理念和HAII领域在最初阶段可能不易被接受，我们需要尽量减小这种时滞效应。只要持续努力，就像30多年中共同推动人机交互、用户体验领域一样，HCAI理念和HAII的多学科合作平台最终会成为跨学科的共识。

HAII实践需要培养能够开发基于HCAI理念的AI的专业人才。一方面，工程心理学专业人员必须学习AI知识，从而有利于与AI专业人员合作、提升对智能系统研发的影响力（Yang et al.，2020）；另一方面，计算机科学和AI专业人员也需要提升对HCAI理念和HAII领域的理解。在过去的30多年中，人机交互、人因工程、工程心理学等学科为社会培养和输送了大量的人机交互、用户体验人才，助推了现有人机交互、用户体验的社会文化的形成（许为，2005）。进入智能时代，工程心理学应该在人才培养方面继续努力。从高校教育的角度来说，要建立完善的HAII高校教育体系，为学生提供学习跨学科知识的选择机会。例如，开设“工程心理学＋AI”“HAII”“AI主修＋工程心理学副修”“工程心理学主修＋AI副修”等交叉学科课程，建设针对HAII领域的工程心理学硕士和博士学位体系。

工程心理学专业人员要主动参与跨行业、跨学科的合作，增强学科的影响力。例如，工程心理学学术界与工业界合作攻克自动驾驶车研发中遇到的问题。同样，HCAI理念所提倡的人机混合增强智能需要学术界和工业界之间的协作，积极开展HAII领域的工程心理学应用研究。工程心理学专业人员要积极参与与国家智能技术相关的跨学科合作项目，倡导HCAI引领的智能系统设计和创新，优先在重要领域开展HAII的应用工作。

最后，工程心理学有助于推动HCAI理念所倡导的“伦理化设计”在智能系统研发中的实现。目前许多国家的政府和高科技企业逐步推出了围绕“伦理化设计”的法规和指南，但是真正将这些法规、指南在研发流程以及系统设计中落实还有许多工作要做。AI专业人员在职业培训中通常缺乏应用伦理道德规范进行设计的正式培训，并且倾向于将这些规范视为解决技术问题的另一种形式。针对这种情况，计算机科学、AI界开始认识到AI的“伦理化设计”需要跨学科的智慧和合作（Li & Etchemendy，2018）。如前面所述，工程心理学可以从宏观的社会技术系统角度采用行为科学等方法来提出解决方案，针对人机混合智能系统的智能控制、人机控制权切换、机器行为、可解释的AI、人-自主化交互等关键问题，与AI专业人员协同合作来实现智能系统的“伦理化设计”。

概念术语

第三次AI浪潮的阶段特征，人-人工智能交互（HAII），以人为中心AI，机器行为，人机组队式合作，情境意识，人机互信，心理模型，人机控制权共享，人机混合增强智能，可解释的AI，智能人机交互，有用的AI，场景化AI，工程心理学新方法或提升的方法，认知工作分析，动态化人机工作分配，智能化原型设计，生态界面设计，AI先行的设计，基于大数据的设计，面向情境意识的设计，认知计算建模，人机组队式合

作设计，神经人因学，社会技术系统，伦理化设计

本章要点

1. AI 技术正在造福人类，但是 AI 技术带来的回报和潜在的风险共存。

2. 第三次 AI 浪潮的阶段特征为“技术提升＋应用＋以人为中心”，意味着智能系统的研发不仅仅是一个技术方案，更是一个跨学科合作的系统工程方案，需要工程心理学等学科的支持。

3. 智能时代人-人工智能交互的工程心理学特征、研究和应用已经大大超出了目前的人机交互领域，需要一种新的思维来考虑如何更加有效地开发智能系统。

4. HAII 是一个新的多学科交叉领域，有助于有效地开发智能系统。

5. HAII 采用“以人为中心”的理念，利用计算机、AI、人机交互、工程心理学、人因工程、认知神经科学等学科的方法，致力于合作研发 AI 技术，优化人与智能系统之间的交互，有效解决 AI 技术所带来的独特挑战和问题，从而为人类提供有用、可用、可信赖、安全、令人满意、以人为中心的智能系统。

6. HAII 基于“以人为中心 AI”的理念，通过以人为中心的研究、建模、算法、设计、工程、测试等跨学科的方法和跨学科合作的流程来开发智能系统。

7. HCAI 理念的特征包括人的中心作用、人机智能的互补和系统化的设计思维。

8. HAII 领域工程心理学研究和应用的重点包括智能系统的机器行为、人机组队式合作、人机混合增强智能、可解释的 AI 以及智能人机交互。

9. HAII 领域强调智能系统与非智能计算系统之间的特征差异，推动“以人为中心 AI”理念在智能系统开发中的落实，有助于在一个统一的工作框架和设计理念下，通过一个跨学科合作平台来有效地开发智能系统。

10. HAII 有许多研究和应用新问题，这些问题的解决都需要跨学科的合作，任何一门单一的学科都无法有效地解决这些问题，这正是推动 HAII 新领域作为一个跨学科合作平台的主要原因之一。

11. 智能系统的机器行为是 AI 技术的新特性，工程心理学需要采用“以人为中心 AI”方法与 AI、数据专业人员协同合作，帮助减小算法偏差，优化智能系统的设计，避免安全隐患。

12. 人与智能系统之间开展人机组队式合作，形成了智能时代的新型人机关系。人机组队式合作的研究和应用需要包括工程心理学在内的学科的支持。

13. 任何智能程度的机器都无法完全取代人类智能，孤立地走 AI 技术发展的路线会遇到瓶颈，需要将人的作用引入智能系统，形成人机混合增强智能，许多问题的解决需要工程心理学的支持。

14. 避免 AI“黑匣子”效应需要可解释的 AI，工程心理学的学科特点使工程心理学对此可做出重要贡献。

15. 智能技术新特点给智能人机交互的开发提出了新要求，需要开发适合智能系统的人机交互范式、人机交互新理论、工程心理学基本原则和标准等。

16. 针对智能系统的新特征，我们需要提升现有的工程心理学方法和采用一些新方法。

17. 智能技术给工程心理学带来了新挑战和新机遇。工程心理学需要与其他学科合作，要培养具备“以人为中心AI”理念的专业人员，要将“以人为中心AI”方法和流程整合到智能系统的研发过程中，要主动参与跨行业、跨学科的合作，要推动“伦理化设计”的具体落实和实施。

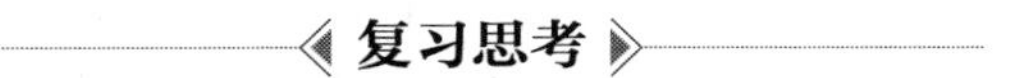

复习思考

1. 从工程心理学特征来看，非智能计算系统与智能系统的主要区别是什么？

2. 为什么在智能时代要提出人-人工智能交互（HAII）这一新领域？请说明三个理由。

3. 选择HAII研究和应用的三个重点领域，说明工程心理学研究和应用在这些领域的重要性。

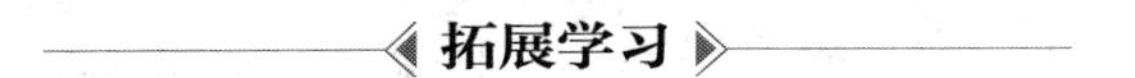

拓展学习

范俊君，田丰，杜一，刘正捷，戴国忠．(2018)．智能时代人机交互的一些思考．*中国科学：信息科学*，*48*(4)，361－375

范向民，范俊君，田丰，戴国忠．(2019)．人机交互与人工智能：从交替浮沉到协同共进．*中国科学：信息科学*，*49*(3)，361－368

许为．(2019)．四论以用户为中心的设计：以人为中心的人工智能．*应用心理学*，*25*(4)，291－305.

许为．(2020)．五论以用户为中心的设计：从自动化到智能时代的自主化以及自动驾驶车．*应用心理学*，*26*(2)，108－129.

许为，葛列众．(2020)．智能时代的工程心理学．*心理科学进展*，*28*(9)，1409－1425.

第十四章

工程心理学的应用

教学目标

掌握在产品开发中“以人为中心设计”的工程心理学理念和基本原则，把握“以人为中心设计”方法与传统产品开发方法的区别，熟悉基于“以人为中心设计”理念的产品开发流程、主要活动和方法；通过现代大型商用飞机的应用实例，了解如何组织有效的工程心理学应用研究、“以人为中心设计”理念在系统开发中发挥的作用，以及如何拓展传统的工程心理学（人因工程）方法；掌握工程心理学应用的一些基本策略，了解工程心理学应用面临的挑战与机遇。

学习重点

理解“以人为中心设计”理念、基本原则，了解基于“以人为中心设计”理念的产品开发流程、主要活动和方法；把握“以人为中心设计”方法与传统产品开发方法的区别；理解在工程心理学应用中采用“以人为中心设计”理念和方法的必要性；通过实例深入了解“以人为中心设计”理念、流程、活动和方法在系统开发中的应用；进一步加深对工程心理学在产品开发中的作用的理解；了解工程心理学应用的一些基本策略。

开脑思考

1. 我们每天都会用到手机，不同的人群偏好不同类型的手机，年轻人一般使用功能丰富的智能机，而老年人使用老人机居多。智能机和老人机有哪些设计上的区别？你认为的“以人为中心设计”理念包括哪些内容？

2. “以人为中心设计”理念不仅可以应用于航空、航天、航海等科学领域，也可以应用于学习、工作、交通等生活中的方方面面。你可否举一个日常生活中所遇到的产品例子来说明“以人为中心设计”理念的应用和它的重要性？

3. 假定你在一个医疗器材研发公司工作，公司刚上市一款专门为老年人测量血压的新产品。许多顾客抱怨该产品非常难用（比如，显示的刻度看不清，操作起来困难），你有什么办法可改进该产品？

作为一门应用学科，工程心理学必须在实际应用中发挥作用，这样才能发挥学科的影响力和保持学科的生命力。在本书前面章节学习的基础上，本章通过实例来论述工程心理学的应用。在本章，我们首先介绍工程心理学应用中“以人为中心设计”理念及其基本原则、流程、基本方法，然后通过一个实例来说明基于“以人为中心设计”理念的工程心理学应用，最后总结在工程心理学应用中要考虑的一些注意要点。

限于篇幅，我们无法对具体的流程、步骤、方法做详细介绍，读者可进一步阅读“拓展学习”中的推荐资源。

第一节 “以人为中心设计”理念

一、“以人为中心设计”理念的含义和基本原则

“以人为中心设计”（human-centered design，HCD）是工程心理学的学科理念（葛列众，许为 主编，2020）。概括来说，“以人为中心设计”理念就是在产品开发中，以用户为中心，通过用户需求收集和分析、用户场景和任务分析、人机功能和任务分配、人机交互和用户界面原型设计、工程心理学测评等一系列活动来达到人机系统的最佳匹配和绩效。在工程心理学发展的初期，“以人为中心设计”理念主要被应用于航空设备和武器装备等产品的开发。进入计算机时代，工程心理学的应用范围大大拓展，包括计算机应用程序、智能手机 App、自动化系统等（例如，第十章提到的“以人为中心的自动化设计”）。进入智能时代，“以人为中心设计”理念开始被应用于智能系统的开发（例如，第十三章提到的“以人为中心 AI”）。“以人为中心设计”理念需要遵循以下四项基本原则。

（一）基于人的需求

产品设计要基于用户特征和需求（生理、心理等）、用户任务、用户使用场景、人机操作环境等。产品设计所要达到的目标要基于用户对产品的需求、用户使用产品的目的，保证用户在指定的人机操作环境中使用产品时，能够快速有效、安全、满意地完成操作任务。例如，在智能手机上为年轻人下载音乐所提供的用户界面，可能不适用于商业用户在平板电脑上下载公司业务数据报表，因为这两个不同的用户群体有着不同的目的、任务、使用场景，他们所使用的相关设备也不相同。

（二）基于人机界面快速原型设计

原型设计是指在开发初期，使用某种工具快速地实现基于用户需求的设计原型（包

括用户界面的设计概念模型、低保真用户界面设计原型)。设计原型可用于获取用户反馈信息（通过用户对设计原型的工程心理学测评），项目团队可根据用户反馈意见快速修改设计原型，然后进行工程心理学测评来进一步收集用户反馈，再修改设计原型等，通过这一系列迭代式活动，最终实现最佳的人机系统匹配、用户体验设计方案，从而开发出满足用户需求的产品。

（三）基于工程心理学测评

工程心理学测评是“以人为中心设计”方法的重要组成部分。在开发初期收集用户需求的前提下，工程心理学测评是在开发流程中进一步确保设计满足用户需求的一个重要手段。工程心理学测评可以最大限度地降低产品不能满足用户需求的风险。在开发的早期，工程心理学测评可改进初步的设计概念和低保真设计原型；随着开发的进行，工程心理学测评可以借助高保真交互式设计原型来进一步改进产品的设计，帮助逐步完善产品设计；在产品投放市场以后，通过工程心理学测评可以获取用户对产品实际使用的反馈意见，为下一轮的产品改进提供重要的用户反馈信息。

（四）基于跨学科团队合作

践行“以人为中心设计”理念不仅是工程心理学专业人员的责任，而且也需要市场、业务流程再造、内容开发、用户支持、数据系统、技术平台系统等专业人员的密切合作。“以人为中心设计”团队不一定非常庞大，但团队成员所代表的学科和领域应该尽可能多样化，以便设计能充分考虑到各方面的需求。

二、“以人为中心设计”方法与传统产品开发方法的比较

“以人为中心设计”方法是针对传统产品开发过分强调“以技术为中心设计”方法而忽视人的需求这种状况提出的。

表14－1对比了“以人为中心设计”方法与传统产品开发方法的区别。由表14－1可知，两者之间在设计理念、设计目的、工作重点和方法论等方面都有很大的差别。然而，两者也具有互补性。最佳的产品开发方法应该是整合这两种方法论，为用户提供既有用又可用的产品，从而实现最佳的人机匹配和绩效。

表14－1 “以人为中心设计”方法与传统产品开发方法的比较

	“以人为中心设计”方法	传统产品开发方法
设计理念	“以人为中心”：强调满足人的需求（生理、心理等方面），保证用户、技术、产品功能之间的最佳匹配，从而获取最佳的人机绩效	“以技术为中心”：注重技术开发，强调产品功能、数据质量、产品可靠性等
设计目的	可用的（usable）产品：产品易学、易用，能提供良好的用户体验等	有用的（useful）产品：产品可靠，能提供有用的功能等

续表

	“以人为中心设计”方法	传统产品开发方法
工作重点	人的需求、能力、任务、使用场景，以及人机交互等；考虑在特定的使用场景中帮助人有效地完成所期望的任务等	产品功能、技术和数据；考虑通过一定的技术手段使得产品能为人提供所期望的功能和数据等
方法论	以定性、描述性为主的行为科学方法，如用户界面设计概念、用户任务分析、人机功能分配、人机交互模型、人机绩效模型、现场观察、工程心理学测评等	以结构化分析、设计和建模为主的工程设计方法，如系统架构设计、实体-关系图、数据流程图、面向对象的编程方法等

来源：修改自许为，2003b。

三、基于“以人为中心设计”理念的产品开发流程和基本方法

“以人为中心设计”既是产品开发的一个理念，同时又定义了在开发中实现这种理念的结构化流程以及所需的主要活动（葛列众，许为 主编，2020）。图 14-1 展示了“以人为中心设计”的产品开发流程和主要活动。如图 14-1 所示，“以人为中心设计”的产品开发流程和主要活动的安排就是为了实现“以人为中心设计”理念。“以人为中心设计”并不是一个单向的流程，通过工程心理学测评所获取的用户对产品设计原型的反馈意见有助于进一步确定用户需求和改进设计原型，这种流程以及活动之间的关系充分体现了“以人为中心设计”理念。总的来说，“以人为中心设计”流程有以下三个主要阶段以及相应的主要活动。

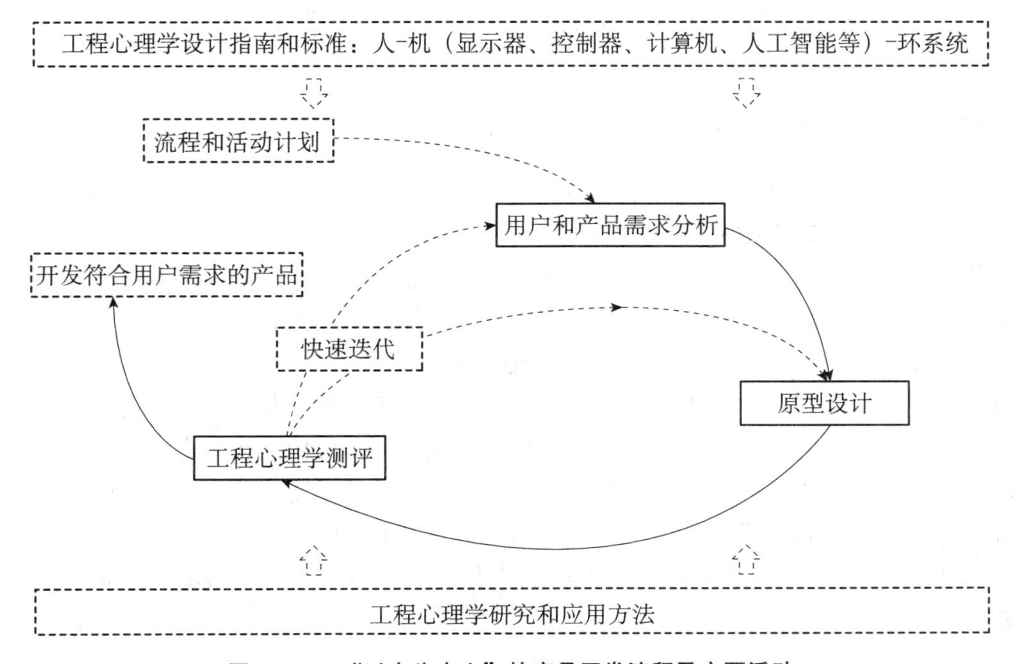

图 14-1 “以人为中心”的产品开发流程及主要活动

来源：ISO，2019a。

（一）用户和产品需求分析

用户和产品需求主要包括用户特征和需求、用户任务、使用场景（包括产品使用的组织、技术和物理环境等）、符合用户需求的产品功能、用户作业目标等信息。这些信息可以通过各种用户研究方法来收集和分析。用户研究需要在“以人为中心设计”流程的初期阶段进行，有多种用户研究方法可供选择来开展对用户、使用场景、用户任务的数据采集和分析活动。这些方法包括前面章节所讨论的问卷法、访谈法、观察法、实验法、大数据方法、工作流程分析、任务分析、工作负荷分析、事故分析、人为差错分析等。现有产品（如果存在的话）的信息（如用户反馈信息、事故和人为差错信息、使用场景和环境）有助于确定新产品的用户和产品需求。

（二）原型设计

根据已定义的用户和产品需求，项目团队制作基于用户任务和场景、符合人机交互设计原则（根据所采用的人机交互技术平台）的产品人机界面设计原型。一般来说，原型设计是指以设计概念模型、低保真设计原型到高保真设计原型这样的流程逐步地完善产品的人机交互设计。原型设计有利于用户参与对设计概念模型和人机交互设计的测评并提出反馈意见，项目团队不断修改设计方案来进一步理解和确认用户需求、优化人机交互等，整个过程是一个迭代式设计过程。

设计中要充分考虑现有技术的特征和人机界面设计指南及标准等。工程心理学针对人-机（显示器、计算机、人工智能等）-环系统中的各种人机、人-环境交互等方面开展的大量实验研究，得出了一系列有助于指导人机交互、用户界面设计的指南和标准。这些工程心理学设计指南和标准涉及视觉和听觉显示界面、控制交互界面、人-计算机交互、人-自动化交互、人-人工智能交互、工作负荷及其应激、安全与事故预防等方面。

（三）工程心理学测评

工程心理学测评是“以人为中心设计”方法的必备活动。在人机交互和用户体验领域，工程心理学通常被称作用户体验测评（葛列众，许为 主编，2020）。图 14 - 1 中的虚线充分反映了工程心理学测评在开发设计流程中的作用。在不同的开发阶段，工程心理学测评可以起到不同的作用，应根据工程心理学测评的目的和设计原型的类型，采用合适的工程心理学测评方法和指标。从测评指标来说，工程心理学测评方法包括行为特征研究方法（如眼动追踪分析、人体体态特征分析）、心理生理测量方法（如外周系统的心理生理测量、脑功能检测）、工作负荷（如生理负荷、心理负荷）分析方法、用户体验研究方法（如可用性测试、专家启发式评估）等；从测评地点来说，包括现场实验、实验室模拟实验等。这些方法在本书的相关章节都有介绍。

下面，我们以现代大型商用飞机驾驶舱设计作为实例来说明工程心理学的应用以及方法。

第二节　一个“以人为中心设计”案例：商用飞机驾驶舱的设计

航空是工程心理学得以产生和发展的重要领域之一。作为一个复杂的人-机-环系统，飞机驾驶舱机载人机系统和复杂的飞行环境几乎包括了工程心理学研究和应用的所有问题。因此，工程心理学在现代大型商用飞机驾驶舱设计中的应用实例可以全面体现出工程心理学的应用以及作用。

一、“以人为中心设计”的工作流程

基于“以人为中心设计”理念，波音制定了一系列在驾驶舱设计中体现“以飞行员为中心设计”理念，充分考虑飞行员需求、能力和极限的设计原则（crew-centered design philosophy，CCDP；Kelly et al.，1992）。

CCDP主要包括：(1) 飞行员拥有飞机的最终飞行控制权；(2) 正副驾驶对安全负最终的责任；(3) 设计应考虑飞行员已有的培训和经验；(4) 驾驶舱的自动化飞行系统是帮助飞行员而不是替代飞行员。CCDP以及其他四项针对飞行员飞行绩效的设计优化策略（即简化、余度化、自动化和容错化）有效地统一了项目各部门人员的设计思路，并且指导了最终的设计决策。CCDP和人因工程师（公司中执行工程心理学应用的工程技术人员）的配置为波音777项目中工程心理学的应用营造了有利的组织文化环境。

为了保证CCDP的实现，人因工程师在波音777项目初期就参与了项目计划和系统需求定义等活动。项目计划明确保证了在系统需求定义前各项目都有足够的时间进行人机界面的概念设计、用户评价和人因工程测评等活动。同时，各项目都定义了人因工程成功指标。项目人因工程师参与了从最初的项目计划到最后的美国联邦航空管理局（FAA）人因工程适航认证前的试飞在内的整个研发过程。

用户的早期参与为收集用户需求以及保证人机界面设计满足用户需求提供了重要的前提。例如，在波音777驾驶舱设计方案确定前，11家航空公司参与了设计评价，波音与用户（航空公司专业人员以及飞行员）在模拟驾驶舱中共进行了500多个小时的初期设计概念评价。在整个开发过程中，波音举办了5次航空公司设计评审，组织了600多名具有不同飞行经验和文化背景的全球飞行员在模拟驾驶舱中进行了5 800多个小时的设计评价活动。

二、“以人为中心设计”的研究方法

在波音777项目中，人因工程师主要采用了以下几种工程心理学研究方法。

（一）快速原型法和模拟舱验证

在需求定义前，驾驶舱许多人机界面项目采用快速原型法来构建人机界面的设计概

念，以便快速有效地通过工程心理学实验来筛选设计概念，然后在模拟舱中加以验证，这种工程心理学方法为提高项目初期设计决策的准确性和减少项目后期因设计方案改变而带来的风险提供了保证（Xu & Jacobsen，1997）。例如，在波音787驾驶舱的研发中，人因工程师利用模拟舱法在不同研发阶段以不同的方式为设计决策提供了工程心理学实验依据（McMullin et al.，2008）。例如，他们在早期研发阶段采用了视觉仿真（比如平视显示器字符显示画面的优化筛选实验），在总体概念定义阶段采用了物理仿真（比如利用人体测量数据模型对驾驶舱空间布局和及达性的评价），在设计阶段采用了认知仿真（比如飞行员垂直导航状态情境意识的实验），在系统测试阶段采用了动态仿真（比如垂直阵风波动补偿系统的人因工程测评），在适航认证前的试飞阶段采用了全任务仿真（比如对各飞行任务阶段飞行员工作负荷的测评）来核实整体设计最终是否符合相关的适航要求。

（二）实验法

波音777项目的人因工程师在实验室或模拟舱中通过让飞行员在各种控制条件下完成特定的飞行任务来获取各种实验数据。这些数据为设计决策提供了有效的实验依据。例如，波音777首次引进了类似个人微机的光标控制装置（CCD），飞行员可用光标控制装置来直接操作电子检查表和数据链通信等显示器，从而大大增强了人机交互的有效性。针对驾驶舱的特殊环境，人因工程师采用系统响应、位移增量、操作稳定性以及低头操作极小化等测评指标，针对四种光标控制装置设计方案进行了多次人因工程实验，并组织了两次航空界工程心理学、人因工程专家和三次航空公司的用户评审，最终选定了光标控制装置的触板式方案（Crane et al.，1996）。

（三）建模法

在波音777驾驶舱的设计中，建模法旨在采用可量化的模型在各种条件下对设计方案进行工程心理学评价，从而为设计参数的筛选提供一个快速和经济的手段。波音在20世纪90年代就已经采用计算机辅助设计（CAD）技术，使波音777成为波音首个无纸化项目。人因工程师利用CAD内嵌式三维人体模型和人体测量数据对驾驶舱工作空间布局开展了及达性、可视性等方面的工程心理学评价。评价采用了美国和日本的相关人体测量数据，从而保证波音777驾驶舱的工作空间和舒适性相比于其他机型更适合更大的全球飞行员用户群体范围。为评价飞行员撞击生存性从9G提高到16G的新要求、座椅舒适性以及头部负伤标准，人因工程师采用了人体测量和生物力学等建模手段。人因工程师还采用客观生理心理测量和主观评价指标来建立评价新增人机系统对飞行员工作负荷影响的模型。

（四）事故分析

人因工程事故分析侧重于对与人误有关的事故的分析（许为，陈勇，2014）。该方法通过对人误数据与飞行任务、飞行员信息加工、飞行操作环境、人机界面设计等方面的相关分析，为如何从人机界面设计的角度来预防或减少类似事故的发生提供了重要的依据。人因工程事故分析对项目初期人机界面的需求定义发挥了重要的作用。例如，对1977—1984年所发生的93起事故的分析表明，33%的事故原因与飞行员偏离了基本的飞行操作程序有关，而且传统的手工飞行检查表可能导致飞行员忘记复核系统状态或是在应激状态下忘记检查。为预防或减少此类事故的发生，波音777首次引进了与自动感应等系统相连的字符显示式电子检查表，显示画面可在多功能显示器上切换获得。由人因工程师主持的电子检查表项目通过一系列人因工程实验为正常和应急状态下的电子检查表设置了合适的自动化层次，从而优化了飞行员的工作负荷和情境意识之间的权衡关系（McKenzie & Hartel，1995）。

（五）适航认证

波音的人因工程试飞是开始FAA适航认证前的最后一项人因工程工作。在人因工程试飞中，人因工程师在全天候条件下来核实人机界面的设计是否符合适航认证的规范要求，否则立即进行改进以降低认证风险（许为，陈勇，2013）。例如，为核实飞行显示器的自动亮度控制（ABC）设计，在试飞中人因工程师与波音试飞员一起测试了各类显示器及画面格式的显示工效，测试条件包括不同的日光照明强度及眩光、入射角以及照明强度变化率（如穿乌云层）等（许为，2000）。FAA适航认证的数据采集一般需要在试飞中进行，波音人因工程师在各种飞行操作环境条件下向FAA适航认证飞行员展示人机界面的设计和绩效符合FAA的规范要求。

三、从“以飞行员为中心设计”到“以人为中心设计”

在波音777项目中，人因工程强调的是“以飞行员为中心设计”理念，工作的重点主要集中于飞机驾驶舱。波音787的人因工程目标强调系统化的“以人为中心设计”理念，要考虑所有的“人”，包括飞行员、乘客、地面维修人员、整机装配生产线上的技术人员等（许为，陈勇，2012）。为了实现“以人为中心设计”理念，波音787的人因工程师分别参与驾驶舱、客舱、生产制造、地面维修、培训设计、试飞、适航认证、预研、事故分析等项目，他们将人因工程的流程和方法有机地整合在预研、总体概念定义、设计、测试、试飞以及适航认证等阶段的重要决策中。

客舱是乘客休息、娱乐、工作、社交以及应急情况下逃生的环境，乘客在人体测量学、年龄、健康、文化、心理等方面的差异对设计者提出了挑战。波音在设计中给予了波音787客舱的人因工程设计比以往任何机型都更多的考虑。例如，波音与俄亥俄州立大学合作进行的高压氧舱人因工程实验表明，置身于6 000英尺[①]以下客舱压力高度时的被试报告疲劳感现象明显减少，而且还能使乘客的血液多吸收约8%的氧气，从而有助于减少头疼和头昏等症状。波音787整机50%以上的机身采用新型碳纤维合成材料和相应的高抗压性，从而将在43 000英尺高度巡航时的客舱压力对应高度从现役铝制机身飞机的8 000英尺降至6 000英尺，帮助乘客减少头疼和头昏等症状，并且在起降阶段还可

① 1英尺约合0.3米。

帮助乘客缓解耳内不适等症状。为帮助乘客更自然地调节跨时区飞行所引起的人体生物节律和睡眠紊乱，波音人因工程师与系统设备供应商合作采用了客舱大弧度的顶部拱形结构和 LED 动态式自然光模拟照明系统，该系统可自动或手动地仿真自然天空昼夜的渐近变化，从而最大限度地减少对乘客生物节律和睡眠的影响。

波音 787 的人因工程设计还考虑了可维修性。地面维修人员经常在高压、高风动以及狭小的空间作业，易造成操作上的人为差错，导致部件的损伤以及维修人员本身的疲劳受伤。考虑可维修性可以避免这些问题的发生，有利于提高航空安全性、降低维修成本、提高航班准时性。波音人因工程师将维修人员作为整个人机系统的一部分，充分考虑他们的工作负荷、舒适性、安全性和易操作性，在波音 767 飞机维修性改进的基础上，开发了可维修性评价（MED）流程和工具，还利用计算机辅助设计工具和人体建模软件系统来测试和核实可维修性的设计（如操作的及达性等）（Carvan，2008）。

可制造性是指波音 787 的设计能够为整机装配生产线上的技术人员提供高效、安全和舒适的作业环境和工具。人因工程师在设计初期就规范了评审标准和流程，与设计人员密切合作，定义了针对可制造性的设计要求，以保证在装配流程和工具设计中充分考虑装配人员的需求。在设计中，人因工程师采用数字人体建模方法对装配工具设计与制造流程的安全性和高效性进行工效学审核。例如，他们与机翼工程师合作设计了一个可移动的平台，以便装配人员安全和方便地进入波音 787 的主着陆轮控制系统附近的作业空间。人因工程师还利用 VR 技术来模拟装配流程，以便验证和优化装配工具和操作流程的设计。VR 技术有效地帮助了人因工程师在设计初期以较低的成本来模拟评价作业空间的及达性和可视性，避免了后期改进可能带来的高成本（Gardner，2007）。

四、工程心理学对现役机型的改进

商用飞机的平均使用寿命一般为 25～30 年，今后 10 年所使用的大部分飞机现已设计好或将在今后几年制造，因此降低现役机型的事故率是提高飞行安全的关键之一。人因工程师通过优化现役驾驶舱人机界面的设计来降低人误发生的概率，提高人机交互的可靠性。

工程心理学研究表明，许多事故的发生是由于飞行员丧失或部分地丧失了情境意识（如地形和垂直状态意识），波音为此推出了增强型近地告警系统（EGPWS）和垂直状态显示器（VSD）（Xu，2007）。早期的近地告警系统（GPWS）显著地降低了可控飞行撞地（CFIT）事故率，但是事故分析表明，约三分之二的事故原因是与前一代 GPWS 的“漏告”或“迟告”以及相关的人误有关。经过工程心理学实验研究优化的 EGPWS 人机界面增加了来自机场地形数据库的信息，并且将这种信息叠加在现有的导航显示器（ND）的二维地形图上，该地形图以颜色代码的方式为飞行员显示出周围地形相对于飞机位置的不同距离和相应的告警等级，从而大大提高了飞行员的情境意识。研究进一步表明，在平坦地形着陆时，EGPWS 有可能导致飞行员丧失飞行垂直状态意识，为此波音开发了 VSD。由人因工程师主持的项目组在模拟舱中对三维视景显示、平视显示、侧剖面垂直状态显示三种方案进行了多次人因工程实验，最后的 VSD 设计选择了最佳的侧剖面显示方案。

五、工程心理学的前期预备研究

新机型驾驶舱的开发依赖于工程心理学的前期预备研究。在正式启动新机型开发之前，波音已经开展了一系列工程心理学预备研究。例如，波音777驾驶舱中电子检查表是基于波音二十多年来有关告警信号标准化的工程心理学研究，这些结果首先被部分地应用于波音757/767的发动机指示和机组告警系统（EICAS），随后被应用于波音777的EICAS、电子检查表。20世纪90年代针对机载有源阵液晶显示器的前期工程心理学研究则是在通用液晶显示器尚未普及之前就开展了，人因工程师在传统的阴极射线管显示模拟器上开展了针对机载有源阵液晶显示器的分辨率、像素排列和灰度等级等方面的视觉工效研究，为优化机载液晶显示器的设计提供了实验依据（许为，2000）。

波音787驾驶舱的人机界面新技术同样来自工程心理学的预研成果。例如，波音针对传统军机平视显示器在商用飞机上的应用开展了多年的工程心理学研究，优化了显示符号格式的视觉工效和光学性能，使飞行员能同时获取舱内外信息，避免了在应急状态下的低头操作，提高了飞行员在低能见度条件下的情境意识（比如大雾气象条件下的飞行着陆）。针对进场、着陆、滑行和起飞阶段发生的安全事故，为提高飞行员对机场跑道的情境意识，人因工程师通过对机场滑行道地图（AMM）各种显示画面格式的实验研究，选定了在导航显示器和侧显示器上具有最佳显示工效的设计方案。

认知工程等方法也被有效地应用于工程心理学前期预备研究。例如，人因工程师在飞行员认知信息需求分析项目中采用了拉斯穆森（Rasmussen，1986）的认知工程模型。该项目依据飞行员认知决策过程来分析人误数据，通过对事故的认知序列分析来确定导致人误的原因、发生频率和严重性等，然后将结果转化为新的设计需求，并建立一个反馈机制来核实新需求的有效性，从而为新机型的研发提供依据。

六、小结

以上应用实例表明，工程心理学（人因工程）在现代大型商用飞机研发中的作用贯穿于整个系统开发生命周期。许为和陈勇（2012）概括了工程心理学（人因工程）在大型商用飞机全生命周期中应用的工作框架（见图14－2）。如图14－2所示，该工作框架强调建立一种重视工程心理学（人因工程）的企业组织文化环境，并在相应的人才、硬件、软件以及有效的流程和方法论支持下，将工程心理学（人因工程）的应用有机地整合至大型商用飞机研发的整个生命周期，以提高商用飞机的安全性、易操作性和竞争性。

除了现代大型商用飞机这种复杂的人机系统，工程心理学还有许多具体的应用，其中数字解决方案是目前工程心理学应用最广泛的领域。数字解决方案是指采用计算机数字化信息技术来实现的软件产品，有兴趣的读者可以参考相关的文献（如Xu，2019）。

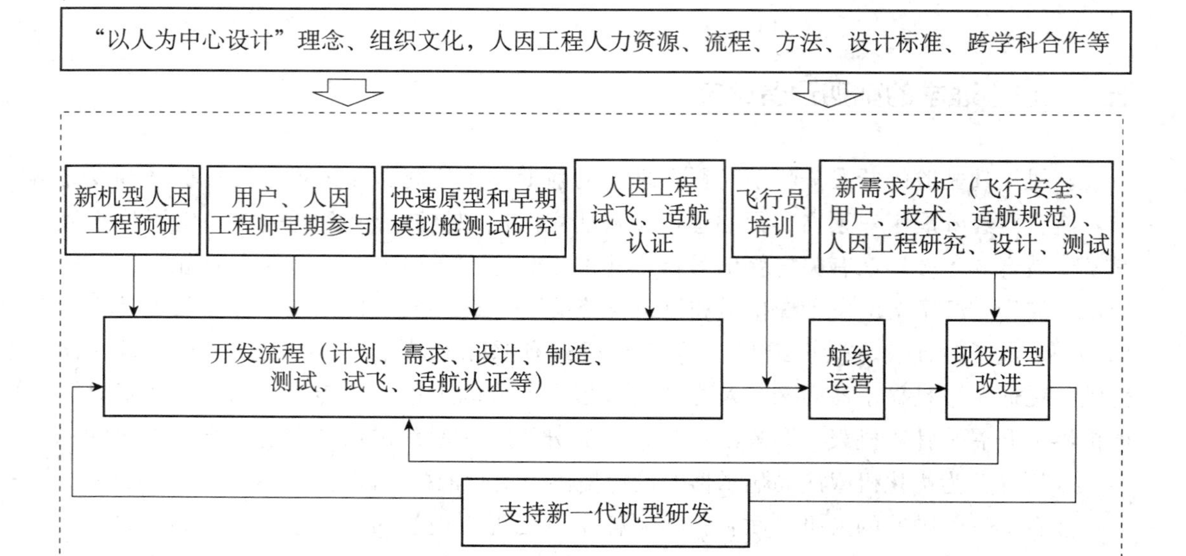

图 14-2　工程心理学（人因工程）在大型商用飞机全生命周期中应用的工作框架

来源：修改自许为，陈勇，2012。

第三节　工程心理学应用的策略

在工程心理学应用中，以下策略非常重要。

一、“成功三要素”策略

针对工程心理学交叉学科的特点，美国人因工程学会（HFES）2016—2017 年度主席库克（Cooke，2017）总结了工程心理学、人因工程等学科成功的三大要素，呼吁领域专业人员从这三方面做出努力来最大限度地发挥学科的作用和影响力：（1）从工程心理学的“以人为中心设计”理念出发，找准所要解决问题的切入点；（2）从人-机-环的角度出发，采用系统的思维和方法来全面考虑解决方案；（3）充分考虑工程心理学交叉学科的特点，加强与其他学科的协同合作。我们将这三大因素称作为工程心理学应用的“成功三要素”。

前述应用实例体现了库克的“成功三要素”策略（Cooke，2017）。首先，在波音飞机研发过程中，从波音 777“以飞行员为中心设计”理念到波音 787“以人为中心设计”理念，波音人因工程师找准了新设计方案的切入点。其次，该实例采用系统化的思维方式，从人-机-环的角度出发来提供新的系统化解决方案。例如，波音针对人（飞行员、旅客、地面维修人员）-机（驾驶舱、客舱、地面维修部件）-环（驾驶舱环境、客舱环境、地面维修空间环境）系统的人因工程研发。最后，该实例充分说明了跨学科合作的重要性。

从工程心理学学科发展的角度来看，20 世纪 90 年代出现的人-计算机交互强调“以用户为中心设计”理念、采用人机交互的系统方法以及与计算机等学科的合作，促进了整个社会对用户体验的重视。在智能时代，人-人工智能交互的提出也正符合“成功三要素”策略。

二、“共享理念”模型

作为一门应用学科，工程心理学必须能解决实际问题，否则无法推动学科的发展并对社会产生影响力，最终学科将失去存在的价值。同时，作为一门年轻的交叉学科，工程心理学在应用中的影响力一直是专业人员面临的挑战之一。HFES 2000—2001 年度主席豪厄尔（Howell，2001）认为，人因学科（包括工程心理学、人因工程等）的目标是通过对“以人为中心设计”理念的实践，建立一个“工效化”的世界（an ergonomically correct world），并提出以“共享理念”模型与其他学科共享“以人为中心设计”理念，摈弃独自占有“以人为中心设计”理念的“封闭独享”模型。

有效的工程心理学应用需要以开放的理念加强与其他学科之间的合作。豪厄尔（Howell，2001）观察到在美国，工程心理学（人因工程）所提倡的“以人为中心设计”和“用户体验设计”等理念正逐步被其他学科（如工业设计、人机交互社会学、计算机科学）认可和共享，并且正付诸实践。过去的二十年，工程心理学将学科理念、方法和专业人才融入人机交互、用户体验等领域的实践，促进了它们的发展。这种现象正是“共享理念”模型的体现。工程心理学要继续与其他学科共享学科理念，并且为这些学科的研究和应用提供理论、方法和工具上的学科支持。

这种跨学科合作需要在一些重要领域优先付诸实践。比如，工程心理学要为航空航天、人工智能等领域的合作提供符合“以人为中心设计”理念的解决方案。航空航天作为中国工程心理学的重要应用领域，在多学科交叉的科研体制建设中已经开展了一些初步的工作。例如，中国载人航天系统的人-系统整合设计在组织和管理层面上已有了初步的工程心理学（人因工程）规定，包括载人航天器各类子系统出厂放行需要通过工程心理学（人因工程）分系统的评价（陈善广 等，2015a）。中国商用大型飞机研发也正在初步形成一种相应的人因工程人才、标准、流程、方法论的企业组织文化环境（许为，陈勇，2012）。针对目前智能系统研发所暴露出来的一系列问题，有人提出的“以人为中心 AI”也是基于对“共享理念”模型的考虑（Xu，2019；Shneiderman，2020b）。

三、设计标准

工程心理学通过实验验证的方法为系统的人机交互设计提供有效的设计标准。这些设计标准在工程心理学应用中发挥着极其重要的作用，可以帮助设计者针对相应的应用场景提出基于实验验证的最佳人机交互设计方案，提高设计的一致性、安全性和可靠性。另外，工程心理学标准也有利于工程心理学专业人员在实践中推广和发挥工程心理学的作用。在前述实例中，“以人为中心设计”的开发流程以及用户界面的人机交互设计都遵循了相关的工程心理学（人因工程）设计标准。

工程心理学（人因工程）的标准体系是一个金字塔式的多层面结构。自上而下，这个多层次模型包括国际标准、国家标准、行业和企业标准，各层标准内容体现了继承性和一致性的关系。最高层的国际标准一般定义了各方已经达成共识的指导和设计原则，而不是具体的设计要求，从而体现出在一定范围内具体设计的灵活性；而最底层的行业和企业标准则在国际、国家标准的原则框架下详细地规范了具体的设计要求。

工程心理学标准体系的最高层是由国际标准化组织人-系统交互技术委员会（ISO/TC 159）发布的国际标准。该委员会一共颁布了 153 部标准（截至 2022 年 3 月），包括 152 种由 4 个分委员会（SC）负责的标准（见表 14－2）和 1 种由 ISO/TC 159 直接负责的标准，内容涉及工程心理学应用的各个方面。例如，在 ISO 9241 标准系列（见表 14－3）200 号分部中，ISO 9241-210 是一部有关“以人为中心设计”方法和原则的标准，ISO 9241-220 是一部有关“以人为中心设计”流程的标准，而 ISO 9241-230 则是一部有关“以人为中心设计”测评方法的标准（起草中）。

表 14－2　ISO/TC 159 标准开发统计

ISO/TC 159 分委员会（SC）	已颁布标准数	正开发标准数
SC 1（一般人因学准则）	8	1
SC 3（人体测量和生物力学）	26	11
SC 4（人与系统交互人因学）	83	11
SC 5（物理环境人因学）	35	7
总数	152	30

来源：ISO，n. d.

表 14－3　ISO 9241 标准系列的结构

分部号（#）	分部名称
1	导论
2	工作设计
11	硬件和软件可用性
20	人机交互中的无障碍设计
21－99	暂时预留
100	软件人因学
200	人机交互设计的流程
300	显示器和与显示器相关的硬件人因学
400	物理输入装置-人因学设计原理
500	工作场所人因学
600	环境人因学
700	控制室人因学
900	触觉交互设计

来源：ISO，n. d.

工程心理学标准体系的第二个层面是国家标准。全国人类工效学标准化技术委员会和中国标准出版社第四编辑室（2009a）出版了人类工效学（包括工程心理学、人因工程）的一般性指导原则及人-系统交互卷。该卷收录了人类工效学的一般性指导原则，以及有关视觉显示终端及控制中心的人机交互和人机界面设计的人类工效学国家标准 13 项。美国国家层面上的标准包括已颁布的近 40 部人因工程政府标准（如美国国家航空航天局、美国国防部、美国联邦航空管理局等标准），以及非政府标准（如美国人因工程学会、美国国家标准与技术研究院等标准）。

工程心理学标准体系的第三个层面是行业和企业标准。这些标准具体规范了某个行业或者产品领域的相关工程心理学（人因工程）标准，如用户界面设计、以用户为中心设计的流程和方法等。这类标准有可能是对外的或者对内的。例如，波音公司、空客公司都制定了各类飞机驾驶舱人机界面设计的工程心理学标准，微软公司颁布了详细的 Windows 系列软件产品的用户界面设计标准，苹果公司颁布了基于 iOS 技术平台的用户界面设计标准。这些标准不但保证了不同开发商在同一技术平台上开发人机交互产品都采用同一种设计标准，而且也保证了企业内部不同产品线和项目团队都采用统一的设计标准，有助于在企业内部推广和实践“以人为中心设计”理念。工程心理学专业人员在实践中要善于利用现成的设计标准，同时也要善于总结经验不断开发新的标准。

四、应用流程和方法的优化

本章的实例表明，工程心理学在整个产品研发流程的不同阶段以及不同领域均发挥着不可替代的作用。首先，有效的工程心理学实践需要跨学科的团队合作、能指导设计并被不同学科所认可的工程心理学原则（如波音飞机驾驶舱的 CCDP 设计理念）。这样的组织文化环境为具有交叉学科性质的工程心理学与其他学科的合作提供了良好的工作交流平台。

针对传统开发流程和方法过分侧重于系统和技术方面的设计而不重视人机界面和人机交互开发的弱点，有效的工程心理学实践应该充分利用基于用户早期参与、工程心理学专家早期和全过程参与、快速原型设计的“以人为中心设计”方法来弥补其不足之处，最大限度地发挥工程心理学对整个系统设计的影响力。同时，有效的工程心理学实践得益于多样化和有效的方法，这些方法为增加工程心理学对系统设计的影响力提供了有效的手段。

工程心理学的应用不应局限于对某一代产品的开发，而应贯穿于产品的整个生命周期。这种连续参与能增加工程心理学对新一代产品开发的影响。工程心理学在商用飞机系统开发整个生命周期中的作用充分说明了这一点（见图 14 - 2）。

最后，工程心理学方法需要在实践中与时俱进。在前述实例中，工程心理学、人因工程专业人员都采用了新的跨学科方法。工程心理学专业人员要善于利用新技术，与其他学科协同合作，开发系统化的新方法来解决新问题。

综上所述，纵观工程心理学的发展历史，工程心理学研究和应用面临的挑战与机遇并存。工程心理学学科的发展历来受新技术的推动。例如，20 世纪 80 年代个人计算机刚兴起时，计算机应用解决方案的研发主要由“以技术为中心设计”理念来驱动，因为这些应用方案的终端用户基本上都是计算机专家，注重对技术和功能等方面的考虑，忽略普通用户的体验。随着计算机的普及，越来越多的普通用户开始使用各种计算机应用解决方案，用户体验的问题逐渐暴露出来。在工程心理学等学科的参与和推动下，产生了人-计算机交互和用户体验等新领域。正是这种新技术带来的挑战给工程心理学研究和应用提供了新的机遇，同时也推动了工程心理学学科的发展。目前，智能技术又催生了人-人工智能交互等新领域，工程心理学在智能时代同样同时面临挑战与机并存的局面。

概念术语

“以人为中心设计”理念，基于人的需求，基于人机界面快速原型设计，基于工程心理学测评，基于跨学科团队合作，以技术为中心设计，CCDP 设计原则，“成功三要素”策略，“共享理念”模型，工程心理学设计标准，工程心理学应用流程和方法的优化，“挑战与机遇并存”现象

本章要点

1. “以人为中心设计”是工程心理学的学科理念，强调在产品开发中，以用户为中心，通过用户需求收集和分析、用户场景和任务分析、人机功能和任务分配、人机交互和用户界面原型设计、工程心理学测评等一系列活动来达到人机系统的最佳匹配和绩效。

2. “以人为中心设计”理念包括以下四项基本原则：基于人的需求，基于人机界面的快速原型设计，基于工程心理学测评，基于跨学科团队合作。

3. “以人为中心设计”方法与传统产品开发方法在设计理念、设计目的、工作重点和方法论等方面都有很大的差别，但两者具有互补性。最佳的产品开发应该是整合这两种方法。

4. ISO 9241-210 定义了“以人为中心设计”的产品开发流程及主要活动。

5. 工程心理学在大型商用飞机研发的各个环节以及数字解决方案开发中起着重要的作用。

6. 基于“以人为中心设计”的工程心理学、人因工程方法不应局限于用户界面的人机交互，还应该采用业务流程优化、系统集成化、系统智能化等跨学科的方法。

7. 工程心理学“成功三要素”策略是指：（1）从工程心理学的“以人为中心设计”理念出发，找准所要解决问题的切入点；（2）从人-机-环的角度出发，采用系统的思维和方法来全面考虑解决方案；（3）充分考虑工程心理学交叉学科的特点，加强与其他学科的协同合作。

8. 工程心理学要采纳“共享理念”模型与其他学科共同分享“以人为中心设计”理念。

9. 工程心理学通过实验验证的方法为人机交互设计提供设计标准。

10. 工程心理学（人因工程）的标准体系是一个金字塔式的多层次结构。该结构包

括国际标准、国家标准、行业和企业标准，各层标准内容体现了继承性和一致性的关系。

11. 有效的工程心理学实践需要跨学科的团队合作、能指导设计并被不同学科所认可的工程心理学原则。

12. 有效的工程心理学实践应该充分利用基于用户早期参与、工程心理学专家早期和全过程参与、快速原型设计的“以人为中心设计”方法，最大限度地发挥工程心理学对整个系统设计的影响力。

13. 工程心理学的应用不应局限于对某一代产品的开发，而应贯穿于产品的整个生命周期。

14. 工程心理学学科的发展受新技术的推动。正如在计算机时代，工程心理学在智能时代同样同时面临挑战与机遇并存在的局面。

复习思考

1. 什么是“以人为中心设计”?
2. “以人为中心设计”的基本原则是什么?
3. 工程心理学在产品开发应用中的基本流程和方法是什么?
4. 举两个方面的工作来说明“以人为中心设计”理念与传统产品开发理念的区别。
5. 举两个例子来说明你对工程心理学在大型商用飞机研发中所起的作用的理解。
6. 工程心理学应用的“成功三要素”策略是什么?
7. 什么是工程心理学应用的“共享理念”模型?
8. 工程心理学设计标准是怎么来的?
9. 工程心理学标准体系的层次结构是怎样的?
10. 请举两个例子来说明如何优化工程心理学应用的流程和方法。
11. 请举一个例子来说明工程心理学应用面临的“挑战与机遇并存”局面。

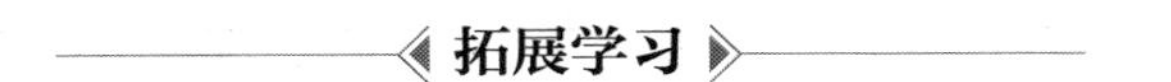

拓展学习

葛列众，许为（主编）.（2020）. *用户体验：理论与实践*. 中国人民大学出版社.

许为 .（2004）. 人因学在大型民机驾驶舱研发中应用的现状和挑战 . *人类工效学*，*10*（4），53 - 56.

许为，陈勇 .（2012）. 人因学在民用客机研发中应用的新进展及建议 . *航空科学技术*（6），18 - 21.

Xu, W., Furie, D., Mahabhaleshwar, M., Suresh, B., & Chouhan, H. (2019). Applications of an interaction, process, integration, and intelligence (IPII) design approach for ergonomics solutions. *Ergonomics*, *62* (7), 954 - 980.

本书参考文献，请登录中国人民大学出版社网站，搜索本书书名进行下载：www.crup.com.cn。

图书在版编目（CIP）数据

工程心理学/葛列众，许为，宋晓蕾主编. --2版. --北京：中国人民大学出版社，2022.4
新编21世纪心理学系列教材
ISBN 978-7-300-30450-2

Ⅰ.①工… Ⅱ.①葛…②许…③宋… Ⅲ.①工程心理学-高等学校-教材 Ⅳ.①TB18

中国版本图书馆CIP数据核字（2022）第044672号

新编21世纪心理学系列教材
工程心理学（第2版）
葛列众 许 为 宋晓蕾 主编
Gongcheng Xinlixue

出版发行	中国人民大学出版社		
社　　址	北京中关村大街31号	**邮政编码**	100080
电　　话	010－62511242（总编室）		010－62511770（质管部）
	010－82501766（邮购部）		010－62514148（门市部）
	010－62515195（发行公司）		010－62515275（盗版举报）
网　　址	http://www.crup.com.cn		
经　　销	新华书店		
印　　刷	天津鑫丰华印务有限公司	**版　　次**	2012年1月第1版
规　　格	185 mm×260 mm　16开本		2022年4月第2版
印　　张	23.75 插页1	**印　　次**	2022年4月第1次印刷
字　　数	542 000	**定　　价**	59.90元

关联课程教材推荐

书号	书名	作者	定价（元）
978-7-300-27100-2	普通心理学（第2版）	张钦	65.00
978-7-300-28095-0	心理学基础	白学军	55.00
978-7-300-26722-7	心理学（第3版）	斯宾塞·拉瑟斯	79.00
978-7-300-30451-9	认知心理学（第3版）	丁锦红 等	58.00
978-7-300-25882-9	生理心理学（第2版）	隋南 等	49.90
978-7-300-24309-2	实验心理学（第2版）	白学军 等	58.00
978-7-300-24280-4	社会心理学（第3版）	乐国安　管健	52.00
978-7-300-28928-1	发展心理学（第4版·数字教材版）	雷雳	58.00
978-7-300-25588-0	变态心理学（第3版）	王建平 等	59.80
978-7-300-27212-2	教育心理学：原理与应用	刘儒德	58.00
978-7-300-24308-5	人格心理学导论	许燕	55.00
978-7-300-28457-6	心理学专业英语	苏彦捷	49.00
978-7-300-27971-8	心理学研究方法：从选题到论文发表	王轶楠	45.00
978-7-300-26721-0	心理与教育论文写作：方法、规则与实践技巧（第2版）	侯杰泰 等	38.00
978-7-300-28012-7	用户体验：理论与实践	葛列众　许为	68.00

配套教学资源支持

尊敬的老师：

衷心感谢您选择使用人大版教材！相关配套教学资源，请到人大社网站（http：//www.crup.com.cn）下载，或是随时与我们联系，我们将向您免费提供。

欢迎您随时反馈教材使用过程中的疑问、修订建议并提供您个人制作的课件。您的课件一经入选，我们将有偿使用。让我们与教材共成长！

联系人信息：

地址：北京海淀区中关村大街31号206室　　龚洪训 收　　邮编：100080

电子邮件：gonghx@crup.com.cn　　电话：010－62515637　　QQ：6130616

如有相关教材的选题计划，也欢迎您与我们联系，我们将竭诚为您服务！

选题联系人：张宏学　电子邮件：zhanghx@crup.com.cn　电话：010－62512127

人大社网站：http：//www.crup.com.cn

心理学专业教师QQ群：259019599

欢迎您登录人大社网站浏览，了解图书信息，共享教学资源

期待您加入专业教师QQ群，开展学术讨论，交流教学心得